高等职业教育土建类专业规划教材

Jianzhu Diji yu Jichu

建筑地基与基础

丰培洁　主　编
吴潮玮　周少乐　副主编
高大钊[同济大学]　主　审

人民交通出版社

内 容 提 要

本教材是根据2012年高职高专“建筑工程技术”专业系列教学与教材研讨会讨论通过的教材编写大纲编写的规划教材。本书系统地介绍了土力学与地基基础的基本原理、计算方法和设计原理，主要内容包括：土的物理性质及工程分类、土中应力计算、土的压缩性与地基沉降计算、土的抗剪强度与地基承载力、土压力和土坡稳定、天然地基上的浅基础、桩基础、软弱土地基处理及区域性地基等内容，各章后附有相应的思考题、实践练习及实践项目。

本教材内容简明扼要，理论紧密结合实际，重点突出，实用性强。本教材主要作为高职高专建筑工程技术专业、市政工程技术专业、城市轨道交通工程技术专业等专业的教材，也可供道路与桥梁工程、工程造价等专业师生及其他工程技术人员使用和参考。

图书在版编目(CIP)数据

建筑地基与基础/丰培洁主编. —北京：人民交通出版社，2013.8

高等职业教育土建类专业规划教材

ISBN 978-7-114-10667-5

Ⅰ.①建… Ⅱ.①丰… Ⅲ.①地基－基础(工程)－高等职业教育－教材 Ⅳ.①TU47

中国版本图书馆CIP数据核字(2013)第117086号

高等职业教育土建类专业规划教材

书　　名：建筑地基与基础
著 作 者：丰培洁
责任编辑：丁润铎　尤晓暐
出版发行：人民交通出版社
地　　址：(100011)北京市朝阳区安定门外外馆斜街3号
网　　址：http://www.ccpress.com.cn
销售电话：(010)59757973
总 经 销：人民交通出版社发行部
经　　销：各地新华书店
印　　刷：北京市密东印刷有限公司
开　　本：787×1092　1/16
印　　张：16
字　　数：407千
版　　次：2013年8月　第1版
印　　次：2013年8月　第1次印刷
书　　号：ISBN 978-7-114-10667-5
定　　价：40.00元

高等职业教育土建类专业规划教材编审委员会

前　　言

本教材是根据2012年高职高专“建筑工程技术”专业教学与教材研讨会讨论通过的规划教材，依照“项目(案例)教学法”及“学分制”的原则进行编写。

《建筑地基与基础》是建筑工程技术专业的一门主干专业课，具有很强的理论性与实践性。本教材在基本原理和方法的选用上以工程实用为主，并兼顾反映国内外的先进技术水平。理论部分尽可能以够用为度，删繁就简，注重准确性和完整性；应用部分充分结合现行规范、标准的规定，着重阐述适用于一般情况的成熟技术的同时，也根据内容需要反映特殊情况下一般规律的深化，并有选择地介绍一些日趋常用的新技术，有利于培养学生工程实践的能力。

本教材采用简洁明快的表述方法，内容精练、重点突出、体系完整、紧密结合实际。根据课程要求，本教材包括土力学基础理论与基础工程应用两部分，并附有针对性较强的案例、思考题和实践练习、实践项目、土工试验指导书，力求突出学生实践技能的培养，注重学生综合素质的提高。

本教材由陕西省交通职业技术学院丰培洁副教授担任主编，吴潮玮、周少乐担任副主编。全书由同济大学高大钊教授主审。各章编写分工如下：绪论、第一单元、第二单元、第四单元、第八单元、第九单元由陕西省交通职业技术学院丰培洁编写；第三单元、土工试验指导书由陕西省交通职业技术学院张省侠教授编写；第五单元由中冶京诚工程技术有限公司周少乐编写；第六单元由陕西省交通职业技术学院王占峰编写；第七单元由内蒙古河套大学陈瑄、陕西省交通职业技术学院吴潮玮编写。全书由丰培洁统稿。在本书的编写过程中，参考了大量国内外资料和部分教材、著作等文献，在此谨向文献的作者致谢！

由于时间仓促及限于编者水平，书中难免有不当之处，欢迎读者批评指正。

编　者

2013年5月

目 录

绪　论

0.1　建筑地基与基础的概念

土力学是以传统的工程力学和地质学的知识为基础，研究与土木工程有关的土中应力、变形、强度和稳定性的应用力学分支；此外，还要用专门的土工试验技术来研究土的物理化学特性，以及土的强度、变形和渗透等特殊力学特性。

土与工程建设的关系十分密切。归纳起来，土具有两类工程用途：一类作为建筑物的地基，在土层上修建厂房、住宅等工程，由地基土承受建筑物的荷载；另一类用土作建筑材料，修筑堤坝与路基。

建筑物修建以后，其全部荷载最终由其下的地层来承担。承受建筑物全部荷载的那一部分天然的或部分经过人工改造的地层称为地基。地基按地质情况分为土基、岩基，按设计施工情况分为天然地基、人工地基。土的性质极其复杂。当地层条件较好、地基土的力学性能较好、能满足地基基础设计对地基的要求时，建筑物的基础被直接设置在天然地层上，这样的地基被称为天然地基；而当地层条件较差，地基土强度指标较低，无法满足地基基础设计对地基的承载力和变形要求时，常需要对基础底面以下一定深度范围内的地基土体进行加固或处理，这种部分经过人工改造的地基被称为人工地基。

由于土的压缩性大，强度小，因而在绝大多数情况下上部结构荷载不能直接通过墙、柱等传给下部土层（地基），而必须在墙、柱、底梁等和地基接触处适当扩大尺寸，把荷载扩散以后安全地传递给地基。这种位于建筑物墙、柱、底梁以下，经过适当扩大尺寸的建筑物最下部结构称之为基础（图0-1）。基础的结构形式很多，具体设计时应该选择既能适应上部结构、符合建筑物使用要求，又能满足地基强度和变形要求，经济合理、技术可行的基础结构方案。通常把埋置深度不大（一般不超过5.0m）只需经过挖槽、排水等普通施工工序就可以建造起来的基础称为浅基础；而把埋置深度较大（一般不小于5.0m）并需要借助于一些特殊的施工方法来完成的各种类型基础称为深基础。

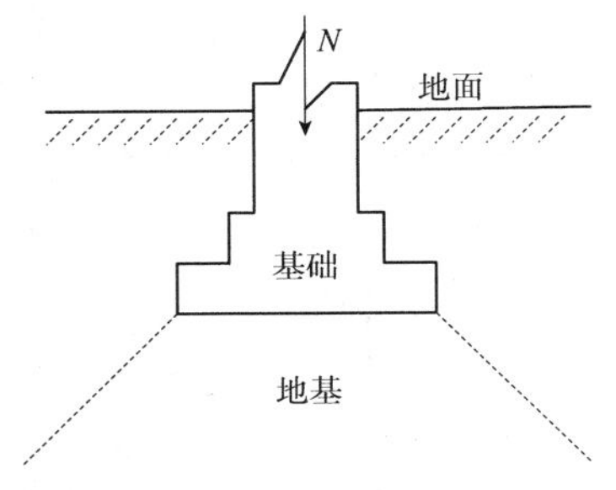

图0-1　地基及基础示意图

地基和基础是建筑物的根基，属于隐蔽工程，它的勘察、设计和施工质量直接关系着建筑物的安危。工程实践表明，建筑物的事故很多都与地基基础问题有关，而且一旦发生地基基础事故，往往后果严重，补救十分困难。有些即使可以补救，其加固修复工程所需的费用也十分可观。为了保证建筑物安全和正常使用，在地基基础设计中，必须同时满足以下两个技术条件。

（1）地基的强度条件：要求满足地基承载力和稳定性，不发生滑动破坏，应当有一定的地基强度安全系数。

（2）地基的变形条件：要求地基的沉降量、沉降差、倾斜和局部倾斜都不能超过地基的允许变形值。

0.2 地基基础工程事故举例

综合分析可知，与地基基础有关的土建工程事故可主要概括为以下类型：地基发生不均匀沉降、地基产生整体剪切破坏、地基产生过量沉降以及地基土液化失效。

地基产生不均匀沉降示例主要有：①意大利比萨斜塔。该塔是意大利比萨大教堂的一座钟楼，1173 年动工修建，当塔修建至 24m 高时发生倾斜，100 年后续建该塔至塔顶，建成后塔高 54.5m。目前塔北侧沉降 1m 多，南侧沉降近 3m，塔顶偏离中心线约 5.54m（倾斜约 5.5°）。为使斜塔安全留存，意大利后在国际范围内进行了招标，对斜塔进行了加固处理。②我国名胜苏州虎丘塔。苏州虎丘塔建于 959 ~ 961 年期间，为七级八角形砖塔，塔底直径 13.66m，高 47.5m，重 63000kN。塔建成后由于历经战火沧桑、风雨侵蚀，塔体损坏严重。为了使该名胜古迹安全留存，我国于 1956 ~ 1957 年期间对其进行了上部结构修缮，但修缮的结果使塔体重增加了约 2000kN，同时加速了塔体的不均匀沉降，塔顶偏离中心线的距离由 1957 年的 1.7m 发展到 1978 年的 2.31m，并导致地层砌体产生局部破坏。相关部门于 1983 年对该塔进行了基础托换，使其不均匀沉降得以控制。因地基产生不均匀沉降而导致基础断裂、上部结构破坏的事例不胜枚举。

地基产生整体剪切破坏示例主要有：①巴西某 11 层大厦。1955 年始建的巴西某 11 层大厦，长 25m，宽 12m，支承在 99 根 21m 长的钢筋混凝土桩上。1958 年大厦建成后，发现其背后明显下沉。1 月 30 日，该建筑物的沉降速度高达每小时 4mm，晚 8 时许，大厦在 20s 内倒塌。后查明该大厦下有 25m 厚的沼泽土，而其下的桩长仅有 21m，未深入其下的坚固土层，倒塌是由于地基产生整体剪切破坏所致。②加拿大特朗斯康谷仓。该谷仓建于 1914 年，由 65 个圆柱形筒仓构成，高 31m，宽 23.5m，其下为钢筋混凝土筏板基础。由于事前不了解基础下埋藏有厚达 16m 的软黏土层，谷仓建成后初次储存谷物达 27000t 后，发现谷仓明显下沉，结果谷仓西侧突然陷入土中 7.3m，东侧上抬 1.5m，仓身倾斜近 26°53′。后查明谷仓基础底面单位面积压力超过 300kPa，而地基中的软黏土层极限承载力才约 250kPa，因此造成地基产生整体破坏并引发谷仓严重倾斜。该谷仓由于整体刚度极大，因此虽倾斜极为严重，但谷仓本身却完好无损。后于土仓基础之下做了 70 多个支承于下部基岩上的混凝土墩，使用了 388 个 50t 千斤顶以及支撑系统才把仓体逐渐扶正，但其位置比原来降低了近 4.0m。这是地基产生剪切破坏，建筑物丧失其稳定性的典型事故实例。

地基产生过量沉降示例主要有：①广深铁路 K2 + 150 段线路。我国广深铁路 K2 + 150 段线路位于广州市，该路段地处山涧流水地带，淤泥覆盖层较厚，通车后路基不断下沉，1975 年后，严重地段每旬下沉量高达 12 ~ 16mm，其他地段每旬下沉量 8 ~ 12mm 不等。路基的下沉不仅增加了该段铁路的维修保养作业量，更严重威胁着铁路列车的安全营运。该路段后采用高压喷射注浆法进行了路基土加固处理。②西安某住宅楼。西安某住宅楼位于西安市霸桥区，场地为Ⅱ级自重湿陷性黄土场地，建筑物长 18.5m，宽 14.5m，为 6 层点式砖混结构。

基础采用肋梁式钢筋混凝土基础，建筑物修建以前对地基未做任何处理，由于地下管沟积水，致使地基产生湿陷沉降，在沉降发生最为严重时在5天时间里，该建筑物的累计沉降量超过了300mm。后虽经对基础进行托换处理止住了建筑物的继续沉降，但过量沉降严重影响了该建筑物的使用功能，在门厅处不仅形成了倒灌水现象，而且门洞高度严重不足，人员出入极不方便。

地基液化失效示例主要有：①日本新泻地震。日本新泻市于1964年6月16日发生了7.5级大地震，当地大面积的砂土地基由于在地震过程中产生振动液化现象而失去了承载能力，毁坏房屋近2890幢。②唐山地震。1976年7月28日发生在我国唐山市的大地震是人类历史上造成损失最严重的地震之一，震级7.8级，大量建筑物在地震中倒塌损毁，地基土的液化失效是其中的主要原因之一。唐山市矿冶学院图书馆书库因地基液化失效致使其第一层全部陷入地面以下。

0.3 本课程的内容、特点及学习要求

《建筑地基与基础》是土建、公路、铁路、水利、地下建筑等专业的一门主干专业课。

组成地基的土或岩层是自然界的产物，它的形成过程、物质成分、所处自然环境及工程性质复杂多变。建筑物等的修建，会改变地层中原有的应力状态，应力状态的改变会引起一系列的地基变形、强度、稳定性问题。因此，在土木工程设计、施工之前，必须仔细研究地基土的组成、成因、物理力学性质，同时还需要在此基础上借助力学方法来分析和研究地层中的应力变化，借助力学、工程地质学、地下水动力学等方法来研究岩土体的变形，进而对岩土体进行强度和稳定性分析。土木工程中经常遇到土坡稳定问题，对稳定性较差的土坡，如果未加处理或处理不当，土坡将产生滑动破坏，土坡的失稳不仅影响工程的正常进展，还会危及人民生命和国家财产安全，因此需借助力学方法对土坡进行稳定性分析。上述问题都是本课程的研究内容。

建筑物的地基、基础和上部结构虽然各自功能不同、研究方法相异，但是无论从力学分析入手还是从经济观点出发，这三部分都是彼此联系、相互制约的有机统一体。目前，要把这三部分完全统一起来进行设计计算还十分困难，但从地基—基础—上部结构共同工作的概念出发，尽量全面考虑诸方面的因素，运用力学和结构设计方法进行基础工程计算将是《建筑地基与基础》的主要研究内容之一。

多样性是土的主要特点之一。由于受成土母岩、风化作用、沉积历史、地理环境和气候条件等多重因素影响，土的种类繁多，分布复杂，性质各异。易变性是土的另一主要特点。土的工程性质经常受到外界温度、湿度、压力等的影响而发生显著变化。研究各种不同性质的特殊土和软弱土，并按土质受外界影响而发生变化的客观规律，运用合适而又有效的方法对土体进行处理加固也是本课程的重要内容。

本课程是一门实践性与理论性均较强的课程。由于各种地基土形成的自然条件不同，性质也是千差万别；我国地域辽阔，不同地区的土有不同的性质，即使同一地区的土，其特性也可能存在较大的差异。因此，在学习本课程时，要运用基本的理论知识加强实践锻炼，注重实训，紧紧抓住强度和变形这一核心问题来分析和处理实际工程中的地基基础问题，提高分析和解决问题的能力。

0.4 本学科的发展概况

地基基础是一项古老的建筑工程技术。早在史前的人类建筑活动中，地基基础作为一项工程技术就被应用。我国西安市半坡村新石器时代遗址中的土台和石础就是人类应用这一工程技术的见证。公元前 2 世纪修建的万里长城；始凿于春秋末期，后经隋、元等代扩建的京杭运河；隋朝大业年间李春设计建造的河北赵州安济桥；我国著名的古代水利工程之一，战国时期李冰领导修建的都江堰；遍布于我国各地的巍巍高塔，宏伟壮丽的宫殿、庙宇和寺院；举世闻名的古埃及金字塔等，都是由于修建在牢固的地基基础之上才能逾千百年而留存于今。据报道，建于唐代的西安小雁塔其下为巨大的船形灰土基础，这使小雁塔经历数次大地震而屹立不倒。上述一切证明，人类在其建筑工程实践中积累了丰富的基础工程设计、施工经验和知识，但是由于受到当时的生产实践规模和知识水平限制，在相当长的的历史时期内，地基基础仅作为一项建筑工程技术而停留在经验积累和感性认识阶段。

18 世纪欧洲产业革命以后，城市建筑、道路与水利工程兴建，提出了大量与土的力学性质有关的问题，并积累了不少成功经验和工程事故教训。特别是这些工程事故教训，使得原来按以往建设经验来指导工程的做法已无法适应当时的工程建设发展。这就促使人们寻求对许多类似的工程问题的理论解释，并要求在大量实践基础上建立起一定的理论来指导以后的工程实践。例如，17 世纪末期欧洲各国大规模的城堡建设推动了筑城学的发展并提出了墙后土压力问题，许多工程技术人员发表了多种墙后土压力的计算公式，为库仑（Coulomb，1773）提出著名的抗剪强度公式和土压力理论奠定了基础。19 世纪中叶开始，大规模的桥梁、铁路和公路建设推动了桩基和深基础的理论与施工方法的发展。路堑和路堤、运河渠道边坡、水坝等的建设提出了土坡稳定性的分析问题。1857 年英国人 W. J. M 朗肯（Rankine）又从不同途径提出了挡土墙的土压力理论。1885 年法国学者 J·布辛奈斯克（Boussinesq）求得了弹性半空间体在竖向集中力作用下的应力和位移解。1852 年法国的 H·达西（Darcy）创立了砂性土的渗流理论“达西定律”。1922 年瑞典学者 W·费兰纽斯（Fellenius）提出了一种土坡稳定的分析方法。这一时期的理论研究为土力学发展成为一门独立学科奠定了基础。

1925 年美国人 K·太沙基（Terzaghi）归纳了以往的理论研究成果，发表了第一本《土力学》专著，又于 1929 年与其他学者一起发表了《工程地质学》。这些比较系统完整的科学著作的出版，带动了各国学者对本学科各个方面的研究和探索，从此《土力学》作为一门独立的科学而得到不断发展。

新中国成立后的 60 多年来，我国在土力学与地基基础理论和工程实践方面，均取得了令世人瞩目的进步，为国民经济发展做出了巨大的贡献。随着建筑行业的发展，21 世纪人类将面临资源和环境问题的挑战，有各种各样新的工程问题需要解决，所以本学科的理论尚待今后逐步发展和完善。

第1单元　土的物理性质及工程分类

单元重点：

(1)掌握土的三相组成；

(2)理解土的粒度、粒组、粒度成分的概念，掌握粒度成分分析方法并能判定土的级配情况；

(3)掌握土的物理性质指标和物理状态指标，并熟练指标间的换算；

(4)熟练土的三项基本指标的测定及液塑限测定试验。

1.1　土的成因与组成

1.1.1　土的成因

土是由地壳岩石经风化、剥蚀、搬运、沉积，形成由固体矿物、流体水和气体组成的一种集合体。不同的风化作用形成不同性质的土，风化作用有下列三种。

1)物理风化

岩石经受风、霜、雨、雪的侵蚀，温度、湿度的变化，发生不均匀膨胀与收缩，使岩石产生裂隙，崩解为碎块。这种风化作用，只改变颗粒的大小与形状，不改变原来的矿物成分，称为物理风化。

由物理风化生成的土为粗粒土，如块石、碎石、砾石和砂土等，这种土总称为无黏性土。

2)化学风化

岩石的碎屑与水、氧气和二氧化碳等物质相接触时，逐渐发生化学变化，原来组成矿物的成分发生了改变，产生一种新的成分——次生矿物。这类风化称为化学风化。

经化学风化生成的土为细粒土，具有黏结力，如黏土与粉质黏土，总称为黏性土。

3)生物风化

由动物、植物和人类活动对岩体的破坏称生物风化，如长在岩石缝隙中的树，因树根伸展使岩石缝隙扩展开裂。而人们开采矿山、石材，修铁路打隧道，劈山修路等活动形成的土，其矿物成分没有变化。

1.1.2　土的三相组成

土的三相组成是指土由固相(土粒)、液相(水溶液)和气相(空气)三部分组成。土中的固体部分即为土粒，由矿物颗粒或有机质组成，构成土的骨架。骨架之间贯穿着大量孔隙，孔隙中充填着水和气体。

随着环境的变化，土的三相比例也发生相应的变化。土体三相比例不同，土的状态和工程性质也随之各异，例如：

固体＋气体（液体＝0）为干土。此时，黏土呈干硬状态，砂土呈松散状态。

固体＋液体＋气体为湿土。此时，黏土多为可塑状态。

固体＋液体（气体＝0）为饱和土。此时，粉细砂或粉土遇强烈地震，可能产生液化使工程遭受破坏；黏土地基受建筑荷载作用发生沉降需几十年才能稳定。

由此可见，研究土的各项工程性质，首先需从最基本的、组成土的三相（固相、液相和气相）本身开始研究。

1）土的固相

（1）土的矿物成分

形成土粒的矿物成分各不相同，主要取决于成土母岩的矿物成分及其风化作用。成土矿物分为两大类：一类为原生矿物，常见的有石英、长石、云母、角闪石与辉石等。由物理风化生成的土粒，通常由一种或几种原生矿物所构成，其颗粒一般较粗，多呈浑圆形、块状或板状，吸附水的能力弱，其属性与成土母岩相同，性质比较稳定，无塑性。另一类为次生矿物，它是由原生矿物经化学风化作用而形成的矿物，其属性与母岩完全不同。次生矿物主要是黏土矿物，常见的黏土矿物有高岭石、伊利石和蒙脱石三类。由于次生矿物构成的土粒极细，且多呈片状或针状，其性质较不稳定，有较强的吸附水能力（尤其是由蒙脱石构成的土粒），含水率的变化易引起体积胀缩，具塑性。除上述矿物质外，土中还常含有生物形成的腐殖质、泥炭和生物残骸，统称为有机质。其颗粒很细小，具有很大的比表面积，对土的工程地质性质影响也很大。

（2）土的粒度成分

如上所述，土粒的大小与成土矿物之间存在着一定的相互关系。因此，土粒大小在某种程度上反映土粒性质上的差异。土是自然界的产物，是由无数大小不同的土粒组成，要逐个研究它们的大小是不可能的，也没有这种必要。工程上通常把工程性质相近的一定尺寸范围的土粒划分为一组，称为粒组，并冠以名称。粒组划分情况见表1-1。

粒组划分 表1-1

粒组名称	漂石或块石粒	卵石或碎石粒	圆砾或角砾	砂粒	粉粒	黏粒
粒径范围（mm）	$d>200$	$20<d\leqslant200$	$2<d\leqslant20$	$0.075<d\leqslant2$	$0.005<d\leqslant0.075$	$d\leqslant0.005$

土的粒度成分是指土中各种不同粒组的相对含量（以干土质量的百分比表示）。或者说土是由不同粒组以不同数量的配合，故又称为“颗粒级配”。例如某砂黏土，经分析，其中含黏粒25%，粉粒35%，砂粒40%，即为该土中各粒组干质量占该土总干质量的百分比含量。粒度成分可用来描述土的各种不同粒径土粒的分布特征。

测定土中各粒组颗粒质量所占该土总质量的百分数，确定粒径分布范围的试验称为土的粒度成分分析试验或颗粒大小分析试验。该试验用以了解土的颗粒级配，供土的工程分类及判别土的工程性质和建材选料之用。常用的试验方法有筛分法和沉降分析法两种。筛分法适用于粒径大于0.075mm的土，沉降分析法适用于粒径小于0.075mm的土。当土内兼有大于和小于0.075mm的土粒时，两种分析方法可联合应用。

①筛分法

筛分法是利用一套孔径由大到小的标准筛，将按规定方法取得的一定质量的干试样放入依次叠好的筛中，置振筛机上充分振摇后，称出留在各级筛上土粒的质量，即为不同粒径粒组的土质量，计算出每一粒组占土样总质量的百分数，并可计算小于某一筛孔直径土粒的累计质量及累计百分含量。

②沉降分析法

沉降分析法是利用不同大小的土粒在水中的沉降速度不同来确定小于某粒径的土粒含量的方法。沉降分析法又可分为密度计法（比重计法）和移液管法等。

沉降分析法的理论基础是土粒在水中的沉降原理，如图1-1所示，将定量的土样与水混合倾注量筒中，悬液经过搅拌，使各种粒径的土粒在悬液中均匀分布，此时悬液浓度（单位体积悬液内含有的土粒质量）在上下不同深度处是相等的。但静置后，土粒在悬液中下沉，较粗的颗粒沉降较快，图1-1中在深度L_i(m)处只含有不大于d_i粒径的土粒，悬液浓度降低。如果在L_i(m)深度处考虑一小区段$m-n$，则$m-n$段内的悬液中只有小于及等于d_i的土粒，而且小于及等于d_i的颗粒的浓度与开始均匀悬液中小于及等于d_i的颗粒的浓度相等。

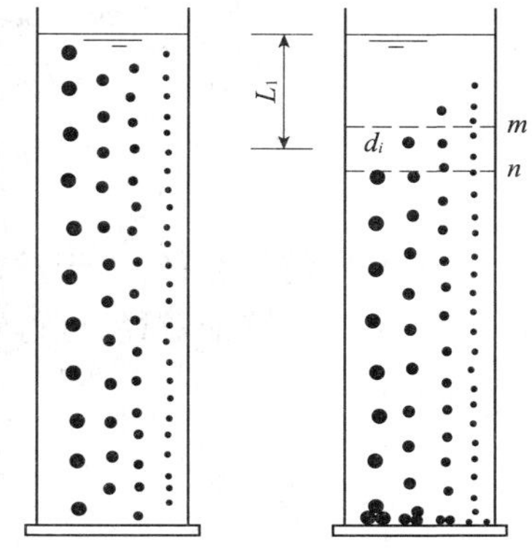

图1-1　土粒沉降示意图

如果悬液体积为1000cm³，其中所含小于或等于d_i的土粒质量为m_{si}(g)，则在$m-n$段内的悬液的密度为：

$$\rho_i=\frac{1}{1000}\left[m_{si}+\left(1000-\frac{m_{si}}{\rho_{s0}}\right)\rho_{w0}\right] \tag{1-1}$$

式中：ρ_i——悬液密度(g/cm³)；

m_{si}——悬液中小于或等于d_i的土粒质量(g)；

ρ_{s0}——土粒密度(g/cm³)；

ρ_{w0}——水的密度(g/cm³)。

则

$$m_{si}=1000\frac{\rho_i-\rho_{w0}}{\rho_{s0}-\rho_{w0}}\rho_{s0} \tag{1-2}$$

悬液中小于或等于d_i的土粒质量m_{si}占土粒总质量百分比P_i为：

$$P_i=\frac{m_{si}}{m_s}\times100\% \tag{1-3}$$

式(1-2)中的悬液密度ρ_i可用比重计测读，也可用吸管吸取$m-n$段内的悬液试样测定。

根据颗粒分析试验结果，常采用累计曲线法表示土的颗粒级配或粒度成分。累计曲线图的横坐标为粒径，由于土粒粒径的值域很宽，因此采用对数坐标表示；纵坐标为小于或等于某一粒径的土粒的累计百分数P_i，如图1-2所示。由累计曲线的坡度可以大致判断土粒的均匀程度或级配是否良好。若曲线较陡，表示粒径大小相差不多，土粒较均匀，级配不良；反之，曲线平缓，则表示粒径大小相差悬殊，土粒不均匀，即级配良好。

颗粒分析试验曲线的主要用途为：

a. 土中各粒组的土粒含量，用于粗粒土的分类和初评土的工程性质。

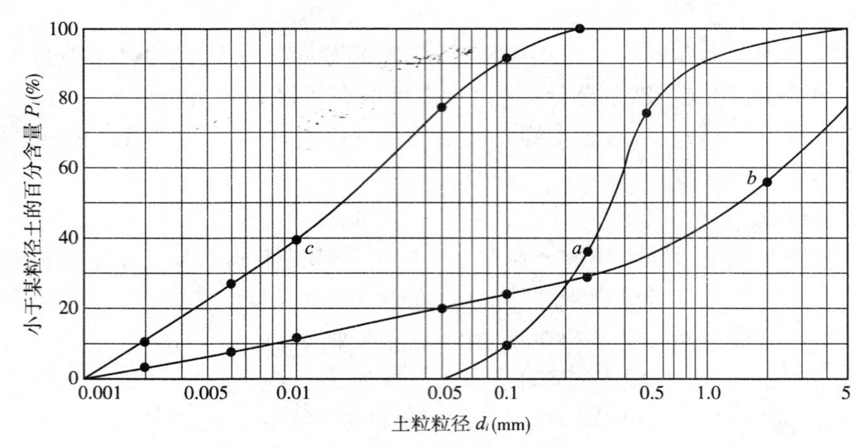

图 1-2　粒度成分累计曲线

b. 某些特征粒径，用于建筑材料的选择和评价土级配的好坏。

根据某些特征粒径，可得到两个土粒的级配指标，即不均匀系数 C_u 和曲率系数 C_c，它们的定义分别为：

$$C_u = \frac{d_{60}}{d_{10}} \tag{1-4}$$

$$C_c = \frac{d_{30}^2}{d_{10}d_{60}} \tag{1-5}$$

式中：d_{10}、d_{30}、d_{60}——分别为粒径分布曲线上相当于累计百分含量分别为 10%、30% 和 60% 时所对应的粒径；其中，d_{10} 称为有效粒径，d_{60} 称为限制粒径。

不均匀系数 C_u 反映不同大小粒组的分布情况。C_u 值愈大，表明土粒大小分布范围大，土的级配良好；C_u 值愈小，表明土粒大小相近似，土的级配不良。一般认为，不均匀系数 $C_u < 5$ 时，称为均粒土，其级配不良；$C_u \geq 5$ 的土为非均粒土，其级配良好。

实际上，仅单靠不均匀系数 C_u 值一个指标来判定土的级配情况是不够的，还必须同时考虑曲率系数 C_c 值。曲率系数 C_c 描述累计曲线的分布范围，反映累计曲线的整体形状。一般认为 $C_c = 1 \sim 3$ 之间，土的级配较好；$C_c < 1$ 或 $C_c > 3$ 时，累计曲线呈明显弯曲。当累计曲线呈阶梯状时，说明粒度不连续，即主要由大颗粒和小颗粒组成，缺少中间颗粒，表明土的级配不好，其工程地质性质也较差。

在工程上，常利用累计曲线确定的土粒的两个级配指标值来判定土的级配情况。当同时满足不均匀系数 $C_u \geq 5$ 和曲率系数 $C_c = 1 \sim 3$ 这两个条件时，土为级配良好的土；若不能同时满足，土为级配不良的土。

例如，图 1-2 中曲线 a，$d_{10} = 0.11$mm，$d_{30} = 0.22$mm，$d_{60} = 0.39$mm，则 $C_u = 3.5$，$C_c = 1.13$，表明土样 a 为级配不良的土。

2）土的液相

土中的水以不同形式和不同状态存在着，它们对土的工程性质的形成，起着不同的作用和影响。土中的水按其工程地质性质可分为以下类型：

（1）结合水

黏土颗粒与水相互作用，在土粒表面通常是带负电荷的，在土粒周围就产生一个电场。水溶液中的阳离子，一方面受土粒表面的静电引力作用，另一方面又受到布朗运动（热运动）

的扩散力作用。这两个相反趋向作用的结果,使土粒周围的阳离子呈不均匀分布,其分布与地球周围的大气层分布相仿。在土粒表面所吸附的阳离子是水化阳离子,土粒表面除水化阳离子外,还有一些水分子也为土粒所吸附,吸附力极强。土粒表面被强烈吸附的水化阳离子和水分子构成了吸附水层(也称为强结合水或吸着水)。在土粒表面,阳离子浓度最大,随着离土粒表面距离的加大,阳离子浓度逐渐降低,直至达到孔隙中水溶液的正常浓度为止。从土粒表面直至阳离子浓度正常为止,这个范围称为扩散层。当然,在扩散层内阴离子则为土粒表面的负电荷所排斥,随着离土粒表面距离的加大,阴离子浓度逐渐增高,最后阴离子也达水溶液中的正常浓度。土粒表面的负电荷和扩散层合起来称为双电层。

土粒表面的负电荷为双电层的内层,扩散层为双电层的外层。扩散层是由水分子、水化阳离子和阴离子所组成,形成土粒表面的弱结合水(也称为薄膜水)。图 1-3 为双电层的示意图。

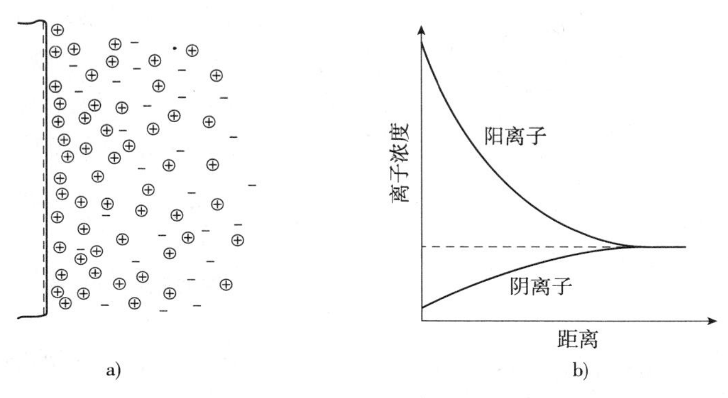

图 1-3　双电层示意图

强结合水紧靠土粒表面,厚度只有几个水分子厚,小于 0.003μm(1μm = 0.001mm),受到约 1000MPa(1 万个大气压)的静电引力,使水分子紧密而整齐地排列在土粒表面不能自由移动。强结合水的性质与普通水不同,其性质接近固体,不传递静水压力,100℃不蒸发,-78℃低温才冻结成冰,密度 $\rho_w = 1.2 \sim 2.4 g/cm^3$,平均为 $2.0g/cm^3$,具有很大的黏滞性、弹性和抗剪强度。黏土只含强结合水时呈固体坚硬状态;砂土含强结合水时呈散粒状态。

弱结合水在强结合水外侧,呈薄膜状,也是由黏土表面的电分子力吸引的水分子,水分子排列也较紧密,密度 $\rho_w = 1.3 \sim 1.7 g/cm^3$,大于普通液态水。弱结合水也不传递静水压力,呈黏滞体状态,也具有较高的黏滞性和抗剪强度,冰点在 -20 ~ -30℃。其厚度变化较大,水分子有从厚膜处向较薄处缓慢移动的能力,在其最外围有成为普通液态水的趋势。此部分水对黏性土的影响最大。

(2)自由水

此种水离土粒较远,在土粒表面的电场作用以外,水分子自由散乱地排列,主要受重力作用的控制。自由水包括下列两种。

①毛细水。这种水位于地下水位以上土粒细小孔隙中,是介于结合水与重力水之间的一种过渡型水,受毛细作用而上升。粉土中孔隙小,毛细水上升高,在寒冷地区要注意由于毛细水而引起的路基冻胀问题,尤其要注意毛细水源源不断地将地下水上升产生的严重冻胀。

毛细水水分子排列的紧密程度介于结合水和普通液态水之间,其冰点也在普通液态水之下。毛细水还具有极微弱的抗剪强度,在剪应力较小的情况下会立刻发生流动。

②重力水。这种水位于地下水位以下较粗颗粒的孔隙中,是只受重力控制、水分子不受土粒表面吸引力影响的普通液态水,受重力作用由高处向低处流动,具有浮力的作用。重力水中能传递静水压力,并具有溶解土中可溶盐的能力。

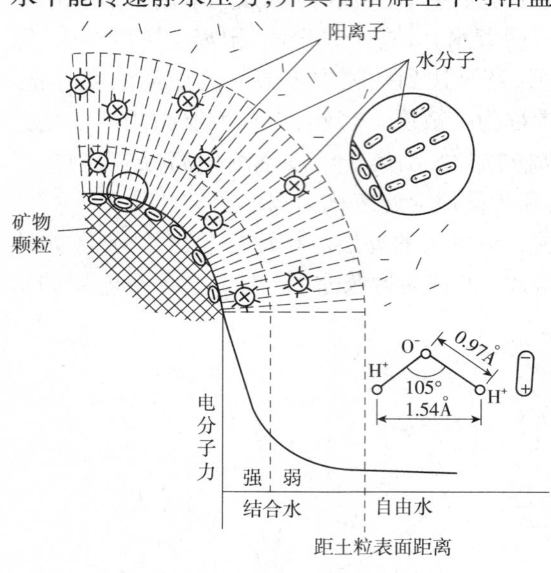

图 1-4　黏土矿物和水分子的相互作用

(3)气态水

此种水是以水气状态存在于土孔隙中。它能从气压高的空间向气压低的空间运移,并可在土粒表面凝聚转化为其他各种类型的水。气态水的迁移和聚集使土中水和气体的分布状态发生变化,可使土的性质改变。

(4)固态水

此种水是当气温降至 0℃以下时,由液态的自由水冻结而成。由于水的密度在 4℃时为最大,低于 0℃的冰,不是冷缩反而膨胀,使基础发生冻胀,因此寒冷地区基础的埋置深度要考虑冻胀问题。土质学与土力学中将含有固态水的土列为四相体系的特殊土——冻土。

黏土颗粒与水相互作用如图 1-4 所示。

3)土的气相

土的固体颗粒之间的孔隙中,没有被水充填的部分都是气体。土的含气量与含水率有密切关系。土孔隙中占优势的是气体还是水,土的性质有很大的不同。

土中气体的成分与大气成分比较,主要区别在于 CO_2、O_2及 N_2的含量不同。一般土中气体含有更多的 CO_2,较少的 O_2,较多的 N_2。土中气体与大气的交换愈困难,两者的差别就愈大。土中气体分以下两种。

(1)自由气体

这种气体为与大气相连通的气体,通常在土层受力压缩时即逸出,故对建筑工程无影响。

(2)封闭气泡

封闭气泡与大气隔绝,存在黏性土中,当土层受荷载作用时,封闭气泡缩小,卸荷时又膨胀,使土体具有弹性,称为“橡皮土”,使土体的压实变得困难。若土中封闭气泡很多时,将使土的渗透性降低,压缩性增高。这种含气体的土称为非饱和土。非饱和土的工程性质研究已形成土力学的一个新分支。

1.2　土的结构和构造

1.2.1　土的结构

土颗粒之间的相互排列和联结形式称为土的结构。土粒的排列方式表现为土颗粒之间孔隙的疏密、大小、数量等的状况,它影响着土的透水性、压缩性等物理力学性质。

土粒间的联结形式有以下几种。

(1)水胶联结(又称结合水联结)

其是黏性土所特有的联结形式,使土具有黏着性。它是黏性土力学强度的主导因素。

(2)水联结(也称毛细水联结)

其是砂土和粉土常具有的一种联结形式,是由毛细力所形成的微弱的暂时性联结力。一般认为砂土中含水率为4% ~8%时,毛细水联结力最强。但随着砂土的失水或饱和,这种联结力即行消失。

(3)无联结

砾石等粗碎屑土,因颗粒的质量大,水胶联结和水联结都无法使粒间形成联结关系,表现为松散无联结状态。

(4)胶结联结

其是含可溶盐较多的土或老土层中常见的一种联结形式,如盐渍土和黄土即属此种联结。这种联结的干土强度较大,但遇水后土中的盐类易被淋溶或流失,土的联结即行削弱,土的强度也随之降低。

(5)冻结联结

其是冻土所特有的一种联结形式。土的强度随着冻结和融化发生很大变化,土层极不稳定,也使土的工程性质复杂化。工程上常利用"冻结法"来处理软土、流沙等特殊地质问题。

土的结构通常有下列三种基本类型:

(1)单粒结构

这是碎石类土和砂土的结构特征。其特点是土粒间没有联结或只有极微弱的水联结,可以略去不计。按土粒间的相互排列方式和紧密程度不同,单粒结构可分为松散结构和紧密结构,如图1-5所示。

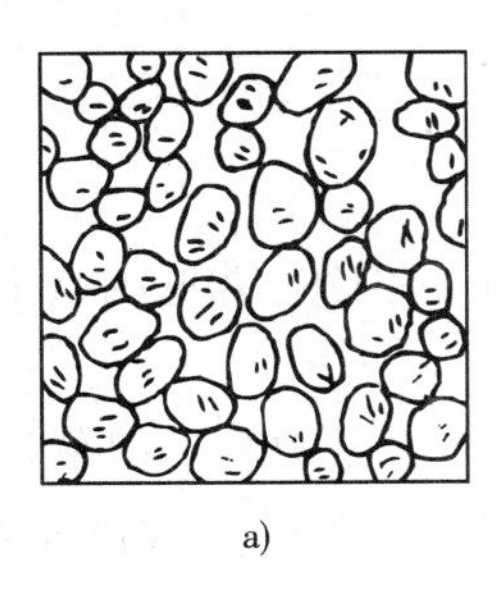

a)

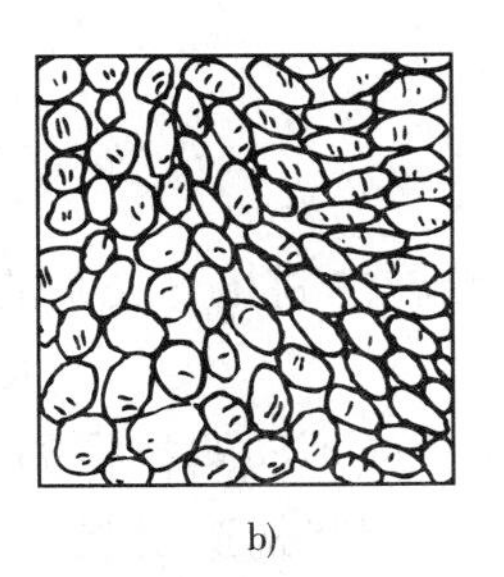

b)

图1-5　土的单粒结构

a)松散结构;b)紧密结构

在静荷载作用下,尤其在振动荷载作用下,具有松散结构的土粒,易于变位压密,孔隙度降低,地基发生突然沉陷,导致建筑物破坏。尤其是具有松散结构的砂土,在饱水情况下受振动时,会变成流动状态,对建筑物的破坏性更大。而具有紧密结构的土层,在建筑物的静荷载作用下不会压缩沉陷,在振动荷载作用下,孔隙度的变化也很小,不致造成破坏。紧密结构的砂土只有在侧向松动,如开挖基坑后才会变成流沙状态。所以,从工程地质观点来看,紧密结构是最理想的结构。

单粒结构的紧密程度取决于矿物成分、颗粒形状、均匀程度和沉积条件等。片状矿物组成的砂土最松散;浑圆的颗粒组成的砂土比带棱角的颗粒组成的砂土紧密;土粒愈不均匀,结构愈紧密;急速沉积的比缓慢沉积的土结构松散些。

(2)蜂窝结构

其主要是颗粒细小的黏性土具有的结构形式,如图1-6a)所示。当土粒粒径在0.002~0.02mm时,单个土粒在水中下沉,碰到已沉积的土粒,因土粒之间的分子引力大于土粒自重,则下沉的土粒被吸引不再下沉,逐渐由单个土粒串联成小链状体,边沉积边合围而成内包孔隙的似蜂窝状的结构。这种结构的孔隙一般远大于土粒本身尺寸,若沉积后的土层没有受过比较大的上覆压力,在建筑物的荷载作用下会产生较大沉降。

(3)絮状结构(又称二级蜂窝结构)

这是颗粒最细小的黏土特有的结构形式,如图1-6b)所示。当土粒粒径 <0.002mm时,土粒能在水中长期悬浮。这种土粒在水中运动,相互碰撞而吸引,逐渐形成小链环状的土集粒,质量增大而下沉,当一个小链环碰到另一小链环时,相互吸引,不断扩大形成大链环状,称为絮状结构。因小链环中已有孔隙,大链环中又有更大的孔隙,形象地称为二级蜂窝结构。絮状结构比蜂窝状结构具有更大的孔隙率,在荷载作用下可能产生更大的沉降。

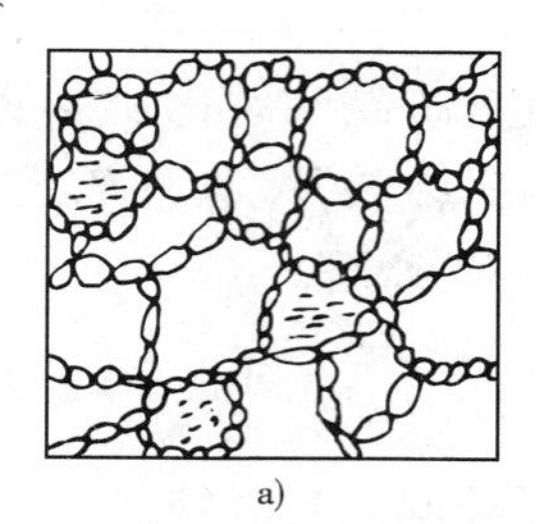

a)

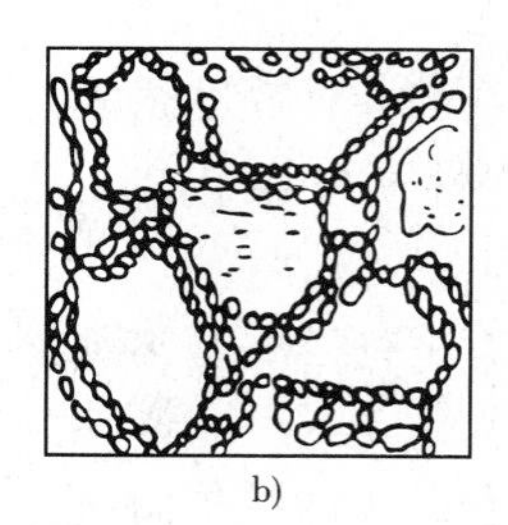

b)

图1-6 黏性土的絮凝结构示意图

a)蜂窝结构;b)絮状结构

1.2.2 土的构造

同一土层中,土颗粒之间相互关系的特征称为土的构造,常见的有下列几种。

(1)层状构造

土层由不同的颜色或不同的粒径的土组成层理,一层一层互相平行。平原地区的层理通常呈水平方向。这种层状构造反映不同年代不同搬运条件形成的土层,层状构造为细粒土的一个重要特征。

(2)分散构造

土层中土粒分布均匀,性质相近,如砂与卵石层为分散构造。通常分散构造的土工程性质最好。

(3)结核状构造

在细粒土中混有粗颗粒或各种结核,如含礓石的粉质黏土、含砾石的冰碛黏土等,均属结构核状构造。结核状构造工程性质好坏取决于细粒土部分。

(4)裂隙状构造

土层中有很多不连续的小裂隙,某些硬塑或坚硬状态的黏土为此种构造。裂隙状构造中,因裂隙强度低、渗透性大,工程性质差。

1.3 土的物理性质指标及物理状态指标

土的物理性质指标及物理状态指标，反映土的工程性质的特征，具有重要的实用价值。这些指标在土力学中有着广泛的应用。

1.3.1 土的物理性质指标

土是由固相（土粒）、液相（水）和气相（空气）组成的三相分散体系。土的物理性质，主要取决于组成土的固体颗粒、孔隙中的水和气体这三相所占的体积和质量的比例关系，反映这种关系的指标称为土的物理性质指标。土的物理性质指标不同，土的工程性质也不同。故利用物理性质指标可间接地评定土的工程性质。

为便于说明这些物理性质指标的定义和它们之间的换算关系，常用三相图表示土体内三相的相对含量。固相集中于下部，液相居于中部，气相集中于上部，构成理想的三相图，如图 1-7a）所示。在三相图的右边注明各相的体积，左边注明各相的质量，如图 1-7b）所示。

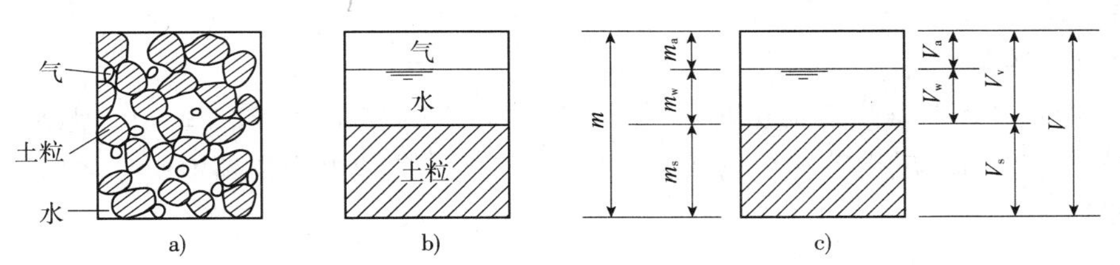

图 1-7 土的三相图

a）实际土体；b）土的三相图；c）各相的体积与质量

土样的体积 V 可由式（1-6）表示：

$$V = V_s + V_w + V_a \tag{1-6}$$

式中：V_s、V_w、V_a——分别为土粒、水、空气的体积。

土样的质量 m 可由式（1-7）、式（1-8）表示：

$$m = m_s + m_w + m_a \tag{1-7}$$

或

$$m \approx m_s + m_w, m_a \approx 0 \tag{1-8}$$

式中：m_s、m_w、m_a——分别为土粒、水、空气的质量。

下面分别介绍各项物理性质指标的名称、符号、物理意义、表达式、单位、常见值及确定方法。

土的物理性质指标中的土的密度、土粒比重、土的含水率这三项指标，是由试验直接测定的，称为三项基本指标。其他指标可由这三项指标推算得出。

1）确定三相比例关系的基本物理性质指标

（1）土的密度（ρ）和土的重度（γ）

①物理意义

ρ 为单位体积土的质量。

γ 为单位体积土的重力，即 $\gamma = \rho g \approx 10\rho$（$kN/m^3$）。

土的密度与土的结构、所含水分多少以及矿物成分有关。在测定土的天然密度时，必须用原状土样(即其结构未受扰动破坏,并且保持其天然结构状态下的天然含水率)。如果土的结构破坏了或水分变化了,则土的密度也就改变了,这样就不能正确测得真实的天然密度,用这种指标进行工程计算就会得出错误的结果。

②表达式

$$\rho = \frac{\text{土的总质量}}{\text{土的总体积}} = \frac{m}{V}(\mathrm{g/cm^3}) \tag{1-9}$$

③常见值

$$\rho = 1.6 \sim 2.2\mathrm{g/cm^3}, \gamma = 16 \sim 22\mathrm{kN/m^3}。$$

④常用测定方法

a. 环刀法。此法适用于细粒土。

用内径6~8cm、高2~3cm、壁厚1.5~2mm的不锈钢环刀切土样,用天平称其质量,按密度表达式计算而得。

b. 灌水法。此法适用于粗粒土和巨粒土。

现场挖试坑,将挖出的试样装入容器,称其质量,再用塑料薄膜平铺于试坑内,然后将水缓慢注入塑料薄膜中,直至薄膜袋内水面与坑口齐平,注入的水量的体积即为试坑的体积。

(2)土粒比重 G_s

①物理意义

土在105~110℃下烘至恒量时的质量与同体积4℃蒸馏水质量的比值。无量纲。

土粒比重只与组成土粒的矿物成分有关,而与土的孔隙大小及其中所含水分多少无关。

②表达式

$$G_s = \frac{\text{固体颗粒的质量}}{\text{同体积 4°C 纯水质量}} = \frac{m_s}{V_s \rho_w} \tag{1-10}$$

③常见值

黏性土　$G_s = 2.72 \sim 2.75$

粉土　$G_s = 2.70 \sim 2.71$

砂土　$G_s = 2.65 \sim 2.69$

④常用测定方法

a. 比重瓶法。适用于粒径小于5mm的土。

用容积为100mL的比重瓶,将烘干土样15g装入比重瓶,用感量为0.001g的天平称瓶加干土质量。注入半瓶纯水后煮沸1h左右以排除土中气体,冷却后将纯水注满比重瓶,再称总质量并测定瓶内水温后经计算而得。

b. 浮称法。适用于粒径大于或等于5mm的土,且其中粒径为20mm的土质量应小于总土质量的10%。

c. 虹吸筒法。适用于粒径大于或等于5mm的土,且其中粒径为20mm的土质量应大于等于总土质量的10%。

d. 经验法。因各种土的比重值相差不大,仅小数点后第二位不同。若当地已进行大量土粒比重试验,比重值则常采用经验值;但新到一地区则必须通过试验测定。

(3)土的含水率 w

①物理意义

土的含水率表示土中含水的数量,为土体中水的质量与固体矿物质量的比值,用百分数表示。

土的含水率只能表明土中固相与液相之间的数量关系，不能描述有关土中水的性质；只能反映孔隙中水的绝对值，不能说明其充满程度。

②表达式

$$w = \frac{\text{水的质量}}{\text{固体颗粒质量}} = \frac{m_w}{m_s} \times 100\% \tag{1-11}$$

③常见值

黏性土　$w = 20\% \sim 60\%$

砂土　　$w = 0 \sim 40\%$

当 $w = 0$ 时，砂土呈松散状态，黏土呈坚硬状态。黏性土的含水率很大时，其压缩性很高，强度低。

④常用测定方法

a. 烘干法。适用于黏质土、粉质土、砂类土和有机质土类。

取代表性试样，细粒土 15 ~ 30g，砂类土、有机土 50g 装入称量盒内称其质量后，放入烘箱内，在 105 ~ 110℃的恒温下烘干（通常需 8h 左右），取出烘干后土样冷却后再称量，计算而得。

b. 酒精燃烧法。适用于快速简易测定细粒土（含有机质的除外）的含水率。

将称完质量的试样盒放在耐热桌面上，倒入工业酒精至与试样表面齐平，点燃酒精，熄灭后用针仔细搅拌试样，重复倒入酒精燃烧 3 次，冷却后称质量，计算而得。

2）确定三相比例关系的其他常用指标

（1）反映土的松密程度的指标

①土的孔隙比 e

a. 物理意义

土的孔隙比为土中孔隙体积与固体颗粒的体积之比值。

b. 表达式

$$e = \frac{\text{孔隙体积}}{\text{固体颗粒体积}} = \frac{V_V}{V_s} \tag{1-12}$$

c. 常见值

砂土　$e = 0.5 \sim 1.0$。当砂土 $e < 0.6$ 时，呈密实状态，为良好地基。

黏性土　$e = 0.5 \sim 1.2$。当黏性土 $e > 1.0$ 时，为软弱地基。

d. 确定方法

根据 ρ、G_s 和 w 实测值计算而得。

②土的孔隙度（孔隙率）n

a. 物理意义

土的孔隙度表示土中孔隙大小的程度，为土中孔隙体积占总体积的百分比。

土的孔隙比与土的孔隙度都是反映土的密实程度的指标。对于同一种土，孔隙比或孔隙度愈大表明土愈疏松，反之愈密实。

b. 表达式

$$n = \frac{\text{孔隙体积}}{\text{土体总体积}} = \frac{V_V}{V} \tag{1-13}$$

c. 常见值

$n = 30\% \sim 50\%$。

d. 确定方法

根据ρ、G_s和w实测值计算而得。孔隙度n与孔隙比相比，工程应用很少。

(2)反映土中含水程度的指标

①土的含水率w(略)

②土的饱和度S_r

a. 物理意义

土的饱和度指土中水的体积与土的全部孔隙体积的比值，表示孔隙被水充满的程度。

b. 表达式

$$S_r = \frac{\text{水的体积}}{\text{孔隙体积}} = \frac{V_w}{V_v} \tag{1-14}$$

c. 常见值

$S_r = 0 \sim 1$。

d. 确定方法

根据ρ、G_s和w实测值计算而得。

e. 工程应用

饱和度对砂土和粉土有一定的实际意义，砂土以饱和度作为湿度划分的标准，分为稍湿的($0 < S_r \leqslant 0.5$)、很湿的($0.5 < S_r \leqslant 0.8$)和饱和的($0.8 < S_r \leqslant 1.0$)三种湿度状态。

颗粒较粗的砂土和粉土，对含水率的变化不敏感，当w发生某种改变时，它的物理力学性质变化不大，所以对砂土和粉土的物理状态可用S_r来表示。但对黏性土而言，它对w的变化十分敏感，随着含水率增加，体积膨胀，结构也发生改变。当黏土处于饱和状态时，其力学性质可能降低为0；同时，还因黏粒间多为结合水，而不是普通液态水，这种水的密度大于1，则S_r值也偏大，故对黏性土一般不用S_r这一指标。

(3)特定条件下土的密度及重度

①土的干密度ρ_d和土的干重度γ_d

a. 物理意义

土的干密度指干燥状态下单位体积土的质量。土的干重度指干燥状态下单位体积土的重力，即$\gamma_d = \rho_d g \approx 10\rho_d$($kN/m^3$)。土的干密度值的大小，主要取决于土的结构。因为它在这一状态下与含水率无关，加之土粒部分的矿物成分又是固定的，因此，土的结构即孔隙度的大小影响着干密度值。一般规律是：土的孔隙度愈小，土愈密实，其干密度值愈大。

b. 表达式

$$\rho_d = \frac{\text{固体颗粒质量}}{\text{土体总体积}} = \frac{m_s}{V}(\text{g/cm}^3) \tag{1-15}$$

c. 常见值

$\rho_d = 1.3 \sim 2.0\text{g/cm}^3$；$\gamma_d = 13 \sim 20\text{kN/m}^3$。

d. 确定方法

根据ρ和w实测值计算而得。

e. 工程应用

土的干密度通常用作人工填土压实质量控制的指标。土的干密度ρ_d(或干重度γ_d)越大，表明土体压得越密实，亦即工程质量越好，但花费的压实费用也越高。一般认为 $\rho_d=1.6g/cm^3$ 以上，土就比较密实了。

②土的饱和密度 ρ_{sat} 和土的饱和重度 γ_{sat}

a. 物理意义

土的饱和密度为孔隙中全部充满水时，单位体积土的质量。饱和重度为孔隙中全部充满水时，单位体积土的重力，即 $\gamma_{sat}=\rho_{sat}g\approx10\rho_{sat}kN/m^3$。

b. 表达式

$$\rho_{sat}=\frac{饱和土的总质量}{土体总体积}=\frac{m_s+m_w}{V}(g/cm^3) \tag{1-16}$$

c. 常见值

$\rho_{sat}=1.8\sim2.3g/cm^3$；$\gamma_{sat}=18\sim23kN/m^3$。

③土的有效重度（浮重度）γ'

a. 物理意义

土的有效重度指地下水位以下，土体受水的浮力作用时，单位体积土的重力。

b. 表达式

$$\gamma'=\gamma_{sat}-\gamma_w(g/cm^3) \tag{1-17}$$

c. 常见值

$$\gamma'=8\sim13(kN/m^3)$$

综上所述，土的9个物理性质指标：土的密度 ρ、土粒比重 G_s、土的含水率 w、土的孔隙比 e、土的孔隙度 n、土的饱和度 S_r、土的干密度 ρ_d、土的饱和密度 ρ_{sat} 和土的有效重度（浮重度）γ'，并非各自独立，互不相关的。其后6个指标均可由 ρ、G_s 和 w 三项基本指标计算得到，其换算关系见表1-2。

三相指标的换算关系 表1-2

指标名称	换算公式	指标名称	换算公式
干密度 ρ_d	$\rho_d=\frac{\rho}{1+w}$	饱和密度 ρ_{sat}	$\rho_{sat}=\frac{\rho(\rho_s-1)}{\rho_s(1+w)}+1$
孔隙比 e	$e=\frac{\rho_s(1+w)}{\rho}-1$	饱和度 S_t	$S_r=\frac{\rho_s\cdot\rho\cdot w}{\rho_s(1+w)-\rho}$
孔隙度 n	$n=1-\frac{\rho}{\rho_s(1+w)}$	有效重度 γ'	$\gamma'=\frac{\gamma(\gamma_s-\gamma_w)}{\gamma_s(1+w)}$

土的物理性质指标中，只要通过试验直接测定土的密度 ρ、土粒比重 G_s、土的含水率 w，便可利用三相图推算出其他各个指标。

利用三相图计算有一个技巧，如令 $V=1$ 或 $V_s=1$，因为三相量的指标都是相对的比例关系，不是量的绝对值，因此取三相图中任一个量等于任何数值进行计算都应得到相同的结果。若假定的已知量选取合适，可以减少计算的工作量。

【例1-1】 某一原状土样，经试验测得土的密度 $\rho=1.67g/cm^3$，含水率 $w=12.9\%$，土粒比重 $G_s=2.67$。求土的孔隙比 e、孔隙度 n、饱和度 S_r、干密度 ρ_d 和饱和密度 ρ_{sat}。

解：(1)令 $V=1\text{cm}^3$。

(2)已知 $\rho=\dfrac{m}{V}=1.67\text{g/cm}^3$，则有：

$m=m_s+m_w=1.67(\text{g})$

(3)已知 $w=\dfrac{m_w}{m_s}\times100\%=12.9\%$，则有：

$m_w=0.129m_s$

由 $m=m_s+m_w=1.67\text{g}$ 及 $m_w=0.129m_s$ 联立求解得：

$m_s=1.479(\text{g})$

$m_w=0.191(\text{g})$

(4)$V_w=\dfrac{m_w}{\rho_w}=\dfrac{0.191}{1}=0.191(\text{cm}^3)$

$V_s=\dfrac{m_s}{\rho_s}=\dfrac{1.479}{2.67}=0.554(\text{cm}^3)$

$V_a=V-V_s-V_w=1-0.554-0.191=0.255(\text{cm}^3)$

$V_v=V_a+V_w=0.255+0.191=0.446(\text{cm}^3)$

至此，三相图中8个未知量全部计算出数值。

据所求物理性质指标的表达式可得：

(5)孔隙比　　$e=\dfrac{V_V}{V_s}=0.446/0.554=0.805$

(6)孔隙度　　$n=\dfrac{V_V}{V}=0.446/1=0.446=44.6\%$

(7)饱和度　　$S_r=\dfrac{V_w}{V_v}=0.191/0.446=0.428$

(8)干密度　　$\rho_d=\dfrac{m_s}{V}=1.479/1=1.48(\text{g/cm}^3)$

(9)饱和密度　　$\rho_{sat}=\dfrac{m_s+m_w}{V}=\dfrac{1.479+0.191+0.255\times1}{1}=1.93(\text{g/cm}^3)$

上述三相计算中，若设 $V_s=1\text{cm}^3$ 计算可得相同的结果。

1.3.2 土的物理状态指标

土的物理状态，对于无黏性土是指土的密实程度；对于黏性土则是指土的软硬程度，也称黏性土的稠度。

1)无黏性土(粗粒土)的密实度

无黏性土一般分为砂(类)土和碎石(类)土。这两大类土中一般黏粒含量甚少，不具有可塑性，呈单粒结构。这两类土的物理状态主要决定于土的密实程度。无黏性土呈密实状态时，强度较大，是良好的天然地基；呈松散状态时则是一种软弱地基。因此，无黏性土的密实度对其工程性质具有重要的影响。工程上常采用孔隙比 e、相对密度 D_r 和标准贯入试验 N 作为划分其密实度的标准。

（1）孔隙比 e

孔隙比可以用来表示砂土的密实度。对于同一种土，当孔隙比小于某一限度时，处于密实状态。孔隙比愈大，则土愈松散。砂土的这种性质是由它所具有的单粒结构所决定的。

以孔隙比 e 作为砂土密实度划分标准，见表 1-3。

按孔隙比 e 划分砂土的密实度 表 1-3

密实度 / 砂土名称	密 实	中 密	松 散
砾砂、粗砂、中砂	$e<0.55$	$0.55\leqslant e\leqslant0.65$	$e>0.65$
细砂	$e<0.60$	$0.60\leqslant e\leqslant0.70$	$e>0.70$
粉砂	$e<0.60$	$0.60\leqslant e\leqslant0.80$	$e>0.80$

用孔隙比 e 来判断砂土的密实度是最简便的方法，但它没有考虑土的颗粒级配的因素。例如：两种级配不同的砂，一种颗粒均匀的密砂，其孔隙比为 e_1；另一种级配良好的松砂，孔隙比为 e_2；结果 $e_1>e_2$，即密砂孔隙比反而大于松砂的孔隙比。为了克服用一个指标 e 对级配不同的砂土难以准确判断其密实程度的缺陷，工程上引用相对密实度 D_r 这一指标。

（2）相对密实度 D_r

为了较好地表明无黏性土所处的密实状态，可采用天然孔隙比 e 与同一种砂的最疏松状态孔隙比 e_{max} 和最密实状态孔隙比 e_{min} 进行对比，看 e 靠近 e_{max} 还是靠近 e_{min}，以此来判别它的密实度，即相对密实度法。

$$D_r=\frac{e_{max}-e}{e_{max}-e_{min}} \tag{1-18}$$

从上式可以看出，当砂土的天然孔隙比接近于最小孔隙比时，相对密实度 D_r 接近于 1，表明砂土接近于最密实的状态；而当天然孔隙比接近于最大孔隙比时，则表明砂土处于最松散的状态，其相对密实度 D_r 接近于 0。根据砂土的相对密度 D_r 可以按表 1-4 将砂土划分为密实、中密和松散三种密实度。

砂土密实度划分 表 1-4

密实度	密 实	中 密	松 散
相对密实度 D_r	$0.67<D_r\leqslant1.0$	$0.33<D_r\leqslant0.67$	$0<D_r\leqslant0.33$

虽然在理论上采用相对密实度 D_r 作为判断砂土密实度的标准较为完善，但由于目前对 e_{max} 和 e_{min} 尚难准确测定，加之要取原状砂土的土样也十分困难，故对砂土 D_r 值所测定的误差也很大。对此，在实际工程中，天然砂土的密实度一般通过现场原位试验测定。

（3）标准贯入试验

标准贯入试验是在现场进行的一种原位测试试验。标准贯入试验是用规定的锤重（63.5kg）和落高（76cm）把标准贯入器（带有刃口的对开管，外径 50mm，内径 35mm）打入土中，记录贯入一定深度（30cm）所需的锤击数 N 值的原位测试方法。标准贯入试验的贯入锤击数反映了土层的松密和软硬程度，是一种简便的测试手段。《岩土工程勘察规范》（GB 50021—2009）规定，砂土的密实度应根据标准贯入锤击数按表 1-5 的规定划分为密实、中密、稍密和松散四种状态。

按标准贯入锤击数 N 值确定砂土密实度　　表 1-5

N 值	$N \leqslant 10$	$10 < N \leqslant 15$	$15 < N \leqslant 30$	$N > 30$
密实度	松散	稍密	中密	密实

2）黏性土的稠度

黏性土根据其含水率的大小可划分为不同的状态。稠度是指黏性土的干湿程度或在某一含水率下抵抗外力作用而变形或破坏的能力，是黏性土最主要的物理状态指标。当黏性土含水率很大时，如刚沉积的黏土像液体泥浆那样，不能保持其形状，极易流动，称其处于流动状态。随着黏土含水率逐渐减小，泥浆变稠，体积收缩，其流动能力减弱，逐渐进入可塑状态。这时土在外力作用下可改变形状，但不显著，改变其体积也不开裂，外力卸除后仍能保持已有的形状。黏性土的这种性质称为可塑性。当含水率继续逐渐减小时，黏性土将丧失其可塑性，在外力作用下不产生较大的变形，而容易碎裂，土进入半固体状态。若使黏性土的含水率进一步减小，它的体积也不再收缩，这时空气进入土体，使土的颜色变淡，土就进入了固体状态。

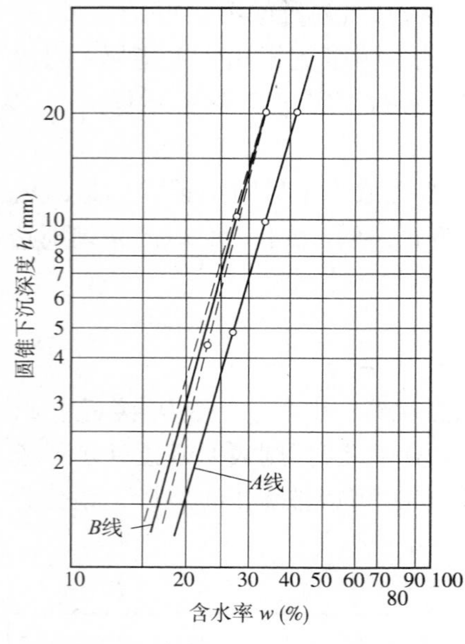

图 1-8　含水率与圆锥体入土深度的关系

黏性土从一种状态过渡到另一种状态，可用某一界限含水率来区分，这种界限含水率称为稠度界限。

（1）液限 w_L（%）

①定义

黏性土呈液态与塑态之间的界限含水率。

②测定方法

液塑限联合测定法。

液塑限联合测定法试验：取代表性试样，加不同数量的纯水，调制成三种不同稠度的试样，用电磁落锥法分别测定圆锥在自重下经5s后沉入试样的深度。以含水率为横坐标，圆锥入土深度为纵坐标，在双对数坐标纸上绘制关系曲线，三点应在一直线上，如图 1-8 所示。入土深度为 10mm 所对应的含水率为液限。

（2）塑限 w_P（%）

①定义

黏性土呈塑态与半固态之间的界限含水率。

②测定方法

液塑限联合测定或滚搓法。

滚搓法是将土先调匀呈硬塑状态，然后在毛玻璃板上用手掌搓滚成细条，当土条搓成直径恰好为 3mm 时，产生横向裂缝并开始断裂，此时土条的含水率就是塑限。液塑限联合测定法试验方法同前述，《土工试验方法标准》（GB/T 50123—1999）规定，在含水率与圆锥下沉深度的关系图上，入土深度为 2mm 所对应的含水率为塑限。

（3）缩限 w_S（%）

①定义

黏性土呈半固态与固态之间的界限含水率。

②测定方法

用收缩皿法进行测定。

(4)塑性指数 I_P

①定义

黏性土与粉土的液限与塑限的差值，去掉百分数，称为塑性指数。

$$I_P=(w_L-w_P)\times 100 \tag{1-19}$$

特别指出：w_L 与 w_P 都是界限含水率，以百分数表示。而 I_P 只取其数值，去掉百分数。如某一土样，$w_L=35.5\%$，$w_P=19.2\%$，则 $I_P=16.3$，而非 16.3%。

②物理意义

细颗粒土体处于可塑状态下，含水率变化的最大区间。一种土的 w_L 与 w_P 之间的范围大，即 I_P 大，表明该土能吸附结合水多，但仍处于可塑状态，亦即该土黏粒含量高或矿物成分吸水能力强。

③工程应用

用塑性指数 I_P 对黏性土进行分类和命名，见表 1-11。

(5)液性指数 I_L

①定义

黏性土的液性指数为天然含水率与塑限的差值和液限与塑限差值之比，即：

$$I_L=\frac{w-w_P}{w_L-w_P} \tag{1-20}$$

②物理意义

液性指数又称相对稠度，是将土的天然含水率 w 与 w_L 及 w_P 相比较，以表明 w 是靠近 w_L 还是靠近 w_P，反映土的软硬不同。

③工程应用

用液性指数 I_L 来划分黏性土的稠度状态。在工程中是确定黏性土承载力的重要指标。《建筑地基基础设计规范》(GB 50007—2011)中对黏性土按液性指数 I_L 划分稠度状态的标准见表 1-6。

黏性土的稠度状态划分 表 1-6

状态	坚硬	硬塑	可塑	软塑	流塑
液性指数	$I_L\leq 0$	$0<I_L\leq 0.25$	$0.25<I_L\leq 0.75$	$0.75<I_L\leq 1.0$	$I_L>1.0$

【例 1-2】 某工程土样试验测得天然含水率 $w=26.6\%$，液限 $w_L=38.0\%$，塑限 $w_P=20.5\%$，试问该土处于什么状态。

解：(1)塑性指数 $I_P=(w_L-w_P)\times 100=(38.0\%-20.5\%)\times 100=17.5$

(2)液性指数 $I_L=\dfrac{26.6-20.5}{38.0-20.5}=0.35$

$0.25<I_L=0.35\leq 0.75$

该土处于可塑状态。

(6)活动度 A

①定义

黏性土的塑性指数与土中胶粒含量百分数的比值，即：

$$A=\frac{I_P}{m} \tag{1-21}$$

式中：m——土中胶粒（$d<0.002\text{mm}$）含量百分数。

②物理意义

活动度反映黏性土中所含矿物的活动性，根据活动度的大小可分为：

$A<0.75$　不活动黏土

$0.75\leqslant A\leqslant 1.25$　正常黏土

$A>1.25$　活动黏土

A 值越大，胶粒对土塑性的影响越大。

（7）灵敏度 S_t

①定义

黏性土的原状土无侧限抗压强度与原土结构完全破坏的重塑土的无侧限抗压强度的比值，其表达式为：

$$S_t=\frac{q_u}{q'_u} \tag{1-22}$$

式中：S_t——土的灵敏度；

q_u——无侧限条件下，原状土抗压强度；

q'_u——无侧限条件下，扰动土抗压强度。

对某一黏性土而言，q_u 为定值，由 q'_u 值的变化决定着灵敏度的大小。当 $q_u=q'_u$ 时，$S_t=1$，即结构破坏后的强度与天然结构的强度一样时，表明该土为非灵敏或无触变性黏土。只有当 $q_u<q'_u$ 的条件下才能体现其触变性。

②物理意义

灵敏度反映黏性土结构性的强弱。根据灵敏度的数值大小黏性土可分为：

$S_t\geqslant 8$　特别灵敏性黏土

$S_t=4\sim 8$　灵敏性黏土

$S_t=2\sim 4$　一般黏土

③工程应用

a. 保护基槽。遇灵敏度高的土，施工时应特别注意保护基槽，防止人来车往，破坏土的结构，降低地基强度。

b. 利用触变性。当黏性土结构受扰动时，土的强度降低，但静置一段时间，土的强度又逐渐增强，这种性质称为土的触变性。这是由于土颗粒及土中的离子和水分子随时间而达到新的平衡状态。所以在黏土中打预制桩时，周围土的结构受到了破坏，强度下降，使桩容易打下去；当打桩停止后，桩周围的土中离子和水分子逐渐达到新的平衡状态后，土的强度逐渐恢复，使桩的承载力逐渐增加，这就是受土的触变性影响的结果。

1.4　地基岩、土的工程分类

为了便于对地基岩、土作出合理的评价和选择恰当的方法对土的工程特性进行研究，必须选用对土的工程性质最有影响、最能反映土的基本属性，又便于测定的指标作为土的分类依据。我国的分类方法迄今尚未统一，不同的部门也有各自的分类标准，本节主要介绍《建筑地基基础设计规范》（GB 50007—2011）的分类法。

《建筑地基基础设计规范》(GB 50007—2011)关于地基土分类较简单。它按土粒大小、粒组的土粒含量或土的塑性指数把地基土分为岩石、碎石土、砂土、粉土、黏性土和人工填土,然后再进一步细分。

1)岩石

岩石是指颗粒间牢固黏结,呈整体或具有节理裂隙的岩体。

(1)坚硬程度。岩石的坚硬程度可根据岩块的饱和单轴抗压强度标准值f_{rk}按表1-7分为坚硬岩、较硬岩、较软岩、软岩和极软岩五类。

岩石坚硬程度划分 表1-7

坚硬程度类别	坚硬岩	较硬岩	较软岩	软岩	极软岩
饱和单轴抗压强度f_{rk}(MPa)	$f_{rk}>60$	$60\geqslant f_{rk}>30$	$30\geqslant f_{rk}>15$	$15\geqslant f_{rk}>5$	$f_{rk}\leqslant 5$

(2)风化程度。岩石的风化程度可分为未风化、微风化、中风化、强风化和全风化五类。

(3)完整程度。完整程度按表1-8划分。完整性指数为岩体纵波波速与岩块纵波波速之比的平方。

岩石完整程度划分 表1-8

完整程度等级	完整	较完整	较破碎	破碎	极破碎
完整性指数	>0.75	0.75~0.55	0.55~0.35	0.35~0.15	<0.15

2)碎石土的分类

若土中粒径大于2mm的颗粒含量超过整体质量的50%,则该土属于碎石土。碎石土可根据粒组的土粒含量按表1-9进一步细分。

碎石土的分类 表1-9

土的名称	颗粒形状	粒组含量
漂石	圆形及亚圆形为主	粒径大于200mm的颗粒超过整体质量的50%
块石	棱角形为主	
卵石	圆形及亚圆形为主	粒径大于20mm的颗粒超过整体质量的50%
碎石	棱角形为主	
圆砾	圆形及亚圆形为主	粒径大于2mm的颗粒超过整体质量的50%
角砾	棱角形为主	

注:分类时应根据粒组含量由大到小以最先符合者确定。

3)砂土的分类

若土中粒径大于2mm的颗粒含量不超过整体质量的50%、粒径大于0.075mm的颗粒超过整体质量的50%,则该土属于砂土。砂土根据粒组的土粒含量按表1-10进一步细分。

砂土的分类 表1-10

土的名称	粒组含量
砾砂	粒径大于2mm的颗粒占整体质量的25%~50%
粗砂	粒径大于0.5mm的颗粒超过整体质量50%
中砂	粒径大于0.25mm的颗粒超过整体质量50%

续上表

土的名称	粒组含量
细砂	粒径大于0.075mm的颗粒超过整体质量85%
粉砂	粒径大于0.075mm的颗粒超过整体质量50%

注:分类时应根据粒组含量由大到小以最先符合者确定。

4)粉土的分类

若土的塑性指数 $I_P \leqslant 10$,粒径大于0.075mm的颗粒含量不超过整体质量的50%,则该土属于粉土。它的性质介于砂土和黏性土之间。

5)黏性土的分类

若土的塑性指数 $I_P > 10$,则该土属于黏性土。黏性土根据塑性指数按表1-11细分。

黏性土的分类 表1-11

土的名称	塑性指数(I_P)范围	土的名称	塑性指数(I_P)范围
黏土	$I_P > 17$	粉质黏土	$10 < I_P \leqslant 17$

注:塑性指数为对应圆锥体入土深度为10mm时测定的液限计算而得。

6)人工填土

人工填土是指由于人类活动而形成的堆积物。其物质成分较杂乱,均匀性较差。人工填土根据其物质组成和成因,可分为素填土、压实填土、杂填土、冲填土。

素填土是指由碎石土、砂土、粉土、黏性土等组成的填土。

压实填土是指经过压实或夯实的素填土。

杂填土为含有建筑垃圾、工业废料、生活垃圾等杂物的填土。

冲填土是由水力冲填泥砂形成的填土。

除了上述5种土类之外,还有一些特殊土,包括淤泥、淤泥质土、膨胀土、湿陷性黄土、红黏土等。此类土具有特殊的工程性质,其含义在后续相应章节详细介绍。

单元小结

1)土的组成

土是由固相(土粒)、液相(水溶液)和气相(空气)三相组成。

(1)土的粒度成分

土的粒度成分分析常用的方法有筛分法和沉降分析法两种。筛分法适用于粒径大于0.075mm的土,沉降分析法适用于粒径小于0.075mm的土。

累计曲线法表示土的颗粒级配或粒度成分。利用累计曲线确定土粒的两个级配指标值来判定土的级配情况。当同时满足不均匀系数 $C_u \geqslant 5$ 和曲率系数 $C_c = 1 \sim 3$ 这两个条件时,土为级配良好的土。

(2)土的液相与气相

土中的水按其工程地质性质可分为:结合水、自由水、气态水、固态水。

土中气体分两种:自由气体、封闭气泡。

2)土的物理性质指标

反映土的固体颗粒、孔隙中的水和气体这三项所占的体积和质量的比例关系的土的物理性质指标中，土的密度、土粒比重、土的含水率为三项基本指标，而土的孔隙比 e、土的孔隙度 n、土的饱和度 S_r、土的干密度 ρ_d、土的饱和密度 ρ_{sat} 和土的有效重度 γ' 可由这三项指标推算得出。三项基本指标的测定试验。

3）土的物理状态指标

土的物理状态，对于无黏性土是指土的密实程度；对于黏性土则是指土的软硬程度或稠度。在实际工程中，天然砂土的密实度一般通过现场原位试验测定。工程应用可用塑性指数 I_P 对黏性土进行分类和命名，用液性指数 I_L 来划分黏性土的稠度状态。

液塑限测定试验。

4）地基岩、土的工程分类

《建筑地基基础设计规范》（GB 50007—2011）把地基土分为岩石、碎石土、砂土、粉土、黏性土和人工填土。

思 考 题

1. 土中的水有哪几种存在形式？
2. 何谓土粒粒组？粒组划分标准是什么？
3. 土是由哪几部分组成的？各组成部分的性质如何？
4. 在土的三相比例指标中，哪些指标是直接测定的？
5. 土的结构通常分为哪几种？
6. 土粒比重 G_s 的物理意义是什么？如何测定 G_s 值？
7. 黏性土的物理状态指标是什么？何谓液限？如何测定？何谓塑限？如何测定？
8. 无黏性土最主要的物理状态指标是什么？用孔隙比 e、相对密实度 D_r 和标准贯入试验击数 N 来划分密实度各有何优缺点？
9. 何谓液性指数？如何应用液性指数来评价土的工程性质？何谓硬塑、软塑状态？
10. 塑性指数的定义和物理意义是什么？
11. 下列土的物理指标中，哪几项对黏性土有意义，哪几项对无黏性土有意义？

（1）灵敏度；（2）液性指数；（3）粒径级配；（4）相对密度；（5）塑性指数。

12. 何谓孔隙比？何谓饱和度？用三相草图计算时，为什么要设总体积 $V=1$？
13. 已知甲土的含水率比乙土大，那么甲土的饱和度是否比乙土大？
14. 地基岩、土分哪几大类？各类土划分的依据是什么？
15. 试比较土的 ρ、ρ_d、ρ_{sat} 三者的大小关系。

实 践 练 习

1. 某土样颗粒分析结果见表 1-12，试据表中资料，绘出该土的颗粒级配曲线，并确 C_u 及 C_c，评价该土的级配情况。

某土样的粒组含量 表 1-12

粒径（mm）	>2	2～0.5	0.5～0.25	0.25～0.1	<0.1
粒组含量（%）	9	27	28	19	17

2. 某土样重1900g，已知其含水率为20%，现制备含水率为26%的土样，需加多少水？

3. 某砂土层，测得其天然密度为1.75g/cm³，天然含水率为9.5%，土粒相对密度2.70，烘干后测定最小孔隙比为0.46，最大孔隙比为0.92。试求天然孔隙比、相对密实度D_r，并评定该砂土的密实度。

4. 某住宅工程地质勘察中取原状土做试验。取土50cm³，湿土质量为89.85g，烘干后质量为72.58g，土粒相对密度为2.67。计算此土样的天然密度、天然含水率、孔隙比、孔隙度以及饱和度。

5. 取某湿土样1890g，测得其含水率为16%，若在土样中再加入76g水后，试问此时该土样的含水率为多少？

6. 某宾馆地基土的试验中，已测得土样的干密度1.66g/cm³，含水率20%，土粒相对密度2.72。此土样又测得$w_L=28.3\%$，$w_P=16.7\%$，计算土样的天然密度、孔隙比及该土的液性指数，并按液性指数确定土的状态。

7. 一工厂车间地基表层为杂填土厚1.3m，第二层为黏性土，厚6m，地下水位深2.0m。在黏性土中部取土样做试验，测得天然密度1.84g/cm³，土粒相对密度2.75。计算此土的含水率、孔隙比、饱和度、有效密度、干密度、饱和密度。

8. 已知甲、乙两个土样的物理性试验结果见表1-13。

甲、乙土样物理性试验结界 表1-13

物性指标 / 土样	w_L(%)	w_P(%)	w(%)	G_s	S_r
甲	31.0	11.3	19.8	2.72	1.0
乙	10.0	5.8	10.2	2.65	1.0

试问下列结论中，哪几个是正确的？为什么？

(1)甲土样比乙土样的黏粒($d<0.005$mm的颗粒)含量多；

(2)甲土样的天然密度大于乙土样；

(3)甲土样的干密度小于乙土样；

(4)甲土样的天然孔隙比大于乙土样。

9. 有一砂土试样，经筛分后各颗粒粒组含量见表1-14。

各颗粒粒组含量 表1-14

粒组(mm)	<0.075	0.075~0.25	0.25~0.5	0.5~1.0	>1.0
含量(%)	9.0	25.0	45.0	16.0	5.0

试确定砂土的名称。

实践一　地基土野外鉴别

1)实践目的

初步学会地基土的简单辨别方法和鉴定土样的名称。

2)实践内容和要求

将学生分为若干小组，由教师或工程技术人员带领学生到实践教学基地或施工单位，在一个具体的基坑开挖现场，在教师或工程技术人员指导下，针对已开挖的基坑中的各个不同土层，学习地基土的野外简单鉴别方法并鉴定土样的名称。

3）成果整理、交流

完成对现场地基土的野外鉴别后，汇集整理相关的鉴别资料，相互交流成果并进行讨论，写出实践报告。由教师作讲评，以提高学生实际操作能力。

4）土的野外简单鉴别法

野外鉴别地基土要求快速，主要凭经验和感觉。鉴别方法见表1-15～表1-19。

碎石土与砂土的野外鉴别 表1-15

土类	土名＼鉴别方法	观察颗粒粗细	干土状态	湿土状态黏着感	湿润时用手拍击
碎石土	卵石（碎石）	一半以上（指质量，下同）颗粒超过20mm（干枣大小）	完全分散	无黏着感	表面无变化
	圆砾（角砾）	一半以上颗粒超过2mm（小高粱米大小）	完全分散	无黏着感	表面无变化
砂土	砾砂	1/4以上颗粒超过2mm（小高粱米大小）	完全分散	无黏着感	表面无变化
	粗砂	一半以上颗粒超过0.5m（细小米粒大小）	完全分散，个别胶结在一起	无黏着感	表面无变化
	中砂	一半以上颗粒超过0.25mm（白菜籽大小）	基本分散，局部胶结，一碰即散	无黏着感	表面偶有水印
	细砂	大部分颗粒与粗玉米粉（>0.075mm）近似	大部分分散，少量胶结部分稍加碰撞即散	偶有轻微黏着感	接近饱和时表面有水印
	粉砂	大部分颗粒与大小米粉近似	颗粒少部分分散、大部分胶结，稍加压力可分散	有轻微黏着感	接近饱和时表面翻浆

黏性土与粉土的野外鉴别 表1-16

土名＼鉴别方法	干土状况	手搓时感觉	湿土状态	湿土手搓情况	小刀切削湿土
黏土	坚硬，用锤才能打碎	极细的均质土粒	可塑，滑腻，黏着性大，干燥后不易剥落	易搓$d<0.5$mm的长土条	切面光滑有粘刀阻力
粉质黏土	手压土块可碎散	无均质感，有砂粒感	可塑，略滑腻，有黏性，干燥后易剥落	能搓成$d=2\sim3$mm土条	切面平整有砂粒感
粉土	手压土块散成粉末	土质不均可见砂粒	稍可塑，不滑腻，黏性弱，干燥后一碰就掉	只能搓成$d=2\sim3$mm的短土条	切面粗糙

碎石土密实度野外鉴别方法 表 1-17

密实度	骨架颗粒含量和排列	可挖性	可钻性
密实	骨架颗粒含量大于总质量的70%，呈交错排列，连续接触	锹镐挖掘困难，用撬棍方能松动，井壁一般较稳定	钻进极困难，冲击钻探时，钻杆、吊锤跳动剧烈，孔壁较稳定
中密	骨架颗粒含量等于总质量的60%~70%，呈交错排列，大部分接触	锹镐可挖掘，井壁有掉块现象，从井壁取出大颗粒处，能保持凹面形状	钻进较困难，冲击钻探时，钻杆、吊锤跳动不剧烈；孔壁有坍塌现象
稍密	骨架颗粒含量等于总质量的50%~60%，排列混乱，大部分不接触	锹可以挖掘，井壁易坍塌，从井壁取出大颗粒处，砂土立即坍落	钻进较容易，冲击钻探时，钻杆稍有跳动，孔壁易坍塌
松散	骨架颗粒含量小于总质量的55%，排列十分混乱，绝大部分不接触	锹易挖掘，井壁极易坍塌	钻进很容易，冲击钻探时，钻杆无跳动，孔壁极易坍塌

黏性土潮湿程度的野外鉴别 表 1-18

土的湿度	鉴别方法
稍湿的	经过扰动的土，不易捏成团，易碎成粉末。放在手中不湿手，但感觉凉而且觉得是湿土
湿的	经过扰动的土，能捏成各种形状。放在手中会湿手，在土面上滴水能慢慢渗入土中
饱和的	滴水不能渗入土中，可看到孔隙中的水发亮

黏性土和粉土稠度的野外鉴别 表 1-19

土的稠度	鉴别方法
坚硬	手钻很费力，难以钻进，钻头取出的土样用手捏不动，加力土不变形，只能碎裂
硬塑	手钻较费力，钻头取出的土样用手捏时，要用较大的力土才略有变形，并即碎散
可塑	钻头取出的土样，手指用力不大就能按入土中，土可捏成各种形状
软塑	钻头取出的土样还能成形，手指按入土中毫不费力
流塑	钻进容易，钻头不易取出土样，取出的土样已不能成形，放在手中不易成块

第2单元　土中应力计算

单元重点：

(1)土中应力按其产生的原因和作用效果分为自重应力和附加应力，并用示例说明自重应力和附加应力；

(2)掌握自重应力分布规律，并计算自重应力；

(3)掌握附加应力分布规律，并计算竖向附加应力及一定埋置深度的基础下的地基应力计算；

(4)描述基底应力分布及其影响因素，掌握刚性基础和柔性基础基底压力分布及计算。

2.1　概　　述

2.1.1　土中应力与地基的变形

土体在自身重力、建筑物荷载、交通荷载或其他因素(如土中水的渗流和地震等)的作用下，均可产生土中应力。土中应力将引起土体或地基的变形，使土工建筑物(如路堤、土坝等)或建筑物(如房屋、桥梁、涵洞等)发生沉降、倾斜以及水平位移。土中应力按其产生的原因和作用效果分为自重应力和附加应力。自重应力是由于土的自身重力引起的应力，它又可分为两种情况：一种是长期形成的天然土层，土体在自重应力的作用下已经完成压缩固结，其沉降早已稳定，不会再引起土体或地基新的变形。所以自重应力又被称为原存应力或长驻应力。自重应力的作用效果多属于这种情况。另一种是成土年代不久，例如人工填土(土层的自然状态遭到破坏时)土体在自重应力的作用下尚未完成固结，将引起土体或地基新的变形甚至丧失稳定性。此外，地下水的升降将会引起土中自重应力大小的变化，使土体发生变形(如压缩、膨胀或湿陷等)。附加应力是由于外荷载(包括建筑物荷载、交通荷载、堤坝荷载)以及地下水渗流力、地震力等作用在土体上时，土中产生的应力增量。土体在附加应力作用下，将产生新的变形。所以，它是引起土体和地基变形的主要原因，也是导致土体强度破坏和失稳的重要原因。综上所述，当土中应力过大时，土体或地基将产生较大变形，往往会影响建筑物的正常和安全使用。土中应力过大时，又会导致土体的强度破坏，使土体丧失稳定。因此，在研究土的变形、强度及稳定性问题时，都必须掌握土中应力状态。土中某点的总应力应为自重应力与附加应力之和。

2.1.2　土中应力计算方法及目的

目前计算土中应力的方法，主要是采用弹性理论公式，也就是把地基土视为均匀的、各向同性的半无限弹性体。这虽然同土体的实际情况有差别,但其计算结果还是能满足实际工程的要求,其原因可以从以下几方面来分析。

(1)土的分散性影响。土是由三相组成的分散体,而不是连续的介质,土中应力是通过土颗粒间的接触而传递的。但是,由于建筑物的基础面积尺寸远远大于土颗粒尺寸,同时我们研究的也只是计算平面上的平均应力,而不是土颗粒间的接触集中应力,因此可以忽略土分散性的影响,近似地把土体作为连续体考虑。

(2)土的非均质性和非理想弹性体的影响。土在形成过程中具有各种结构与构造,使土呈现不均匀性。同时,土体也不是一种理想的弹性体,而是一种具有弹塑性或黏滞性的介质。但是,在实际工程中,土中应力水平较低,土体受压时,应力—应变关系接近于线性关系,因此,土层间的性质差异不十分悬殊时,采用弹性理论计算土中应力在实用上是允许的。

(3)地基土可视为半无限体。所谓半无限体就是无限空间体的一半。由于地基土在水平方向和深度方向相对于建筑物基础的尺寸而言,可以认为是无限延伸的。因此,可以认为地基土是符合半无限体的假定。

土中应力计算的目的:根据上部结构的荷载大小和分布,结合地基土的工程性质,计算附加应力产生的地基变形值并控制在允许值范围内,以保证建筑工程的安全。

2.2 土体中的自重应力

假定地基土体为半无限体,即土体的表面尺寸和深度都是无限大,则土体中所有竖直面和水平面上均无剪应力存在,仅作用有竖向的自重应力和水平向的侧向应力。由此得知,在均匀土体中,土中某点的竖向自重应力将只与该点的深度有关,并等于单位面积上土柱的有效质量。

2.2.1 计算公式

在图 2-1 中,设土中 M 点距离地面的深度为 z,土的重度为 γ,求作用于 M 点上竖向自重应力 σ_{cz}。可通过 M 点平面上取一截面积 ΔA,然后以 ΔA 为底,截取高为 z 的土柱,由于土体为半无限体,由上述可知,作用在 ΔA 的压力就等于该土柱的重力,即为 $\gamma z\Delta A$,于是 M 点的竖向自重应力为:

$$\sigma_{cz}=\frac{\gamma\cdot z\Delta A}{\Delta A}=\gamma z \tag{2-1}$$

M 点的水平方向自重应力为:

$$\sigma_{cx}=\sigma_{cy}=\xi\sigma_{cz} \tag{2-2}$$

式中:ξ——土的侧压力系数。

2.2.2 成层土的自重应力计算

当地基由不同重度的多层土组成时,如图 2-2 所示,各土层底面上的竖向自重应力是:

$$\sigma_{c1}=\gamma_1 h_1 \tag{2-3}$$

$$\sigma_{c2}=\gamma_1 h_1+\gamma_2 h_2 \tag{2-4}$$

式中：γ_1、γ_2——分别是第1、2层土的重度；

h_1、h_2——分别是第1、2层土的厚度。

由此可知，任意第 i 层底面的竖向自重应力为：

$$\sigma_{ci}=\sum_{i=1}^{n}\gamma_i h_i \tag{2-5}$$

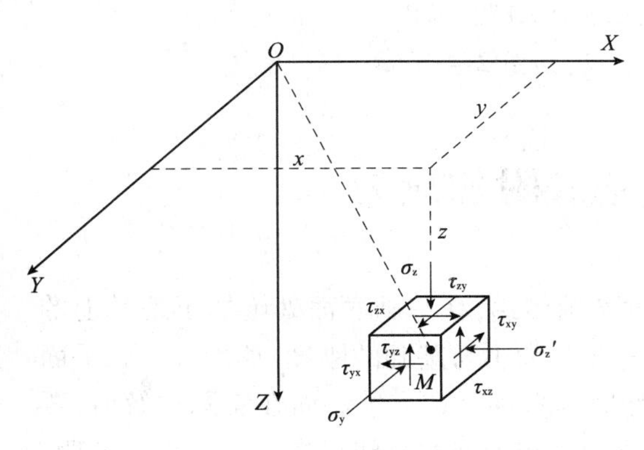

图2-1　土中一点的应力情况

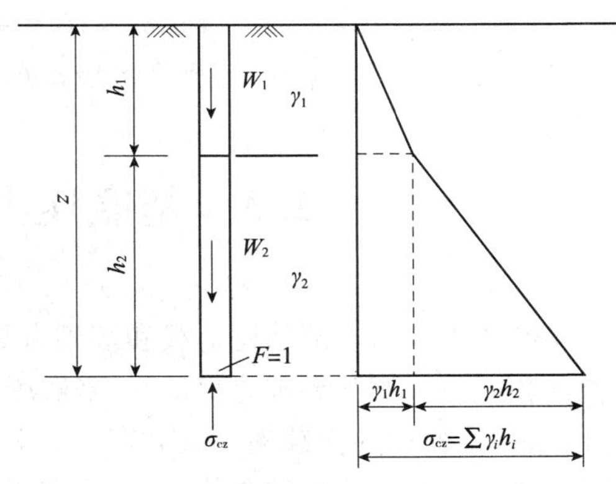

图2-2　成层土的自重应力分步

2.2.3　存在地下水的情况下自重应力计算

当土层位于地面水或地下水位以下时，如图2-3所示，若土为透水性的（如碎石土、砂土及液性指数 $I_L\geqslant1$ 的黏性土等），应考虑水的浮力作用，式中 γ 要用浮重度；若土为非透水性的（如 $I_L<1$ 的黏土，$I_L<0.5$ 的粉质黏土及致密的岩石等），可不考虑水的浮力作用，而采用天然重度。计算土体的自重应力时，可将水位面作为一个土层面对待即可。但土的透水性问题比较复杂，有些黏性土的透水性很难作出判断，从而无法确定是否计入水的浮力。此时，通常的做法是两者均考虑，取其不利者。

此外，地下水位的升降会引起土中自重应力的变化。例如，在某些软土地区，由于大量抽取地下水等原因，造成地下水位大幅度下降。那么，原水位以下的土体中的有效自重应力就会增大，进而造成地表大面积下沉。而人工抬高蓄水水位或工业用水大量渗入地下的地区，地下水位的上升使得土层遇水后土性发生变化，这些都必须引起注意。

【例2-1】　某工程地基土的地质剖面如图2-4所示，已知Ⅰ层为透水性土，Ⅱ层为非透水性土，求土中点1、2、3、4处的竖向自重应力，并绘出应力分布线。

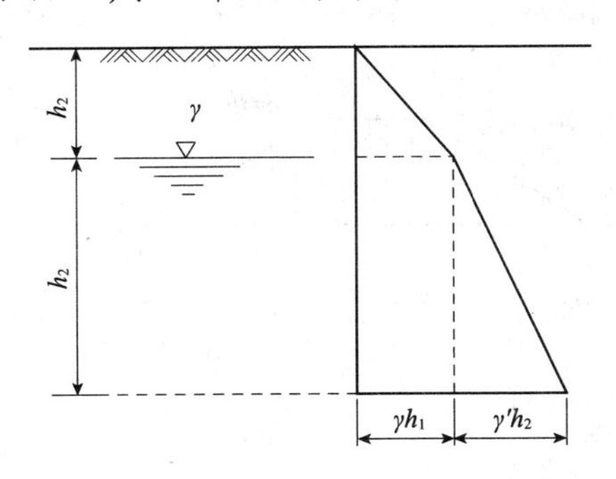

图2-3　水下土的自重应力分布

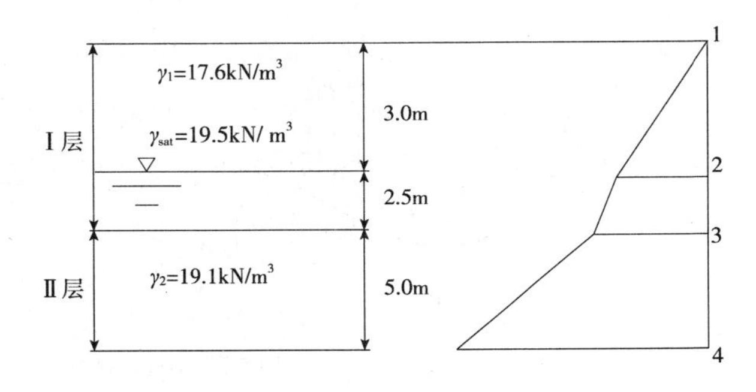

图2-4　地基土的地质剖面

解:竖向自重应力按式(2-5)计算,其中水下透水性Ⅰ层土用浮重度,非透水性土则用天然重度计算。其各点自重应力为:

1 点:$\sigma_{c1}=\gamma_1 h_0=17.6\times0=0\text{kPa}$

2 点:$\sigma_{c2}=\gamma_1 h_1=17.6\times3.0=52.8\text{kPa}$

3 点:$\sigma_{c3}=\gamma_1 h_1+\gamma'_1 h_2=52.8+(19.5-10)\times2.5=52.8+23.8=76.6\text{kPa}$

4 点:$\sigma_{c4}=\gamma_1 h_1+\gamma'_1 h_2+\gamma_2 h_3=76.6+19.1\times5.0=172.1\text{kPa}$

将以上各点的计算结果,按比例绘出应力分布线,如图 2-4 所示。

2.3 基底压力与基底附加应力

基底压力是指上部结构荷载和基础自重通过基础传递,在基础底面处施加于地基上的单位面积压力。试验和理论都证明,基底压力的分布和大小与基础的刚度、埋深、形状、平面尺寸、基础上作用的荷载大小及分布、地基土的性质等多种因素有关。而在实际求解时,要考虑上述各种因素是很困难的,一般假定基底压力的分布近似按直线分布考虑。实践证明,根据该假定计算所引起的误差在允许范围内。

2.3.1 柔性基础与刚性基础

基础刚度的两种极端情况是柔性基础和刚性基础。在实际工程中,基础刚度一般都处于上述两种极端情况之间,称为弹性基础。试验研究表明,实际工程中对于柔性较大(刚度较小)能适应地基变形的基础可以视为柔性基础。如用分散土填筑而成的土坝(土堤)和路堤,本身不具有抵抗弯曲的刚度,随着地面一起变形,其底面压力的大小和分布与基础上荷载的大小和分布一致。在条形均布荷载作用下,基底压力也是均匀分布的,如图 2-5a)所示。一般土坝、路堤的形状呈梯形,当填土重度为 γ,土坝、路堤高度为 h 时,土坝、路堤底面压力分布图也呈梯形,其值为该点以上填土的自重应力 γh,如图 2-5b)所示。

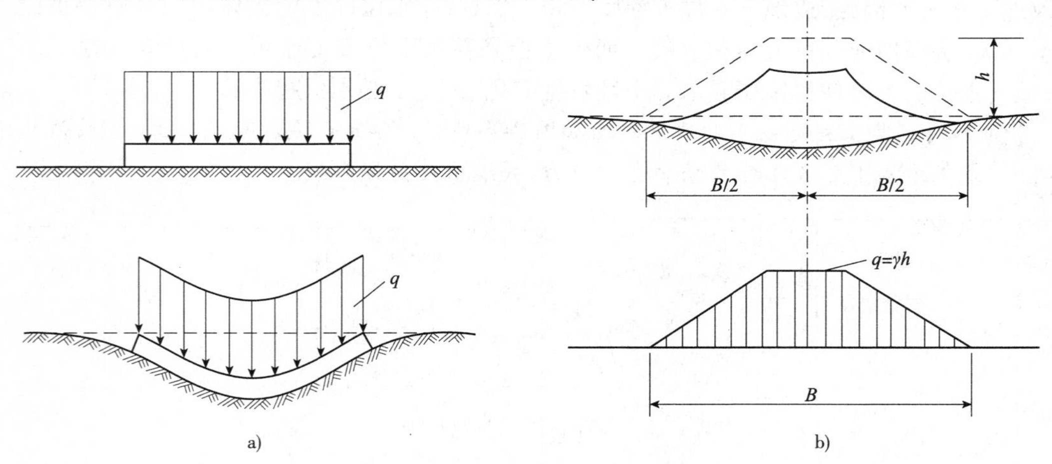

图 2-5 柔性基础基底压力分布

a)均布荷载作用下的基底压力;b)土坝、路堤底面压力分布

对于一些刚度很大，不能适应地基变形的基础可以视为刚性基础，例如建筑物的箱形基础、墩式基础、混凝土坝基础以及桥梁中很多圬工基础（如许多扩大基础和沉井基础）等都属于刚性基础。刚性基础底面压力分布随基础的埋深、基础上作用的荷载的大小及分布、地基土的性质而异。例如，建造在砂土地基表面的条形刚性基础，当受中心荷载作用时，由于砂土颗粒之间没有黏聚力，其基地压力多呈抛物线形分布，如图2-6a）所示；建造在黏性土地基表面的条形刚性基础，当受中心荷载作用时，由于黏性土具有黏聚力，基础边缘能承受一定的压力，因此当荷载较小时，基底压力分布呈边缘大中间小，类似马鞍形分布；而当荷载较大时，基底压力将重新分布，向中间集中，转变为抛物线形分布，如图2-6b）所示。

若按上述情况去计算土中的附加应力，将使计算变得非常复杂。根据实践与理论，在基础尺寸不太大、荷载的大小和作用点不变的前提下，基底压力的分布形状对土中附加应力分布的影响，在超过一定深度后就不显著了。因此，在工程计算中经常采用假定基底压力的分布近似按直线变化的简化方法，这种假定对沉降计算所引起的误差是允许的。

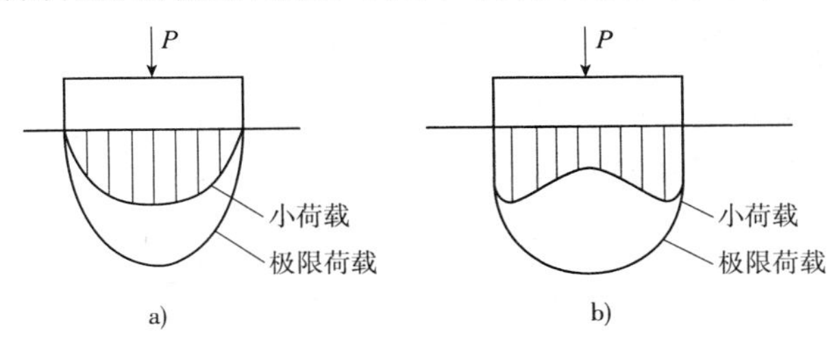

图2-6 刚性基础基底压力分布

a）砂土地基；b）黏性土地基

2.3.2 刚性基础基底压力分布

1）中心荷载

中心荷载作用下的基础如图2-7a）所示，基础底面压力的计算公式为：

$$p = \frac{F + G}{A} = \frac{N}{A} \tag{2-6}$$

式中：p——基础底面压应力（kPa）；

F——上部结构荷载（kN）；

A——基础底面面积（m^2）；

N——作用于基底中心上的竖向荷载合力（kN）；

G——基础自重和基础台阶上土的自重（kN），其值为：

$$G = \gamma_G A d \tag{2-7}$$

式中：γ_G——基础及基础台阶上土的平均重度，一般取20kN/m³，在地下水位以下部分用有效重度；

d——基础埋置深度，一般自室外地面高程算起（m）。

2）偏心荷载

（1）偏心荷载作用，且合力作用点不超过基底截面核心时，如图2-7b、c）所示，基础底面压力的计算公式为：

$$\left.\begin{array}{l} p_{max} \\ p_{min} \end{array}\right\} = \frac{N}{A} \pm \frac{M}{W} = \frac{N}{A} \pm \frac{N \cdot e}{W} \tag{2-8}$$

式中：p_{max}、p_{min}——基底边缘处最大、最小压应力；

N——作用于基底偏心荷载合力(kN)；

A——基础底面面积(m^2)；

M——偏心荷载对基底形心的力矩(kN · m)

e——荷载偏心距(m)，$e=\frac{M}{N}$；

W——基础底面的截面抵抗矩(m^3)。

对长度 a、宽度为 b 的矩形底面，$A=ab$，$W=\frac{ab^2}{6}$，故当 $e \leqslant \rho=\frac{b}{6}$时，基底边缘应力也可写成：

$$\left.\begin{matrix} p_{max} \\ p_{min} \end{matrix}\right\} = \frac{N}{ab}\left(1 \pm \frac{6e}{b}\right) \tag{2-9}$$

(2)偏心荷载作用，且合力作用点超过基底截面核心时，如图 2-7d)所示，对于矩形截面，当合力偏心距 $e>\frac{b}{6}$时，按材料力学偏心受压的公式计算，截面上将出现拉应力，但基础与地基之间不可能出现拉应力，于是基底应力将会重新分布在($b' \cdot a$)上。此时，基础底面压力的计算公式不能再按式(2-6)或式(2-8)计算。假定基底压力在 b'(小于基础宽度 b)范围内按三角形分布，如图 2-7d)所示，根据静力平衡条件应有以下关系：

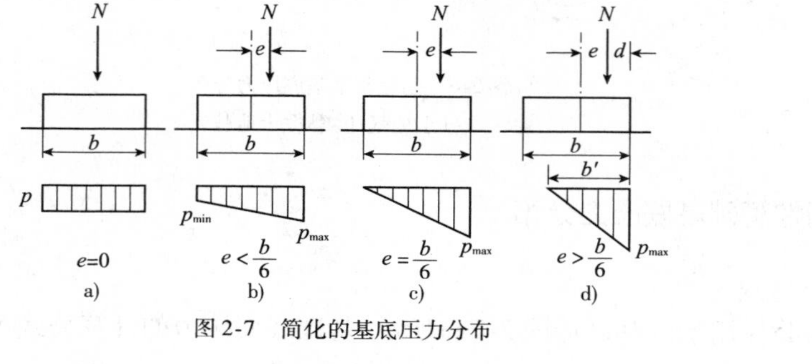

图 2-7 简化的基底压力分布

$$N=\frac{1}{2}p_{max}b'a \tag{2-10}$$

这里 N 应通过压力分布图三角形的形心，所以 $b'=3d=3\left(\frac{b}{2}-e\right)$。由此可得基础底面压力的计算公式为：

$$p_{max}=\frac{2N}{3\left(\frac{b}{2}-e\right)a} \tag{2-11}$$

2.3.3 基底附加应力

在实际工程中，建筑物基础总是埋置在地面以下一定深度处，如图 2-8 所示。建筑物建造前，地基土的自重应力早已存在，大小为 $\gamma_0 d$。修建基础时，势必要进行基坑开挖，将这部分土挖除后又建基础。因此，应在基底压力中扣除基底高程处原有土的自重应力 $\gamma_0 d$，才是基础底面下真正施加与地基的压力，称其为基底附加应力，即：

$$p_0=p-\gamma_0 d \tag{2-12}$$

式中：p——基础底面的接触压力(kPa)；

γ_0——基础底面高程以上各地基土层的平均加权重度（kN/m^3），地下水位以下部分取有效重度；

d——基础的埋置深度，一般从天然地面算起（m）。

由上可知，在总荷载不变的条件下，基础埋深越大，基底附加应力越小，从而地基中附加应力将越小，有利于减小基础沉降。因此，高层建筑设计时常采用箱形基础或地下室、半地下室，这样既可减轻基础自重，又可增加基础埋深，减小基底附加应力，从而减小基础的沉降。

【例 2-2】 某地基表层为 0.6m 厚的杂填土，$\gamma = 17.0kN/m^3$，下面为厚 3m、$\gamma = 18.6kN/m^3$ 的粉质黏土。现设计一条形基础，基础埋深为 0.8m，其上部结构荷载为 200kN/m，基础尺寸如图 2-9 所示，求基底附加应力。

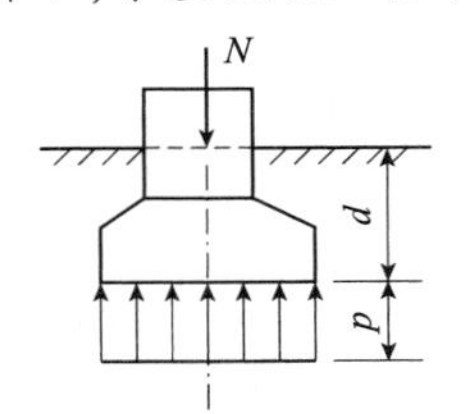

图 2-8 基础底面附加应力

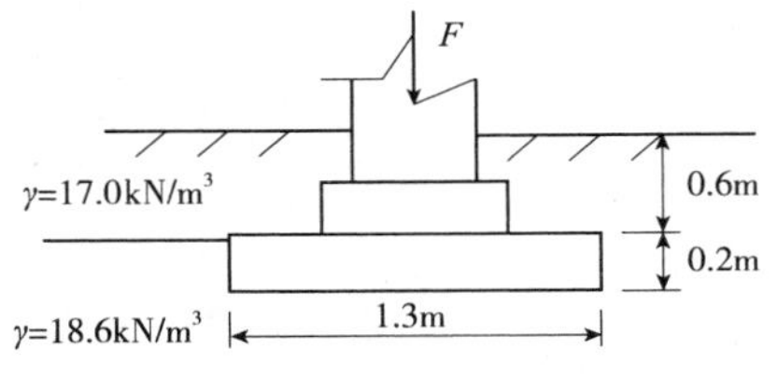

图 2-9 基础尺寸

解：基础底面压应力为：

$$p = \frac{F+G}{A} = \frac{F+\gamma_G Ad}{A} = \left(\frac{200+20\times1.3\times1\times0.8}{1.3\times1}\right)$$

$$=169.85kPa$$

基底附加应力为：

$$p_0 = p - \gamma_0 d$$

$$\gamma_0 = \frac{17.0\times0.6+18.6\times0.2}{0.8} = 17.4kN/m^3$$

$$p_0 = p - \gamma_0 d = 169.85 - 17.4\times0.8 = 155.93kPa$$

2.4 地基中的附加应力

地基附加应力是指由外荷载在地基中引起的土中应力。地基附加应力计算方法假定地基土是各向同性的、均质的、线性变形体，而且在深度和水平方向都是无限的，因此可以直接应用弹性力学中关于弹性半空间体的理论解答。地基附加应力计算可分为空间问题和平面问题。若地基中的应力是三维坐标（x, y, z）的函数，称为空间问题，如矩形基础（$l/b < 10$）、圆形基础下附加应力计算属于空间问题；若地基中的应力仅是二维坐标 $x(y)$，z 的函数，则称为平面问题，如条形基础（$l/b \geqslant 10$）下附加应力计算属于平面问题。

2.4.1 竖向集中力作用下地基附加应力

1885 年法国数学家布辛奈斯克（J. Boussinesq）用弹性理论推出了在弹性半空间体表面上作用有竖直集中应力 P 时，在弹性体内任意点 $M(x, y, z)$ 引起的全部应力（$\sigma_x, \sigma_y, \sigma_z$，$\tau_{xy=\tau yx}, \tau_{yz} = \tau_{zy}, \tau_{zx} = \tau_{xz}$）和全部位移（$u_x, u_y, u_z$）。其中，对基础沉降计算直接有关的竖向附加应力 σ_z 为：

$$\sigma_Z = \frac{3Pz^3}{2\pi R^5} \quad (\text{kPa}) \tag{2-13}$$

式中：P——集中荷载（kN）；

z——M 点距弹性体表面的深度（m）；

R——M 点到力 P 的作用点 O 的距离（m）。

如图 2-10 所示，xoy 平面为地面，M 点的坐标为(x,y,z)，从图 2-10 中可以看出：

$$r = \sqrt{x^2 + y^2}$$

$$R = \sqrt{r^2 + z^2} = \sqrt{x^2 + y^2 + z^2}$$

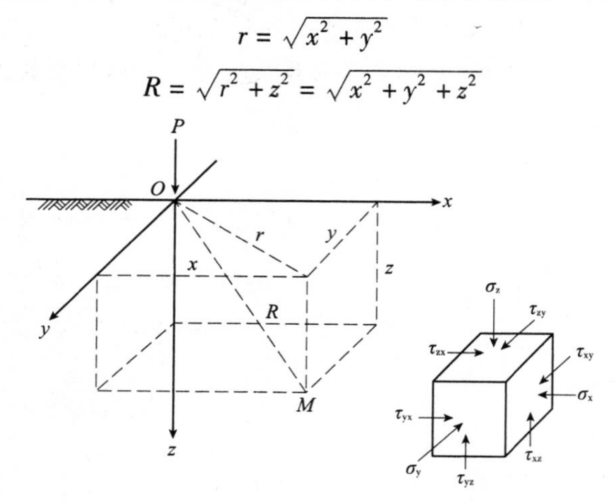

图 2-10　弹性半空间体表面集中力作用下应力

为计算方便通常把上式改写成：

$$\sigma_z = \frac{3}{2\pi\left[1+\left(\frac{r}{z}\right)^2\right]^{\frac{5}{2}}} \cdot \frac{P}{z^2} = \alpha \frac{P}{z^2} \tag{2-14}$$

式中：α——应力系数，可由 r/z 值查表 2-1。

由式(2-14)可知，当集中力 P 等于常数时，附加应力 σ_z 是 r/z 的函数。因此，给定 r 或 z 值就能得出 σ_z 在土中的分布规律。

（1）在集中力 P 作用线上

在 P 作用线上，$r=0$。当 $z=0$ 时，$\sigma_z \to \infty$；说明该解不适用集中力作用点处及其附近，因此在选择应力计算点时，不应过于接近集中力作用点；另一方面也说明在 P 作用点处应力很大。随着深度 z 的增加，σ_z 逐渐减小，其分布如图 2-11 所示。

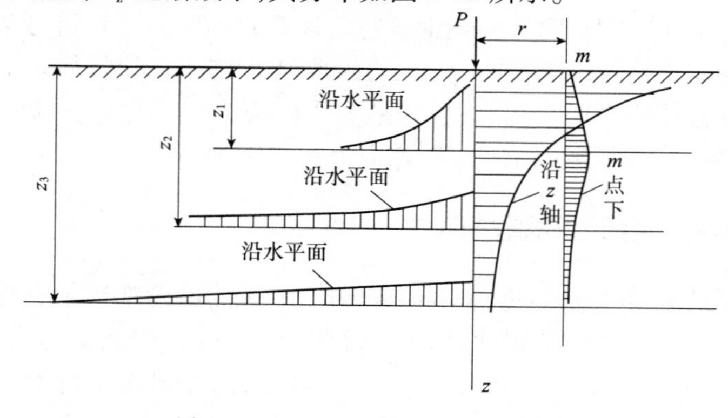

图 2-11　集中力作用下土中应力的分布

(2)在 $r>0$ 的竖直线上

$r>0$ 的竖直线上，$z=0$ 时，$\sigma_z=0$；随着 z 的增加，σ_z 从零开始逐渐增大，至一定深度后达到最大值；再随着 z 的增加而逐渐变小，如图 2-11 所示。

(3)在 z 为常数的水平面上

在 z 为常数的水平面上，σ_z 在集中力作用线上最大，并随着 r 的增加而递减；随着 z 的增加，这一分布趋势保持不变，但 σ_z 随着 r 增加而降低的速率变缓，如图 2-11 所示。

若在剖面图上将 σ_z 相同的点连接成曲面，可得到如图 2-12 所示的 σ_z 等值线(通过 P 作用线任意竖直面上)，其空间曲面的形状如泡状，所以也称为应力泡。由上分析可知，集中力 P 在地基中引起的附加应力在地基中的分布是向下、向四周无限扩散开的，其值逐渐减小，此即应力扩散的概念。

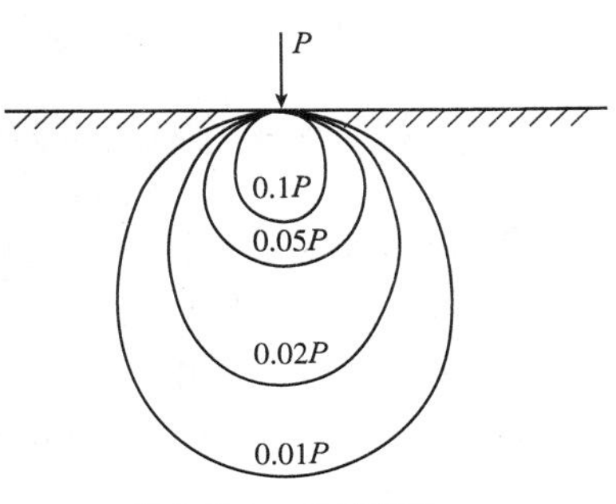

图 2-12 σ_z的等值线

竖向集中力作用下应力系数值 表 2-1

r/z	α	r/z	α	r/z	α	r/z	α
0.00	0.4775	0.50	0.2733	1.00	0.0844	1.50	0.251
0.02	0.4770	0.52	0.2625	1.02	0.0803	1.54	0.229
0.04	0.4756	0.54	0.2518	1.04	0.0764	1.58	0.0209
0.06	0.4732	0.56	0.2414	1.06	0.0727	1.60	0.200
0.08	0.4699	0.58	0.2313	1.08	0.0691	1.64	0.0183
0.10	0.4657	0.60	0.2214	1.10	0.0658	1.68	0.0167
0.12	0.4607	0.62	0.2117	1.12	0.0626	1.70	0.0160
0.14	0.4548	0.64	0.2024	1.14	0.0595	1.74	0.0147
0.16	0.4482	0.66	0.1934	1.16	0.0567	1.78	0.0135
0.18	0.4409	0.68	0.1846	1.18	0.0539	1.80	0.0129
0.20	0.4329	0.70	0.1762	1.20	0.0513	1.84	0.0119
0.22	0.4242	0.72	0.1681	1.22	0.0489	1.88	0.0109
0.24	0.4151	0.74	0.1603	1.24	0.0466	1.90	0.0105
0.26	0.4054	0.76	0.1527	1.26	0.0443	1.94	0.0097
0.28	0.3954	0.78	0.1455	1.28	0.0422	1.98	0.0089
0.30	0.3849	0.80	0.1386	1.30	0.0402	2.00	0.0085
0.32	0.3742	0.82	0.1320	1.32	0.0384	2.10	0.0070
0.34	0.3632	0.84	0.1257	1.34	0.0365	2.20	0.0058
0.36	0.3521	0.86	0.1196	1.36	0.0348	2.40	0.0040
0.38	0.3408	0.88	0.1138	1.38	0.0332	2.60	0.0029
0.40	0.3294	0.90	0.1083	1.40	0.0317	2.80	0.0021
0.42	0.3181	0.92	0.1031	1.42	0.0302	3.00	0.0015
0.44	0.3068	0.94	0.0981	1.44	0.0288	3.50	0.0007
0.46	0.2955	0.96	0.0933	1.46	0.0275	4.00	0.0004
0.48	0.2843	0.98	0.0887	1.48	0.0263	4.50	0.0002
						5.00	0.0001

当地基表面作用有几个集中力时,可分别算出各集中力在地基中引起的附加应力,然后根据弹性体应力叠加原理求出附加应力的总和。在实际工程中,当基础底面形状不规则或荷载分布较复杂时,可将基底分为若干个小面积,把小面积上的荷载当成集中力,然后利用上述公式计算附加应力。如果小面积的最大边长小于计算应力点深度的1/3,用此法所得的应力值与正确应力值相比,误差一般不超过5%。

2.4.2 空间问题的附加应力计算

1)矩形面积受竖向均布荷载作用

通常房屋柱基底面是矩形,在中心荷载作用下,基底压力为均布荷载,这种情况工程中比较常见。设基础长度为 l,宽度为 b,其上作用着竖向均布荷载,荷载强度为 P,求地基内各点的附加应力 σ_z。首先求出矩形面积角点下不同深度处的附加应力,然后再利用"角点法"求出地基内各点的附加应力 σ_z。

(1)矩形均布荷载角点下的附加应力

角点下的附加应力是指图2-13中 O、A、C、D 角点下不同深度处的应力,由于荷载是均布的,故4个角点下深度一样处的附加应力均相同。如将坐标的原点取在角点 O 上,在荷载面积内任取微分面积 $\mathrm{d}A=\mathrm{d}x\cdot\mathrm{d}y$,并将其上作用的荷载以集中力 $\mathrm{d}P$ 代替,则 $\mathrm{d}P=p\mathrm{d}A=p\mathrm{d}x\mathrm{d}y$。利用式(2-13)即可求出在该集中力作用下,角点 O 下深度为 z 处的 M 点的竖向附加应力 $\mathrm{d}\sigma_z$:

$$\mathrm{d}\sigma_z=\frac{3\mathrm{d}Pz^3}{2\pi R^5}=\frac{3p}{2\pi}\ \frac{z^3}{2\pi(x^2+y^2+z^2)^{5/2}}\mathrm{d}x\mathrm{d}y \tag{2-15}$$

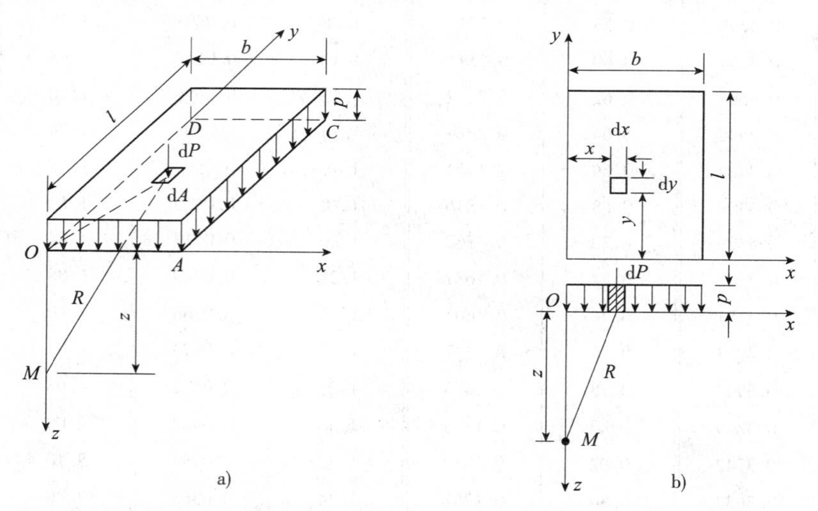

图2-13 矩形面积受均布荷载作用时角点下点的应力

将式(2-15)沿整个矩形面积 $OACD$ 积分,即可求出矩形面积上作用于均布荷载 p,在角点 O 下深度为 z 处的 M 点的竖向附加应力 σ_z:

$$\begin{aligned}\sigma_z&=\int_0^L\int_0^B\frac{3p}{2\pi}\frac{z^3}{(x^2+y^2+z^2)^{5/2}}\mathrm{d}x\mathrm{d}y\\&=\frac{p}{2\pi}\left[\arctan\frac{m}{n\cdot\sqrt{1+m^2+n^2}}+\frac{mn}{\sqrt{1+m^2+n^2}}\left(\frac{1}{m^2+n^2}+\frac{1}{1+n^2}\right)\right]\end{aligned} \tag{2-16}$$

式中：$m=\frac{l}{b}$；$n=\frac{z}{b}$，其中 l 为矩形的长边尺寸，b 为矩形的短边尺寸。

为了计算方便，通常将式(2-16)简写成：

$$\sigma_z=\alpha_s p \tag{2-17}$$

式中：

$$\alpha_s=\frac{1}{2\pi}\left[\arctan\frac{m}{n\cdot\sqrt{1+m^2+n^2}}+\frac{mn}{\sqrt{1+m^2+n^2}}\left(\frac{1}{m^2+n^2}+\frac{1}{1+n^2}\right)\right]$$

α_s 称为矩形竖向均布荷载角点下的应力系数，也可查表 2-2 得到。

矩形面积受竖向均布荷载作用时角点下点的应力系数值 表 2-2

z/b \ l/b	1. 0	1. 2	1. 4	1. 6	1. 8	2. 0	3. 0	4. 0	5. 0	6. 0	10. 0
0. 0	0. 2500	0. 2500	0. 2500	0. 2500	0. 2500	0. 2500	0. 2500	0. 2500	0. 2500	0. 2500	0. 2500
0. 2	0. 2486	0. 2489	0. 2490	0. 2491	0. 2491	0. 2491	0. 2492	0. 2492	0. 2492	0. 2492	0. 2492
0. 4	0. 2401	0. 2420	0. 2429	0. 2434	0. 2437	0. 2439	0. 2442	0. 2443	0. 2443	0. 2443	0. 2443
0. 6	0. 2229	0. 2275	0. 2300	0. 2315	0. 2324	0. 2329	0. 2339	0. 2341	0. 2342	0. 2342	0. 2342
0. 8	0. 1999	0. 2075	0. 2120	0. 2147	0. 2165	0. 2176	0. 2196	0. 2200	0. 2202	0. 2202	0. 2202
1. 0	0. 1752	0. 1851	0. 1911	0. 1955	0. 1981	0. 1999	0. 2034	0. 2042	0. 2044	0. 2045	0. 2046
1. 2	0. 1516	0. 1626	0. 1705	0. 1758	0. 1793	0. 1818	0. 1870	0. 1882	0. 1885	0. 1887	0. 1888
1. 4	0. 1308	0. 1423	0. 1508	0. 1569	0. 1613	0. 1644	0. 1712	0. 1730	0. 1735	0. 1738	0. 1740
1. 6	0. 1123	0. 1241	0. 1329	0. 1396	0. 1445	0. 1482	0. 1567	0. 1590	0. 1598	0. 1601	0. 1604
1. 8	0. 0969	0. 1083	0. 1172	0. 1241	0. 1294	0. 1334	0. 1434	0. 1463	0. 1474	0. 1478	0. 1482
2. 0	0. 0840	0. 0947	0. 1034	0. 1103	0. 1158	0. 1202	0. 1314	0. 1350	0. 1363	0. 1368	0. 1374
2. 2	0. 0732	0. 0832	0. 0917	0. 0984	0. 1039	0. 1084	0. 1205	0. 1248	0. 1264	0. 1271	0. 1277
2. 4	0. 0642	0. 0734	0. 0813	0. 0879	0. 0934	0. －0979	0. 1108	0. 1156	0. 1175	0. 1184	0. 1192
2. 6	0. 0566	0. 0651	0. 0725	0. 0788	0. 0842	0. 0887	0. 1020	0. 1073	0. 1095	0. 1106	0. 1116
2. 8	0. 0502	0. 0580	0. 0649	0. 0709	0. 0761	0. 0805	0. 0942	0. 0999	0. 1024	0. 1036	0. 1048
3. 0	0. 0447	0. 0519	0. 0583	0. 0640	0. 0690	0. 0732	0. 0870	0. 0931	0. 0959	0. 0973	0. 0987
3. 2	0. 0401	0. 0467	0. 0526	0. 0580	0. 0627	0. 0668	0. 0806	0. 0870	0. 0900	0. 0916	0. 0933
3. 4	0. 0361	0. 0421	0. 0477	0. 0527	0. 0571	0. 0611	0. 0747	0. 0814	0. 0847	0. 0864	0. 0882
3. 6	0. 0326	0. 0382	0. 0433	0. 0480	0. 0523	0. 0561	0. 0694	0. 0763	0. 0799	0. 0816	0. 0837
3. 8	0. 0296	0. 0348	0. 0395	0. 0439	0. 0479	0. 0516	0. 0646	0. 0717	0. 0753	0. 0773	0. 0796
4. 0	0. 0270	0. 0318	0. 0362	0. 0403	0. 0441	0. 0474	0. 0603	0. 0674	0. 0712	0. 0733	0. 0758
4. 2	0. 0247	0. 0291	0. 0333	0. 0371	0. 0407	0. 0439	0. 0563	0. 0634	0. 0674	0. 0696	0. 0724
4. 4	0. 0227	0. 0268	0. 0306	0. 0343	0. 0376	0. 0407	0. 0527	0. 0597	0;0639	0. 0662	0. 0692
4. 6	0. 0209	0. 0247	0. 0283	0. 0317	0. 0348	0. 0378	0. 0493	0. 0564	0. 0606	0. 0630	0. 0663
4. 8	0. 0193	0. 0229	0. 0262	0. 0294	0. 0324	0. 0352	0. 0463	0. 0533	0. 0576	0. 0601	0. 0635
5. 0	0. 0179	0. 0212	0. 0243	0. 0274	0. 0302	0. 0328	0. 0435	0. 0504	0. 0547	0. 0573	0. 0610
6. 0	0. 0127	0. 0151	0. 0174	0. 0196	0. 0218	0. 0238	0. 0325	0. 0388	0. 0431	0. 0406	0. 0506
7. 0	0. 0094	0. 0112	0. 0130	0. 0147	0. 0164	0. 0180	0. 0251	0. 0306	0. 0346	0. 0376	0. 0428
8. 0	0. 0073	0. 0087	0. 0101	0. 0114	0. 0127	0. 0140	0. 0198	0. 0246	0. 0283	0. 0311	0. 0367
9. 0	0. 0058	0. 0069	0. 0080	0. 0091	0. 0102	0. 0112	0. 0161	0. 0202	0. 0235	0. 0262	0. 0319
10. 0	0. 0047	0. 0056	0. 0065	0. 0074	0. 0083	0. 0092	0. 0132	0. 0167	0. 0198	0. 0222	0. 0280

注：l——基础长度(m)；b——基础宽度(m)；z——计算点离基础底面垂直距离(m)。

（2）矩形均布荷载任意点下的附加应力——角点法

角点法是指利用角点下的应力计算式（2-16）和力的叠加原理，求解地基中任意点附加应力的方法。利用角点法，可计算下列三种情况的附加应力：

第一种情况：计算矩形面积边缘上任意点M'下深度为z的附加应力。过M'点加一条辅助线，分为两个小矩形，如图2-14a）所示，则M'点下任意z深度处的附加应力σ'_{zM}为：

$$\sigma'_{zM}=(\alpha_{s\mathrm{I}}+\alpha_{s\mathrm{II}})P \tag{2-18}$$

式（2-18）中$\alpha_{s\mathrm{I}}$、$\alpha_{s\mathrm{II}}$分别为矩形$M'abe$、$M'ecd$的竖向均布荷载角点下的应力系数，P为荷载强度。

第二种情况：计算矩形面积内任意点M'下深度为z的附加应力，图2-14b）所示。过M'点将矩形面积$abcd$分成Ⅰ、Ⅱ、Ⅲ、Ⅳ4个小矩形，M'点为4个小矩形的公共角点，如图2-14b）所示，则M'点下任意z深度处的附加应力σ'_{zM}为：

$$\sigma'_{zM}=(\alpha_{s\mathrm{I}}+\alpha_{s\mathrm{II}}+\alpha_{s\mathrm{III}}+\alpha_{s\mathrm{IV}})P \tag{2-19}$$

第三种情况：计算矩形面积外任意点M'下深度为z的附加应力。如图2-14c）所示，加辅助线使M'点成为几个小矩形面积的公共角点，然后将其应力进行代数叠加。

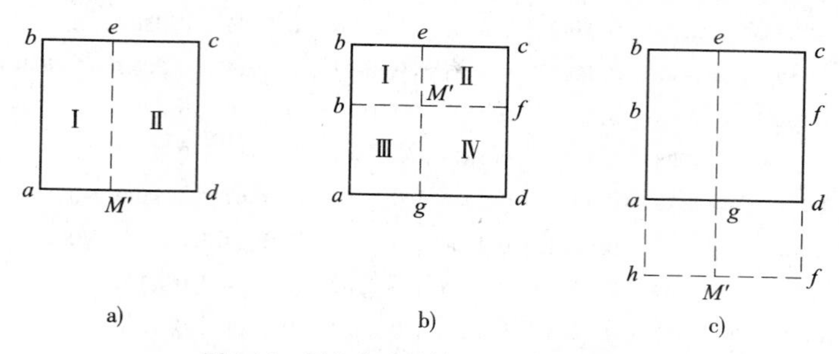

图2-14　用角点法计算M'下的附加应力

$$\sigma'_{zM}=(\alpha_{s\mathrm{I}}+\alpha_{s\mathrm{II}}-\alpha_{s\mathrm{III}}-\alpha_{s\mathrm{IV}})P \tag{2-20}$$

以上两式中$\alpha_{s\mathrm{I}}$、$\alpha_{s\mathrm{II}}$、$\alpha_{s\mathrm{III}}$、$\alpha_{s\mathrm{IV}}$分别为矩形$M'hbe$、$M'fce$、$M'hag$、$M'fdg$的竖向均布荷载角点下的应力系数，P为荷载强度。必须注意，在应用角点法计算每一块矩形面积的α_s值时，b恒为短边，l恒为长边。

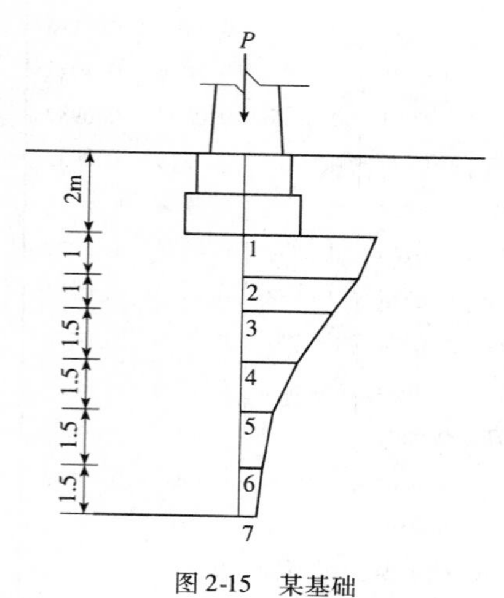

图2-15　某基础

【例2-3】　某基础基底尺寸为2m×4m，已知上部荷载为1280kN，基础埋深范围内土的重度$\gamma=18.0\mathrm{kN/m^3}$，求基础中心点下各点的自重应力以及由自身荷载引起的地基附加应力并绘其分布图，如图2-15所示。

解：基础底面压应力为

$$p=\frac{F+G}{A}$$

$$G=\gamma_G Ad$$

$$p=\frac{F+G}{A}=\frac{F+\gamma_G Ad}{A}=\left(\frac{1280+20\times4.0\times2.0\times2.0}{4.0\times2.0}\right)=200.0\mathrm{kPa}$$

基底附加应力为：

$$p_0=p-\gamma_0 d$$

$p_0 = p - \gamma_0 d = 200.0 - 18.0 \times 2.0 = 164.0\text{kPa}$

利用角点法计算基础中心点下由自身荷载引起的地基附加应力 σ_z。通过基础中心点将基础分为4个相等的小矩形荷载面积，每个小矩形长 $l = 2.0\text{m}$，宽 $b = 1.0\text{m}$。列表计算，见表2-3。

表2-3

点　号	σ_{cz}(kPa)	$\frac{l}{b}$	z(m)	z/b	α_s	$\sigma_z = 4\alpha_s p_0$(kPa)
1	$2\gamma = 36.0$	2.0	0.0	0.0	0.2500	164.0
2	$3\gamma = 54.0$		1.0	1.0	0.1999	131.2
3	$4\gamma = 72.0$		2.0	2.0	0.1202	78.7
4	$5.5\gamma = 99.0$		3.5	3.5	0.0586	38.4
5	$7\gamma = 126.0$		5.0	5.0	0.0328	21.5
6	$8.5\gamma = 153.0$		6.5	6.5	0.0209	13.7
7	$10\gamma = 180.0$		8.0	8.0	0.0140	9.2

2）矩形面积受竖向三角形分布荷载作用

当建筑物柱基受偏心荷载时，基础底面接触压力为梯形或三角形分布，可用此法计算地基附加应力。

荷载分布如图2-16所示，在矩形面积上作用着三角形分布荷载，最大荷载强度为 p_t。把荷载强度为零的角点 O 作为坐标原点，在基础底面内取一微小面积 $dxdy$，并将其上作用的荷载以集中力 $dP = \frac{p_t \cdot x}{B}dxdy$ 代替，利用式(2-13)即可求出 dP 在 O 点下任意点 M 引起的竖直附加应力 $d\sigma_z$。

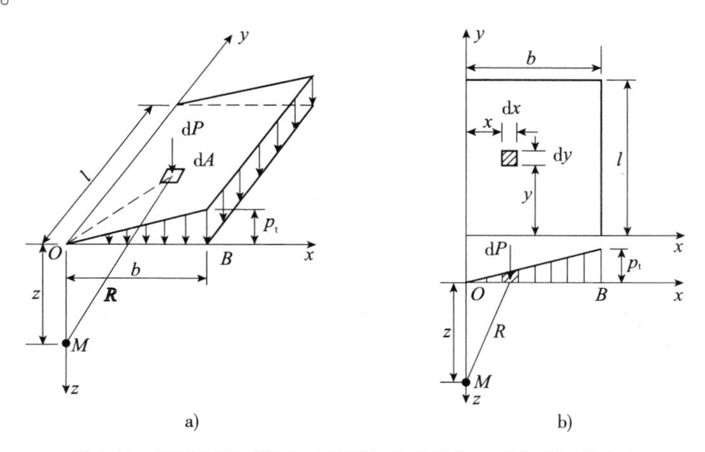

图2-16　矩形面积受竖向三角形分布荷载作用时角点下的应力

$$d\sigma_z = \frac{3p_t}{2\pi B} \cdot \frac{xz^3}{(x^2 + y^2 + z^2)^{5/2}}dxdy \tag{2-21}$$

通过积分可得荷载对 M 点的附加应力 σ_z：

$$\sigma_z = \frac{mn}{2\pi}\left[\frac{1}{\sqrt{m^2 + n^2}} - \frac{n^2}{(1 + n^2)\sqrt{1 + m^2 + n^2}}\right]p_t \tag{2-22}$$

式中：$m=\dfrac{l}{b}$；$n=\dfrac{z}{b}$，其中 b 是沿三角荷载变化方向的矩形边长，l 为矩形的另一边长。

为了计算方便，通常将式(2-22)简写成：

$$\sigma_z = \alpha_{to} p_t \tag{2-23}$$

式中：$\alpha_{to}=\dfrac{mn}{2\pi}\left[\dfrac{1}{\sqrt{m^2+n^2}}-\dfrac{n^2}{(1+n^2)\sqrt{1+m^2+n^2}}\right]$

α_{to}为矩形面积竖向三角形荷载角点 O 点下的应力系数。同理，可得 B 点以下任意深度 z 处所引起的竖向附加应力：

$$\sigma'_z = \alpha_{tB} p_t \tag{2-24}$$

α_{to}、α_{tB}可查表 2-4 得到。

矩形面积受竖向三角形分布荷载作用时角点下的应力系数值 表 2-4

z/b	l/d									
	0.2		0.4		0.6		0.8		1.0	
	O 点	B 点	O 点	B 点	O 点	B 点	O 点	B 点	O 点	B 点
0. 0	0. 0000	0. 2500	0. 0000	0. 2500	0. 0000	0. 2500	0. 0000	0. 2500	0. 0000	0. 2500
0. 2	0. 0223	0. 1821	0. 0280	0. 2115	0. 0296	0. 2165	0. 0801	0. 2178	0. 0304	0. 2182
0. 4	0. 0269	0. 1094	0. 0420	0. 1604	0. 0487	0. 1781	0. 0517	0. 1844	0. 0531	0. 1870
0. 6	0. 0259	0. 0700	0. 0448	0. 1165	0. 0560	0. 1405	0. 0621	0. 1520	0. 0654	0. 1575
0. 8	0. 0232	0. 0480	0. 0421	0. 0853	0. 0553	0. 1093	0. 0637	0. 1232	0. 0688	0. 1311
1. 0	0. 0201	0. 0346	0. 0375	0. 0638	0. 0508	0. 0852	0. 0602	0. 0996	0. 0666	0. 1086
1. 2	0. 0171	0. 0260	0. 0324	0. 0491	0. 0450	0. 0673	0. 0546	0. 0807	0. 0615	0. 0901
1. 4	0. 0145	0. 0202	0. 0278	0. 0386	0. 0392	0. 0540	0. 0483	0. 0661	0. 0554	0. 0751
1. 6	0. 0123	0. 0160	0. 0238	0. 0310	0. 0339	0. 0440	0. 0424	0. 0547	0. 0492	0. 0608
1. 8	0. 0105	0. 0130	0. 0204	0. 0254	0. 0294	0. 0863	0. 0371	0. 0457	0. 0435	0. 0534
2. 0	0. 0090	0. 0108	0. 017e	0. 0211	0. 0255	0. 0304	0. 0324	0. 0387	0. 0384	0. 0456
2. 5	0. 0063	0. 0072	0. 0125	0. 0140	0. 0183	0. 0205	0. 0236	0. 0265	0. 0284	0. 0318
3. 0	0. 0046	0. 0051	0. 0092	0. 0100	0. 0135	0. 0148	0. 0176	0. 0192	0. 0214	0. 0233
5. 0	0. 0018	0. 0019	0. 0036	0. 0038	0. 0054	0. 0056	0. 0071	0. 0074	0. 0088	0. 0091
7. 0	0. 0009	0. 0010	0. 0019	0. 0019	0. 0028	0. 0029	0. 0038	0. 0038	0. 0047	0. 0047
10. 0	0. 0005	0. 0004	0. 0009	0. 0010	0. 0014	0. 0014	0. 0019	0. 0019	0. 0023	0. 0024

z/b	l/d									
	1.2		1.4		1.6		1.8		2.0	
	O 点	B 点	O 点	B 点	O 点	B 点	O 点	B 点	O 点	B 点
0. 0	0. 0000	0. 2500	0. 0000	0. 2500	0. 0000	0. 2500	0. 0000	0. 2500	0. 0000	0. 2500
0. 2	0. 0305	0. 2184	0. 0305	0. 2185	0. 0306	0. 2185	0. 0306	0. 2185	0. 0306	0. 2185
0. 4	0. 0539	0. 1881	0. 0543	0. 1886	0. 0545	0. 1889	0. 0546	0. 1891	0. 0547	0. 1892
0. 6	0. 0673	0. 1602	0. 0684	0. 1616	0. 0690	0. 1625	0. 0694	0. 1630	0. 0696	0. 1633
0. 8	0. 0720	0. 1355	0. 0739	0. 1381	0. 0751	0. 1396	0. 0759	0. 1405	0. 0764	0. 1412

续上表

z/b	l/d									
	1.2		1.4		1.6		1.8		2.0	
	O 点	B 点	O 点	B 点	O 点	B 点	O 点	B 点	O 点	B 点
1.0	0.0703	0.1143	0.0735	0.1176	0.0753	0.1202	0.0766	0.1215	0.0774	0.1225
1.2	0.0664	0.0962	0.0698	0.1007	0.0721	0.1037	0.0738	0.1055	0.0749	0.1069
1.4	0.0606	0.0817	0.0644	0.0864	0.0672	0.0897	0.0697	0.0921	0.0707	0.0967
1.6	0.0545	0.0696	0.0586	0.0743	0.0616	0.0780	0.0639	0.0806	0.0656	0.0826
1.8	0.0487	0.0596	0.0528	0.0644	0.0560	0.0681	0.0585	0.0709	0.0604	0.0730
2.0	0.0434	0.0513	0.0474	0.0560	0.0507	0.0596	0.0533	0.0625	0.0553	0.0649
2.5	0.0326	0.0365	0.0362	0.0405	0.0393	0.0440	0.0419	0.0469	0,0440	0.0491
3.0	0.0249	0.0270	0.0280	0.0303	0.0307	0.0333	0.0331	0.0359	0.0352	0.0380
5.0	0.0104	0.0108	0.0120	0.0土23	0.0135	0.0139	0.0148	0.0154	0r0161	0.0167
7.0	0.0056	0.0056	0.0064	0.0066	0.0073	0。0074	0.0081	0.0083	0.0089	0.0091
10.0	0.0028	0.0028	0.0033	0.0032	0.0037	0.0037	0.0041	0.0042	0.0046	0.0046

z/b	l/d									
	3.0		4.0		6.0		8.0		10.0	
	O 点	B 点	O 点	B 点	O 点	B 点	O 点	B 点	O 点	B 点
0.0	0.0000	0.2500	0.0000	0.2500	0.0000	0.2500	0.0000	0.2500	0.0000	0.2500
0.2	0.0306	0.2186	0.0306	0.2土86	0.0306	0.2186	0.0306	0.2186	0.0306	0.2186
0.4	0.0548	0.1894	0.0549	0.1894	0.0549	0.1894	0.0549	0.1894	0.0549	0.1894
0.6	0.0701	0.1638	0.0702	0.1639	0.0702	0.1640	0.0702	0.1640	0.0702	0.1640
0.8	0.0773	0.1423	0.0776	0.1424	0.0776	0.1426	0.0776	0.1426	0.0776	0.1426
1.0	0.0790	0.1244	0.0794	0.1248	0.0795	0.1250	0.0796	0.1250	0.0796	0.1250
1.2	0.0774	0.1096	0.077Q	0.1103	0.0782	0.1105	0.0783	0.1105	0.0783	0.1105
1.4	0.0739	0.0973	0.0748	0.0982	0.0752	0.0986	0.0752	0.0987	0.0753	0.0987
1.6	0.0697	0.0870	0.0708	0.0882	0.0714	0.0887	0.0715	0.0888	0.0715	0.0889
1.8	0.0652	0.0782	0.0666	0.0797	0.0673	0.0805	0.0675	0.0806	0.0675	0.0808
2.0	0.0607	0.0707	0.0624	0.0726	0.0634	0.0734	0.0636	0.0736	0,0636	0.0738
2.5	0.0504	0.0559	0.0529	0.0585	0.0543	0.0601	0.0547	0.0604	0,0548	0.0605
3.0	0.0419	0.0451	0.0449	0.0482	0.0469	0.0504	0.0474	0.0509	0.0476	0.0511
5.0	0.0214	0.0221	0.0248	0.0256	0.0283	0.0290	0.0296	0.0303	0.0301	0.0309
7.0	0.0124	0.0126	0.0152	0.0154	0.0186	0.0190	0.0204	0.0207	0.0212	0.0216
10.0	0.0066	0.0066	0.0084	0.0083	0.0111	0.0111	0.0123	0.0130	0.0139	0.0141

3)圆形面积受竖向均布荷载作用

当圆形面积上作用于竖向均布荷载 p 时,荷载面积中心点 O 下任意深度 z 处 M 点的竖向附加应力 σ_z 仍可利用式(2-13),在圆面积内积分求得:

$$\sigma_z = \alpha_o p \tag{2-25}$$

$$\alpha_o = 1 - \frac{1}{\left[1 + \left(\frac{r}{z}\right)^2\right]^{\frac{3}{2}}} \tag{2-26}$$

式中：α_o——圆形面积均布荷载作用时，圆心点下的竖向应力系数，可查表 2-5 得到；

r——圆面积半径；

p——均布荷载强度。

圆形面积受竖向均布荷载作用中心点下的应力系数值 表 2-5

z/r	0	0.25	0.50	0.75	1.00	1.25	1.50	1.75	2.00	2.50
α_o	1.000	0.986	0.901	0.784	0.646	0.524	0.424	0.346	0.2874	0.200
z/r	3	4	5	6	7	8	9	10	20	30
α_o	0.146	0.87	0.057	0.040	0.030	0.023	0.018	0.015	0.003	0.001

2.4.3 平面问题的附加应力计算

当建筑物基础长宽比很大，$l/b \geq 10$ 时，称为条形基础。如房屋的墙基、路基、堤坝与挡土墙基础等均为条形基础。这种基础中心受压并沿长度方向荷载均匀分布时，地基应力计算属平面问题，即任意横截面上的附加应力分布规律相同。

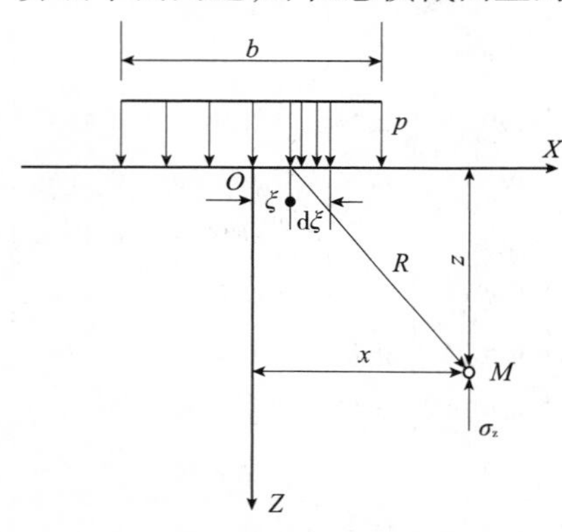

图 2-17 竖向均布条形荷载作用下的附加应力

1）条形面积受竖向均布荷载作用

如图 2-17 所示，在条形基础受竖向均布荷载作用下，地基中任一点 M 的附加应力可以利用式（2-13），进行积分后，求得 M 点的附加应力 σV_z 为：

$$\sigma_z = \int_0^B \frac{2z^3}{\pi[(x-\zeta)^2 + z^2]} p\,\mathrm{d}\xi$$

$$= \frac{p}{\pi}\left[\arctan\frac{m}{n} - \arctan\frac{m-1}{n} + \frac{mn}{m^2+n^2} - \frac{n(m-1)}{n^2+(m-1)^2}\right] \tag{2-27}$$

通常简写成：

$$\sigma_z = \alpha_u p \tag{2-28}$$

其中：α_u 称为条形面积竖向均布荷载角点下的应力系数，可查表 2-6 确定；$m = \frac{x}{b}$；$n = \frac{z}{b}$。

条形面积受竖向均布荷载作用时的应力系数值 表 2-6

z/b \ x/b	0.00	0.10	0.25	0.35	0.50	0.75	1.00	1.50	2.00	2.50	3.00	4.00	5.00
0.00	1.000	1.000	1.000	1.000	0.500	0.000	0.000	0.000	0.000	0.000	0.000	0.000	0.000
0.05	1.000	1.000	0.995	0.970	0.500	0.002	0.000	0.000	0.000	0.000	0.000	0.000	0.000
0.10	0.997	0.996	0.986	0.965	0.499	0.010	0.005	0.000	0.000	0.000	0.000	0.000	0.000

续上表

z/b \ x/b	0. 00	0. 10	0. 25	0. 35	0. 50	0. 75	1. 00	1. 50	2. 00	2. 50	3. 00	4. 00	5. 00
0. 15	0. 993	0. 987	0. 968	0. 910	0. 498	0. 033	0. 008	0. 001	0. 000	0. 000	0. 000	0. 000	0. 000
0. 25	0. 960	0. 954	0. 905	0. 805	0. 496	0. 088	0. 019	0. 002	0. 001	0. 000	0. 000	0. 000	0. 000
0. 35	0. 907	0. 900	0. 832	0. 732	0. 492	0. 148	0. 039	0. 006	0. 003	0. 001	0. 000	0. 000	0. 000
0. 50	0. 820	0. 812	0. ? 35	0. 651	0. 481	0. 218	0. 082	0. 017	0. 005	0. 002	0. 001	0. 000	0. 000
0. 75	0. 668	0. 658	0. 610	0. 552	0. 450	0. 263	0. . 46	0. 040	0. 017	0. 005	0. 005	0. 001	0. 000
1. 00	0. 552	0. 541	0. 513	0. 475	0. 410	0. 288	0. 185	0. 071	0. 029	0. 013	0. 007	0. 002	0. 001
1. 50	0. 396	0. 395	0. 379	0. 353	0. 332	0. 273	0. 211	0. 114	0. 055	0. 030	0. 018	0. 006	0. 003
2. 00	0. 306	0. 304	0. 292	0. 288	0. 275	0. 242	0. 205	0. 134	0. 083	0. 051	0. 028	0. 013	0. 006
2. 50	0. 245	0. 244	0. 239	0. 237	0. 231	0. 215	0. 988	0. 139	0. 098	0. 065	0. 034	0. 02.	0. 010
3. 00	0. 208	0. 208	0. 206	0. 202	0. 198	0. 185	0. 171	0. 136	0. 103	0. 075	0. 053	0. 028	0. 015
4. 00	0. 160	0. 160	0. 158	0. 156	0. 153	0. 147	0. 140	0. 122	0. 102	0. 081	0. 066	0. 040	0. 025
5. 00	0. 126	0. 126	0. 125	0. 125	0. 124	0. 121	0. 117	0. 107	0. 095	0. 082	0. 069	0. 046	0. 034

2）条形面积受竖向三角形分布荷载作用

条形基础偏心受压时，基底压力为三角形或梯形分布。如图 2-18 所示，在地基表面作用无限长竖向三角形条形荷载，其最大值为 p，求在地基中任意点 M 的竖向附加应力。利用式(2-13)，通过积分后，求得 M 点的附加应力 σ_z 为：

$$\sigma_z = \frac{p}{\pi}\left\{m\left[\arctan\left(\frac{m}{n}\right) - \arctan\left(\frac{m-1}{n}\right)\right] - \frac{(m-1)n}{(m-1)^2 + n^2}\right\} \tag{2-29}$$

b
p
X
O
ξ
dξ
z
x
M
Z
σ_z

图 2-18　竖向三角形条形荷载作用下的附加应力

或简写成：

$$\sigma_z = \alpha_s p \tag{2-30}$$

其中：α_s 为条形面积竖向三角形荷载作用时的应力系数，可查表 2-7 确定；$m = \frac{x}{b}$；$n = \frac{z}{b}$

条形面积受竖向三角形荷载作用时的应力系数值　　表 2-7

z/b \ x/b	-1. 5	-1. 0	-0. 5	0	0. 25	0. 50	0. 75	1. 0	1. 5	2. 0	2. 5
0	0	0	0	0	0. 25	0. 50	0. 75	0. 75	0	0	0
0. 25	—	—	0. 001	0. 075	0. 256	0. 480	0. 643	0. 424	0. 015	0. 003	—
0. 50	0. 002	0. 003	0. 023	0. 127	0. 263	0. 410	0. 477	0. 353	0. 056	0. 017	0. 003
0. 75	0. 006	0. 016	0. 042	0. 153	0. 248	0. 335	0. 361	0. 293	0. 108	C. 024	0. 009

续上表

z/b \ x/b	-1.5	-1.0	-0.5	0	0.25	0.50	0.75	1.0	1.5	2.0	2.5
1.0	0.014	0.025	0.061	0.159	0.223	0.275	0.279	0.241	0.129	0.045	0.013
1.5	0.020	0.048	0.096	0.145	0.178	0.200	0.202	0.185	0.124	0.062	0.041
2.0	0.033	0.061	0.092	0.127	0.146	0.155	0.163	0.153	0.108	0.069	0.050
3.0	0.050	0.064	0.080	0.096	0.103	0.104	0.108	0.104	0.090	0.071	0.050
4.0	0.051	0.060	0.067	0.075	0.078	0.085	0.082	0.075	0.073	0.060	0.049
5.0	0.047	0.052	0.057	0.059	0.062	0.063	0.063	0.065	0.061	0.051	0.047
6.0	0.041	0.041	0.050	0.051	0.052	0.053	0.053	0.053	0.050	0.050	0.045

单元小结

1)土中应力

土中应力将引起土体或地基的变形,使土工建筑物(如路堤、土坝等)或建筑物(如房屋、桥梁、涵洞等)发生沉降、倾斜以及水平位移。土中应力分为自重应力和附加应力。

自重应力是由土体自身重力引起的,长期形成的天然土层,不会再引起土体或地基新的变形。

附加应力是由于外荷载(包括建筑物荷载、交通荷载、堤坝荷载)以及地下水渗流力、地震力等作用在土体上时,引起的应力增量,它是引起土体和地基变形的主要原因,也是导致土体强度破坏和失稳的重要原因。

2)土中自重应力计算及分布规律

自重应力计算式:$\sigma_{cz}=\gamma z$

成层土的自重应力计算式:$\sigma_{ci}=\sum_{i=1}^{n}\gamma_i h_i$

自重应力分布规律为:地面处自重应力为零,随深度增加自重应力成正比例增加。

3)基底压力的分布与计算

柔性基础其底面压力的大小和分布与基础上荷载的大小和分布一致。

基础底面平面形状为矩形的刚性基础基底压力 p 的分布规律及计算公式为:

中心荷载:$p=\frac{F+G}{A}=\frac{N}{A}$,基底压力 p 的分布图为矩形。

偏心荷载:当 $e\leqslant\rho=\frac{b}{6}$ 时,$\left.\begin{matrix}p_{max}\\p_{min}\end{matrix}\right\}=\frac{N}{ab}(1\pm\frac{6e}{b})$,基底压力 p 的分布图为梯形($e<\frac{b}{6}$);

基底压力 p 的分布图为三角形($e=\frac{b}{6}$)。

当 $e>\frac{b}{6}$ 时,$p_{max}=\frac{2N}{3(\frac{b}{2}-e)a}$,$b'=3(\frac{b}{2}-e)$,基底压力 p 的分布图为三角形。

建筑物基础总是埋置在地面以下一定深度处,基底附加应力为:$p_0=p-\gamma_0 d$。

4）地基中附加应力计算

竖向集中力作用下地基附加应力：

$$\sigma_Z = \frac{3pz^3}{2\pi R^5} = \alpha \frac{p}{z^2}$$

矩形均布荷载角点下的附加应力：$\sigma_z = \alpha_s p$

矩形均布荷载任意点下的附加应力——角点法，是指利用角点下的应力计算公式和力的叠加原理，求解地基中任意点的附加应力的方法；

矩形面积受竖向三角形分布荷载作用，荷载强度为零的角点 O 下任意点的竖直附加应力：$\sigma_z = \alpha_{t0} p_t$。

圆形面积受竖向均布荷载作用，荷载面积中心点 O 下任意点的竖向附加应力：$\sigma_z = \alpha_0 p$。

条形面积受竖向均布荷载作用，地基中任一点的附加应力：$\sigma_z = \alpha_u p$。

条形面积受竖向三角形分布荷载作用，地基中任意点的竖向附加应力：$\sigma_z = \alpha_s p$。

思 考 题

1. 什么是土的自重应力？如何计算？
2. 地下水位的升、降，对地基中的自重应力有何影响？
3. 地下水位的升、降，对地基中的附加应力有何影响？
4. 在集中荷载作用下地基中附加应力的分布有何规律？
5. 刚性基础底面压力分布图形与哪些因素有关？
6. 假设作用于基础底面的总压力不变，若埋置深度增加对土中附加应力有何影响？
7. 何为角点法？如何应用角点法计算基底面下任意点的附加应力？
8. 条形荷载作用下土中附加应力的分布规律是怎样的？
9. 相邻两基础下附加应力是否会彼此影响，为什么？

实 践 练 习

1. 如图 2-19 所示，Ⅰ层为黏土，Ⅱ层为粉质黏土，Ⅲ层为细砂，计算并绘制地基中的自重应力沿深度的分布曲线。如地下水因某种原因骤然下降至高程 38m 以下，问此时地基中的自重应力分布有什么改变？并用图表示（提示：当地下水位骤降时，细砂层为非饱和状态，其天然重度 $\gamma = 17.9\text{kN/m}^3$，黏土和粉质黏土均因渗透性小，排水不畅，它们的含水情况不变）。

2. 已知某基础尺寸长度 $a = 2\text{m}$、宽度 $b = 3\text{m}$，偏心荷载 $F + G = 490\text{kN}$，偏心距 $e = 0.3\text{m}$，求基底压力分布。

3. 某路堤横断面尺寸如图 2-20 所示，边坡 1∶1，填土的重度 $\gamma = 18.0\text{kN/m}^3$，求基底压力分布。

4. 如图 2-20 所示，某路堤填土的重度 $\gamma = 21.0\text{kN/m}^3$，分别求路堤中心点下 1m、3m 处的竖向附加应力。

5. 有相邻两荷载面 A 和 B，如图 2-21 所示，考虑相邻荷载面的影响，求出 A 荷载面中心点以下深度 $z = 4\text{m}$ 处的竖向附加应力。

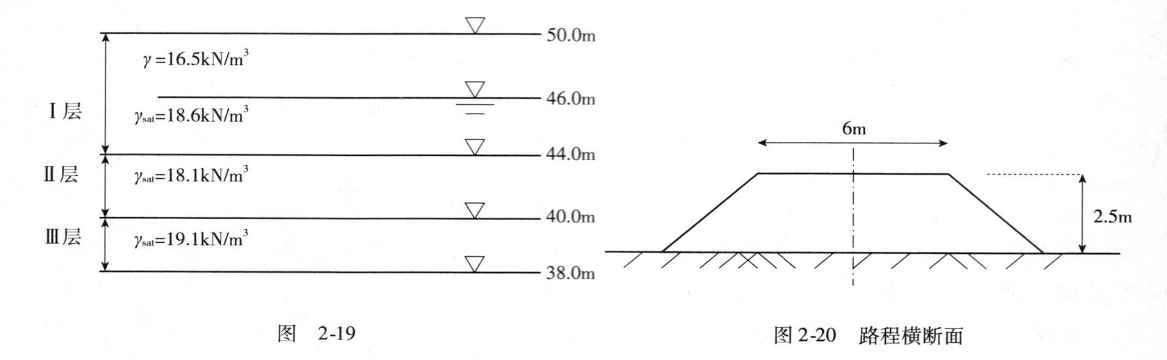

图 2-19

图2-20 路程横断面

6. 如图2-22所示，某建筑物为条形基础，宽 $b=4\text{m}$，求基底下 $z=2\text{m}$ 的水平面上，沿宽度方向 A、B、C、D 点距中心垂线距离分别为 0、$b/4$、$b/2$、b 时，A、B、C、D 点的附加应力并绘出分布曲线。

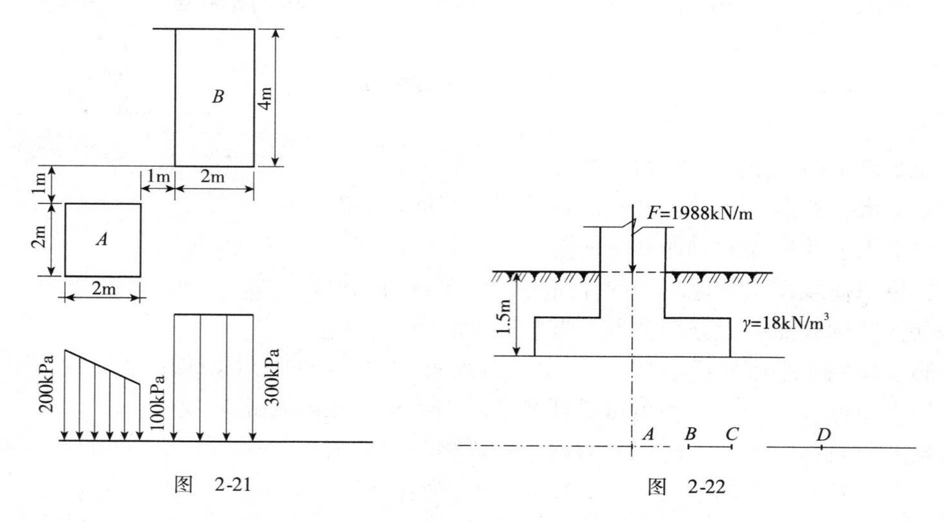

图 2-21

图 2-22

7. 如图2-23所示，某厂房柱下单独方形基础，已知基础底面尺寸为 $4\text{m}\times 8\text{m}$，基础埋深 $d=2.0\text{m}$，地基为粉质黏土，为透水性土层，地下水位距天然地面 5.2m。上部荷载 F 为 5460kN，土的天然重度 $\gamma=17.2\text{kN/m}^3$，$\gamma_{sat}=18.5\text{kN/m}^3$，求基础中心点下各点的竖向自重应力以及竖向附加应力并绘其分布图。

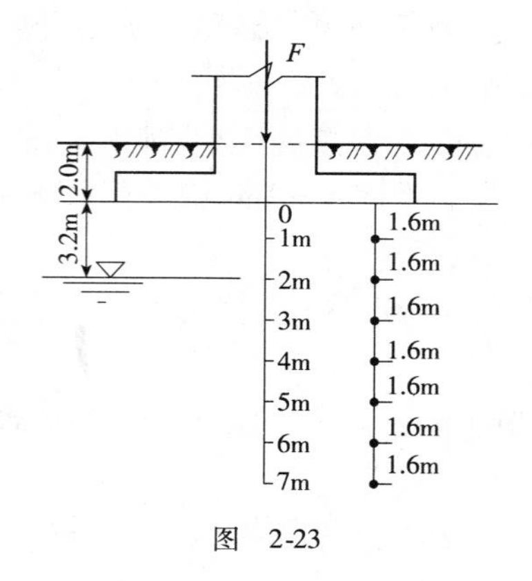

图 2-23

第3单元　土的压缩性与地基沉降计算

单元重点：

(1)理解有效应力原理；

(2)掌握压缩试验及土的压缩性指标的确定方法；

(3)掌握地基最终沉降量地计算；

(4)掌握地基变形与时间的变化规律。

3.1　概　　述

建筑物的荷载、地下水位的升降、地面下沉(由于地下采空、侵蚀等)、土的湿陷或胀缩、施工的影响、振动等，都会引起地基的变形。这种变形一般包括体积变形和形状变形。而这种在外力作用下土体积减小的特性称为土的压缩性。

建筑物的荷载通过基础传给地基，并在地基中扩散。由于土是可压缩的，地基在附加应力的作用下，就必然会产生变形(主要是竖向变形，也称为沉降)，从而引起建筑物基础的沉降或倾斜。建筑物地基沉降包含两方面的内容：一是经过长期固结达到沉降稳定后的沉降大小，即最终沉降；二是随时间而改变的沉降过程，即固结沉降与时间的关系。沉降的大小主要取决于土的压缩性和建筑物的荷载，并与基础的面积、埋深和形状有关。当建筑物基础均匀下沉时，从结构安全的角度上来看，不致有什么影响；但过大的沉降将会严重影响建筑物的使用和外观。当建筑物基础发生不均匀沉降时，建筑物可能发生裂缝、扭曲或倾斜，特别是对于一些超静定结构，不均匀沉降会造成其内力的重新分布，直接影响建筑物的使用安全，严重时甚至倒塌破坏。

为了保证建筑物的正常使用和安全可靠，设计时就必须把地基变形的计算值控制在容许范围以内。另一方面，当地基变形的计算值超过其容许值时，则地基变形的计算就成为采用人工地基、桩基、墩基等的主要根据。所以，地基的变形是设计可压缩地基上的建筑物时最重要的控制因素之一。因此，必须掌握土的压缩特性、基础最终沉降量以及沉降与时间关系的计算。这就是本单元所要着重讨论的问题。

3.2　土的压缩性

土在压力作用下体积减小的特性称为压缩性。它反映的是土中应力与其变形之间的变化关系，是土的一种基本力学性质之一。土的体积减小，从其三相组成来看，主要由于：①土颗粒本身的压缩；②孔隙中水和封闭气体的压缩；③土中孔隙体积的减少，即土中孔隙水和气体的排出。通常认为水是不可压缩的，那么，与水相比矿物颗粒的压缩就更是微不足道了。试验研究表明：当压力在 100～600kPa 以内时，土颗粒体积的变化不及土全部体积变化的 1/400，一般可以忽略不计。所以，土的压缩主要是由于土中孔隙体积的减小，也就是孔隙中一部分水和空气被挤出，封闭气体被压缩，与此同时，土颗粒相应发生移动，重新排列，靠拢挤紧。对饱和土来说，则其压缩主要是由于孔隙水的挤出。这样，孔隙体积的变化就可以用孔隙比的变化来反映，即土的压缩变形过程表现为土的孔隙比随着作用其上的压应力增加而逐渐减小的过程。

土的压缩表现为竖向变形和侧向变形，一般以前者为主。不同的土，其压缩性有很大的差别，其主要影响因素包括土的本身性状（如土粒粒度、成分与结构、有机质、孔隙水）和环境因素（如应力历史、应力路线、温度等）。为了评价这种性质，用室内侧限压缩试验（也称固结试验）和现场载荷试验来进行研究。

3.2.1 压缩试验和相应的压缩性指标

1）压缩试验和压缩曲线

在一般工程中，常用不允许土样产生侧向变形（侧限条件）的室内压缩试验（又称侧限压缩试验或固结压缩试验）来测定土的压缩性指标，其试验虽未能完全符合土的实际工作情况，但操作简便，试验时间短，故有实用价值。

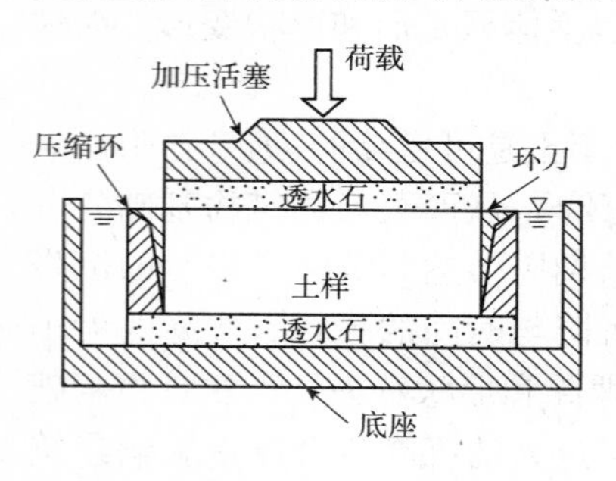

图 3-1　压缩仪的压缩容器图

图 3-1 是室内侧限压缩仪（又称固结仪）的示意图，它由压缩容器、加压板、导环、护环、环刀、透水石和底板等组成。常用的环刀内径为 6～8cm，高 2cm，这样的尺寸可减少环刀壁与土样间的摩擦和切削土样时对土样扰动的影响。用环刀削取原状土样，一并放入护环内。土样上下两面都顺次放上滤纸和透水石，以便土样压缩时孔隙水可以从两面自由排走。通过加荷装置（用杠杆或磅秤加荷，在图上未画出）和加压板，把压力均匀传播到土样面上。由于土样放在环刀、护环等内，它在压缩过程中就只能发生竖向压缩，不能侧向变形，所以称作侧限压缩。侧限压缩试验中土样的受力状态，相当于土层在承受连续均布荷载时的情况。作用在土样上的荷载是逐级加上去的，视土样液性指数的大小，第一次加荷可分 12.5kPa、25kPa 或 50kPa，以后顺次为 50kPa、100kPa、200kPa、300kPa、400kPa 及 500kPa 等。最后一级荷载视土样情况和实际工程需要而定，原则上宜略大于预估的自重应力与附加应力之和，但不小于 200kPa。土样的压缩量可用百分表测得。每次加荷后，要等到土样压缩相对稳定（黏性土的稳定标准通常规定至少为 24h，且百分表读数的变化每小时不超过 0.005mm）后才能施加下一级荷载。

实际工作中，为减少室内试验的工作量，采用快速压缩试验法。快速压缩试验不要求达到变形稳定，每级荷载只恒压 1～2h，测定其压缩量。在最后一级荷载下压缩 24h，试验结果经校正后用于沉降计算。

根据压缩过程中土样变形与土的三项指标的关系，可以导出试验过程孔隙比 e 与压缩量 s 的关系。

如图 3-2 所示，设土样初始高为 h_0，土的初始孔隙比为 e_0，受压后的高度为 h，在荷载 p 作用下土样压缩稳定后的沉降为 s，土受压稳定后的孔隙比为 e。由于在试验过程中土样不能侧向变形，所以，压缩前后土样的横截面积保持不变；同时，由于土颗粒本身的压缩可以忽略不计，所以，在压缩前后土样中土颗粒的体积也是不变的，即：

$$\frac{1+e_0}{h_0}=\frac{1+e}{h}=\frac{1+e}{h_0-s} \quad (3\text{-}1)$$

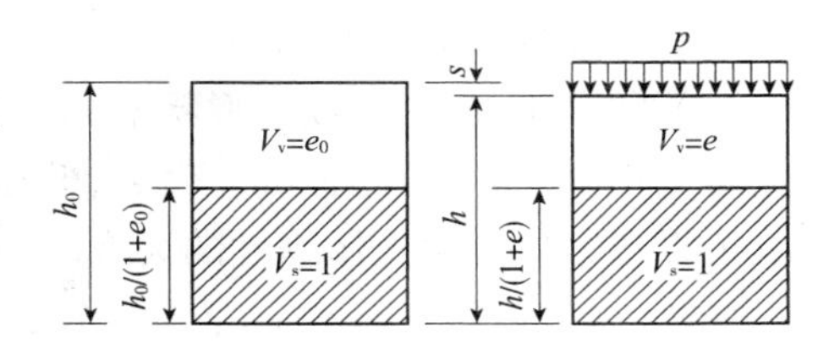

图 3-2 压缩试验中的土样孔隙比变化

由此可知，土样压缩稳定后的孔隙比计算公式为：

$$e=e_0-\frac{s}{h_0}(1+e_0) \quad (3\text{-}2)$$

$$e_0=\frac{\rho_s(1+w_0)}{\rho}-1$$

式中：ρ_s ——土粒密度：

w_0 ——土样初始含水率；

ρ ——土样的密度。

这样，只要测定土样在各级压力 p 作用下的稳定压缩量 s，就可按式(3-2)算出相应的孔隙比 e，以压力为横坐标，孔隙比为纵坐标，绘制出压力和孔隙比关系曲线，即压缩曲线或称 e-p 曲线。

压缩曲线有两种绘制方式(图 3-3)，常用的一种是采用普通直角坐标绘制的 e-p 曲线，压力按 50kPa、100kPa、200kPa、400kPa 四级加荷；另一种的横坐标则取 p 的常用对数值，即采用半对数直角坐标绘制 e-lg$p$ 曲线，压力等级宜为 12. 5kPa、25kPa、50kPa、100kPa、200kPa、400kPa、800kPa、1600kPa、3200kPa。

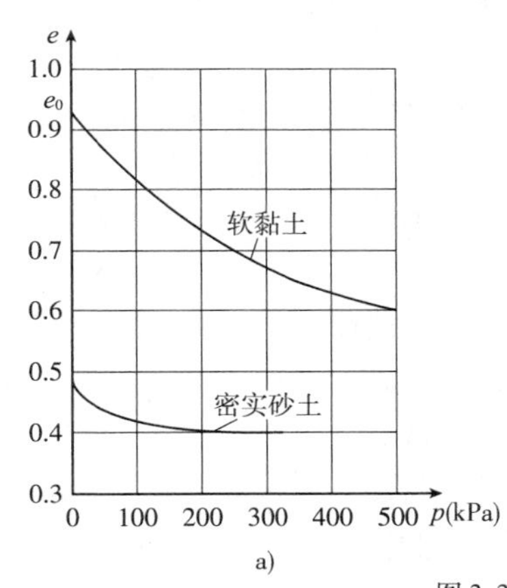

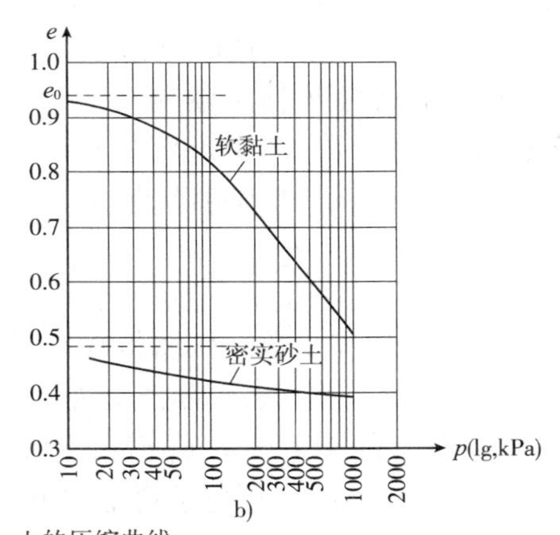

图 3-3 土的压缩曲线

a) e-p 曲线；b) e-lg$p$ 曲线

在土的压缩过程中，由于孔隙水的挤出、土颗粒的移动和靠拢都需要经过一定的时间。所以，在每次加荷后都要经历一定时间，土的压缩才能稳定。试验证明：不同的土，在同一压力下，其压缩量和时间的关系是不一样的。砂土的绝大部分压缩量几乎在压力作用后立刻发生，95% 的压缩量在一分钟内几乎全部完成；它的时间过程主要取决于土颗粒相互移动时的摩擦运动。饱和黏性土的压缩稳定过程却历时较长，这主要是由于孔隙水的排出需要经过一定的时间过程，这个时间过程称作渗透固结，又称作主固结，或简称固结。在孔隙水停止排出后，土还继续随时间发展而产生变形，这个时间过程就称作次固结(或次压缩)，它表现了土骨架的蠕变特性。

2）压缩系数和压缩指数

不同的土，压缩曲线的形状不同。如压缩曲线外形陡峻，说明压力增加时，土的孔隙比显著减小，土是高压缩性的。反之，低压缩性土的压缩曲线是平缓的。所以，压缩曲线的形状可以形象地说明土压缩性的大小。

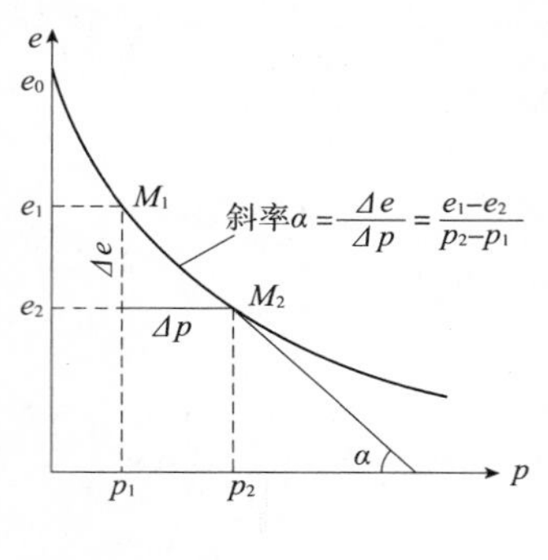

图 3-4　以 e-p 曲线确定压缩系数

当压力变化的范围（$p_1 \sim p_2$）不大时，土的压缩性可近似用割线 M_1M_2 的斜率来表示（图 3-4）。设 M_1 点的孔隙比和压力各为 e_1 和 p_1，M_2 点为 e_2 和 p_2，则割线 M_1M_2 的斜率可用式（3-3）表示：

$$a = \tan\alpha = \frac{\Delta e}{\Delta p} = \frac{e_1 - e_2}{p_2 - p_1} \tag{3-3}$$

式（3-3）中 a 称为土的压缩系数（MPa^{-1}）。显然，a 越大，土的压缩性越高。由于地基土在自重应力作用下的变形通常已经稳定，只有附加应力才会产生新的地基沉降。所以，式（3-3）中 p_1 一般是指地基计算深度处土的自重应力，p_2 为地基计算深度处的总应力，即自重应力与附加应力之和，而 e_1、e_2 则分别为 e-p 曲线上相应于 p_1、p_2 的孔隙比。

同类别与处于不同状态的土，其压缩性可能相差较大。通常采用由 $p_1 = 100\mathrm{kPa}$ 及 $p_2 = 200\mathrm{kPa}$ 时相应的压缩系数 a_{1-2} 来评价土的压缩性的高低，即：

当 $a_{1-2} < 0.1\mathrm{MPa}^{-1}$ 时，属低压缩性土；

当 $0.1\mathrm{MPa}^{-1} \leqslant a_{1-2} < 0.5\mathrm{MPa}^{-1}$ 时，属中压缩性土；

当 $a_{1-2} \geqslant 0.5\mathrm{MPa}^{-1}$ 时，属高压缩性土。

当采用半对数的直角坐标来绘制室内侧限压缩试验 e-p 关系时就得到了 e-lgp 曲线（图 3-5）。在 e-lgp 曲线中可以看到，当压力较大时，e-lgp 曲线接近直线。其斜率为 C_c：

$$C_c = \frac{e_1 - e_2}{\lg p_2 - \lg p_1} = \frac{e_1 - e_2}{\lg p_2/p_1} \tag{3-4}$$

式中 C_c 称为土的压缩指数。压缩指数 C_c 不同于压缩系数 a，它在压力较大时为常数，不随压力而变化。通常认为，低压缩性土 C_c 值一般小于 0.2，C_c 值大于 0.4 时一般属于高压缩性土。通过 e-p 曲线，还可求得土的另一个压缩性指标 E_s。它的定义是：土在完全侧限条件下的竖向附加应力 σ_z 与相应的竖向应变 ε_z 的比值，即：

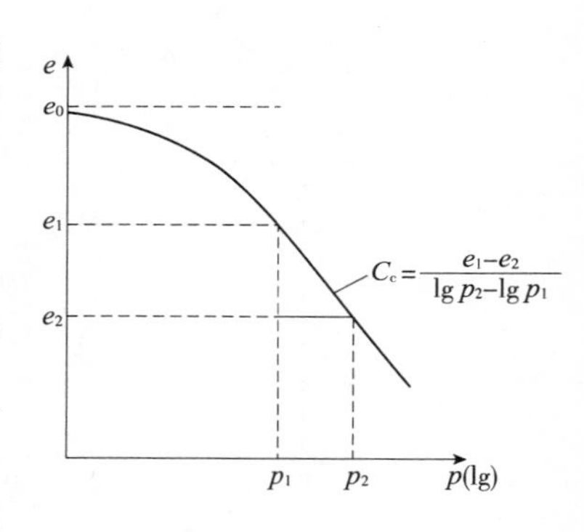

图 3-5　e-lgp 曲线中确定压缩指数

$$E_s = \frac{\sigma_z}{\varepsilon_z} \tag{3-5}$$

如前所述，计算时通常取 $p_1 = \sigma_c$，$p_2 = \sigma_c + \sigma_z$，故有 $\sigma_z = p_2 - p_1$。同时，在完全侧限条件下，土的竖向应变可表达为：

$$\varepsilon_z = \frac{\Delta h}{h_1} = \frac{h_1 - h_2}{h_1} = 1 - \frac{h_2}{h_1} = 1 - \frac{1 + e_2}{1 + e_1} = \frac{e_1 - e_2}{1 + e_1} \tag{3-6}$$

所以

$$E_s = \frac{p_2 - p_1}{e_1 - e_2}(1 + e_1) \tag{3-7}$$

将式(3-3)代入式(3-7)得：

$$E_s = \frac{1 + e_1}{a_{1-2}} \tag{3-8}$$

式中：E_s ——土的压缩模量(MPa)；

a_{1-2} ——压力从 p_1 (如 100MPa)增加到 p_2 (如 200MPa)时求得的压缩系数(MPa^{-1})；

e_1 ——相应于压力为 p_1 (如 100MPa)时的孔隙比。

上式表明了压缩模量 E_s 和压缩系数 a 的关系：压缩模量 E_s 和压缩系数 a 成反比，E_s 反映了土体在无侧膨胀条件下抵抗压缩变形的能力，E_s 值越大，说明了土的压缩性越小；相反 E_s 值越小，土的压缩性越大。另外，E_s 值和压缩系数一样，对同一种土也不是常数，而是随 p_1 与 p_2 的取值范围变化。为此，将与压缩系数 a_{1-2} 相对应的压缩模量用 E_{s1-2} 表示。工程中，如 $E_{s1-2} < 4MPa$，称为高压缩性土；$4MPa \leqslant E_{s1-2} < 20MPa$，称为中等压缩性土；$E_{s1-2} \geqslant 20MPa$，称为低压缩性土。

3.2.2 现场载荷试验与变形模量

1)载荷试验

地基土现场载荷试验的装置，如图 3-6 所示。在准备修建基础的地点开挖试坑，并使其深度等于基础的埋置深度，试坑宽度不应小于承压板宽或直径的 3 倍。然后在坑底安置刚性承压板、加载设备和测量地基变形的仪器。刚性承压板的底面一般为正方形，边长 0.5 ~ 1.0m，相应的承压面积为 0.25 ~ 1.0m^2，也可以用同样面积的圆形承压板。加载设备安置在承压板上面，一般由支柱、千斤顶、锚碇木桩和刚度足够大的横梁组成。测量地基变形的仪器用测微表(百分表)量测，该表放在承压板上方。加载由小到大分级进行，每级增加的压力值视土质软硬程度而定，对较松软的土，一般为 10 ~ 25kPa；对较坚硬的土，一般按 50 ~ 100kPa 的等级增加。每加一级荷载，按间隔 10min、10min、10min、15min、15min，以后每 30min 读一次沉降量，当在连续 2h 内，每小时的沉降量小于 0.1mm 时，则认为沉降趋于稳定，可加下一级荷载。当发现有下列现象之一时，即可认为土已达到极限状态：

①承压板周围的土有明显的侧向挤出(砂土)或出现裂纹(黏性土)；

②本级荷载沉降量大于前一级荷载沉降量的 5 倍，即 p—s 曲线出现陡降段；

③在荷载不变的情况下，24h 内沉降速率不能达到相对稳定标准；

④沉降量与承压板宽度或直径之比大于或等于 0.06。

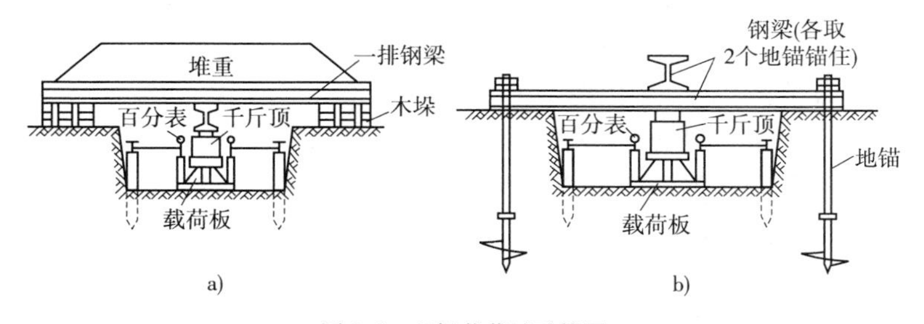

图 3-6 现场载荷试验简图

a)堆载—千斤顶式；b)地锚—千斤顶式

满足上列情况之一时，其对应的前一级荷载定为极限荷载。当土达到极限状态后就可以停止加荷，然后逐级卸荷，并进行相应的观测。对试验过程中可能影响沉降值准确性的因素，如气温的急剧变化、刮风、下雨、工作人员观测时所产生的意外误差等都应及时记录，以便在整理分析资料时参考。

将试验成果整理后，以承压板的压力强度 p（单位面积压力）为横坐标，总沉降量 s 为纵坐标，在直角坐标系中绘出压力与沉降关系曲线，即可得到载荷试验沉降曲线，即 p-s 曲线，如图 3-7 所示。

从图 3-7 沉降曲线可见，在逐级加载情况下，土体的变形（沉降）可以依次分为三个阶段：

①压密阶段。土由于受荷载作用而压实，相当于图中自 0 至 p_{cr} 阶段。在这段中，荷载 p 与沉降 s 接近线性关系。

②局部剪切阶段。荷载 p 和沉降 s 之间不再保持线性关系，承压板底下的土在发生压实的同时，开始发生侧向位移，土中出现局部剪切破坏。

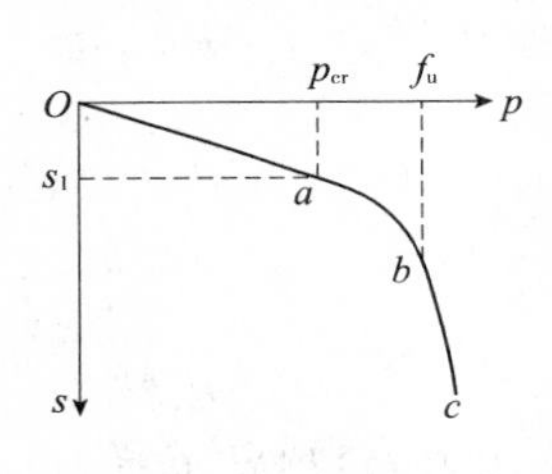

图 3-7 载荷试验 p-s 曲线

③破坏阶段。荷载超过 f_u 值时，承压板沉降将急剧增大，承压板底下土体中形成连续滑裂面，承压板四周因土体向外上方滑动而出现隆起的土堆。

2）变形模量

从图 3-7 沉降曲线可知，土在压密阶段（图中自 0 至 p_{cr} 阶段），由于荷载 p 与沉降 s 接近线性关系，可将承压板底下的土体视为均质的各向同性的直线变形体，从而利用弹性理论的成果求得土体变形模量 E 与沉降量 s 的关系：

$$E = \omega(1 - \mu^2)\frac{pb}{s} \tag{3-9}$$

式中：ω ——与承压板（或基础）的刚度和形状有关的系数。对刚性方形承压板，$\omega = 0.88$；对刚性圆形承压板，$\omega = 0.79$；

b ——压板的短边长或直径（mm）；

μ ——土的泊松比。砂土可取 0.2～0.25，黏性土可取 0.25～0.45；

p、s ——分别为压密阶段曲线上某点的压力强度值（kPa）和与其对应的沉降值（mm）。

应该注意：由于试验时承压板的面积有限，压力的影响深度只限于承压板下不厚的一层土（影响深度约为 $1.5b \sim 2b$），不能反映压缩层土的压缩性质，因此，在利用荷载试验资料研究地基的压缩性特别在确定土的承载力时应采取分析的态度，必要时应在地基主要压缩层范围内的不同深度上进行荷载试验。

关于深层载荷试验及岩基载荷试验，参见《建筑地基基础设计规范》（GB 50007—2011）附录 D 及附录 H。

载荷试验与压缩试验相比，它与地基的实际工作条件比较接近，能比较真实地反映土在天然埋藏条件下受荷载作用时的压缩性；对于一些不易取得原状土样的土来说，比压缩试验更具有优越性。但是荷载试验工作量大，费时间，只在必要时才进行。

3）变形模量与压缩模量的关系

土的变形模量 E 与土的压缩模量 E_s 是不同的，但二者在理论上是可以互相换算的，其关系如下：

$$E = \left(1 - \frac{2\mu^2}{1 - \mu}\right)E_s \tag{3-10}$$

令：

$$\beta = \left(1 - \frac{2\mu^2}{1 - \mu}\right)$$

则：

$$\beta = \frac{E}{E_s} \tag{3-11}$$

如μ =0 ~0.5,由上式得β =0 ~1。但需要指出的是,土体并不是完全弹性体,加上两种试验的影响因素较多,使得理论关系与实测关系有一定差距。实测表明,β可能出现超过1的情况。其土的结构性越强或压缩性越小,其β值越大。

3.3 地基的最终沉降量计算

地基的最终沉降是指地基在建筑物荷载作用下,地基从开始变形到变形稳定时地基表面的最终稳定沉降量。对偏心荷载作用下的基础,则以基底中点沉降作为其平均沉降。沉降量的大小取决于地基土的压缩变形量,计算基础的沉降量就是求地基土的压缩变形量。计算地基最终变形量的目的,在于确定建筑物的最大沉降量、沉降差或倾斜等,并控制在允许范围内以保证建筑物的安全和正常使用。

常用的计算地基最终沉降的方法有分层总和法及《建筑地基基础设计规范》(GB 50007—2011)推荐的沉降计算方法。

3.3.1 分层总和法

采用分层总和法计算地基最终沉降时,通常假定地基土压缩时不发生侧向变形,即采用侧限条件下的压缩性指标。为了弥补这样计算得到的变形值偏小的缺点,通常取基底中心点下的附加应力σ_z进行计算。

将地基沉降计算深度z_n范围的土划分为若干个分层(图3-8),按侧限条件分别计算各分层的压缩量,其总和即为地基最终沉降。具体的计算步骤如下:

(1)按分层厚度$h_i \leqslant 0.4b$(b为基础宽度)或1~2m将基础下土层分成若干薄层,成层土的层面和地下水面是当然的分层面。

(2)计算基底中心点下各分层界面处自重应力σ_c和附加应力σ_z。当有相邻荷载影响时,σ_z应包含此影响。

(3)确定地基变形计算深度z_n。地基变形计算深度是指基底以下需要计算压缩变形的土层总厚度,亦称为地基压缩层深度。在该深度以下的土层变形较小,可略去不计。确定z_n的方法是:对一般土层应满足$\sigma_z \leqslant 0.2\sigma_c$;软弱土层应满足$\sigma_z \leqslant 0.1\sigma_c$。

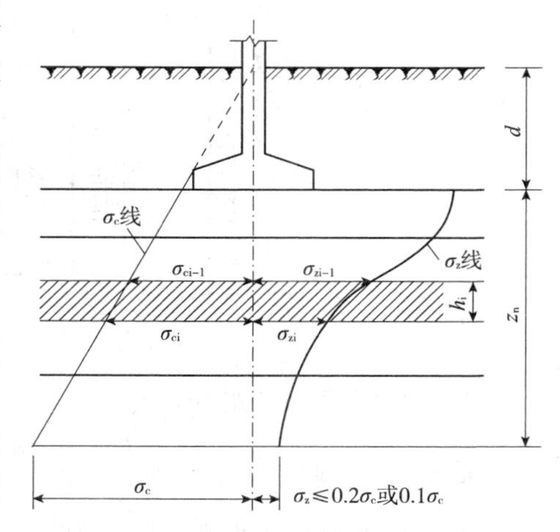

图3-8 分层总和法计算地基最终沉降量

(4)计算各分层的自重应力平均值$p_{1i} = \frac{\sigma_{ci-1} + \sigma_{ci}}{2}$和附加应力$\Delta p_i = \frac{\sigma_{zi-1} + \sigma_{zi}}{2}$且取$p_{2i} = p_{1i} + \Delta p_i$。

(5)从e-p曲线上查得与p_{1i}、p_{2i}相对应的孔隙比e_{1i}、e_{2i}。

(6)计算各分层土在侧限条件下的压缩量。计算公式为:

$$\Delta s_i = \varepsilon_i h_i = \frac{e_{1i} - e_{2i}}{1 + e_{1i}} h_i \tag{3-12}$$

式中:Δs_i ——第 i 分层的压缩量(mm);

ε_i ——第 i 分层土的平均竖向应变;

h_i ——第 i 分层土的厚度(mm)。

因为

$$\varepsilon_i = \frac{e_{1i} - e_{2i}}{1 + e_{1i}} = \frac{a_i(p_{2i} - p_{1i})}{1 + e_{1i}} = \frac{\Delta p_i}{E_{si}} \tag{3-13}$$

所以又有

$$\Delta s_i = \frac{a_i(p_{2i} - p_{1i})}{1 + e_{1i}} h_i = \frac{\Delta p_i}{E_{si}} h_i \tag{3-14}$$

(7)计算地基的最终变形

$$s = \sum_{i=1}^{n} \Delta s_i \tag{3-15}$$

式中:n ——地基沉降计算深度范围内所划分的土层数。

【例 3-1】 试以分层总和法计算图 3-9 所示柱下方形单独基础的最终沉降量。自地表起各土层的重度为:粉土的天然重度 $\gamma = 18\text{kN/m}^3$;粉质黏土的天然重度 $\gamma = 19\text{kN/m}^3$,饱和重度 $\gamma_{sal} = 19.5\text{kN/m}^3$;黏土的饱和重度 $\gamma_{sal} = 20\text{kN/m}^3$。分别从粉质黏土层和黏土层中取土样做室内压缩试验,其 e-p 曲线如图 3-10 所示。柱传给基础的轴心荷载标准值 $F = 2000\text{kN}$,方形基础底边长为 4m。

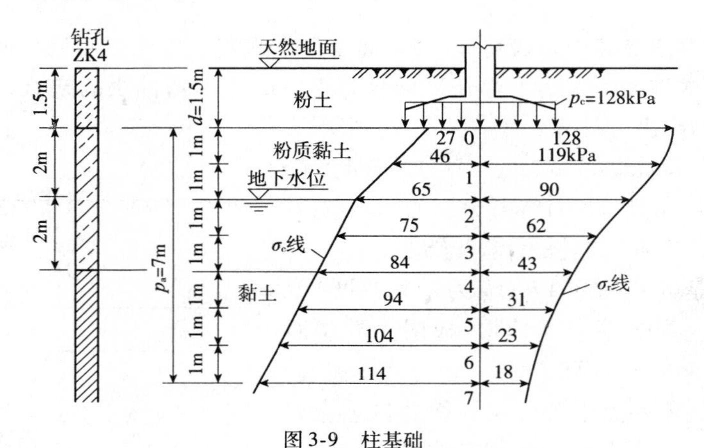

图 3-9 柱基础

解:(1)计算基底附加压力

基底压力:$p = \dfrac{F + G}{A} = \dfrac{F + \gamma_G Ad}{A} = \left(\dfrac{2000 + 20 \times 4 \times 4 \times 1.5}{4 \times 4}\right) = 155\text{kPa}$

基底处土的自重应力:$\sigma_{cd} = 18 \times 1.5 = 27\text{kPa}$

基底附加应力:$p_0 = p - \gamma_0 d = 155 - 18 \times 1.5 = 128\text{kPa}$

(2)对地基分层,取分层厚度为 1m。

(3)计算各分层层面处土的自重应力 σ_c

基底、天然土层层面和地下水位各点的自重应力为:

0 点 $\sigma_c = 18 \times 1.5 = 27\text{kPa}$

2 点 $\sigma_c = 27 + 19 \times 2 = 65\text{kPa}$

4 点　$\sigma_c=65+(19.5-10)\times 2=84\text{kPa}$

各分层层面处的 σ_c 计算结果见表 3-1。

(4)计算基底中心点下各层层面处的附加应力 σ_z

基底中心点可看成是 4 个相等的小方形面积的公共角点,其长宽比 $l/b=2/2=1$,用角点法计算 σ_z。例如 1 点,$z/b=1/2=0.5$,由表 2-2 查得 $\alpha_s=0.2315$,$\sigma_z=4\alpha_s p_0=4\times 0.2315\times 128=119\text{kPa}$,其余的 σ_z 计算结果列于表 3-1。

(5)计算各分层的自重应力平均值 p_{1i} 和附加应力平均值 Δp_i,以及 $p_{2i}=p_{1i}+\Delta p_i$。

例如,对 0-1 分层:$p_{1i}=\dfrac{\sigma_{ci-1}+\sigma_{ci}}{2}=\dfrac{27+46}{2}\approx 37\text{kPa}$

$$\Delta p_i=\frac{\sigma_{zi-1}+\sigma_{zi}}{2}=\frac{128+119}{2}\approx 124\text{kPa},\ p_{2i}=p_{1i}+\Delta p_i=37+124=161\text{kPa}$$

σ_z 计算结果　　表 3-1

点	z(m)	σ_c(kPa)	σ_z(kPa)	分层	h_i(m)	p_{1i}(kPa)	Δp_i(kPa)	p_{2i}(kPa)	e_{1i}	e_{2i}	Δs_i(mm)
0	0	27	128								
1	1.0	46	119	0-1	1.0	37	124	161	0.960	0.858	52.0
2	2.0	65	90	1-2	1.0	56	105	161	0.935	0.858	39.8
3	3.0	75	62	2-3	1.0	70	76	146	0.921	0.864	29.7
4	4.0	84	43	3-4	1.0	80	53	133	0.912	0.873	20.4
5	5.0	94	31	4-5	1.0	89	37	126	0.777	0.757	11.3
6	6.0	104	23	5-6	1.0	99	27	126	0.772	0.757	8.5
7	7.0	114	18	6-7	1.0	109	21	130	0.765	0.754	6.2

(6)确定地基沉降计算深度 z_n

在 6m 深处(点 6),$\sigma_z/\sigma_c=23/104=0.22>0.2$(不满足要求),在 7m 处(点 7),$\sigma_z/\sigma_c=18/114=0.16<0.2$(可以)。

(7)确定各分层受压前后的孔隙比 e_{1i} 和 e_{2i}

按各分层的 p_{1i} 和 p_{2i} 值从粉质黏土或黏土的压缩曲线(图 3-10)上查孔隙比。例如,对 0-1 分层:按 $p_{1i}=37\text{kPa}$ 从粉质黏土的压缩曲线上得 $e_{1i}=0.960$,按 $p_{2i}=161\text{kPa}$ 则得 $e_{2i}=0.858$。其余各分层孔隙比的确定结果见表 3-1。

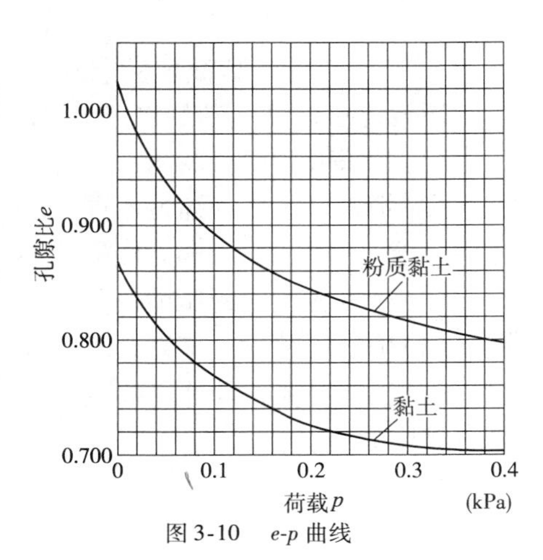

图 3-10　e-p 曲线

(8)计算各分层土的压缩量 Δs_i

例如,对 0-1 分层:$\Delta s_i=\dfrac{e_{1i}-e_{2i}}{1+e_{1i}}h_i=\dfrac{0.960-0.858}{1+0.960}\times 1000=52.0\text{mm}$

(9)计算基础的最终沉降量

由表 3-1 中得:$s=\sum_{i=1}^{n}\Delta s_i=52.0+39.8+29.7+20.4+11.3+8.5+6.2=167.9\text{mm}$

3.3.2 《建筑地基基础设计规范》(GB 50007—2011)推荐的沉降计算公式

《建筑地基基础设计规范》(GB 50007—2011)推荐的计算地基最终沉降量的方法是一种简化的分层总和法,它是根据应力图形的性质,采用平均附加应力系数 $\overline{\alpha}_i$,对同一土层采用单一的压缩性指标,使计算得到简化,同时引入沉降计算经验系数 ψ_s 使计算结果更接近于实际。

《建筑地基基础设计规范》(GB 50007—2011)推荐的沉降计算公式为:

$$s = \psi_s s' = \psi_s \sum_{i=1}^{n} \Delta s'_i = \psi_s \sum_{i=1}^{n} \frac{p_0}{E_{si}}(\overline{\alpha}_i z_i - \overline{\alpha}_{i-1} z_{i-1}) \tag{3-16}$$

式中:s ——地基最终沉降量(mm);

s' ——用分层总和法计算出的地基最终沉降量(mm);

n ——地基变形计算深度范围内所划分的土层数,一般可按天然土层划分;

z_i 、z_{i-1} ——基础底面至第 i 层、第 i -1 层土地面的距离;

$\overline{\alpha}_i$ 、$\overline{\alpha}_{i-1}$ ——基础底面计算点至第 i 层、第 i -1 层土底面范围平均附加应力系数,可按《建筑地基基础设计规范》(GB 50007—2011)附录 K 采用;矩形面积上均布荷载作用下角点的平均附加应力系数查表 3-2;

ψ_s ——沉降计算经验系数。根据地区沉降观测资料及经验确定,也可采用表 3-3 数值,表中 $\overline{E}_s$ 为深度 z_n 范围内土的压缩模量当量值,按下式计算:

$$\overline{E}_s = \frac{\sum A_i}{\sum \frac{A_i}{E_{si}}} \tag{3-17}$$

A_i ——第 i 层土附加应力系数沿土层厚度的积分值,实际计算时:

$$A_i = p_0 (z_i\overline{\alpha}_i - z_{i-1}\overline{\alpha}_{i-1})$$

p_0 ——对应于荷载效应准永久组合时的基础底面处的附加应力(kPa)。

用规范法计算基础最终沉降量的具体步骤如下:

(1)计算基础底面的附加应力。

(2)把地基土按压缩性不同分层。一般天然层面就是当然的分层面。由于不受上一方法中分层厚度不超过 0.4b 的限制,因而大大减少了计算工作量。

(3)计算各土层的压缩量。

(4)确定压缩层厚度即地基沉降计算深度。

《建筑地基基础设计规范》(GB 50007—2011)规定当满足下列条件时某计算深度 z_n 就是压缩层的厚度:

$$\Delta s'_n \leqslant 0.025 \sum_{i=1}^{n} \Delta s'_i \tag{3-18}$$

式中:$\Delta s'_n$ ——在由计算深度向上取厚度为 Δz 的土层计算沉降值(mm),Δz 值见表 3-4;

$\Delta s'_i$ ——在计算深度范围内,第 i 层土的计算沉降值(mm)。

如果确定的压缩层下部仍有较弱土层时,应继续向下计算,直到满足要求。当压缩层范围内某一深度处以下都是压缩性很小的土层,如较厚的坚硬黏性土层,其 e 小于 0.5,E_s 大于 50MPa,或密实的砂卵石层土,其 E_s 大于 80MPa,或几乎不能压缩的岩层时,则压缩层就只计算到上述这些土层的顶面为止。

当无相邻荷载影响且基础宽度在 1 ~ 30m 范围内时，基础中点的压缩层厚度也可按下列简化公式近似计算：

$$z_n = b(2.5 - 0.4\ln b) \tag{3-19}$$

式中：b ——基础宽度（m）。

矩形面积上均布荷载作用下角点的平均附加应力系数 表 3-2

z/b \ l/b	1.0	1.2	1.4	1.6	1.8	2.0	2.4	2.8	3.2	3.6	4.0	5.0	10.0
0.0	0.2500	0.2500	0.2500	0.2500	0.2500	0.2500	0.2500	0.2500	0.2500	0.2500	0.2500	0.2500	0.2500
0.2	0.2496	0.2497	0.2497	0.2498	0.2498	0.2498	0.2498	0.2498	0.2498	0.2498	0.2498	0.2498	0.2498
0.4	0.2474	0.2479	0.2481	0.2483	0.2483	0.2484	0.2485	0.2485	0.2485	0.2485	0.2485	0.2485	0.2485
0.6	0.2423	0.2437	0.2444	0.2448	0.2451	0.2452	0.2454	0.2455	0.2455	0.2455	0.2455	0.2455	0.2456
0.8	0.2346	0.2372	0.2387	0.2395	0.2400	0.2403	0.2407	0.2408	0.2409	0.2409	0.2410	0.2410	0.2410
1.0	0.2252	0.2291	0.2313	0.2326	0.2335	0.2340	0.2346	0.2349	0.2351	0.2352	0.2352	0.2353	0.2353
1.2	0.2149	0.2199	0.2229	0.2248	0.2260	0.2268	0.2278	0.2282	0.2285	0.2286	0.2287	0.2288	0.2289
1.4	0.2043	0.2102	0.2140	0.2164	0.2180	0.2191	0.2204	0.2211	0.2215	0.2217	0.2218	0.2220	0.2221
1.6	0.1939	0.2006	0.2049	0.2079	0.2099	0.2113	0.2130	0.2138	0.2143	0.2146	0.2148	0.2150	0.2152
1.8	0.1840	0.1912	0.1960	0.1994	0.2018	0.2034	0.2055	0.2066	0.2073	0.2077	0.2079	0.2082	0.2084
2.0	0.1746	0.1822	0.1875	0.1912	0.1938	0.1958	0.1982	0.1996	0.2004	0.2009	0.2012	0.2015	0.2018
2.2	0.1659	0.1737	0.1793	0.1833	0.1862	0.1883	0.1911	0.1927	0.1937	0.1943	0.1947	0.1952	0.1955
2.4	0.1578	0.1657	0.1715	0.1757	0.1789	0.1812	0.1843	0.1862	0.1873	0.1880	0.1885	0.1890	0.1895
2.6	0.1503	0.1583	0.1642	0.1686	0.1719	0.1745	0.1779	0.1799	0.1812	0.1820	0.1825	0.1832	0.1838
2.8	0.1433	0.1514	0.1574	0.1619	0.1654	0.1680	0.1717	0.1739	0.1753	0.1763	0.1769	0.1777	0.1784
3.0	0.1369	0.1449	0.1510	0.1556	0.1592	0.1619	0.1658	0.1682	0.1698	0.1708	0.1715	0.1725	0.1733
3.2	0.1310	0.1390	0.1450	0.1497	0.1533	0.1562	0.1602	0.1628	0.1645	0.1657	0.1664	0.1675	0.1685
3.4	0.1256	0.1334	0.1394	0.1441	0.1478	0.1508	0.1550	0.1577	0.1595	0.1607	0.1616	0.1628	0.1639
3.6	0.1205	0.1282	0.1342	0.1389	0.1427	0.1456	0.1500	0.1528	0.1548	0.1561	0.1570	0.1583	0.1595
3.8	0.1158	0.1234	0.1293	0.1340	0.1378	0.1408	0.1452	0.1482	0.1502	0.1516	0.1526	0.1541	0.1554
4.0	0.1114	0.1189	0.1248	0.1294	0.1332	0.1362	0.1408	0.1438	0.1459	0.1474	0.1485	0.1500	0.1516
4.2	0.1073	0.1147	0.1205	0.1251	0.1289	0.1319	0.1365	0.1396	0.1418	0.1434	0.1445	0.1462	0.1479
4.4	0.1035	0.1107	0.1164	0.1210	0.1248	0.1279	0.1325	0.1357	0.1379	0.1396	0.1407	0.1425	0.1444

续上表

z/b \ l/b	1.0	1.2	1.4	1.6	1.8	2.0	2.4	2.8	3.2	3.6	4.0	5.0	10.0
4.6	0.1000	0.1070	0.1127	0.1172	0.1209	0.1240	0.1287	0.1319	0.1342	0.1359	0.1371	0.1390	0.1410
4.8	0.0967	0.1036	0.1091	0.1136	0.1173	0.1204	0.1250	0.1283	0.1307	0.1324	0.1337	0.1357	0.1379
5.0	0.0935	0.1003	0.1057	0.1102	0.1139	0.1169	0.1216	0.1249	0.1273	0.1291	0.1304	0.1325	0.1348
5.2	0.0906	0.0972	0.1026	0.1070	0.1106	0.1136	0.1183	0.1217	0.1241	0.1259	0.1273	0.1295	0.1320
5.4	0.0878	0.0943	0.0996	0.1039	0.1075	0.1105	0.1152	0.1186	0.1211	0.1229	0.1243	0.1265	0.1292
5.6	0.0852	0.0916	0.0968	0.1010	0.1046	0.1076	0.1122	0.1156	0.1181	0.1200	0.1215	0.1238	0.1266
5.8	0.0828	0.0890	0.0941	0.0983	0.1018	0.1047	0.1094	0.1128	0.1153	0.1172	0.1187	0.1211	0.1240
6.0	0.0805	0.0866	0.0916	0.0957	0.0991	0.1021	0.1067	0.1101	0.1126	0.1146	0.1161	0.1185	0.1216
6.2	0.0783	0.0842	0.0891	0.0932	0.0966	0.0995	0.1041	0.1075	0.1101	0.1120	0.1136	0.1161	0.1193
6.4	0.0762	0.0820	0.0869	0.0909	0.0942	0.0971	0.1016	0.1050	0.1076	0.1096	0.1111	0.1137	0.1171
6.6	0.0742	0.0799	0.0847	0.0886	0.0919	0.0948	0.0993	0.1027	0.1053	0.1073	0.1088	0.1114	0.1149
6.8	0.0723	0.0779	0.0826	0.0865	0.0898	0.0926	0.0970	0.1004	0.1030	0.1050	0.1066	0.1092	0.1129
7.0	0.0705	0.0761	0.0806	0.0844	0.0877	0.0904	0.0949	0.0982	0.1008	0.1028	0.1044	0.1071	0.1109
7.2	0.0688	0.0742	0.0787	0.0825	0.0857	0.0884	0.0928	0.0962	0.0987	0.1008	0.1023	0.1051	0.1090
7.4	0.0672	0.0725	0.0769	0.0806	0.0838	0.0865	0.0908	0.0942	0.0967	0.0988	0.1004	0.1031	0.1071
7.6	0.0656	0.0709	0.0752	0.0789	0.0820	0.0846	0.0889	0.0922	0.0948	0.0968	0.0984	0.1012	0.1054
7.8	0.0642	0.0693	0.0736	0.0771	0.0802	0.0828	0.0871	0.0904	0.0929	0.0950	0.0966	0.0994	0.1036
8.0	0.0627	0.0678	0.0720	0.0755	0.0785	0.0811	0.0853	0.0886	0.0912	0.0932	0.0948	0.0976	0.1020
8.2	0.0614	0.0663	0.0705	0.0739	0.0769	0.0795	0.0837	0.0869	0.0894	0.0914	0.0931	0.0959	0.1004
8.4	0.0601	0.0649	0.0690	0.0724	0.0754	0.0779	0.0820	0.0852	0.0878	0.0893	0.0914	0.0943	0.0938
8.6	0.0588	0.0636	0.0676	0.0710	0.0739	0.0764	0.0805	0.0836	0.0862	0.0882	0.0898	0.0927	0.0973
8.8	0.0576	0.0623	0.0663	0.0696	0.0724	0.0749	0.0790	0.0821	0.0846	0.0866	0.0882	0.0912	0.0959
9.2	0.0554	0.0599	0.0637	0.0670	0.0697	0.0721	0.0761	0.0792	0.0817	0.0837	0.0853	0.0882	0.0931
9.6	0.0533	0.0577	0.0614	0.0645	0.0672	0.0696	0.0734	0.0765	0.0789	0.0809	0.0825	0.0855	0.0905
10.0	0.0514	0.0556	0.0592	0.0622	0.0649	0.0672	0.0710	0.0739	0.0763	0.0783	0.0799	0.0829	0.0880
10.4	0.0496	0.0537	0.0572	0.0601	0.0627	0.0649	0.0686	0.0716	0.0739	0.0759	0.0775	0.0804	0.0857

续上表

z/b \ l/b	1.0	1.2	1.4	1.6	1.8	2.0	2.4	2.8	3.2	3.6	4.0	5.0	10.0
10.8	0.0479	0.0519	0.0553	0.0581	0.0606	0.0628	0.0664	0.0693	0.0717	0.0736	0.0751	0.0781	0.0834
11.2	0.0463	0.0502	0.0535	0.0563	0.0587	0.0609	0.0644	0.0672	0.0695	0.0714	0.0730	0.0759	0.0813
11.6	0.0448	0.0486	0.0518	0.0545	0.0569	0.0590	0.0625	0.0652	0.0675	0.0694	0.0709	0.0738	0.0793
12.0	0.0435	0.0471	0.0502	0.0529	0.0552	0.0573	0.0606	0.0634	0.0656	0.0674	0.0690	0.0719	0.0774
12.8	0.0409	0.0444	0.0474	0.0499	0.0521	0.0541	0.0573	0.0599	0.0621	0.0639	0.0654	0.0682	0.0739
13.6	0.0387	0.0420	0.0448	0.0472	0.0493	0.0512	0.0543	0.0568	0.0589	0.0607	0.0621	0.0649	0.0707
14.4	0.0367	0.0398	0.0425	0.0448	0.0468	0.0486	0.0516	0.0540	0.0561	0.0577	0.0592	0.0619	0.0677
15.2	0.0349	0.0379	0.0404	0.0426	0.0445	0.0463	0.0492	0.0515	0.0535	0.0551	0.0565	0.0592	0.0650
16.0	0.0332	0.0361	0.0385	0.0407	0.0425	0.0442	0.0469	0.0492	0.0511	0.0527	0.0540	0.0567	0.0625
18.0	0.0297	0.0323	0.0345	0.0364	0.0381	0.0396	0.0422	0.0442	0.0460	0.0475	0.0487	0.0512	0.0570
20.0	0.0269	0.0292	0.0312	0.0330	0.0345	0.0359	0.0383	0.0402	0.0418	0.0432	0.0444	0.0468	0.0524

沉降计算经验系数 ψ_s 表 3-3

基底附加应力 \ $\overline{E}_s$ (MPa)	2.5	4.0	7.0	15.0	20.0
$p_0 \geqslant f_{ak}$	1.4	1.3	1.0	0.4	0.2
$p_0 \leqslant 0.75f_{ak}$	1.1	1.0	0.7	0.4	0.2

注:表中 f_{ak} 为地基承载力特征值。

Δz 值 表 3-4

b (m)	≤2	$2 < b \leqslant 4$	$4 < b \leqslant 8$	>8
Δz (m)	0.3	0.6	0.8	1.0

【例 3-2】 试按规范方法计算例 3-1 中的柱基础的最终沉降量。设 $f_{ak}=180\text{kPa}$。

解:(1)计算 p_0

见例 3-1,$p_0=128\text{kPa}$。

(2)确定分层厚度

按天然土层分层,地下水面亦按分层面处理。这样,地基共分为 3 层:

第一层粉质黏土层厚 2m;

第二层粉质黏土层(有地下水)厚 2m;

第三层为黏土层,厚度为该土层层面至沉降计算深度处。

(3)确定 z_n

由于无相邻荷载影响,地基变形计算深度可按以下简化式计算,即:

$z_n = b(2.5 - 0.4\ln b) = 4 \times (2.5 - 0.4\ln 4) = 7.8$，取 $z_n = 8\text{m}$。

(4)计算 E_{si}

E_{si} 见表 3-5。

E_{si} 表 3-5

分层	厚度(m)	分层中点编号	p_{1i} (kPa)	Δp_i (kPa)	p_{2i} (kPa)	e_{1i}	e_{2i}	E_{si} (mPa)
0-1	2.0	1	46	119	165	0.947	0.855	2.52
2-4	2.0	3	75	62	137	0.916	0.868	2.47
4-8	4.0	6	104	23	127	0.768	0.756	3.39

(5)计算 $\overline{\alpha}_i$

计算基底中心点下的 $\overline{\alpha}_i$ 时，应过中心点将基底划分为 4 块同形的小面积，其长比宽 $\frac{l}{b} = \frac{2}{2} = 1$，按角点法查表 3-2，计算结果见表 3-6。

计　算　$\overline{\alpha}_i$ 表 3-6

<table>
<tr><th>点</th><th>z (m)</th><th>$\frac{l}{b}$ (m)</th><th>$\frac{z}{b}$ (m)</th><th>$\overline{\alpha}_i$</th><th>$z\overline{\alpha}_i$ (m)</th><th>分层</th><th>$z_i\overline{\alpha}_i - z_{i-1}\overline{\alpha}_{i-1}$ (m)</th><th>E_{si} (MPa)</th><th>$\Delta s'_i$ (m)</th><th>$s' = \sum \Delta s'_i$ (mm)</th></tr>
<tr><td rowspan="2">0</td><td rowspan="2">0</td><td rowspan="2">1</td><td rowspan="2">0</td><td rowspan="2">4×0.2500
=1.0000</td><td rowspan="2">0</td><td rowspan="3">0-2</td><td rowspan="3">1.802</td><td rowspan="3">2.52</td><td rowspan="3">91.5</td><td rowspan="8">172</td></tr>
<tr></tr>
<tr><td rowspan="2">2</td><td rowspan="2">2.0</td><td rowspan="2">1</td><td rowspan="2">1.0</td><td rowspan="2">4×0.2252
=0.9008</td><td rowspan="2">1.802</td></tr>
<tr><td rowspan="2">2-4</td><td rowspan="2">0.992</td><td rowspan="2">2.47</td><td rowspan="2">51.4</td></tr>
<tr><td rowspan="2">4</td><td rowspan="2">4.0</td><td rowspan="2">1</td><td rowspan="2">2.0</td><td rowspan="2">4×0.1746
=0.6984</td><td rowspan="2">2.794</td></tr>
<tr><td rowspan="3">4-8</td><td rowspan="3">0.771</td><td rowspan="3">3.39</td><td rowspan="3">29.1</td></tr>
<tr><td rowspan="2">8</td><td rowspan="2">8.0</td><td rowspan="2">1</td><td rowspan="2">4.0</td><td rowspan="2">4×0.1114
=0.4456</td><td rowspan="2">3.565</td></tr>
<tr></tr>
</table>

(6)计算 $\Delta s'_i$ 和 s'

按式(3-19)计算 $\Delta s'_i$，例如，对 0-2 分层：

$$\Delta s'_i = \frac{p_0}{E_{si}}(\overline{\alpha}_i z_i - \overline{\alpha}_{i-1} z_{i-1}) = \frac{128}{2.52} \times (0.9008 \times 2 - 1 \times 0) = 91.5\text{mm}$$

其余见表 3-6。

(7)确定 ψ_s

$$\overline{E}_s = \frac{\sum A_i}{\sum \frac{A_i}{E_{si}}} = \frac{p_0 \sum (\overline{\alpha}_i z_i - \overline{\alpha}_{i-1} z_{i-1})}{\sum \frac{p_0(\overline{\alpha}_i z_i - \overline{\alpha}_{i-1} z_{i-1})}{E_{si}}} = \frac{1.802 + 0.992 + 0.771}{\frac{1.802}{2.52} + \frac{0.992}{2.47} + \frac{0.771}{3.39}} = 2.65\text{MPa}$$

由于 $p_0 < 0.75 f_{ak}$，查表 3-3 得：

$$\psi_s = 1.1 + \frac{2.65 - 2.5}{4.0 - 2.5}(1.0 - 1.1) = 1.09$$

(8)计算地基最终沉降量

$$s = \psi_s s' = \psi_s \sum_{i=1}^{n} \Delta s'_i = 1.09 \times 172 = 187\text{mm}$$

3.4 地基变形与时间的关系

3.4.1 饱和土体渗透固结的概念

土体在外荷载作用下,总要经过一定的时间后才能完成其压缩过程。所以基础的沉降一般也要经过一段时间后才能达到稳定。

在建筑物地基基础设计中,不仅要知道基础的最终沉降量,有时还需知道基础的沉降过程,即沉降与时间的关系,以便预先考虑建筑物的有关部分之间的净空、连接方式和施工工序等。对已发生裂缝、倾斜等事故的建筑物,更需要了解当时的沉降与今后沉降的发展趋势,作为解决事故的重要依据。

通常对于碎石土和砂性土地基,因其压缩性小及渗透性大,其固结稳定所需时间较短,一般在施工期间基础沉降即可全部或基本完成。饱和土体压缩的过程,主要是由于土粒、孔隙中的水和空气相对移动,使孔隙中有一部分气体和水被挤掉,使得土颗粒被压密,即土体产生压缩变形。但由于土粒很细,孔隙更细,要使孔隙中的水通过非常细小的孔隙排出,需要经历相当长的时间 t 。而时间 t 的长短,主要取决于土层排水距离 h 的长短、土粒粒径与孔隙的大小、土层渗透系数和荷载大小以及土的压缩系数的高低等因素。对于饱和黏性土地基,因其压缩性大及渗透性小,通常需几年,甚至几十年才能沉降稳定。例如,上海展览中心馆的中央大厅平均沉降量:1954 年 5 月开工,当年年底为 60cm;1957 年 6 月为 40cm;1979 年 9 月为 160cm。其沉降前后经历了 23 年尚未稳定。以下给出一般建筑物下不同压缩性的地基,施工完成时的沉降占总沉降比值(固结度):低压缩性土为 50% ~80%;中压缩性土为 20% ~50%;高压缩性土为 5% ~20%。

为了更清楚形象地掌握饱和土体的压缩变形过程,即饱和土体的渗透固结过程,可以借助一个著名的水—弹簧—活塞力学模型(图 3-11),用来说明土的骨架和孔隙水分担外力的情况及相互转移的过程。在一个装满水的圆筒中,上部安置一个带小孔的活塞。此活塞与筒底之间安装一个弹簧,以此模拟饱和土体的压缩变形过程(模型中的弹簧被视为土粒骨架,圆筒中的水相当于土体孔隙中的自由水,活塞上小孔的大小代表了土的透水性的大小)。

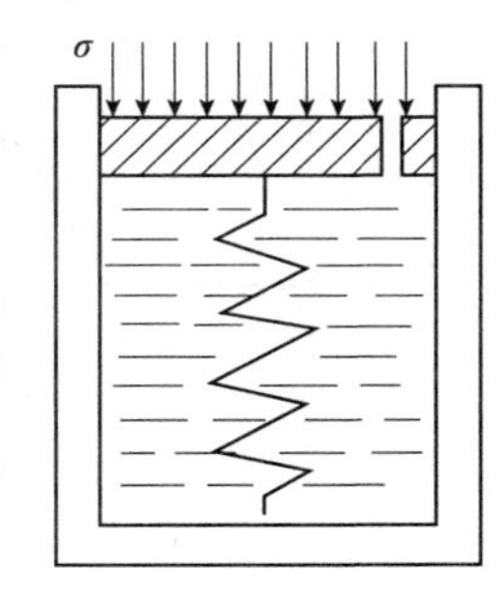

图 3-11 水—弹簧—活塞力学模型

总应力 σ 一部分由土颗粒间的接触面承担,称为有效应力 $\overline{\sigma}$;另外一部分则由土体孔隙内的水承受,称为孔隙水压力 u,即:

$$\sigma = \overline{\sigma} + u \tag{3-20}$$

①在活塞顶面骤然施加压力 σ 的瞬间,圆筒中的水尚未从活塞上的小孔排出,弹簧也没有变形。因此,弹簧不受力,压力 σ 完全由水承担,即:

$$u = \sigma, \overline{\sigma} = 0$$

②随着筒中水不断地通过活塞上的小孔向外面流出,使得活塞开始下降,弹簧逐渐变形,表明弹簧相应受力。此时,弹簧压力 σ 逐渐增大,筒中水压力 u 逐渐减小,根据饱和土的有效应力原理,在饱和土的固结过程中任一时间 t,有效应力 $\overline{\sigma}$ 与孔隙水压力 u 的总和始终

不变，即有 $\bar{\sigma} + u = \sigma$ 。

③随着弹簧变形的增大，弹簧上承受的压力越来越大。当弹簧压力 $\bar{\sigma} = \sigma$ 时，筒中水压力 $u = 0$，筒中水停止向外流出，表明土体渗透固结过程结束。只要土中孔隙水压力还存在，就意味着土的渗透固结尚未完成。饱和土的固结过程就是孔隙水压力消散和有效应力相应增长的过程。

3.4.2 一维固结理论

一维固结是指饱和土层在渗透固结过程中孔隙水只沿一个方向渗流，同时土颗粒也只朝一个方向位移。即土在水平方向无渗流，无位移。此种条件相当于荷载分布面积很广阔，靠近地表的薄层黏性土的渗流固结情况。因为这一理论计算简便，并能符合工程时间要求，所以目前应用较多。

1）一维固结微分方程及解答

饱和土层在一维固结过程中任意时间的变形，通常采用 K · 太沙基（K. Terzaghi，1925年）提出的一维固结理论进行计算。一维固结理论的基本假定如下：

（1）土是均质、各向同性和完全饱和的；

（2）土粒和孔隙水都是不可压缩的；

（3）外荷载是一次在瞬间施加的。加载期间，饱和土层还来不及变形，而在加载以后，附加应力 σ_z 沿深度始终均匀分布；

（4）土中附加应力沿水平面是无限均匀分布的，因此土层的压缩和土中水的渗流都是竖直向的；

（5）土中水的渗流服从于达西定律；

（6）在渗透固结中，土的渗透系数 k 是和压缩系数 a 都是不变的常数。

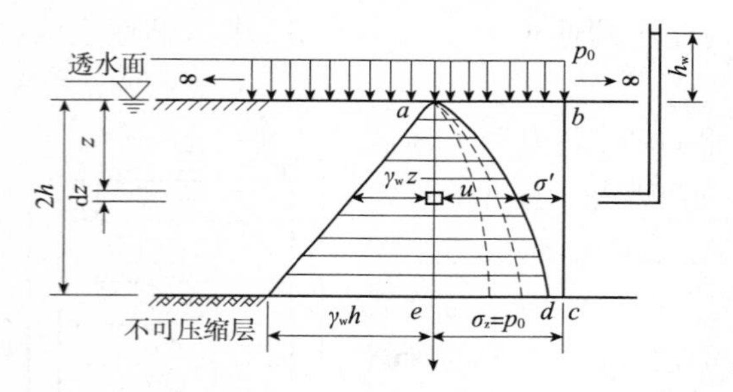

图 3-12　饱和土体的固结

如图 3-12 所示，在厚度为 2 h 的饱和黏性土层上作用着竖直无限广阔的均布荷载 p_0，这时土中附加应力沿深度均匀分布，土层的压缩和土中水的渗流都是竖直向的，这一过程称为一维固结。

饱和土的一维固结微分方程为：

$$C_v \frac{\partial^2 u}{\partial^2 z} = \frac{\partial u}{\partial t} \tag{3-21}$$

式中：$C_v = \dfrac{k(1+e)}{\gamma_w a}$——土的竖向固结系数（$m^2/s$）；

k——土的渗透系数（m/s）；

e——土层固结过程中的平均孔隙比；

γ_w——水的重度，取 9.8kN/m^3；

a——土的压缩系数（MPa^{-1}）。

在一定的初始条件（开始固结时的附加应力分布情况）和边界条件（可压缩土层顶面的排水条件）下，由式（3-21）可以求解得任一深度 z 在任一时刻 t 的孔隙水压力的表达式。根据图 3-13 的初始条件和边界条件：

当 $t=0$ 和 $0\leqslant z\leqslant 2h$ 时，$u=\sigma_z$；

$0<t<\infty$ 且 $z=0$ 时，$u=0$；

$0<t<\infty$ 且 $z=2h$ 时，$u=0$、$\dfrac{\partial u}{\partial z}=0$（隔水层处没有渗流产生）；

当 $t=\infty$ 和 $0\leqslant z\leqslant 2h$ 时，$u=0$。

采取分离变量法解得式(3-22)的特解为：

$$u_{z,t}=\frac{4\sigma_z}{\pi}\sum_{m=1}^{\infty}\frac{1}{m}e^{-\frac{m^2\pi^2}{4}T_v}\cdot\sin\frac{m\pi z}{2h} \tag{3-22}$$

式中：m ——正奇整数(1,3,5…)；

e——自然对数的底；

T_v ——时间因数，$T_v=\dfrac{C_v t}{h^2}$，其中 C_v 为固结系数；

h ——压缩土层最大的排水距离。当土层为单面（上面或下面）排水时，h 取土层厚度，双面排水时，水由土层中心分别向上下两个方向排出，此时 h 应取土层厚度之半。

2)固结度

有了孔隙水压力随时间和深度变化的函数解，即可求得地基在任一时间的固结沉降。此时，通常需要用土层平均固结度 U 这个指标，其定义为：

$$U=\frac{s_t}{s} \tag{3-23}$$

式中：s_t ——地基经历时间 t 的沉降量；

s ——地基的最终沉降量。

为了使用方便，我们已将各种附加应力呈直线分布情况下土层的平均固结度 U 与时间因数之间的关系绘制成如图 3-13 所示的 U- T_v 曲线。该曲线适用于附加应力上下

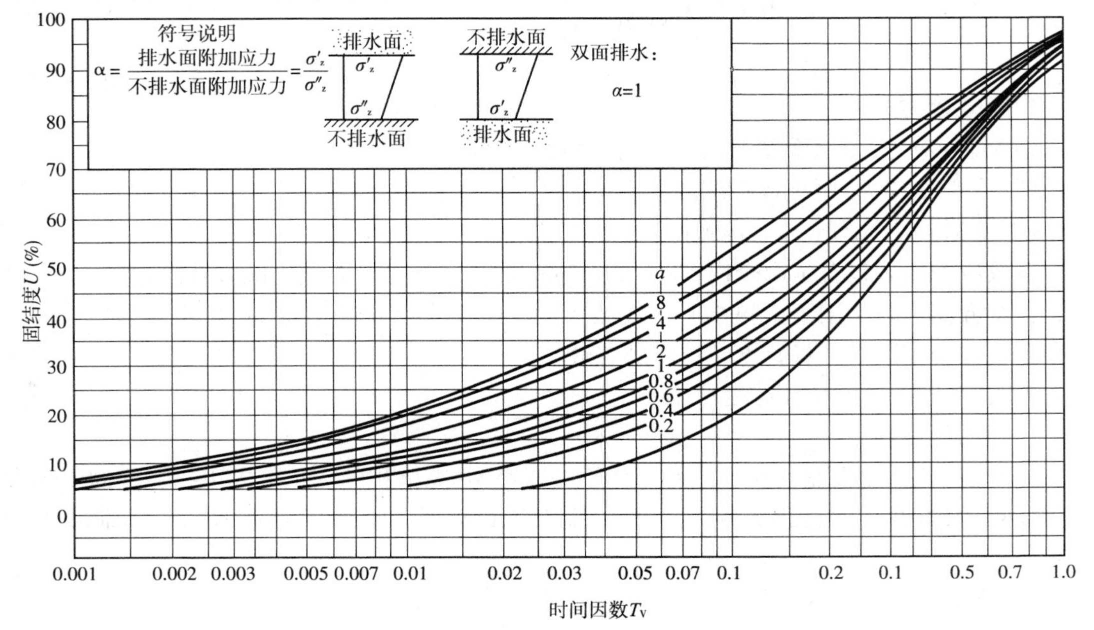

图 3-13　时间因数 T_v 与固结度 U 的关系曲线

均匀分布的情况,也适用于双面排水情况。对于地基为单面排水且上下两面附加应力又不相等的情况(如 σ_z 为梯形分布或三角形分布等),可由 $\alpha = \frac{排水面附加力}{不排水面附加力} = \frac{\sigma'_z}{\sigma_z''}$ 查图中相应的曲线。根据 U- T_v 关系曲线,可以求出某一时间 t 所对应的固结度,从而计算相应的沉降 s_t;也可按照某一固结度(相应的沉降为 s_t),推算出所需要的时间 t。

【例3-3】 某饱和黏土层的厚度为10m,在大面积荷载 $p_0 = 120\text{kPa}$ 作用下,设该土层的初始孔隙比 $e = 1$,压缩系数 $a = 0.3\text{MPa}^{-1}$,渗透系数 $k = 1.8\text{cm/年}$。按黏土层在双面排水条件下分别求:(1)加荷后一年的变形;(2)变形达144mm所需的时间。

解:(1)求 $t = 1$ 年时的变形

黏土层中附加应力沿深度为均匀分布,故 $\sigma_z = p_0 = 120\text{kPa}$。黏土层的最终沉变形为:

$$s = \frac{\Delta p_i}{E_{si}}h_i = \frac{\Delta p_i a}{1 + e_1}h_i = \frac{0.12 \times 0.3}{1 + 1} \times 10000 = 180\text{mm}$$

土的竖向固结系数:$C_v = \frac{k(1 + \text{e})}{a\gamma_w} = \frac{1.8 \times 10^{-2}(1 + 1)}{3 \times 10^{-4} \times 10} = 12\text{m}^2/\text{年}$

在双面排水条件下:$T_v = \frac{C_v t}{h^2} = \frac{12 \times 1}{5^2} = 0.48$

查图3-13中曲线 $\alpha = 1$,得到相应的固结度 $U = 75\%$,因此 $t = 1$ 年时的变形:

$s_t = 0.75 \times 180 = 135\text{mm}$

(2)求沉降达144mm时所需时间

固结度 $U = \frac{s_t}{s} = \frac{144}{180} = 80\%$,由图3-13查曲线 $\alpha = 1$,得 $T_v = 0.57$。

在双面排水条件下:$t = \frac{T_v h^2}{C_v} = \frac{0.57 \times 5^2}{12} = 1.19$ 年

单元小结

1)有效应力原理

(1)有效应力:由土颗粒间的接触面承担;

(2)孔隙水应力:由土体孔隙内的水承受;

(3)有效应力原理:$\sigma = \bar{\sigma} + u$。

有效应力原理包含了两个内容:一是土的有效应力 $\bar{\sigma}$ 等于总应力减去孔隙水压力 u,它沿着各个方向均匀作用于土颗粒上;二是仅仅作用在骨架上的有效应力,它才是影响土的变形和强度的决定因素。只有土颗粒间的有效应力作用,才会引起土颗粒的位移,使孔隙的体积发生改变,即土体发生压缩变形。

2)土的压缩性

(1)土的压缩主要是由于土中孔隙体积的减小,孔隙体积的变化可以用孔隙比的变化来反映,即土的压缩变形过程表现为土的孔隙比随着作用其上的压应力增加而逐渐减小的过程。

(2)压缩试验和压缩曲线

用不允许土样产生侧向变形(侧限条件)的条件下的室内压缩试验测定土的压缩性指

标。根据压缩过程中土样变形与土的三项指标的关系，可以导出试验过程空隙比 e 与压缩量 s 的关系：$e = e_0 - \frac{s}{h_0}(1 + e_0)$。

(3)压缩系数、压缩指数及压缩模量

$$a = \tan\alpha = \frac{\Delta e}{\Delta p} = \frac{e_1 - e_2}{p_2 - p_1}$$

a 越大，土的压缩性越高。

$$C_c = \frac{e_1 - e_2}{\lg p_2 - \lg p_1} = \frac{e_1 - e_2}{\lg p_2/p_1}$$

压缩指数 C_c 不同于压缩系数 a，它在压力较大时为常数，不随压力而变化。

$$E_s = \frac{1 + e_1}{a_{1\text{-}2}}$$

E_s 值越大，说明了土的压缩性越小。$E_{s1\text{-}2} < 4\text{MPa}$，称为高压缩性土；$4\text{MPa} \leqslant E_{s1\text{-}2} < 20\text{MPa}$，称为中等压缩性土；$E_{s1\text{-}2} \geqslant 20\text{MPa}$，称为低压缩性土。

(4)现场载荷试验与变形模量

地基土现场载荷试验以承压板的压力强度 p（单位面积压力）为横坐标，总沉降量 s 为纵坐标，在直角坐标系中绘出压力与沉降关系曲线。并求得土体变形模量 E 与沉降量 s 的关系：

$$E = \omega(1 - \mu^2)\frac{pb}{s}$$

3)地基的最终沉降计算

(1)分层总和法

将地基沉降计算深度 z_n 范围的土划分为若干个分层，按侧限条件分别计算各分层的压缩量，其总和即为地基最终沉降。

(2)《建筑地基基础设计规范》(GB 50007—2011)推荐沉降计算公式：

$$s = \psi_s s' = \psi_s \sum_{i=1}^{n} \Delta s'_i = \psi_s \sum_{i=1}^{n} \frac{p_0}{E_{si}}(\bar{\alpha}_i z_i - \bar{\alpha}_{i-1} z_{i-1})$$

4)地基变形与时间关系

(1)饱和土体的渗透固结概念及一维固结理论

饱和土的固结过程就是孔隙水压力消散和有效应力相应增长的过程。

一维固结是指饱和土层在渗透固结过程中孔隙水只沿一个方向渗流，同时土颗粒也只朝一个方向位移。即土在水平方向无渗流，无位移。目前工程应用较多。

(2)固结度

$$U = \frac{s_t}{s}$$

思 考 题

1. 简述有效应力原理的基本概念。在地基土的最终沉降量计算中，土中附加应力是指有效应力还是总应力？

2. 在固结过程中有效应力与孔隙水压力两者是怎样变化的？

3. 什么是土的压缩性，它是由什么引起的？

4. 压缩系数和压缩模量的物理意义是什么？二者有何关系？如何用压缩系数和压缩模量评价土的压缩性质？

5. 变形模量和压缩模量有何关系和区别？

6. 简述分层总和法计算假定、计算步骤和内容。

7. 计算地基变形的分层总和法和规范法有何异同？

8. 正常固结（压密）土层中，如果地下水位升降，对建筑物的沉降有什么影响？为什么？

实 践 练 习

1. 完全饱和土样，高度 20mm，环刀面积 5000mm^2，在压缩仪上做压缩试验，试验结束后，取出称重为 173g，烘干后重 140g，设土粒比重为 2.72，求：

（1）压缩前土重为多少？

（2）压缩前后土样孔隙比改变了多少？

（3）压缩量共多少？

2. 用内径为 80mm，高 20mm 的环刀取未扰动的饱和土试样，其土粒比重为 2.70，含水率为 40.3%，测出湿土重为 184g。现做有侧限压缩试验，在压力 100kPa 和 200kPa 作用下，试样压缩量分别为 1.4mm 和 2.0mm，计算压缩后的各自孔隙比，并计算土的压缩系数 $a_{1\text{-}2}$ 和压缩模量 $E_{s1\text{-}2}$。

3. 某矩形基础，长 4.0m，宽 2.5m，埋深 1.2m，地面以上作用着中心荷载 $F = 1500\text{kN}$，地基土为很厚的粉质黏土，$\gamma = 16\text{kN/m}^3$，试用规范法计算基础中心点的最终沉降量。

4. 某地基中一饱和黏土层厚度 4m，顶底面均为粗砂层，黏土层的平均竖向固结系数 $C_v = 9.64 \times 10^3\ \text{cm}^2/$年，压缩模量 $E_s = 4.82\text{MPa}$。若在地面上作用大面积均布荷载 $p_0 = 200\text{kPa}$。试求：

（1）黏土层的最终沉降量；

（2）达到最终沉降之半所需要的时间。

第4单元　土的抗剪强度与地基承载力

单元重点：

(1)掌握土的强度理论及强度指标测定方法；

(2)分析和判断土中应力的极限平衡条件；

(3)理解地基的破坏模式、地基的临塑荷载及临界荷载的确定方法；会用太沙基理论公式计算极限承载力。

4.1　概　　述

工程实践和室内试验研究都证实了土的破坏主要是由剪切所引起的。土的抗剪强度是指土体抵抗剪切破坏的极限能力，其大小就等于剪切破坏时滑动面上的剪应力。土的抗剪强度又被称为土的强度，它是土的主要力学性质之一。在外荷载作用下，土体中任一截面将同时产生法向应力和剪应力，其中法向应力作用将使土体发生压密，而剪应力作用将使土体发生剪切变形；当土中某一点的截面上由外力所产生的剪应力达到土的抗剪强度时，它将沿着剪应力作用方向产生相对滑动，使得建筑物整体失去稳定，即土体产生剪切破坏。由此可见，建筑设计中，为保证建筑物的安全，必须要求地基同时满足以下两个技术条件：

①地基变形条件。包括地基的沉降量、沉降差、倾斜和局部倾斜都不能超过地基的允许变形值。

②地基强度条件。在建筑物上部荷载作用下保证地基稳定性，不发生滑动破坏或地基剪切。

在实践工程中，与土的抗剪强度有关的工程问题主要有以下3个方面：一是土坡稳定性问题。包括土坝、路堤等人工填方土坡和山坡、河岸等天然土坡以及挖方边坡等的稳定性问题，如图4-1a)所示；二是土压力问题。包括挡土墙、地下结构物等所受的周围土体对其产生的侧向压力，它受土强度的影响，可能导致这些构造物发生滑动或倾覆，如图4-1b)所示；三是地基的承载力问题。若外荷载很大，基础下地基产生整体滑动或因局部剪切破坏而导致过大的地基变形，都会造成上部结构的破坏或影响其正常使用的事故。如图4-1c)所示。所以研究土的抗剪强度的规律对于工程设计、施工和管理都具有非常重要的理论和实际意义。

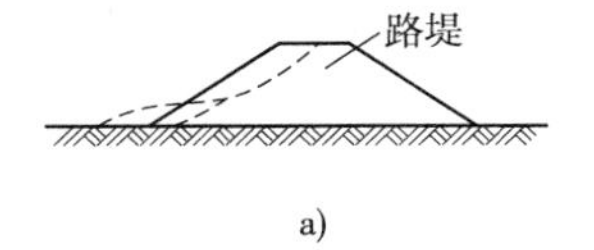

a)

挡土墙

b)

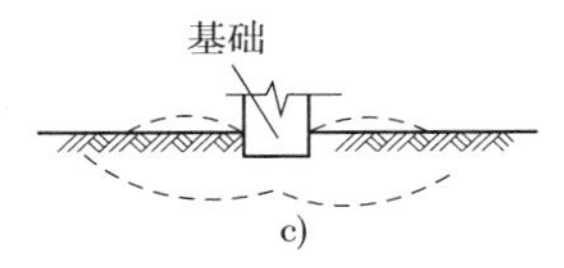

c)

图4-1　工程中土的强度问题

4.2 莫尔—库仑破坏准则

4.2.1 抗剪强度指标

1773 年法国科学家库仑(Coulomb)根据砂土的直剪试验,得到抗剪强度的表达式为:

$$\tau_f = c + \sigma \tan\varphi \tag{4-1}$$

式中:τ_f——土的抗剪强度;

σ——滑动面上的法向应力;

c——土的黏聚力,即抗剪强度线在 σ—τ 坐标系中纵轴上的截距,对于无黏性土 $c=0$;

φ——土的内摩擦角,即抗剪强度线的倾角。

式(4-1)为著名的库仑抗剪强度定律。c、φ 称为抗剪强度指标。该定律表明,土的抗剪强度是滑动面上的法向总应力的线性函数,如图 4-2 所示。同时从该定律知,对于无黏性土,其抗剪强度仅仅是粒间的摩擦力;而对于黏性土,其抗剪强度由黏聚力和摩擦力两部分构成。

应当指出,c、φ 是决定土的抗剪强度的两个重要指标。对于同一种土,在相同的试验条件下为常数,但是试验方法和土样的排水条件等不同而有较大的差异。

近代土力学中,人们认识到只有有效应力的作用才能引起抗剪强度的变化,因此式(4-1)又改写为:

$$\tau_f = c' + \sigma' \tan\varphi' \tag{4-2}$$

式中:σ'——滑动面上的有效法向应力;

c'——土的有效黏聚力;

φ'——土的有效内摩擦角。

c'、φ' 称为土的有效抗剪强度指标,对于同一种土,其值理论上与试验方法无关,应接近于常数。为了区别式(4-1)和式(4-2),前者称为总应力抗剪强度公式,后者称为有效应力抗剪强度公式。

4.2.2 莫尔—库仑强度理论

关于材料强度理论有多种,不同的理论适用于不同的材料。通常认为莫尔—库仑强度理论最适合土体的情况。

莫尔(Mohr)最初提出的强度理论,认为材料受荷载发生破坏是剪切破坏,滑动面上的剪应力是法向应力的函数。即

$$\tau_f = f(\sigma) \tag{4-3}$$

由此函数关系所定的曲线称为莫尔破坏包线,如图 4-3 所示。如果代表土任意点某一个面上的法向应力和剪应力的点子落在莫尔破坏包线下面,如图中 A 点,它表明了在该法向

应力下，该面上的剪应力 τ 小于土的抗剪强度 τ_f，土体将不会沿该面发生剪切破坏，称为弹性平衡状态。而如果代表应力状态的点落在莫尔破坏包线上面区域，表明土体已经破坏。而实际上这种应力状态是不会存在的，因为剪应力增加到抗剪强度值时，就不可能再继续增大。代表应力状态的点落在莫尔破坏包线上时，如图中 B 点，表明土中通过该点的一个面上的剪应力 τ 等于抗剪强度 τ_f，土中这一点将进入破坏状态，称为极限平衡状态。

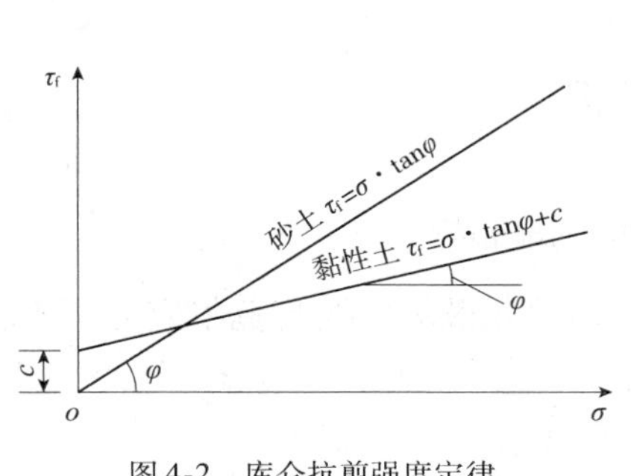

图 4-2　库仑抗剪强度定律

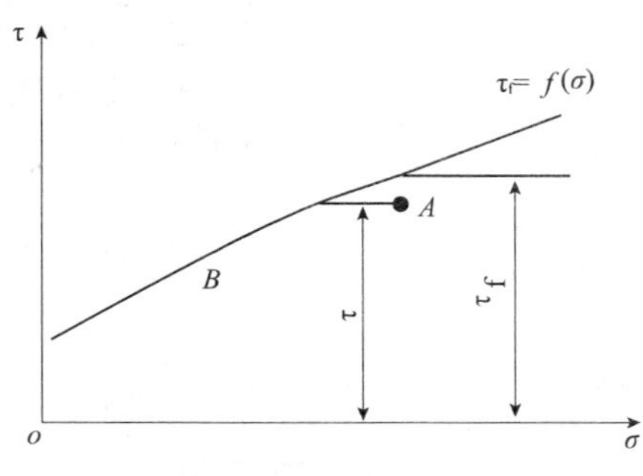

图 4-3　莫尔破坏包线

实际上库仑定律是莫尔强度理论的特例，此时莫尔破坏包线为一直线，即：

$$\tau_f = f(\sigma) = c + \sigma \tan\varphi \tag{4-4}$$

此种以库仑定律表示莫尔破坏包线的理论，称为莫尔—库仑强度理论，在国内外得到广泛应用。

4.2.3　土的极限平衡条件——莫尔—库仑破坏准则

1）土体中任一点的应力状态

从土体中任取一单元体，如图 4-4 所示。设作用在该单元体上的大、小主应力分别为 σ_1 和 σ_3，在单元体内与大主应力 σ_1 作用面成任意角 α 的 mn 平面上有法向应力 σ 和剪应力 τ。为建立 σ、τ 与 σ_1、σ_3 之间的关系，取楔形脱离体 abc。

根据静力平衡条件可得：

$$\sigma = \frac{1}{2}(\sigma_1 + \sigma_3) + \frac{1}{2}(\sigma_1 - \sigma_3)\cos 2\alpha \tag{4-5}$$

$$\tau = \frac{1}{2}(\sigma_1 - \sigma_3)\sin 2\alpha \tag{4-6}$$

若给定 σ_1 和 σ_3，则通过该单元体任一平面上的法向应力和剪应力将随着它与大主应力面的夹角 α 而异。

经整理得到：

$$\left(\sigma - \frac{\sigma_1 + \sigma_3}{2}\right)^2 + \tau^2 = \left(\frac{\sigma_1 - \sigma_3}{2}\right)^2 \tag{4-7}$$

可见，在σ—τ坐标内，土单元的应力状态的轨迹是一个圆，该圆就称为莫尔应力圆。如图 4-4 中 Q 点的横坐标即为 mn 平面上的法向应力 σ，纵坐标即为 mn 平面上的剪应力 τ。

2）土的极限平衡条件

由于土中某点可能发生剪切破坏面的位置一般不能预先确定，该点往往处于复杂的应力状态，无法利用库仑定律直接判别该点是否会发生剪切破坏。为了建立实用的土的极限平衡条件，通过对土中某点的应力分析，计算出该点的主应力，画出其莫尔应力圆，并将库仑定律中的莫尔破坏包线与其画在同一个坐标系中,根据莫尔破坏包线与莫尔应力圆之间的相对位置,就可直接判别该点所处的状态。如图 4-4 和图 4-5 所示,可分为以下 3 种状态:

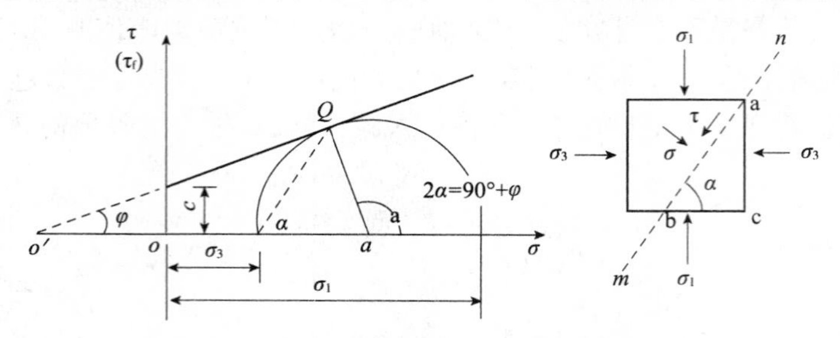

图 4-4 莫尔破坏包线与莫尔应力圆相切

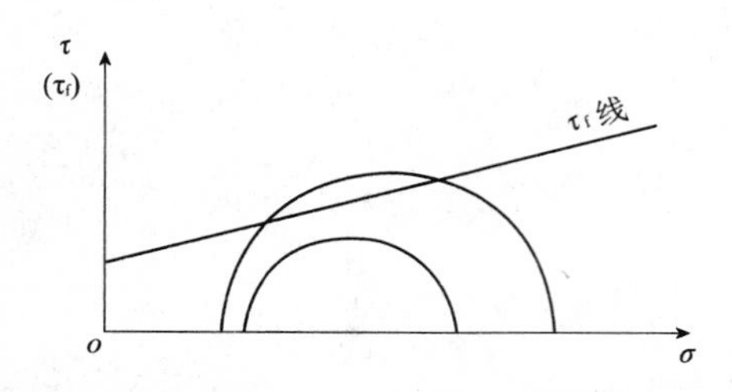

图 4-5 莫尔破坏包线与莫尔应力圆相割、不相交

(1)若莫尔破坏包线与莫尔应力圆不相交,表明该点任意截面上的 $\tau < \tau_{f}$,该点处于弹性平衡状态,不发生剪切破坏。

(2)若莫尔破坏包线与莫尔应力圆相割,表明该点部分截面上的 $\tau > \tau_{f}$,显然这种状态不会存在。

(3)若莫尔破坏包线与莫尔应力圆相切,表明该切点所代表的截面上的 $\tau = \tau_{f}$,该点处于极限平衡状态,将发生剪切破坏。

如图 4-4 所示,切点 Q 所代表的截面就是剪切破坏面,它与大主应力面的夹角为:

$$\alpha = 45^{\circ} + \frac{\varphi}{2} \tag{4-8}$$

根据图 4-4 中的几何关系,可得极限平衡条件的数学形式:

$$\sin\varphi = \frac{\overline{aQ}}{\overline{ao'}} = \frac{\sigma_1 - \sigma_3}{\sigma_1 + \sigma_3 + 2c \cdot \cot\varphi} \tag{4-9}$$

利用三角函数关系转换后可得:

$$\sigma_{1f} = \sigma_{3f} \tan^2\left(45^{\circ} + \frac{\varphi}{2}\right) + 2c \cdot \tan\left(45^{\circ} + \frac{\varphi}{2}\right) \tag{4-10}$$

$$\sigma_{3f} = \sigma_{1f} \tan^2\left(45^{\circ} - \frac{\varphi}{2}\right) - 2c \cdot \tan\left(45^{\circ} - \frac{\varphi}{2}\right) \tag{4-11}$$

式(4-9)~式(4-11)即为土的极限平衡条件。表达了土体破坏时主应力间的关系,也称为莫尔—库仑破坏准则。

【例 4-1】 地基中某一单元土体上的大主应力 $\sigma_1 = 330\text{kPa}$,小主应力 $\sigma_3 = 160\text{kPa}$,试验测得土的抗剪强度指标 $c = 0$, $\varphi = 22°$。试问该单元土体处于何种状态。

解:达到极限平衡状态时所需大主应力为 σ_{1f},由式(4-10)得:

$$\sigma_{1f} = \sigma_{3f} \tan^2\left(45^{\circ} + \frac{\varphi}{2}\right) + 2c \cdot \tan\left(45^{\circ} + \frac{\varphi}{2}\right)$$

$$= \sigma_{3f} \tan^2\left(45^{\circ} + \frac{\varphi}{2}\right)$$

$$= 160 \times \tan^2(45^{\circ} + 11^{\circ}) = 351.7\text{kPa}$$

按照极限应力圆半径与实际应力圆半径相比较的判别方法知 $\sigma_{1f} > \sigma_1$，所以极限应力圆半径大于实际应力圆半径，则该单元土体处于弹性平衡状态。

4.3 抗剪强度指标的测定方法

土的抗剪强度指标由专用的仪器进行试验后确定。由于各种仪器的构造和试验条件、原理及方法均不同，对于同样的土会得出不同的试验结果，所以需要根据工程的实际情况来选择适当的试验方法。国内外常用的试验仪器有直接剪切仪、无侧限压力仪、三轴压缩仪和十字板剪切仪等。其中除十字板剪切试验可在现场原位条件下进行，其他三种试验均需从现场取回土样，在室内进行试验。

4.3.1 直接剪切试验

直接剪切试验是测定预定剪破面上抗剪强度最早、最简便的方法，由于其试验原理易于理解，试验设备简单、操作方便，故应用较为广泛。直剪仪分应变控制式和应力控制式两种，前者以等应变速率使试样产生剪切位移直至剪破，后者是分级施加水平剪应力并测定相应的剪切位移。目前我国使用较多的是应变控制式直剪仪。

1）试验装置

（1）应变控制式直剪仪：由剪切盒（分上盒和下盒）、垂直加荷设备、剪切传动装置、测力计、位移量测系统组成，如图 4-6 所示。

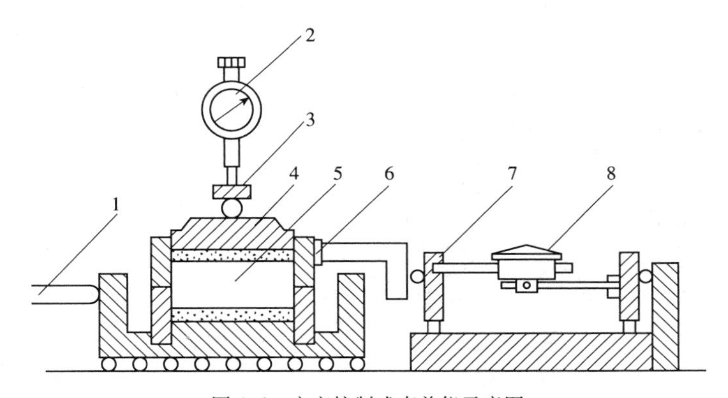

图 4-6　应变控制式直剪仪示意图

1-推动座；2-垂直位移百分表；3-垂直加荷框架；4-活塞；5-试样；6-剪切盒；7-测力计；8-测力百分表

（2）环刀：内径 61.8mm，高度 20mm。

（3）位移量测设备：百分表或传感器，百分表量程为 10mm，分度值为 0.01mm，传感器的精度应为零级。

2）试样制备

原状土试样制备，用环刀仔细切取土样后测定土的密度与含水率。要求同组试样之间的密度差值不大于 0.03g/cm^3，含水率差值不大于 2%，每组试样不得少于 4 个。

3）试验步骤

对准剪切盒的上盒与下盒，插入固定销钉，在下盒底部放一块透水石，透水石上铺一张滤纸。对准剪切盒口，用推土器小心地将试样推入剪切盒内。再将试样顶面安放一张滤纸，上放一块透水石。转动手轮（剪切传动装置），使其上盒前端钢珠刚好与测力计（即弹性量力环）接触。在剪切盒顶部透水石上，依次加上刚性传压板、加压框架，并安装垂直位移量测装置。根据工程实际和土的软硬程度，施加第一级垂直应力（通常 $\sigma_1 = 100\text{kPa}$）。施加水平剪切荷载：拔去上下盒连接的固定销钉。均匀等速转动手轮，推动剪切盒的下盒，使剪切盒上、下盒之间的开缝处土样中部产生剪应力。并定时测记测力计（即水平向）百分表读数，直至土样剪损，测定剪切后试样的含水率。同组试样垂直应力由第 1 个试样为 100kPa，逐级增加到第 2 个试样变为 200kPa，第 3 个试样为 300kPa，第 4 个试样为 400kPa，分别重复上述试验步骤。每组试验不得少于 4 个试验数据。如其中一个试样异常，则应补做一个试样。

4）试验成果

（1）剪切位移

$$\Delta l = \Delta l' \times n - R \tag{4-12}$$

式中：Δl ——剪切位移（0.01mm）；

$\Delta l'$ ——手轮转一圈的位移量（0.01mm）；

n ——手轮转动的圈数；

R ——剪切时测力计的读数与初读数之差值（0.01mm）。

（2）剪应力或抗剪强度

$$\tau = CR \tag{4-13}$$

$$\tau_{\mathrm{f}} = CR$$

式中：τ ——试样的剪应力（kPa）；

τ_{f} ——试样的抗剪强度（kPa）；

C ——测力计校正系数（kPa/0.01mm）。

（3）绘制剪应力与剪切位移的关系曲线。以剪应力 τ 为纵坐标，剪切位移 Δl 为横坐标，按比例在直角坐标系中绘制出每个试样的 τ—Δl 曲线，如图 4-7 所示。并根据此关系曲线，可分别找出每个试样在其垂直压力作用下的剪应力峰值。

（4）绘制抗剪强度与垂直压应力的关系曲线。在图 4-7 中 τ—Δl 关系曲线上，取峰值或稳定值作为抗剪强度 τ_{f}。以垂直压应力为横坐标，抗剪强度 τ_{f} 为纵坐标，在直角坐标系中，绘制 τ—Δl 曲线，如图 4-8 所示。4 个试样可以得到 4 个点，基本落在一条直线上。此直线称为抗剪强度曲线，该曲线与纵坐标的截距 c 称为土的黏聚力，单位为 kPa；该曲线与横坐标的夹角 φ 称为土的内摩擦角，单位为度。c 和 φ 即为该试验所要得到的土体的两个抗剪强度指标。

由图 4-8 可得库仑定律公式：

黏性土：
$$\tau_{\mathrm{f}} = c + \sigma\tan\varphi$$

无黏性土：
$$\tau_{\mathrm{f}} = \sigma\tan\varphi$$

直接剪切试验的优点是仪器设备简单、操作方便等。存在的缺点有以下几个方面：

①剪切破坏面固定为上、下盒之间的水平面不符合实际情况，因为该面不一定是土样的最薄弱的面。

②试验中试样的排水程度靠试验速度的“快”、“慢”来控制的，做不到严格的排水或不排水，这一点对透水性强的土来说尤为突出。

③由于上、下盒的错动，剪切过程中试样的有效面积逐渐减小，使试样中的应力分布不

均匀，主应力方向发生变化，当剪切变形较大时这一缺陷表现得更为突出。

直接剪切试验适用于乙级、丙级建筑物的可塑状态的黏性土与饱和度不大于0.5的粉土。

为了克服直接剪切试验存在的问题，对重大工程及一些科学研究，应采用更为完善的三轴压缩试验。

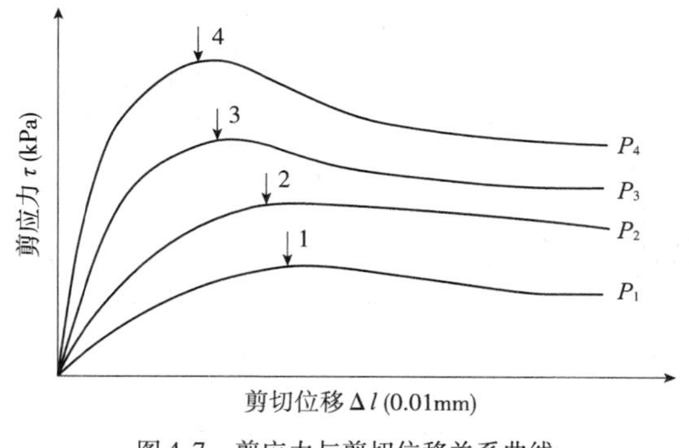

图4-7　剪应力与剪切位移关系曲线

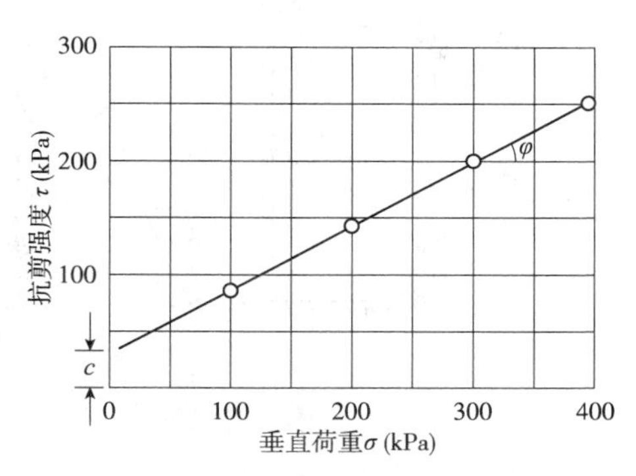

图4-8　抗剪强度与垂直压应力关系曲线

4.3.2　三轴压缩试验

三轴压缩试验直接量测的是试样在不同恒定周围压力下的抗压强度，然后利用莫尔—库仑强度理论间接求出土的抗剪强度。

1）试验过程

（1）主要试验装置

①应变控制式三轴压缩仪包括周围压力系统、反加压系统、孔隙水压力量测系统和主机组成，如图4-9所示。

②附属设备包括击实器、饱和器、切土器、分样器、切土盘、承膜筒和对开圆膜等，其构造如图4-10所示。这些设备是用来制备圆柱体试样和安装试样，并在试样外包橡皮膜。

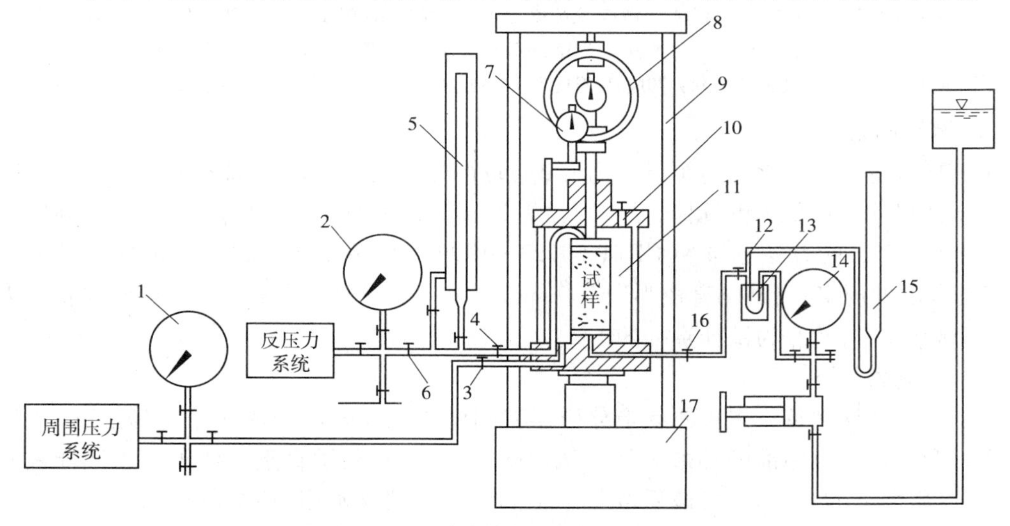

图4-9　应变控制式三轴压缩仪

1-周围压力表；2-反压力表；3-周围压力阀；4-排水阀；5-体变管；6-反压力阀；7-垂直变形百分表；8-量力环；9-排气孔；10-轴向压力设备；11-压力室；12-量管阀；13-零位指示器；14-孔隙压力表；15-量管；16-孔隙压力阀；17-离合器

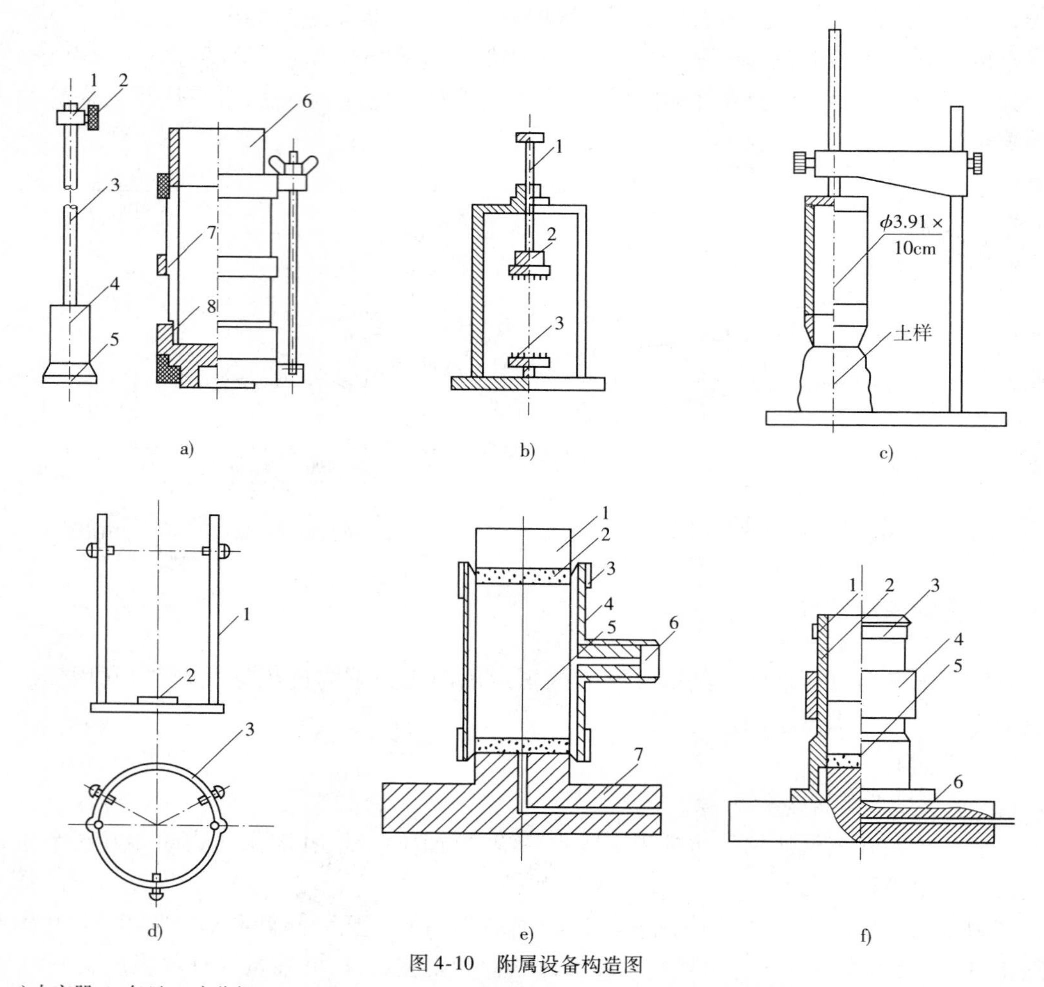

图 4-10 附属设备构造图

a)击实器:1-套环;2-定位螺丝;3-导杆;4-击锤;5-底版;6-套筒;7-饱和器;8-底板;b)切土盘:1-转轴;2-上盘;3-下盘;c)切土器和切土架;d)原状土分样器:1-滑杆;2-底座;3-钢丝架;e)承膜筒:1-上帽;2-透水石;3-橡皮膜;4-承膜筒;5-试样;6-吸气孔;7-三轴仪底座;f)对开圆膜:1-橡皮膜;2-制样圆模;3-橡皮圈;4-圆箍;5-透水石;6-仪器底座

(2)试样制备

①试样数量。同一种土每组试验需要 3 ~4 个试样,分别在不同周围压力下进行试验。

②试样尺寸。形状为圆柱体,最小直径为 35mm,最大直径为 101mm。试样的高度与直径之比按《土工试验方法标准》(GB/T 50123—1999),采用 2.0 ~2.5 倍;试样的最大粒径 d_{max} 应符合下列规定:当试样直径小于 100mm 时, d_{max} 为试样直径的 1/10;当试样直径大于或等于 100mm 时, d_{max} 为试样直径的 1/5。

③试样制备如下:

a. 原状土试样制备。先用原状土分样器将圆筒形土样竖向分成 3 个扇形土样,再用切土盘将每个土样切成标准圆柱形试样。试样两端应平整,须垂直于试样轴。当试样表面有凹坑时,可用削下的余土补平,最后取其余土测定试样的含水率,整个试样制备过程应尽量避免试样的扰动。

b. 扰动试样制备。根据预定的干密度和含水率,称取风干过筛的土样,平铺于搪瓷盘内,将计算所需加水量用小喷壶均匀喷洒于土样上,充分拌匀,装入容器盖紧,防止水分蒸发。润湿一昼夜后，在击石器内分层击实（粉质土宜为 3～5 层，黏质土宜为 5～8 层）。各层土料数量应相等，各层接触面应刨毛。

c. 对于砂类土，应先在压力室底座上依次放上不透水板、橡皮膜和对开圆膜。将砂料填入对开圆膜内，分 3 层按预定干密度击实。当制备饱和试样时，在对开圆膜内注入纯水至 1/3高度，将煮沸的砂料分 3 层填入，达到预定高度。放上不透水板、试样帽、扎紧橡皮膜。对试样内部施加 5kPa 负压力，使试样能站立，拆除对开膜。

d. 对制备好的试样，量测其直径和高度。试样的平均直径按下式计算：

$$D_0 = \frac{D_1 + 2D_2 + D_3}{4} \tag{4-14}$$

式中：D_1、D_2、D_3 分别为上、中、下部位的直径。

（3）试验步骤

试样饱和后，安装试样，施加周围压力，最大一级周围压力应与最大实际荷载大致相等。然后施加竖直轴向压力剪切试样，测记读数，测量破坏试样的质量，并测定含水率。同组试样施加不同的周围压力 σ_3，通常可取 100kPa、200kPa、300kPa 和 400kPa。

（4）试验成果

①最大主应力与最小主应力差

$$\sigma_1 - \sigma_3 = \frac{CR}{A_a} \times 10 \tag{4-15}$$

式中：σ_1 ——最大主应力，作用在试样顶面的总压力（kPa）；

σ_3 ——最小主应力，作用试样周围的压力（kPa）；

C ——测力计校正系数，由仪器产品提供（N/0.01mm）；

R ——测力计读数（0.01mm）；

A_a ——试样校正断面积（cm^2）。按下式计算：

$$A_a = \frac{A_0}{1 - \varepsilon_1} \tag{4-16}$$

式中：A_0 ——试样的初始断面积（cm^2）；

ε_1 ——轴向应变值（%）。按下式计算：

$$\varepsilon_1 = \frac{\Delta h_i}{h_0} \tag{4-17}$$

式中：Δh_i ——剪切过程中的高度变化（mm）；

h_0 ——试样起始高度（mm）。

②轴向应变与主应力差的关系曲线

在直角坐标中，以轴向应变 ε_1 为横坐标，以主应力差 $\sigma_1 - \sigma_3$ 为纵坐标，绘制 ε_1—$(\sigma_1 - \sigma_3)$ 关系曲线，如图 4-11 所示。

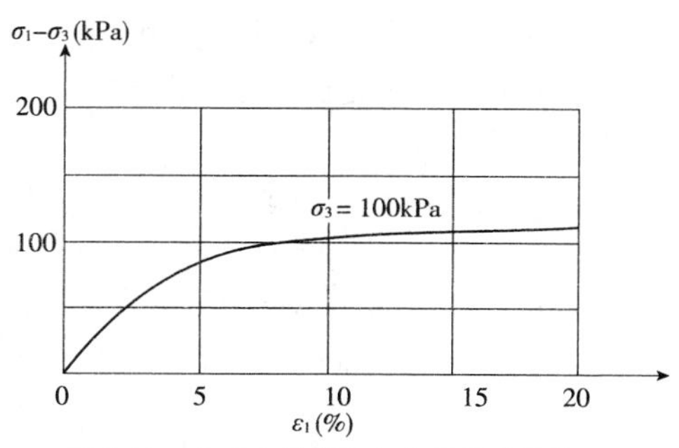

图 4-11　主应力差与轴向应变关系曲线

③摩尔破损应力圆包线

如图 4-11 所示，取 ε_1—$(\sigma_1 - \sigma_3)$ 关系曲线上的峰值为破坏点；无峰值时取 15% 轴向应变时的主应力差值作为破坏点。在直角坐标上，以法向应力 σ 为横坐标，剪应力 τ 为纵坐标，在横坐标

上以 $\frac{\sigma_{1f}+\sigma_{3f}}{2}$ 为圆心，$\frac{\sigma_{1f}-\sigma_{3f}}{2}$ 为半径，在 $\sigma—\tau$ 应力平面图上绘制摩尔破损应力圆，并绘出不同周围压力 σ_{3i} 下的破损应力圆的包线（即公切线），此包线即为该试样的抗剪强度曲线，如图 4-12 所示。该曲线与纵坐标的截距 c 称为土的黏聚力，单位为 kPa；该曲线与横坐标的夹角 φ，称为土的内摩擦角，单位为度。c 和 φ 即为该试验所要得到的土体的两个抗剪强度指标。

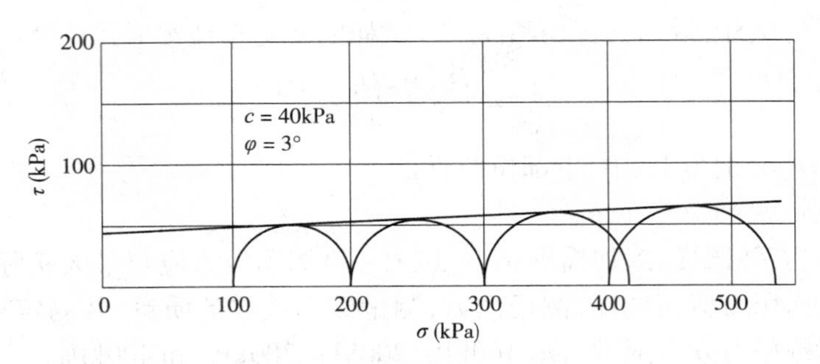

图 4-12　摩尔破损应力圆包线

2）三种试验方法

根据三轴压缩试验过程中固结条件与孔隙水压力情况，可以将三轴压缩试验分为三种试验方法。使得同一种土采用三种不同的试验方法，得到的抗剪强度指标 c 与 φ 值都不相同。

（1）不固结不排水试验（UU）

不固结不排水试验又称快剪试验。该试验是在试样施加周围压力 σ_3 之前，将试样的排水阀关闭，在不固结的情况下施加轴向力进行剪切。而在剪切过成中排水阀始终关闭，是不排水试验。总之，在施加 σ_3 与增加 σ_1 直至破坏过程中均不允许试样排水，试样中存在着孔隙水压力，如图 4-12 所示，为不固结不排水强度包线，称为总应力抗剪强度曲线，由该曲线得到的 c 和 φ（有时记为 c_u 和 φ_u）称为土体的总抗剪强度指标。

（2）固结不排水试验（CU）

固结不排水试验又称固结快剪。该试验是使试样先在某一周围压力 σ_3 作用下充分排水固结，然后在保持不排水的情况下，增加轴向压力直至破坏。与上述不固结不排水试验不同之处有以下几点：

①试样安装时压力室底座上取下不透水板，换上透水板与滤纸。使试样底部与孔隙水压力系统相通。

②施加周围压力 σ_3 后，打开孔隙水压力阀，测定孔隙水压力，然后打开排水阀，排除试样中孔隙水，直至孔隙水压力消散 95% 以上。固结完成后，关闭排水阀，测记排水管读数和孔隙水压力读数。

③施加轴向力进行剪切的速率改为：

黏质土每分钟应变为 0.05% ~0.1%；

粉质土每分钟应变为 0.1% ~0.5%。

④有效主应力计算

有效大主应力为：

$$\overline{\sigma}_1=\sigma_1-u \tag{4-18}$$

式中：$\bar{\sigma}_1$——有效大主应力(kPa)；

u——孔隙水压力(kPa)。

有效小主应力为：

$$\bar{\sigma}_3 = \sigma_3 - u \tag{4-19}$$

式中：$\bar{\sigma}_3$——有效小主应力(kPa)。

⑤有效破损应力圆包线

在直角坐标系中，以 $\frac{\bar{\sigma}_{1f} + \bar{\sigma}_{3f}}{2}$ 为圆心，$\frac{\bar{\sigma}_{1f} - \bar{\sigma}_{3f}}{2}$ 为半径，绘制出有效破损应力圆。同组试样不同 $\bar{\sigma}_3$ 的有效应力圆的公切线即为有效应力强度包线，即为该试样的抗剪强度曲线，如图 4-13 中虚线所示。并由该曲线与纵坐标的截距得到有效黏聚力 $\bar{c}_{cu}$；与横坐标的夹角得到有效内摩擦角 φ_{cu}。

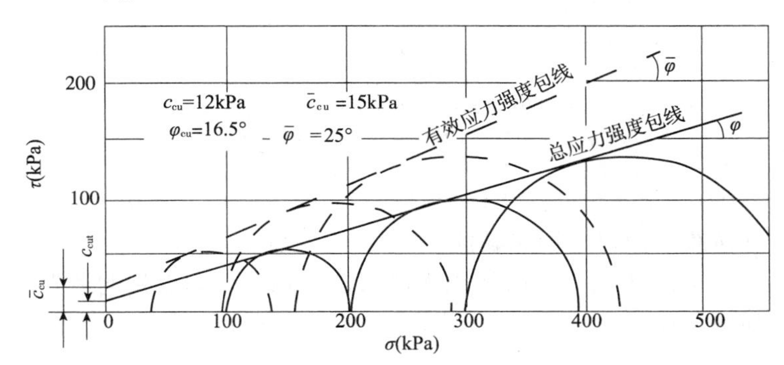

图 4-13　固结不排水抗剪强度包线

(3)固结排水试验(CD)

固结排水试验又称慢剪试验。该方法是使试样先在某一周围压力 σ_3 作用下排水固结，然后在允许试样充分排水的情况下增加轴向压力 σ_1 直至破坏。这就要求整个试验过程中，自始至终打开排水阀，剪切速率要缓慢，一般采用每分钟应变为 0.003% ~0.02%，使得在施加周围压力 σ_3 和施加轴向剪切压力 σ_1 过程中孔隙水能充分排除，从而孔隙水压力得到完全消散。通过试验成果整理，可以绘出固结排水强度包线，并由该曲线得到土体的抗剪强度指标 c_d 和 φ_d。

三轴压缩试验的优点为：

①能根据工程实际需要，严格控制试样排水条件，准确量测孔隙水压力的变化。

②土样沿最薄弱的面产生剪切破坏，受力状态比较明确。

③试样中的应力分布比较均匀。

三轴压缩试验的缺点为：

①仪器设备复杂，试样制备较复杂，操作技术要求高。

②试验在轴对称条件下进行，与土体实际受力情况可能不符。

三轴压缩试验适用于重大工程与科学研究；甲级建筑物。

4.3.3　无侧限抗压强度试验

无侧限抗压强度试验适用于饱和黏性土，是周围压力 σ_3 = 0 (无侧限条件)时的一种特殊三轴剪切试验,又称单轴压缩试验。该试验多在无侧限压力仪上进行,如图4-14所示。试验时,在不加任何周围压力的情况下,对圆柱体土样施加轴向压力直至剪切破坏。土样在无侧限压力条件下剪切破坏时所能承受的最大轴向压力 q_u,称为无侧限抗压强度。

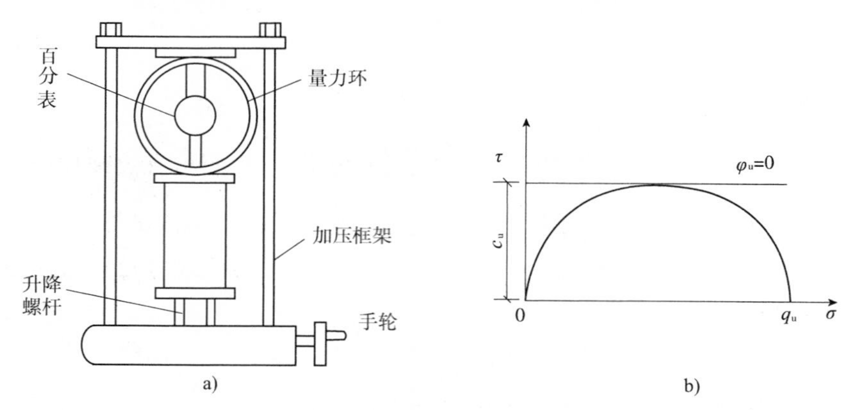

图4-14　无侧限抗压强度试验

a)无侧限压力仪;b)无侧限抗压强度试验结果

根据试验结果,只能作出一个通过坐标原点的极限应力圆($\sigma_3 = 0$,$\sigma_1 = q$),对一般黏性土作不出抗剪强度包线。而对于饱和黏性土,根据在三轴不固结不排水试验的结果,其抗剪强度包线近于一条水平线,即 $\varphi_u = 0$,所以无侧限抗压强度试验得到的极限应力圆所作的水平切线就是抗剪强度包线。由于 $\varphi_u = 0$,则饱和黏性土的不排水抗剪强度为:

$$\tau_f = c_u = \frac{q_u}{2} \tag{4-20}$$

式中:c_u——土的不排水抗剪强度(kPa);

q_u——无侧限抗压强度(kPa)。

无侧限抗压强度试验由于只需向试样施加轴向压力,仪器构造简单,操作方便,所以可以代替三轴剪切试验测定饱和黏性土的不排水强度。

4.4　地基承载力的确定

地基承载力是指地基承担荷载的能力。在荷载作用下,地基要产生变形。随着荷载的增大,地基变形逐渐增大,初始阶段地基尚处在弹性平衡状态,具有安全承载能力。当荷载增大到地基中开始出现某点,或小区域内各点某一截面上的剪应力达到土的抗剪强度时,该点或小区域内各点就会剪切破坏而处在极限平衡状态,土中应力将发生重新分布。这种小范围的剪切破坏区,称为塑性区。地基小范围的极限平衡状态大都可以恢复到弹性平衡状态,地基尚能趋于稳定,仍具有安全的承载能力。但此时地基变形稍大,尚需验算变形的计算值不超过允许值。当荷载继续增大,地基出现较大范围的塑性区时,将显示地基承载力不足而失去稳定,此时地基达到极限承载能力。地基承载力是地基土抗剪强度的一种宏观表现。

为了发挥地基的承载能力,合理确定地基承载力,确保地基不致因荷载作用而发生剪切破坏,因产生变形过大而影响建筑物或土工建筑物的正常使用,为此,地基基础设计时,地基必须满足以下条件:一是建筑物基础的沉降或沉降差必须在该建筑物所允许的范围之内(变形要求);二是建筑物的基底压力应该在地基所允许的承载能力之内(稳定要求)。此外,对某些特殊的建筑物而言,如堤坝、水闸、码头等还应满足抗渗、防冲等特殊要求。

4.4.1 地基的破坏模式

现场载荷试验研究和工程实例表明,由于地基承载力不足而使地基遭致破坏的实质是基础下面持力层土的剪切破坏。剪切破坏的形式可分为:整体剪切破坏、局部剪切破坏和冲剪破坏三种。

1)整体剪切破坏

地基发生整体剪切破坏的过程和特征是:当基础上荷载较小,基底压力 p 也较小时,基础沉降 s 随基底压力 p 的增加近似成线性变化关系,如图 3-7 中 oa 段所示。a 点所对应的基底压力 p 称为临塑荷载,记为 p_{cr} 。当 $p < p_{cr}$ 时,地基土处于线性变形阶段,地基土任何一点均未达到极限平衡状态,如图 4-15a)所示;当基础上荷载较大使基底压力 $p > p_{cr}$ 时,p 与 s 关系成为 ab 段曲线,图 3-7 中 b 点所对应的基底压力 p 称为极限荷载,记为 f_u 。当 $p_{cr} \leqslant p \leqslant f_u$ 时,地基土处于弹塑性变形阶段,地基土从 p_{cr} 作用下在基础边缘首先达到极限平衡状态开始后,随 p 的增大,塑性区(剪切破坏区)的范围逐渐增大,如图 4-15b)所示,直到当 p 达到 f_u 时,如图 3-7 中的 b 点,地基土塑性区连成一片,基础急速下沉,侧边地基土向上隆起。地基形成连续滑动面而破坏,如图 4-15c)所示,地基完全丧失承载能力。

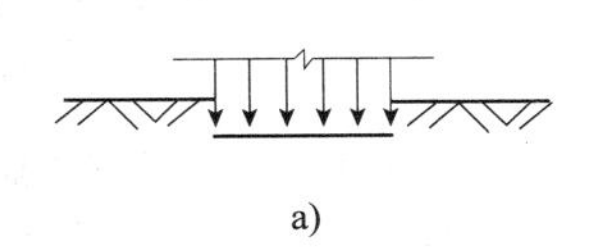
a)

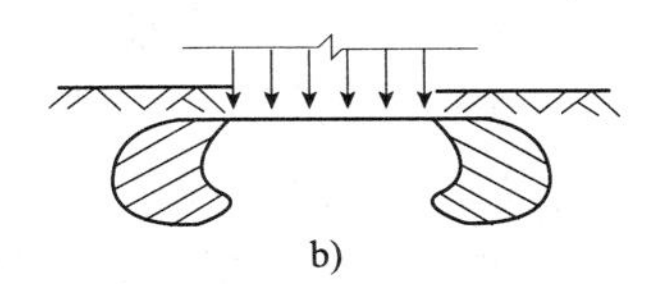
b)

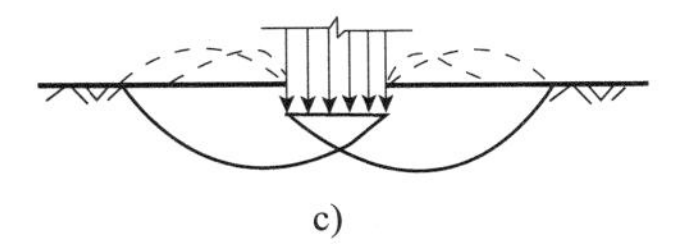
c)

图 4-15 地基整体剪切破坏的过程和特征

2)局部剪切破坏

局部剪切破坏的过程和特征是:p—s 曲线没有明显的直线段,如图 4-16a)中曲线 A ,地基破坏时曲线也不呈现如整体剪切破坏那样明显的陡降。在基底压力达到一定值时,剪切破坏也从基础下的边缘开始,随着基底压力 p 的增大,剪切破坏区相应增大,当基底压力增大某一数值时即相应于极限荷载时,基础两侧地面微微隆起,然而剪切破坏区仅仅被限制在地基内部的某一区域,未形成延伸至地面的连续滑动面,如图 4-16b)所示。对于这种破坏型式,常常选取基底压力与沉降关系 p—s 曲线上坡度发生显著变化处,即变化率最大的点所对应的压力 p 作为地基的极限承载力 f_u 。

3)冲剪破坏

冲剪破坏的特征是:随着荷载的增加,基础出现持续下沉,主要是因为地基土的较大压缩以致于基础呈现连续刺入。地基不出现连续的滑动面,基础侧边地面不出现隆起,因为基础边缘下地基的垂直剪切而破坏,其 p—s 曲线如图 4-16a)中的 B 所示,地基破坏形式如图 4-16c)所示。

冲剪破坏时由 p—s 曲线确定地基极限承载力 f_u 的通常方法是:当 p—s 曲线平均下沉梯度接近常数,且出现不规则下沉时,所对应的基底压力 p 可作为地基极限承载力 f_u 。

地基的破坏形式,主要与地基土的性质尤其是与压缩性质有关。一般而言,对于较坚硬

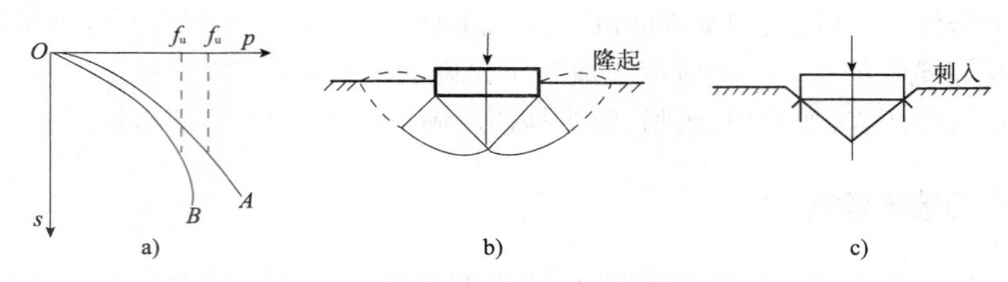

图 4-16　地基局部剪切破坏与冲剪破坏的特征

或密实的土，具有较低的压缩性，通常呈现整体剪切破坏。对于软弱黏土或松砂土地基，具有中高压缩性，常常呈现局部剪切破坏或冲剪破坏。

确定地基承载力的方法大致有三类：静载荷试验或其他原位试验、规范查表方法和理论公式方法。三类方法确定的地基承载力不可能完全相同，尚需结合区域地质条件参照经验综合确定。本单元主要介绍按照土的强度理论确定地基承载力的理论公式，其他方法详见第6单元。

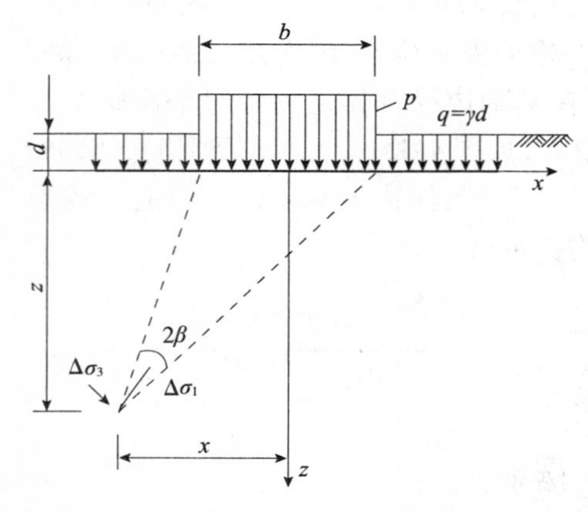

图 4-17　地基中的附加最大与最小主应力

4.4.2　地基的临塑荷载与临界荷载

假定地基为均质半无限体，将地基中的剪切破坏区即塑性开展区限制在某一范围，确定其相应的承载力，如图 4-17 所示。允许塑性区有一定的开展范围又保证地基能最大限度的安全正常承担结构荷载时的基底压力确定为地基的设计承载力。

由弹性理论，在条形均布压力作用下，地基中任意点 M 的附加最大、最小主应力为：

$$\Delta\sigma_1 = \frac{p - \gamma \cdot d}{\pi}(2\beta + \sin 2\beta) \tag{4-21}$$

$$\Delta\sigma_3 = \frac{p - \gamma \cdot d}{\pi}(2\beta - \sin 2\beta) \tag{4-22}$$

式中：p ——条形基础下基底压力(kPa)；

d ——基础埋置深度(m)；

γ ——土的重度(kN/m^3)；

2β ——M 点与基础两侧连线的夹角，称为视角(°)。

当任意点 M 达到极限平衡状态时，最大、最小主应力将满足下列关系式：

$$\sigma_1 = \sigma_3 \tan^2\left(45^\circ + \frac{\varphi}{2}\right) + 2c \cdot \tan\left(45^\circ + \frac{\varphi}{2}\right)$$

塑性开展区相对该基底压力 p 时的最大深度为：

$$z_{\max} = \frac{p - \gamma \cdot d}{\gamma \cdot \pi}\left(\cot\varphi - \frac{\pi}{2} + \varphi\right) - \frac{c}{\gamma \cdot \tan\varphi} - d \tag{4-23}$$

大量工程实践表明：采用临塑荷载 p_{cr} 作为地基承载力十分安全而偏于保守，在临塑荷载 p_{cr} 作用下地基处于压密阶段的终点。实际上，如建筑地基中发生少量局部剪切破坏，只要塑性区范围有一定限度，并不影响该建筑物的安全和正常使用。因此，可以适当提高地基承载力的数值。根据经验统计，通常采用的塑性区最大深度为：

中心荷载基础 $z_{max}=\dfrac{b}{4}$

偏心荷载基础 $z_{max}=\dfrac{b}{3}$

与此相对应的基础底面的压力,分别以 $p_{\frac{1}{4}}$ 或 $p_{\frac{1}{3}}$ 表示,称为地基的临界荷载。

若使 $z_{max}=\dfrac{b}{4}$,代入式(4-23),即可得中心荷载下临界荷载公式:

$$p_{\frac{1}{4}}=\frac{\gamma\cdot b\pi}{4\left(\cot\varphi-\frac{\pi}{2}+\varphi\right)}+\gamma\cdot d\left[1+\frac{\pi}{\cot\varphi-\frac{\pi}{2}+\varphi}\right]+c\left[\frac{\pi\cot\varphi}{\cot\varphi-\frac{\pi}{2}+\varphi}\right] \tag{4-24}$$

令:

$$N'_{r}=\frac{\pi}{\cot\varphi-\frac{\pi}{2}+\varphi} \tag{4-25}$$

$$N_{q}=1+\frac{\pi}{\cot\varphi-\frac{\pi}{2}+\varphi} \tag{4-26}$$

$$N_{c}=\frac{\pi\cot\varphi}{\cot\varphi-\frac{\pi}{2}+\varphi} \tag{4-27}$$

则:

$$p_{\frac{1}{4}}=\frac{1}{4}\gamma\cdot bN'_{r}+\gamma_0\cdot dN_{q}+cN_{c} \tag{4-28}$$

同理,若使 $z_{max}=\dfrac{b}{3}$,代入式(4-23),即可得偏心荷载下临界荷载公式:

$$p_{\frac{1}{3}}=\frac{\gamma\cdot b\pi}{3\left(\cot\varphi-\frac{\pi}{2}+\varphi\right)}+\gamma\cdot d\left[1+\frac{\pi}{\cot\varphi-\frac{\pi}{2}+\varphi}\right]+c\left[\frac{\pi\cot\varphi}{\cot\varphi-\frac{\pi}{2}+\varphi}\right] \tag{4-29}$$

$$p_{\frac{1}{3}}=\frac{1}{3}\gamma\cdot bN'_{r}+\gamma_0\cdot dN_{q}+cN_{c} \tag{4-30}$$

若使 $z_{max}=0$,即塑性区开展深度为零,显然,此时地基所承受的基底压力称为临塑荷载 p_{cr},其表达式为:

$$p_{cr}=\gamma_0\cdot dN_{q}+cN_{c} \tag{4-31}$$

式中:N'_{r}、N_{q} 、N_{c}——地基承载力系数;

b——基础宽度。矩形基础短边,圆形基础采用 $b=\sqrt{A}$,A 为圆形基础底面积;

γ——基底以下土的重度(kN/m^3);

γ_0——基底以上各土层的加权平均重度(kN/m^3)。

上述临塑荷载与临界荷载计算公式均由条形基础均布荷载作用推导得来。通常对矩形基础或圆形基础也可以应用,其结果偏于安全。

【例4-2】 某工厂车间设计框架结构独立基础,基础底边长3.0m,宽2.4m,承受偏心荷载,地基土表层为素填土 $\gamma_1=17.8kN/m^3$,厚度0.8m;第二层粉土,$\gamma_2=18.8kN/m^3$,$c_2=12kPa$,$\varphi_2=21°$,厚度8.0m;第三层粉质黏土,$\gamma_3=19.8kN/m^3$,$c_3=19kPa$,$\varphi_3=16°$,厚度

5.0m；埋置深度1.0m。计算地基的临界荷载。

解：应用偏心荷载作用下临界荷载公式(4-30)有：

$$p_{\frac{1}{3}} = \frac{1}{3}\gamma \cdot bN'_{r} + \gamma_0 \cdot dN_{q} + cN_{c}$$

由 $\varphi_2 = 21°$，$N'_{r} = 2.25$；$N_{q} = 3.25$；$N_{c} = 5.8$；$\gamma = \gamma_2 = 18.8\text{kN/m}^3$；$\gamma_0 = \frac{0.8\gamma_1 + 0.2\gamma_2}{0.8 + 0.2} = \frac{0.8 \times 17.8 + 0.2 \times 18.8}{1.0} = 18.0\text{kN/m}^3$；$c = c_2 = 12\text{kPa}$。代入式(4-30)得：

$$p_{\frac{1}{3}} = \frac{1}{3} \times 18.8 \times 2.4 \times 2.25 + 18.0 \times 1.0 \times 3.25 + 12 \times 5.8 \approx 162\text{kPa}$$

4.4.3 地基的极限承载力

极限荷载 f_u 称为极限承载力。当实际基底压力等于极限承载力时，安全是没有保障的。因此，在求出地基极限承载力后除以一个安全系数，才能作为容许承载力 f_a，即：

$$f_a = \frac{f_u}{F_s} \tag{4-32}$$

式中：f_a——地基容许承载力，可作为设计值使用；

f_u——地基的极限承载力；

F_s——承载力安全系数，一般取2~3。

确定地基极限承载力的方法有多种，这里仅介绍几种常用的方法。但它们都是假定滑动面应用抗剪强度理论推算的方法。

1）太沙基(K. Terzaghi)极限承载力公式

太沙基极限承载力公式主要适用于条形基础、方形基础和圆形基础。

(1)基本假设

①均质地基、条形基础、中心荷载，地基破坏型式为整体剪切破坏，如图4-18所示。

②基础底面粗糙，即基础底面与土之间有摩擦力存在。因此，基底下三角楔体的土将随基础一起移动，并一直处于弹性平衡状态，这个楔体称为弹性楔体，如图4-18中Ⅰ区 aba。当地基达到破坏并出现连续滑动面时，弹性楔体的边界 ab 为滑动面的一部分，它与水平面的夹角为 ψ，ψ 角与基底面的粗糙程度有关，$\psi \leqslant \psi \leqslant (45° + \varphi/2)$。滑动体内另外有径向剪切区Ⅱ和朗肯被动区Ⅲ，径向剪切区边界 bc 为对数螺线，朗肯被动区的边界 cd 为直线，它与水平面的夹角为 $(45° - \varphi/2)$。

③当基础有埋置深度 d 时，基底面以上两侧土体用相当的均布超载 $\gamma_0 d$ 来代替。

(2)基本公式

根据上述假设，取弹性楔体 aba 为脱离体，求地基的极限承载力，如图4-18b)所示。则地基极限承载力为：

$$f_u = \frac{1}{2}\gamma bN_{r} + \gamma_0 dN_{q} + cN_{c} \tag{4-33}$$

式中：N_r、N_q、N_c——承载力系数，可直接由图4-19中的实线查取；

γ_0——基底面以上各土层的加权平均重度(kN/m³)；

γ——基底以下土的重度(kN/m³)。

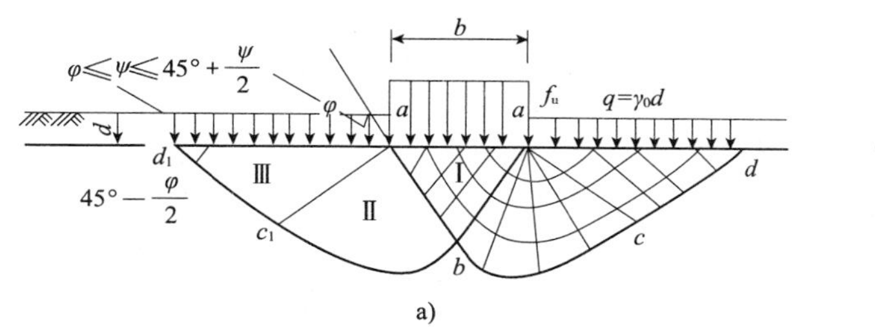

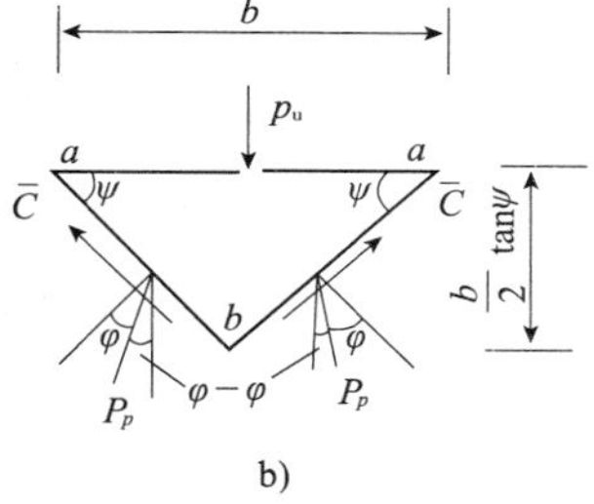

图 4-18　太沙基极限承载力的计算模型

上式适用于条形基础整体剪切破坏的情况，对于局部剪切破坏，地基极限承载力按下式计算：

$$f_u = \frac{1}{2}\gamma b N'_r + \gamma_0 d N'_q + \frac{2}{3} c N'_c \tag{4-34}$$

式中：N'_r、N'_q、N'_c ——局部剪切破坏时承载力系数，由图 4-19 中的虚线查取。

太沙基极限承载力公式是由条形基础推导得来的。对于方形基础和圆形基础，太沙基对极限承载力公式中的数字做了适当的修改，提出了半经验公式：

方形基础：

$$f_u = 0.4\gamma b_0 N_r + \gamma_0 d N_q + 1.2 c N_c \tag{4-35}$$

式中：b_0 ——方形基础的边长。

圆形基础：

$$f_u = 0.3\gamma b_0 N_r + \gamma_0 d N_q + 1.2 c N_c \tag{4-36}$$

式中：b_0 ——圆形基础的直径。

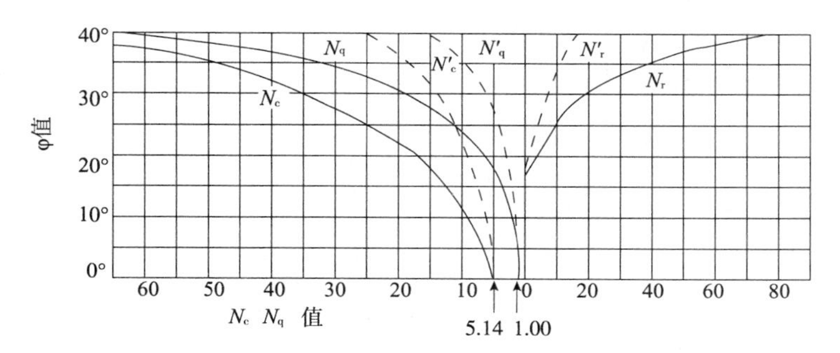

图 4-19　太沙基极限承载力系数

2）斯凯普顿（Skempton）极限承载力公式

太沙基公式中的承载力系数 N_r、N_q、N_c 都是 φ 的函数，斯凯普顿针对 $\varphi = 0$ 的饱和软土地基和浅基础（基础埋深与宽度的比值 $\frac{d}{b} \leqslant 2.5$），当条形均布荷载作用于地基表面时，滑动面形状如图 4-20 所示，并考虑基础的宽度与长度的比值 $\frac{b}{l}$ 的影响，提出了极限承载力的半经验公式：

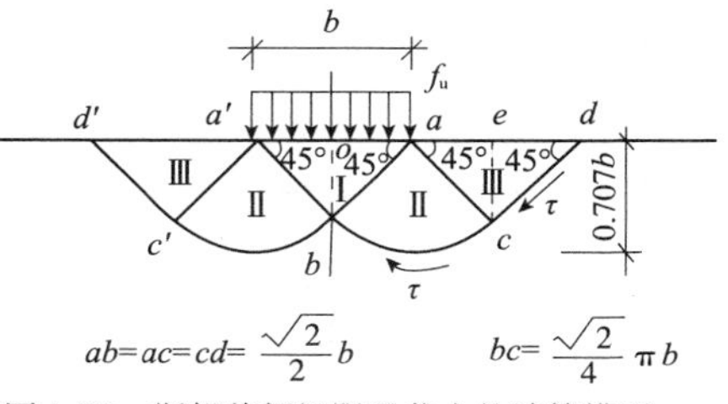

图 4-20　斯凯普顿极限承载力的计算模型

$$f_u = 5c\left(1 + 0.2\frac{b}{l}\right)\left(1 + 0.2\frac{d}{b}\right) + \gamma_0 d \tag{4-37}$$

式中：c——地基土的黏聚力，取基础底面以下 0.7b 深度范围内的平均值（kPa）；

γ_0——基底面以上各土层的加权平均重度（kN/m^3）。

工程实践表明，按斯凯普顿极限承载力的半经验公式计算的地基极限荷载与实际接近。

3）魏锡克极限承载力公式

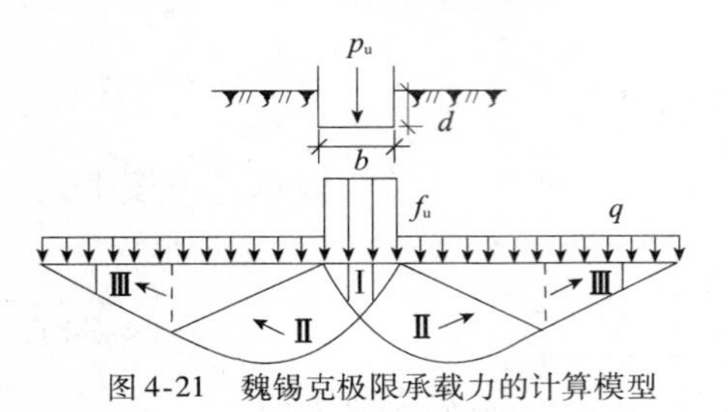

图 4-21　魏锡克极限承载力的计算模型

魏锡克（Vesic）假定地基发生整体剪切破坏，塑性区仍由三个部分组成，如图 4-21 所示，基底光滑。推导出条形基础中心荷载条件下的极限承载力公式：

$$f_u = \frac{1}{2}\gamma b N_r + \gamma_0 d N_q + c N_c \tag{4-38}$$

其中：

$$N_q = e^{\pi \cdot \tan\varphi}\tan^2\left(45^\circ + \frac{\varphi}{2}\right) \tag{4-39}$$

$$N_c = (N_q - 1)\cot\varphi \tag{4-40}$$

$$N_r = 2(N_q + 1)\tan\varphi \tag{4-41}$$

魏锡克根据各种因素对承载力的影响，对式（4-38）作了多种因素的修正，其修正公式为：

$$f_u = \frac{1}{2}\gamma b N_r s_r d_r i_r + \gamma_0 d N_q s_q d_q i_q + c N_c s_c d_c i_c \tag{4-42}$$

式中：s_r、s_q、s_c——基础形状系数；

d_r、d_q、d_c——基础埋深系数；

i_r、i_q、i_c——荷载倾斜系数；

N_r、N_q、N_c——承载力系数，由表 4-1 确定。

其他修正系数的物理意义及计算表达式见表 4-2。

魏锡克公式承载力系数　　表 4-1

φ	N_c	N_q	N_r	N_q/N_c	tanφ	φ	N_c	N_q	N_r	N_q/N_c	tanφ
0	5.14	1.00	0.00	0.20	0.00						
1	5.28	1.09	0.07	0.20	0.02	16	11.63	4.34	3.06	0.37	0.29
2	5.63	1.20	0.15	0.21	0.03	17	12.34	4.77	3.53	0.39	0.31
3	5.90	1.31	0.24	0.22	0.05	18	13.10	5.26	4.07	0.40	0.32
4	6.19	1.43	0.34	0.23	0.07	19	13.93	5.80	4.68	0.42	0.34
5	6.49	1.57	0.45	0.24	0.09	20	14.83	6.40	5.39	0.43	0.36
6	6.81	1.72	0.57	0.25	0.11	21	15.82	7.07	6.20	0.45	0.38
7	7.16	1.88	0.71	0.26	0.12	22	16.88	7.82	7.13	0.46	0.40
8	7.53	2.06	0.86	0.27	0.14	23	18.05	8.66	8.20	0.48	0.42
9	7.92	2.25	1.03	0.28	0.16	24	19.32	9.60	9.44	0.50	0.45
10	8.35	2.47	1.22	0.30	0.18	25	20.72	10.66	10.88	0.51	0.47
11	8.80	2.71	1.44	0.31	0.19	26	22.25	11.85	12.54	0.53	0.49
12	9.28	2.97	1.60	0.32	0.21	27	23.94	13.20	14.47	0.55	0.51
13	9.81	3.26	1.97	0.33	0.23	28	25.80	14.72	16.72	0.57	0.53
14	10.37	3.59	2.29	0.35	0.25	29	27.86	16.44	19.34	0.59	0.55
15	10.98	3.94	2.65	0.36	0.27	30	30.14	18.40	22.40	0.61	0.58

续上表

φ	N_c	N_q	N_r	N_q/N_c	tanφ	φ	N_c	N_q	N_r	N_q/N_c	tanφ
31	32.67	20.63	25.99	0.63	0.60	41	83.86	73.90	130.22	0.88	0.87
32	35.49	23.18	30.22	0.65	0.62	42	93.71	85.38	155.55	0.91	0.90
33	38.64	26.09	35.19	0.68	0.65	43	105.11	99.02	186.54	0.94	0.93
34	42.16	29.44	41.06	0.70	0.67	44	118.37	115.31	224.64	0.97	0.97
35	46.12	33.30	48.03	0.72	0.70	45	133.88	134.88	271.76	1.01	1.00
36	50.59	37.75	56.31	0.75	0.73	46	152.10	158.51	330.35	1.04	1.04
37	55.63	42.92	66.19	0.77	0.75	47	173.64	187.21	403.67	1.08	1.07
38	61.35	48.93	78.03	0.80	0.78	48	199.26	222.31	496.01	1.12	1.11
39	67.87	55.96	92.25	0.82	0.81	49	229.93	265.51	613.16	1.15	1.15
40	75.31	64.20	109.41	0.85	0.84	50	266.89	319.07	762.89	1.20	1.19

魏锡克公式中各修正系数表达式 表 4-2

基础形状系数		荷载倾斜系数	基础埋深系数
矩形	$s_c = 1 + \frac{b}{l}\frac{N_q}{N}$ $s_q = 1 + \frac{b}{l}\tan\varphi$ $s_r = 1 - 0.4\frac{b}{l}$	当 $\varphi \neq 0$ 时 $i_q = \left[1 - \frac{Q}{p + b'l'c\cot\varphi}\right]^2$ $i_c = i_q - \frac{1 - i_q}{N_c\tan\varphi}$	当 $d/b \leqslant 1$ 时 $d_q = 1 + 2\tan\varphi(1 - \sin\varphi)^2\frac{d}{b}$ $d_r = 1.0$ $d_c = d_q - \frac{1 - d_q}{N_c\tan\varphi}$ $d_c = 1 + 0.4\frac{d}{b}$(当 $\varphi = 0$)
方(圆)形	$s_c = 1 + \frac{N_q}{N_c}$ $s_q = 1 + \tan\varphi$ $s_r = 0.60$	当 $\varphi = 0$ 时 $i_c = 1 - \frac{2Q}{b'l'_c N_c}$ $i_r = \left[1 + \frac{Q}{p + b'l'c\cot\varphi}\right]^3$	当 $d/b > 1$ 时 $d_q = 1 + 2\tan\varphi(1 - \sin\varphi)^2\arctan\frac{d}{b}$ $d_r = 1.0$ $d_c = d_q - \frac{1 - d_q}{N_c\tan\varphi}$ 或 $d_c = 1 + 0.4\arctan\frac{d}{b}$(当 $\varphi = 0$)

注:l'、b'——基础假想折算长度与宽度,$b' = b - 2e_h$,$l' = 1 - 2e_l$;

e_l、e_h——荷载在长与宽方向的偏心距。

【例 4-3】 某条形基础,基础宽 3.0m,埋置深度 1.5m。地基为粉质黏土,$c = 16$kPa,$\varphi = 20°$,$\gamma = 18.6$kN/m^3,按太沙基公式确定地基的极限荷载与地基容许承载力。

解:太沙基地基的极限荷载公式为:

$$f_u = \frac{1}{2}\gamma bN_r + \gamma_0 dN_q + cN_c$$

由 $\varphi = 20°$ 查图 4-21 得:$N_r = 3.5$;$N_q = 6.5$;$N_c = 17$。

$$f_u = \frac{1}{2} \times 18.6 \times 3.0 \times 3.5 + 18.6 \times 1.5 \times 6.5 + 16 \times 17 = 551\text{kPa}$$

地基容许承载力由式(4-32)计算:

$$f_a = \frac{f_u}{F_s}$$

式中承载力安全系数 F_s 取 2.5,则有:

$$f_a = \frac{551}{2.5} = 220\text{kPa}$$

单元小结

1)土的抗剪强度

土的抗剪强度是指土体抵抗剪切破坏的极限能力,其大小就等于剪切破坏时滑动面上的剪应力。在实践工程中,与土的抗剪强度有关的工程问题主要有以下3个方面:一是土坡稳定性问题;二是土压力问题;三是地基的承载力问题。

2)土的极限平衡条件——莫尔—库仑破坏准则

若莫尔破坏包线与莫尔应力圆不相交,该点处于弹性平衡状态。

若莫尔破坏包线与莫尔应力圆相割,该点处于破坏状态。

若莫尔破坏包线与莫尔应力圆相切,该点处于极限平衡状态。

利用三角函数关系转换后可得:

$$\sigma_{1f} = \sigma_{3f}\tan^2\left(45^\circ + \frac{\varphi}{2}\right) + 2c \cdot \tan\left(45^\circ + \frac{\varphi}{2}\right)$$

$$\sigma_{3f} = \sigma_{1f}\tan^2\left(45^\circ - \frac{\varphi}{2}\right) - 2c \cdot \tan\left(45^\circ - \frac{\varphi}{2}\right)$$

3)抗剪强度指标的测定方法

土的抗剪强度指标需要根据工程的实际情况来选择适当的试验方法。常用的试验方法有直接剪切试验、三轴压缩试验、无侧限抗压强度试验等。根据三轴压缩试验过程中固结条件与孔隙水压力情况,可以将三轴压缩试验分为不固结不排水试验、固结不排水试验、固结排水试验3种试验方法。

4)地基承载力

地基土剪切破坏的形式分为3种:整体剪切破坏、局部剪切破坏和冲剪破坏。

确定地基承载力的方法有静载荷试验或其他原位试验、规范查表方法和理论公式方法。

理论公式所求得的临塑荷载 p_{cr} 和临界荷载 $p_{1/4}$ 或 $p_{1/3}$ 均可作为地基承载力,地基极限承载力除以一个安全系数,可作为容许承载力。地基极限承载力可利用太沙基(K. Terzaghi)极限承载力公式、斯凯普顿(Skempton)极限承载力公式、魏锡克极限承载力公式确定。

思考题

1. 什么是土的抗剪强度? 砂土与黏性土的抗剪强度表达式有何不同?

2. 为什么说土的抗剪强度不是一个定值?

3. 测定土的抗剪强度指标主要有哪几种方法? 试比较它们的优缺点?

4. 土体中发生剪切破坏的平面在何处? 是否剪应力最大的平面首先发生剪切破坏? 通常情况下,剪切破坏面与大主应力面之间的夹角是多大?

5. 何谓莫尔应力圆? 如何绘制莫尔应力圆?

6. 如何从库仑定律和莫尔应力圆原理说明:当 σ_1 不变时, σ_3 越小越易破坏;反之, σ_3 不变时, σ_1 越大越易破坏。

7. 进行地基基础设计时,地基必须满足哪些条件? 为什么?

8. 临塑荷载与临界荷载的物理意义是什么?

9. 地基的破坏模式有哪几种?

10. 本章所介绍的几个极限承载力公式各有何特点?

11. 根据临塑荷载设计是否需除以承载力安全系数?

实 践 练 习

1. 设地基内某点的最大主应力为 450kPa,最小主应力为 200kPa,土的内摩擦角 $\varphi=20°$,黏聚力 $c=50\text{kPa}$,试问该点处于什么状态?

2. 已知土中某点的最大主应力 $\sigma_1=500\text{kPa}$,最小主应力 $\sigma_3=200\text{kPa}$,则应力圆的圆心在何处? 应力圆的半径为多少?

3. 某砂土试样进行直剪试验,当 $\sigma=300\text{kPa}$ 时,测得 $\tau_f=200\text{kPa}$。求:(1)砂土的内摩擦角 φ;(2)破坏时的大小主应力值。

4. 某黏土试样进行不排水剪切试验,施加围压 $\sigma_3=220\text{kPa}$,试件破坏时 $\sigma_1=460\text{kPa}$。如果破坏面与水平面的夹角 $\alpha=57°$,试求:土的内摩擦角及破坏面上的法向应力和剪应力。

5. 某仓库设计条形基础,基础宽 2.0m,埋置深度 1.6m。地基为软塑状态粉质黏土,$\varphi=11°$,$c=22\text{kPa}$,$\gamma=19.0\text{kN/m}^3$,按太沙基公式计算仓库地基的极限荷载与地基容许承载力。

6. 一条形基础,基础宽 12m,埋置深度 2m。建于均质黏土地基上,黏土的 $\varphi=16°$,$c=17\text{kPa}$,$\gamma=18.0\text{kN/m}^3$,试求:临塑荷载与临界荷载 $p_{1/4}$。

7. 某矩形基础,宽度 3m,长度 4m,埋置深度 2m。地基土为饱和软黏土,$\gamma=18.0\text{kN/m}^3$,$c=15\text{kPa}$,$\varphi=0°$。按斯凯普顿公式确定地基的极限荷载与地基容许承载力。

第5单元　土压力和土坡稳定

单元重点：

(1)理解土压力的基本概念及分类；

(2)熟练掌握静止土压力与主动土压力、被动土压力的计算，并能将其应用于一般工程问题；

(3)重点学习和掌握无黏性土坡和黏性土坡稳定性分析，并能正确理解和处理土坡稳定分析中的常见问题。

5.1　概　述

5.1.1　土压力

在土建工程中，有时常需要设置挡土结构物，用来支挡侧向的土体。如图5-1所示的挡土墙、地下室侧墙、桥台等挡土结构，都支撑着土体。保持着土体稳定，使之不致坍塌，所以它们经常承受着土体侧压力的作用。土压力就是这种侧压力的总称，是挡土结构物的主要作用荷载。因此设计挡土结构时首先要确定土压力的性质、大小、方向和作用点。

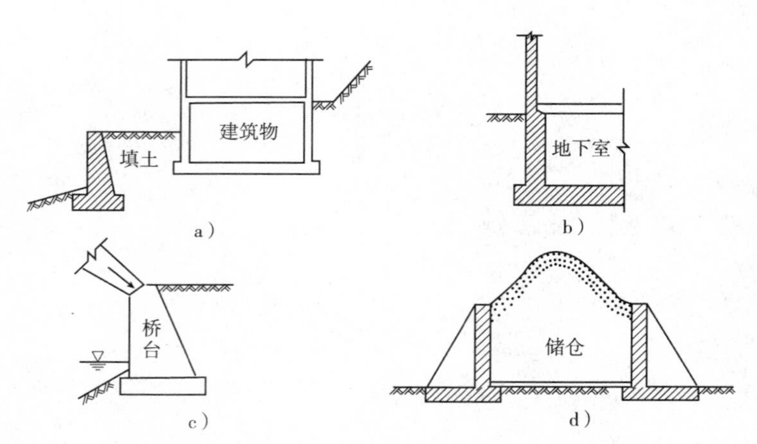

图5-1　挡土结构的应用

a)支撑填土的挡土墙；b)地下室侧墙；c)桥台；d)储仓的挡墙

取刚性挡土墙模型，并以砂土作为墙后填料进行试验，可发现土压力与挡土墙位移情况有关。当墙向前移动离开墙体时，墙后土压力逐渐减小，待位移达到一定值，墙后土体产生滑动面，土压力减至最小值，如图 5-2a）所示；如果墙向后移动挤向填土，则墙后土压力将逐渐增大，当位移达到一定数值时，墙后填土也会产生滑动面，土压力将增至最大值，如图 5-2c）所示；而当墙未移动时的土压力大小，则介于上述两者之间。

因此，实际上根据挡土结构物可能位移方向、大小及土体所处的三种极限平衡状态，将作用在挡土结构上的土压力分为 3 种。

1）静止土压力

如果挡土结构在土压力的作用下，其本身不发生变形和任何位移，土体处于弹性平衡状态，则这时作用在挡土结构上的土压力称为静止土压力，如图 5-2b）所示。土对固定于岩基上的挡土墙的侧压力，属于这种情况。

2）主动土压力

如果挡土结构在土压力的作用下，向离开土体的方向位移，随着这种位移的增大，作用在挡土结构上的土压力将比静止土压力逐渐减小。当土体达到主动极限平衡状态时，作用在挡土结构上的土压力称为主动土压力，如图 5-2a）所示。土对一般挡土墙的侧压力多属于这种情况。

3）被动土压力

挡土结构在荷载作用下，向土体方向位移，使土体达到被动极限平衡状态时的土压力称为被动土压力，如图 5-2c）所示。

如图 5-2d）所示，在相同条件下，主动土压力小于静止土压力，而静止土压力小于被动土压力。

实际上，土压力是土体与挡土结构之间相互作用的结果，大部分情况下的土压力均介于上述 3 种极限状态土压力之间。试验表明，土压力的大小及分布与作用在挡土结构上的土体性质、挡土结构本身的材料及挡土结构的位移有关，其中挡土结构的位移情况是影响土压力性质的主要因素。

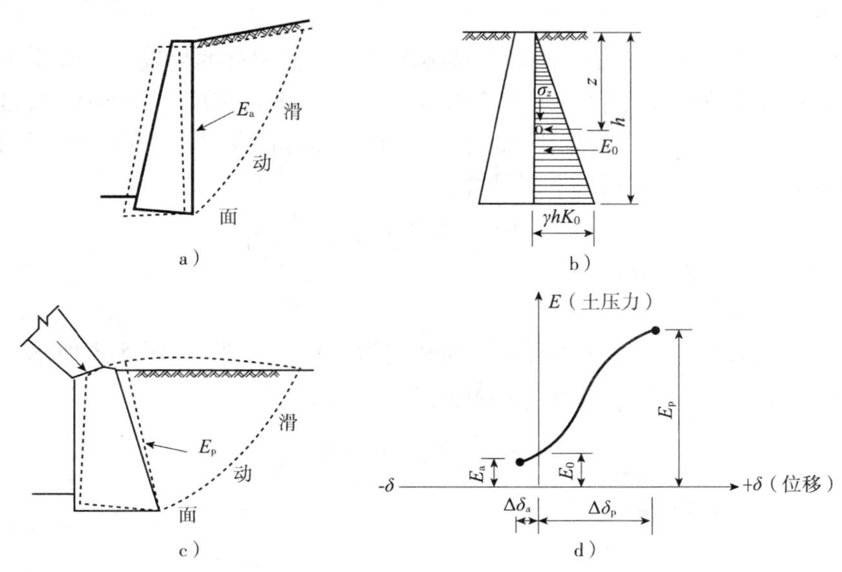

图 5-2　土压力与墙体位移的关系

a）主动土压力；b）静止土压力；c）被动土压力；d）土压力与墙体位移的关系

5.1.2 土坡稳定分析

土坡包括天然土坡和人工土坡。天然土坡是指自然形成的山坡和江河湖海的岸坡。人工土坡是指人工开挖基坑、基槽路堑或填筑路堤、土坝形成的边坡。边坡塌滑是一种常见的工程现象，边坡由于丧失稳定性而滑动，通常称为滑坡。

土坡的失稳常常是在外界的不利因素影响下触发和加剧的，一般有以下几种原因：

(1)土坡作用力发生变化。例如由于在坡顶堆放材料或建造建筑物使坡顶受荷，或由于打桩、车辆行驶、爆破、地震等引起的振动改变了原来的平衡状态。

(2)土体抗剪强度的降低。例如土体中含水率或孔隙水压力的增加。

(3)静水压力的作用。例如雨水或地面水流入土坡的竖向裂缝，对土坡产生侧向压力，从而促进土坡的滑动。

(4)地下水在土坝或基坑等边坡中的渗流，常是边坡失稳的重要因素。这是因为渗流会引起动水力，同时土中的细小颗粒会穿过粗颗粒间的孔隙被渗流携带而去，使土体的密实度下降。

(5)因坡脚挖方而导致土坡高度或坡角增大。

由于土的复杂性、离散性和易变性，影响土坡稳定的因素众多，土坡稳定分析是一个比较复杂的问题。本章主要介绍土坡稳定分析常用方法的基本原理。

5.2 静止土压力计算

5.2.1 静止土压力计算

1)墙背竖直时

静止土压力只发生在挡土墙为刚性且墙体不发生任何位移的情况下。在土体表面下任意深度 z 处取一微小单元体(图 5-3)，其上作用着竖向的土自重应力和侧压力，这个侧压力的反作用力就是静止土压力。根据半无限弹性体在无侧移的条件下侧压力与竖向应力之间关系，该处的静止土压力强度可按下式计算：

$$p_0 = K_0 \cdot \gamma \cdot z \tag{5-1}$$

式中：K_0——静止土压力系数；

γ——土体重度(kN/m^3)。

由式(5-1)可知，静止土压力沿挡土结构竖向为三角形分布，如图 5-3 所示。如果取单位挡土结构长度，则作用在挡土结构上的静止土压力为：

$$E_0 = \frac{1}{2} \cdot \gamma \cdot h^2 \cdot K_0 \tag{5-2}$$

式中：h——挡土结构高度(m)。

E_0 的作用点在距离墙底 $h/3$ 处。

在墙后填土面上作用有均布荷载 q 时，此时竖向应力 $\sigma_z = q + \gamma \cdot z$，静止土压力强度为：$p_0 = K_0(q + \gamma \cdot z)$，静止土压力沿挡土结构竖向为梯形分布。静止土压力为：$E_0 = \frac{1}{2}$

$[K_0 q + K_0(q+\gamma h)]\cdot h = \frac{1}{2}(2q+\gamma h)K_0 h$,分布图形心的高度即为 E_0 的作用点高度。

在墙后填土中有地下水时,水下土应考虑水的浮力,γ 采用浮重度 γ' 计算,同时考虑作用在挡土墙上的静水压力 $E_w = \frac{1}{2}\gamma_w \cdot h_2^2$。

2)墙背倾斜时

对于挡土墙背倾斜的情况(图 5-4),作用在单位长度上的静止土压力可根据土楔体的静力平衡条件求得。作用在土楔体上的力有以下 3 个:

①作用在 AB' 面上的静止土压力:$E_0' = \frac{1}{2}\cdot\gamma\cdot h^2\cdot K_0$,作用方向水平向左。

②土体自重:$W_0 = \frac{1}{2}\cdot\gamma\cdot h^2\tan\varepsilon$,作用方向垂直向下。

③作用在墙背 AB 上的土反力 E_0。

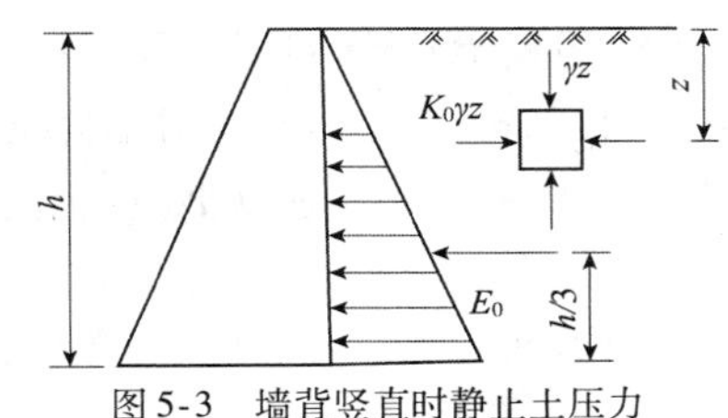

图 5-3　墙背竖直时静止土压力

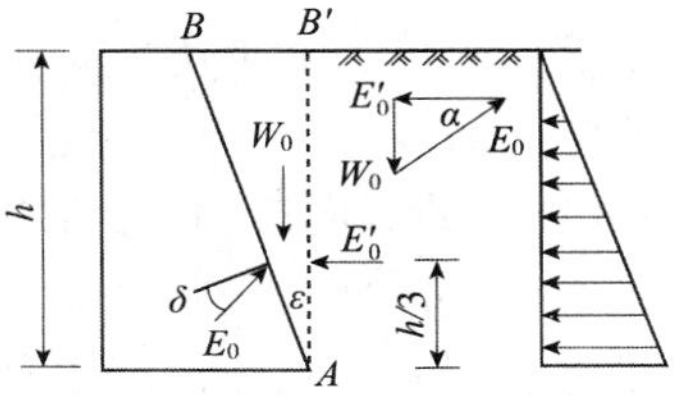

图 5-4　墙背倾斜时的静止土压力

根据土楔体 ABB' 的静力平衡条件可得:

$$E_0 = \frac{1}{2}\cdot\gamma\cdot h^2\cdot\sqrt{K_0^{\ 2}+\tan^2\varepsilon} \tag{5-3}$$

E_0 与水平方向的夹角 α 由下式求得:

$$\tan\alpha = \frac{W_0}{E_0'} = \frac{\tan\varepsilon}{K_0} \tag{5-4}$$

再通过三角形关系可求得 E_0与 AB 面法线之间的夹角 δ 为:

$$\delta = \cot\frac{(1-K_0)\tan\varepsilon}{K_0+\tan^2\varepsilon} \tag{5-5}$$

E_0 的作用点在距离墙底 $h/3$ 处。

5.2.2　静止土压力系数的确定

静止土压力计算的关键是静止土压力系数 K_0 的确定。土的静止土压力系数值可通过室内的或现场的试验测定。在缺乏试验资料时,可用下述经验公式估算 K_0:

砂性土
$$K_0 = 1-\sin\varphi' \tag{5-6}$$

黏性土
$$K_0 = 0.95-\sin\varphi' \tag{5-7}$$

式中:φ'——填土的有效内摩擦角(°);

《公路桥涵地基与基础设计规范》(JTG D63—2007)中几种典型土的 K_0 值参见表 5-1。

静止土压力系数 K_0 值　　表 5-1

土的名称	砾石、卵石	砂土	粉土	粉质黏土	黏土
K_0	0.20	0.25	0.35	0.45	0.55

5.3 朗金土压力理论

1857 年,朗金(W. J. M. Rankine)提出了朗金土压力理论。朗金土压力理论认为当墙后填土达到极限平衡状态,与墙背接触的任意一土单元体都处于极限平衡状态,然后根据土单元体处于极限平衡状态时应力所满足的条件来建立土压力的计算公式。

朗金土压力理论假定:①墙后填土表面水平且与墙顶齐平;②墙背垂直于填土面;③墙背光滑。从这些假定出发,墙背处没有摩擦力,土体的竖直面和水平面没有剪应力,故竖直方向和水平方向的应力为主应力。而竖直方向的应力即为土的竖向自重应力。

5.3.1 朗金主动土压力计算

考察挡土墙后土体表面下深度 z 处的微小单元体的应力状态,如图 5-5a)所示,显然,作用在它上面的竖向应力为 $\sigma_z = \gamma \cdot z$。当挡土墙在土压力的作用下向远离土体的方向位移时,作用在微元体上的竖向应力 σ_z 保持不变,而水平向应力 σ_x 逐渐减小,直至达到土体处于极限平衡状态。土体处于极限平衡状态时的最大主应力为 $\sigma_1 = \gamma \cdot z$,而最小主应力 σ_3,即为主动土压力强度 p_a。由土的强度理论可知,当土体中某一点处于极限平衡状态时,大主应力 σ_1 和小主应力 σ_3 之间应满足以下关系:

黏性土
$$\sigma_1 = \sigma_3 \cdot \tan^2\left(45° + \frac{\varphi}{2}\right) + 2c \cdot \tan\left(45° + \frac{\varphi}{2}\right) \tag{5-8}$$

或
$$\sigma_3 = \sigma_1 \cdot \tan^2\left(45° - \frac{\varphi}{2}\right) - 2c \cdot \tan\left(45° - \frac{\varphi}{2}\right) \tag{5-9}$$

将 $\sigma_1 = \gamma \cdot z$ 和 $\sigma_3 = p_a$ 代入式(5-8)、式(5-9)中就得到主动土压力强度为:

无黏性土
$$p_a = \gamma \cdot z \cdot \tan^2\left(45° - \frac{\varphi}{2}\right) \tag{5-10}$$

或
$$p_a = \gamma \cdot z \cdot K_a \tag{5-11}$$

黏性土
$$p_a = \gamma \cdot z \cdot \tan^2\left(45° - \frac{\varphi}{2}\right) - 2c \cdot \tan\left(45° - \frac{\varphi}{2}\right) \tag{5-12}$$

或
$$p_a = \gamma \cdot z \cdot K_a - 2c \cdot \sqrt{K_a} \tag{5-13}$$

式中:p_a——主动土压力强度(kPa);

K_a——主动土压力系数,$K_a = \tan^2\left(45° - \frac{\varphi}{2}\right)$;

γ——土体重度(kN/m³);

c——土体黏聚力(kPa);

φ——土体内摩擦角(°);

z——计算点距离土体表面深度(m)。

由式(5-10)可知,无黏性土中主动土压力强度与深度成正比,沿墙高的土压力强度呈三角形分布,如图 5-5b)所示。单位长度挡土墙上的土压力为:

$$E_a = \frac{1}{2} \cdot \gamma \cdot h^2 \tan^2\left(45° - \frac{\varphi}{2}\right) = \frac{1}{2}\gamma \cdot h^2 \cdot K_a \tag{5-14}$$

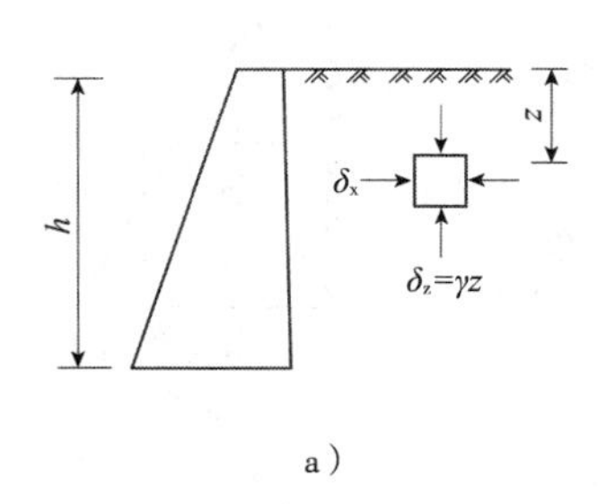

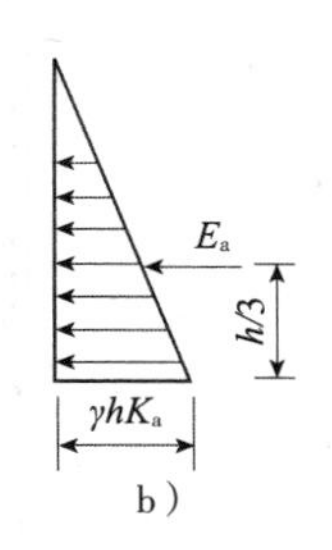

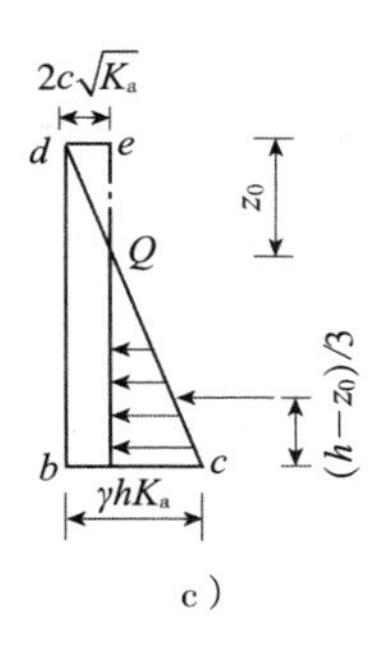

图 5-5　朗金主动土压力计算

土压力作用点在距离墙底 $h/3$ 高度处。

由式(5-12)可知,黏性土中的土压力强度由两部分组成:一部分是由土体自重引起的土压力 $\gamma \cdot z \cdot K_a$;另一部分是由黏聚力引起的负压力 $2c \cdot \sqrt{K_a}$。两部分的叠加结果如图 5-5c)所示。其中 aed 部分是负压力,对墙背是拉力,但实际上土与墙背在很小的拉应力作用下即会分离,故在计算土压力时,这部分应略去不计,因此黏性土的土压力分布仅是 abc 部分。令式(5-13)等于零可求得临界深度:

$$z_0 = \frac{2c}{\gamma \sqrt{K_a}} \tag{5-15}$$

单位长度挡土墙上的主动土压力为:

$$E_a = \frac{1}{2}(h - z_0)(\gamma \cdot h \cdot K_0 - 2c \cdot \sqrt{K_a}) \tag{5-16}$$

将式(5-15)代入式(5-16)得:

$$E_a = \frac{1}{2}\gamma \cdot h^2 K_a - 2c \cdot h \sqrt{K_a} + \frac{2c^2}{\gamma} \tag{5-17}$$

主动土压力 E_a 作用点通过三角形的形心,即作用在离墙底$\frac{h - z_0}{3}$高度处。

5.3.2　朗金被动土压力计算

当墙后填土处于被动极限平衡状态时,土体中某一深度 z 处的微小单元体,如图 5-6a)所示,受到的竖向应力仍为 $\sigma_z = \gamma \cdot z$,这时水平方向的土应力 σ_x 即为被动土压力强度 p_p。对于微单元体而言,在极限平衡状态下最大主应力 σ_1 为被动土压力强度 p_p,最小主应力为竖向应力 $\sigma_3 = \gamma \cdot z$。由式(5-8)、式(5-9)可得:

无黏性土
$$p_p = \gamma \cdot z \cdot K_p \tag{5-18}$$

黏性土
$$p_p = \gamma \cdot z \cdot K_p + 2 \cdot c \cdot \sqrt{K_p} \tag{5-19}$$

式中:p_p——被动土压力强度(kPa);

K_p——被动土压力系数,$K_p = \tan^2\left(45° + \frac{\varphi}{2}\right)$;

其他符号同前。

由式(5-18)和式(5-19)可知,无黏性土的被动土压力强度呈三角形分布,如图 5-6b)所示,黏性土中被动土压力强度呈梯形分布,如图 5-6c)所示。作用在单位长度挡土墙上的土压力为:

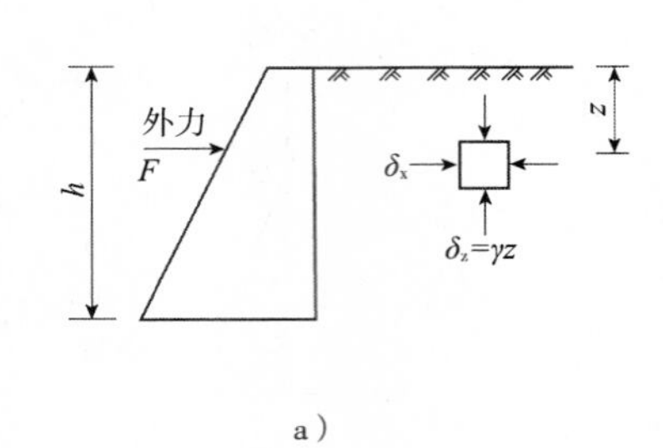

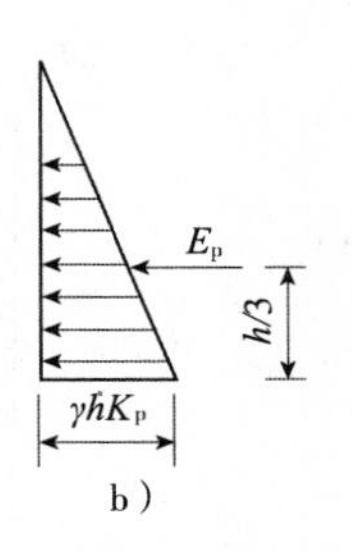

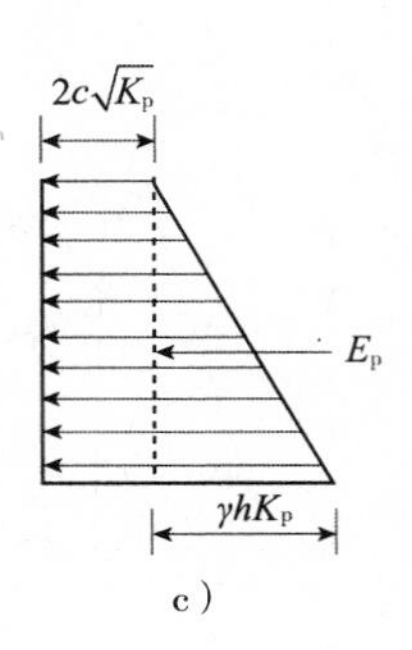

图 5-6　朗金被动土压力计算

无黏性土
$$E_p = \frac{1}{2}\gamma \cdot h^2 K_p \tag{5-20}$$

黏性土
$$E_p = \frac{1}{2}\gamma \cdot h^2 K_p + 2c \cdot h\sqrt{K_p} \tag{5-21}$$

被动土压力 E_p 的作用线通过土压力强度分布图的形心。对无黏性土 E_p 在离墙底 $h/3$ 高度处。

5.3.3　几种情况下朗金土压力的计算

1）土体表面有均布荷载

当墙后土体表面有连续均布荷载 q 作用时，土压力的计算方法是将均布荷载换算为当量的土重，即用假想的土重代替均布荷载。当土体表面水平时，如图 5-7 所示，等待土层的厚度为：

$$h_0 = \frac{q}{\gamma} \tag{5-22}$$

然后以 $A'B$ 为墙背，按土体表面无荷载的情况计算土压力。以无黏性土为例，土体表面 A 点的主动土压力强度为：

$$p_{aA} = \gamma \cdot h_0 \cdot K_a \tag{5-23}$$

墙底 B 点的主动土压力强度为：

$$p_{aB} = \gamma \cdot (h_0 + h) \cdot K_a = (q + \gamma \cdot h)K_a \tag{5-24}$$

压力分布图如图 5-7 所示，实际的土压力分布图为梯形 $ABCD$ 部分。土压力的作用点在梯形的形心。

2）分层填土

如图 5-8 所示的挡土墙，墙后有几层不同性质的水平土层。在计算土压力时，第一层的土压力按均质计算，土压力分布图为图 5-8 中的 abc 部分；计算第二层土压力时，将第一层土按重度换算为与第二层土相通的当量土层，即其当量土层厚度为 $h_1' = h_1 \frac{\gamma_1}{\gamma_2}$ 然后以（$h_1' + h_2$）为墙高按均质土计算土压力，但只在第二层土层范围内有效。如图 5-8 中的 $bdfe$ 部分。必须注意，由于各土层的性质不同，主动土压力系数 K_a 也不同，图示的土压力强度计算是以无黏性土为例。

图 5-7　土体表面有均布荷载的朗金土压力计算

3）墙后土体中有地下水的土压力计算

墙后的土体常会有部分或全部处于地下水位以下，这时作用在墙背上的土压力有所不同，墙体除受到土压力的作用外，还受到水压力的作用。

由于假定浸水前后土体的内摩擦角不变，地下水位以上部分的土压力计算同前，而地下水位以下部分应取有效重度进行计算，并叠加上地下水位以下的静水压力，如图 5-9 所示的土压力强度计算以无黏性土为例。

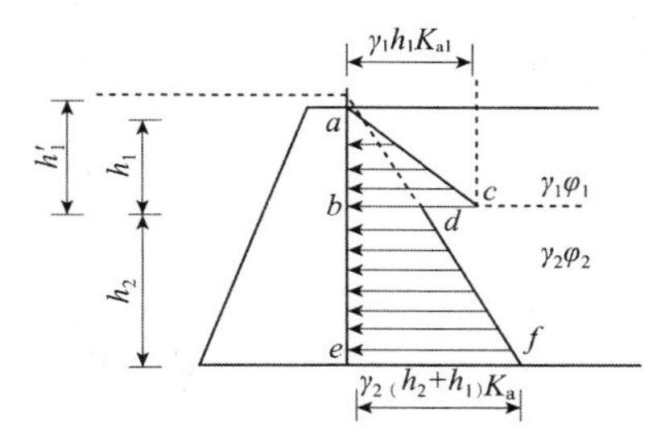

图 5-8　分层土体的朗金土压力计算

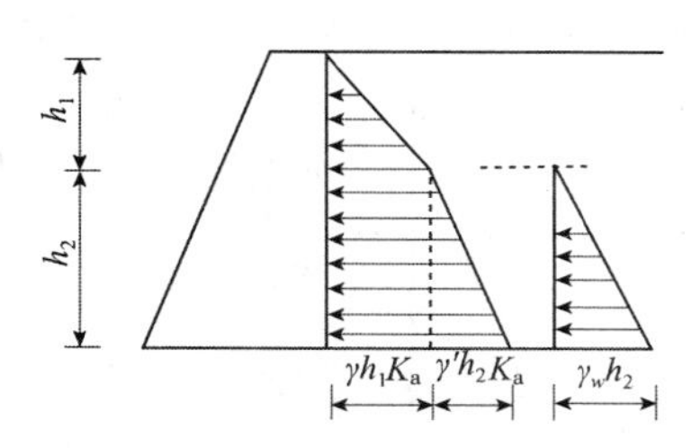

图 5-9　土体中有地下水的土压力计算

主动土压力：

$$E_a = \frac{1}{2}\gamma \cdot h^2{}_1 \cdot K_a + \gamma \cdot h_1 \cdot h_2 \cdot K_a + \frac{1}{2}\gamma' \cdot h_2^{2'} \cdot K_a \qquad (5\text{-}25)$$

式中：γ'——土体有效重度（kN/m³），$\gamma' = \gamma_{sat} - \gamma_w$；

γ_{sat}——土体饱和重度（kN/m³）；

γ_w——水的重度（kN/m³）。

静水压力：

$$E_w = \frac{1}{2}\gamma_w \cdot h_2^2$$

E_a 与 E_w 的叠加就是作用在墙体上的侧压力。这种将土压力和水压力先分开计算再叠加的方法被称为“水土分算”，比较适合于渗透性大的砂土。对于黏性土，由于其渗透性小，在计算土压力时则将地下水位以下的土体重度取为饱和重度，水压力的计算不再单独计算后进行叠加，这种方法被称为“水土合算”。

【例 5-1】　挡土墙高 6m，土体的物理力学性质指标为：$c = 0$，$\varphi = 30°$，$\gamma = 19\text{kN/m}^3$，墙背竖直、光滑，墙后土体表面水平并有均布荷载 $q = 20\text{kPa}$，求挡土墙的主动土压力及作用点位置，并绘出土压力分布图。

解：将地面均布荷载换算为土体的当量土层厚度：

$$h_0 = \frac{q}{\gamma} = \frac{20}{19} = 1.053\text{m}$$

在土体表面处的土压力强度为：

$$p_a = \gamma \cdot h_0 K_a = q \cdot K_a = 20 \times \tan^2\left(45° - \frac{30°}{2}\right) = 6.67\text{kPa}$$

在墙底处的土压力强度为：

$$p_a = \gamma \cdot (h_0 + h) K_a = (q + \gamma \cdot h)\tan^2\left(45° - \frac{\varphi}{2}\right) = (20 + 19 \times 6) \times \tan^2\left(45° - \frac{30°}{2}\right)$$

$$= 44.67\text{kPa}$$

主动土压力为：

$$E_a = \frac{1}{2}(p_{a1} + p_{a2}) \times h = \frac{1}{2} \times (6.67 + 44.67) \times 6 = 154.02\text{kN/m}$$

土压力作用点的位置：

$$z = \frac{h}{3} \cdot \frac{2p_{a1} + p_{a2}}{p_{a1} + p_{a2}} = \frac{6}{3} \times \frac{2 \times 6.67 + 44.67}{6.67 + 44.67} = 2.26\text{m}$$

土压力分布如图 5-10 所示。

【例 5-2】 挡土墙高 5m，墙背竖直、光滑，墙后土体表面水平，共分两层，各层土的物理力学指标如图 5-11 所示，求主动土压力并绘出土压力分布图。

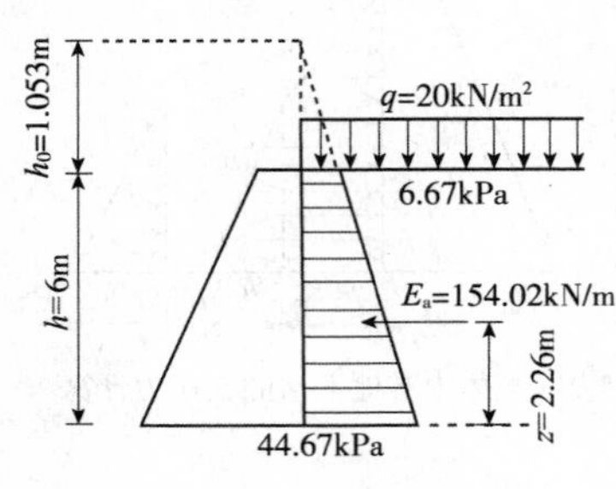

图 5-10 土压力分布

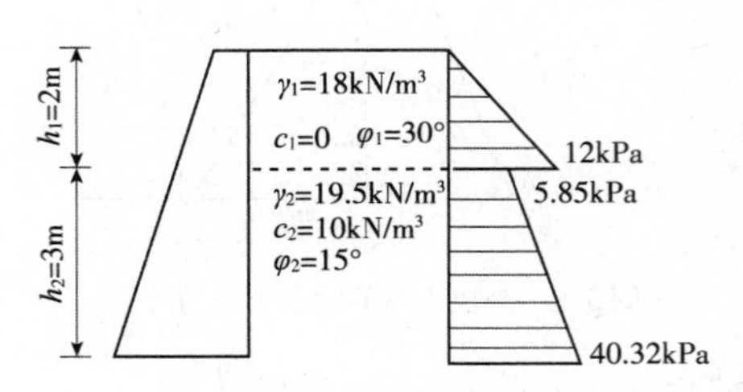

图 5-11 挡土墙计算示意图

解：第一层土体的土压力强度为：

层顶面处： $p_{a0} = 0$

层底面处： $p_{a1} = \gamma \cdot h_1 \cdot \tan^2\left(45° - \frac{\varphi_1}{2}\right) = 18 \times 2 \times \tan^2\left(45° - \frac{30°}{2}\right) = 12\text{kPa}$

第二层土体的土压力强度为：

层顶面处：

$$p'_{a1} = \gamma \cdot h_1 \cdot \tan^2\left(45° - \frac{\varphi_2}{2}\right) - 2c \cdot \tan^2\left(45° - \frac{\varphi_2}{2}\right)$$

$$= 18 \times 2 \times \tan^2\left(45° - \frac{15°}{2}\right) - 2 \times 10 \times \tan\left(45° - \frac{15°}{2}\right) = 5.85\text{kPa}$$

层底面处：

$$p_{a2} = (\gamma_1 \cdot h + \gamma_2 \cdot h_2) \cdot \tan^2\left(45° - \frac{\varphi_2}{2}\right) - 2c\tan\left(45° - \frac{\varphi_2}{2}\right)$$

$$= (18 \times 2 + 19.5 \times 3)\tan^2\left(45° - \frac{15°}{2}\right) - 2 \times 10 \times \tan\left(45° - \frac{15°}{2}\right) = 40.32\text{kPa}$$

主动土压力为：

$$E_a = \frac{1}{2} \cdot p'_{a1} \cdot h_1 + \frac{1}{2} \times (p'_{a1} + p_{a2})$$

$$= \frac{1}{2} \times 12 \times 2 + \frac{1}{2} \times (5.85 + 40.32) = 12 + 69.26 = 81.26\text{kN/m}$$

土压力作用点位置：

$$z = \frac{\sum E_{ai} \cdot z_i}{\sum E_{ai}} = \frac{12 \times \left(3 + \frac{2}{3}\right) + 69.29 \times \frac{3}{3} \times \frac{2 \times 5.85 + 40.32}{5.85 + 40.32}}{12 + 69.26} = 1.50\text{m}$$

主动土压力分布图如图 5-11 所示。

5.4 库仑土压力理论

5.4.1 基本假定及适用条件

库仑土压力理论是由库仑(C.A.Coulomb)1773年建立的。它是以整个滑动土体上力的平衡条件来确定土压力。

库仑土压力理论假定:①挡土墙后土体是松散、匀质的砂性土,墙背粗糙,墙背与墙后填土面均可以为倾斜;②挡土墙后产生主动或被动土压力时墙后土体形成滑动土楔体,其滑裂面为通过墙脚的两个平面,一个是墙背 AB 面,另一个是通过墙脚的 BC 面,如图5-12a)所示;③将滑动土楔体视为刚体整体。

库仑土压力理论就是根据滑动土楔体处于极限平衡状态时的静力平衡条件来求主动土压力和被动土压力的。

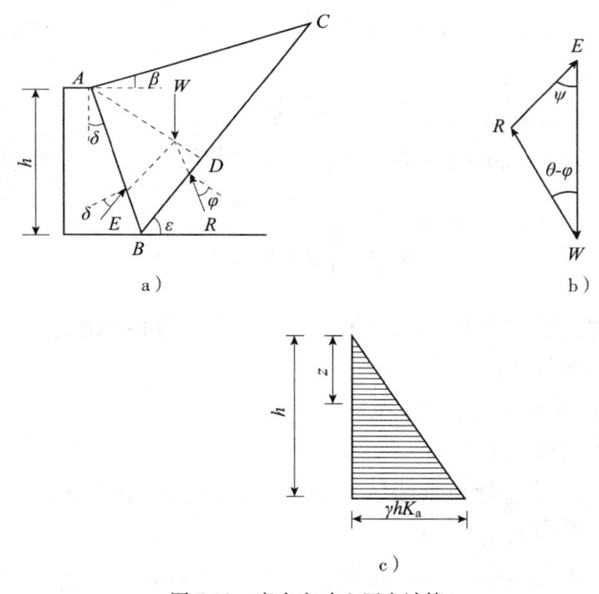

图5-12 库仑主动土压力计算

a)挡土墙和滑动土楔体;b)力矢三角形;c)土压力强度分布

5.4.2 主动土压力计算

如图5-12a)所示,设挡土墙的高为 h,墙背俯斜,与垂线的夹角 ε,墙后土体为无黏性土($c=0$),土体表面与水平线夹角为 β,墙背与土体的摩擦角为 δ。挡土墙在土压力作用下将向远离土体的方向产生位移,最后土体处于极限平衡状态,墙后土体将形成一个滑动土楔体,其滑裂面为平面 BC,滑裂面与水平面成 θ 角。因为一般挡土墙的土压力计算均属于平面问题,因而沿挡土墙长度方向取1m进行分析。取滑动土楔体为隔离体,作用在滑动土楔体上的力有以下3个:

①土楔体的自重 W,其作用方向铅垂向下。

②滑裂面 BC 上的反力 R,其大小未知,方向与滑裂面 BC 的法线顺时针成 φ 角。

③墙背面对土楔体的反力 E,其作用方向与墙背面的法线逆时针成 δ 角(δ 为墙背与土体之间的内摩擦角)。

显然,土体作用在墙背上的土压力与 E 大小相等,方向相反。

滑动土楔体在 3 个力作用下处于平衡状态,如图 5-12b)所示,由正弦定理可得:

$$E = \frac{\sin(\theta - \varphi)}{\sin[180° - (\theta - \varphi + \psi)]}W = \frac{\sin(\theta - \varphi)}{\sin(\theta - \varphi + \psi)}W \tag{5-26}$$

式中:$\psi = 90° - \varepsilon - \delta$。

E 值仅随滑裂面倾角 θ 而变化。按微分学求极值的方法,可由 $\frac{dE}{d\theta} = 0$ 的条件求得 E 为最大值(即主动土压力 E_a)时的 θ 角。相应于此时的 θ 角即为最危险的滑裂面与水平面的夹角。略去推导过程,库仑土压力的计算公式为:

$$E_a = \frac{1}{2}\gamma \cdot h^2 \frac{\cos^2(\varphi - \varepsilon)}{\cos^2\varepsilon \cdot \cos(\varepsilon + \delta) \cdot \left[1 + \sqrt{\frac{\sin(\varphi + \delta) \cdot \sin(\varphi - \beta)}{\cos(\varepsilon + \delta)\cos(\varepsilon - \beta)}}\right]^2} \tag{5-27}$$

令:

$$K_a = \frac{\cos^2(\varphi - \varepsilon)}{\cos^2\varepsilon \cdot \cos(\varepsilon + \delta) \cdot \left[1 + \sqrt{\frac{\sin(\varphi + \delta) \cdot \sin(\varphi - \beta)}{\cos(\varepsilon + \delta)\cos(\varepsilon - \beta)}}\right]^2} \tag{5-28}$$

则:

$$E_a = \frac{1}{2}\gamma \cdot h^2 \cdot K_a \tag{5-29}$$

式中:K_a——库仑主动土压力系数,由式(5-28)计算或查表 5-2 确定;

h——挡土墙高度(m);

γ——土体重度 (kN/m^3);

φ——土体内摩擦角(°);

ε——墙背倾角(°),墙背与垂线的夹角,俯斜为正,仰斜为负;

β——墙后填土面倾斜角(°);

δ——墙背与土体之间摩擦角(°),其值一般由试验确定,当无试验资料时可按表 5-3 数值取用。

E_a 的作用点在距离墙底 $h/3$ 高度处,其作用方向与墙背法线逆时针成 δ 角,并指向墙背(与水平面成 $\varepsilon + \delta$ 角)。

沿墙高分布的主动土压力强度 p_a,可通过式(5-29)对 z 求导数求得:

$$p_a = \frac{dE}{dz} = \frac{d}{dz}\left(\frac{1}{2}\gamma \cdot z^2 \cdot K_a\right) = \gamma \cdot z \cdot K_a \tag{5-30}$$

可见,主动土压力强度沿墙高呈三角形分布,如图 5-12c)所示。

5.4.3 被动土压力计算

挡土墙在外力作用下向土体方向产生位移,直至墙后土体沿某一个滑裂面 BC 破坏,如

图 5-13a)所示。在破坏的瞬时,滑动土楔体处于极限平衡状态,这时作用在土楔体上 ABC 的力仍为 3 个:

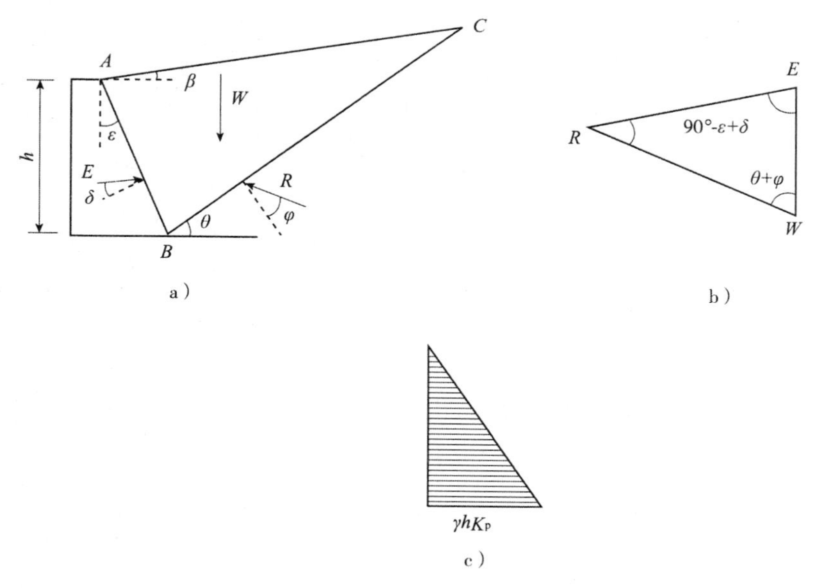

图 5-13　库仑被动土压力计算

a)挡土墙和滑动土楔;b)力矢三角形;c)土压力强度分布

①土楔体的自重力 W,其作用方向垂直向下。

②滑裂面 BC 上的反力 R,其大小未知,方向与滑裂面 BC 的法线逆时针成 φ 角(φ 为土的内摩擦角)。

③墙背面对土楔体的反力 E,其作用方向与墙背面的法线顺时针成 δ 角(δ 为墙背与土体之间的内摩擦角)。

按上述求主动土压力的方法和原理,求得库仑被动土压力的计算公式为:

$$E_p = \frac{1}{2} \cdot \gamma \cdot h^2 \cdot K_p \tag{5-31}$$

其中:

$$K_p = \frac{\cos^2(\varphi + \varepsilon)}{\cos^2\varepsilon \cdot \cos(\varepsilon - \delta) \cdot \left[1 - \sqrt{\dfrac{\sin(\varphi + \delta) \cdot \sin(\varphi + \beta)}{\cos(\varepsilon - \delta) \cdot \cos(\varepsilon - \beta)}}\right]^2} \tag{5-32}$$

式中:K_p——库仑被动土压力系数;

其他符号同前。

库仑被动土压力强度为:

$$p_p = \gamma \cdot z \cdot K_p \tag{5-33}$$

其分布图也为三角形,如图 5-13c)所示。E_p 的作用点离墙底 $h/3$ 高度处,其方向与墙背的法线顺时针成 δ 角。

当填土面水平,墙背竖直、光滑($\beta = \varepsilon = \delta = 0$)时,库仑土压力公式与朗金公式相同。即朗金理论是库仑理论的特殊情况。

库仑主动土压力系数 K_a 值 表 5-2

$\delta=0°$									
ε	β \ φ	15°	20°	25°	30°	35°	40°	45°	50°
0°	0°	0.589	0.490	0.406	0.333	0.271	0.217	0.172	0.132
	5°	0.635	0.524	0.431	0.352	0.284	0.227	0.178	0.137
	10°	0.704	0.569	0.462	0.374	0.300	0.238	0.186	0.142
	15°	0.933	0.639	0.505	0.402	0.319	0.251	0.194	0.147
	20°		0.883	0.573	0。441	0.344	0.267	0.204	0.154
	25°			0.821	0.505	0.379	0.288	0.217	0.162
	30°				0.750	0.436	0.318	0.235	0.172
	35°					0.671	0.369	0.260	0.186
	40°						0.587	0.303	0.206
	45°							0.500	0.242
	50°								0.413
10°	0°	0.652	0.560	0.478	0.407	0.343	0.288	0.238	0.194
	5°	0.705	0.601	0.510	0.431	0.362	0.302	0.249	0.202
	10°	0.784	0.655	0.550	0.461	0.384	0.318	0.261	0.211
	15°	1.039	0.737	0.603	0.498	0.411	0.337	0.274	0.221
	20°		1.015	0.685	0.548	0.444	0.360	0.291	0.231
	25°			0.977	0.628	0.491	0.391	0.311	0.245
	30°				0.925	0.566	0.433	0.337	0.262
	35°					0.860	0.502	0.374	0.284
	40°						0.785	0.437	0.316
	45°							0.703	0.371
	50°								0.614
20°	0°	0.736	0.648	0.569	0.498	0.434	0.375	0.322	0.274
	5°	0.801	0.700	0.611	0.532	0.461	0.397	0.340	0.288
	10°	0.896	0.768	0.663	0.572	0.492	0.421	0.358	0.302
	15°	1.196	0.868	0.730	0.621	0.529	0.450	0.380	0.318
	20°		1.205	0.834	0.688	0.576	0.484	0.405	0.337
	25°			1.196	0.791	0.639	0.527	0.453	0.358
	30°				1.169	0.740	0.586	0.474	0.385
	35°					1.124	0.683	0.529	0.420
	40°						1.064	0.620	0.469
	45°							0.990	0.552
	50°								0.904
-10°	0°	0.540	0.433	0.344	0.270	0.209	0.158	0.117	0.083
	5°	0.581	0.461	0.364	0.284	0.218	0.164	0.120	0.085
	10°	0.644	0.500	0.389	0.301	0.229	0.171	0.125	0.088
	15°	0.860	0.562	0.425	0.322	0.243	0.180	0.130	0.090
	20°		0.785	0.482	0.353	0.261	0.190	0.36	0.094
	25°			0.703	0.405	0.287	0.205	0.144	0.098
	30°				0.614	0.331	0.226	0.155	0.104
	35°					0.523	0.263	0.171	0.111
	40°						0.433	0.200	0.123
	45°							0.344	0.145
	50°								0.262
-20°	0°	0.497	0.380	0.287	0.212	0.153	0.106	0.070	0.043
	5°	0.535	0.405	0.302	0.222	0.159	0.110	0.072	0.044
	10°	0.595	0.439	0.323	0.234	0.166	0.114	0.074	0.045
	15°	0.809	0.494	0.352	0.250	0.175	0.119	0.076	0.046
	20°		0.707	0.401	0.274	0.188	0.125	0.080	0.047
	25°			0.603	0.316	0.206	0.134	0.084	0.049
	30°				0.498	0.239	0.147	0.090	0.051
	35°					0.396	0.172	0.099	0.055
	40°						0.301	0.116	0.060
	45°							0.215	0.071
	50°								0.141

续上表

$\delta=5°$									
ε	β \ φ	15°	20°	25°	30°	35°	40°	45°	50°
0°	0°	0.556	0.465	0.387	0.319	0.260	0.210	0.166	0.129
	5°	0.605	0.500	0.412	0.337	0.274	0.219	0.173	0.133
	10°	0.680	0.547	0.444	0.360	0.289	0.230	0.180	0.138
	15°	0.937	0.620	0.488	0.388	0.308	0.243	0.189	0.144
	20°		0.886	0.558	0.428	0.333	0.259	0.199	0.150
	25°			0.825	0.493	0.369	0.280	0.212	0.158
	30°				0.753	0.428	0.311	0.229	0.168
	35°					0.674	0.363	0.255	0.182
	40°						0.589	0.299	0.202
	45°							0.502	0.388
	50°								0.415
10°	0°	0.622	0.536	0.460	0.393	0.333	0.280	0.233	0.191
	5°	0.680	0.579	0.493	0.418	0.352	0.294	0.243	0.199
	10°	0.767	0.636	0.534	0.448	0.374	0.311	0.255	0.207
	15°	1.060	0.725	0.589	0.486	0.401	0.330	0.269	0.217
	20°		1.035	0.676	0.538	0.436	0.354	0.286	0.228
	25°			0.996	0.622	0.484	0.385	0.306	0.242
	30°				0.943	0.563	0.428	0.333	0.259
	35°					0.877	0.500	0.371	0.281
	40°						0.801	0.436	0.314
	45°							0.716	0.371
	50°								0.626
20°	0°	0.709	0.627	0.553	0.485	0.424	0.368	0.318	0.271
	5°	0.781	0.682	0.597	0.520	0.452	0.391	0.335	0.285
	10°	0.887	0.755	0.650	0.562	0.484	0.416	0.355	0.300
	15°	1.240	0.866	0.723	0.614	0.523	0.445	0.376	0.316
	20°		1.250	0.835	0.684	0.571	0.480	0.402	0.335
	25°			1.240	0.794	0.639	0.525	0.434	0.357
	30°				1.212	0.746	0.587	0.474	0.385
	35°					1.166	0.689	0.532	0.421
	40°						1.103	0.627	0.472
	45°							1.026	0.559
	50°								0.937
-10°	0°	0.503	0.406	0.324	0.256	0.199	0.151	0.112	0.080
	5°	0.546	0.434	0.344	0.269	0.208	0.157	0.116	0.082
	10°	0.612	0.474	0.369	0.286	0.219	0.164	0.120	0.085
	15°	0.850	0.537	0.405	0.308	0.232	0.172	0.125	0.087
	20°		0.776	0.463	0.329	0.250	0.183	0.131	0.091
	25°			0.695	0.390	0.276	0.197	0.139	0.095
	30°				0.607	0.321	0.218	0.419	0.100
	35°					0.518	0.255	0.166	0.108
	40°						0.428	0.195	0.120
	45°							0.341	0.141
	50°								0.259
-20°	0°	0.457	0.352	0.267	0.199	0.144	0.101	0.067	0.041
	5°	0.496	0.376	0.282	0.208	0.150	0.104	0.068	0.042
	10°	0.557	0.410	0.302	0.220	0.157	0.108	0.070	0.043
	15°	0.787	0.466	0.331	0.236	0.165	0.112	0.073	0.044
	20°		0.688	0.380	0.259	0.178	0.119	0.076	0.045
	25°			0.586	0.300	0.196	0.127	0.080	0.047
	30°				0.484	0.228	0.140	0.085	0.049
	35°					0.386	0.165	0.094	0.052
	40°						0.293	0.111	0.058
	45°							0.209	0.068
	50°								0.137

续上表

ε	β \ φ	15°	20°	25°	30°	35°	40°	45°	50°
					δ = 10°				
0°	0°	0.533	0.447	0.373	0.309	0.253	0.204	0.163	0.127
	5°	0.585	0.483	0.398	0.327	0.266	0.214	0.169	0.131
	10°	0.664	0.531	0.431	0.350	0.282	0.225	0.177	0.136
	15°	0.947	0.609	0.476	0.379	0.301	0.238	0.185	0.141
	20°		0.897	0.549	0.420	0.326	0.254	0.195	0.148
	25°			0.834	0.487	0.363	0.275	0.209	0.156
	30°				0.762	0.423	0.306	0.226	0.166
	35°					0.681	0.359	0.252	0.180
	40°						0.596	0.297	0.201
	45°							0.508	0.238
	50°								0.420
10°	0°	0.603	0.520	0.448	0.384	0.326	0.275	0.230	0.189
	5°	0.665	0.566	0.482	0.409	0.346	0.290	0.240	0.197
	10°	0.759	0.626	0.524	0.440	0.369	0.307	0.253	0.206
	15°	1.089	0.721	0.582	0.480	0.396	0.326	0.267	0.216
	20°		1.064	0.674	0.534	0.432	0.351	0.284	0.227
	25°			1.024	0.622	0.482	0.382	0.304	0.241
	30°				0.969	0.564	0.427	0.332	0.258
	35°					0.901	0.503	0.371	0.281
	40°						0.823	0.438	0.315
	45°							0.736	0.374
	50°								0.644
20°	0°	0.695	0.615	0.543	0.478	0.419	0.365	0.316	0.271
	5°	0.773	0.674	0.589	0.515	0.448	0.388	0.334	0.285
	10°	0.890	0.752	0.646	0.558	0.482	0.414	0.354	0.300
	15°	1.298	0.872	0.723	0.613	0.522	0.444	0.377	0.317
	20°		1.308	0.844	0.687	0.573	0.481	0.403	0.337
	25°			1.298	0.806	0.643	0.528	0.436	0.360
	30°				1.268	0.758	0.594	0.478	0.388
	35°					1.220	0.702	0.539	0.426
	40°						1.155	0.640	0.480
	45°							1.074	0.572
	50°								0.981
−10°	0°	0.477	0.385	0.309	0.245	0.191	0.146	0.109	0.078
	5°	0.521	0.414	0.329	0.258	0.200	0.152	0.112	0.080
	10°	0.590	0.455	0.354	0.275	0.211	0.159	0.116	0.082
	15°	0.847	0.520	0.390	0.297	0.224	0.167	0.121	0.085
	20°		0.773	0.450	0.328	0.242	0.177	0.127	0.088
	25°			0.692	0.380	0.268	0.191	0.135	0.093
	30°				0.605	0.313	0.212	0.146	0.098
	35°					0.516	0.249	0.162	0.106
	40°						0.426	0.191	0.117
	45°							0.339	0.139
	50°								0.258
−20°	0°	0.427	0.330	0.252	0.188	0.137	0.096	0.064	0.039
	5°	0.466	0.354	0.267	0.197	0.143	0.099	0.066	0.040
	10°	0.529	0.388	0.286	0.209	0.149	0.103	0.068	0.041
	15°	0.772	0.445	0.315	0.225	0.158	0.108	0.070	0.042
	20°		0.675	0.364	0.248	0.170	0.114	0.073	0.044
	25°			0.575	0.288	0.188	0.122	0.077	0.045
	30°				0.475	0.220	0.135	0.082	0.047
	35°					0.378	0.159	0.091	0.051
	40°						0.288	0.108	0.056
	45°							0.205	0.066
	50°								0.135

续上表

$\delta=15°$									
ε	β \ φ	15°	20°	25°	30°	35°	40°	45°	50°
0°	0°	0.518	0.434	0.363	0.301	0.248	0.201	0.160	0.125
	5°	0.571	0.471	0.389	0.320	0.261	0.211	0.167	0.130
	10°	0.656	0.522	0.423	0.343	0.277	0.222	0.174	0.135
	15°	0.966	0.603	0.470	0.373	0.297	0.235	0.183	0.140
	20°		0.914	0.546	0.415	0.323	0.251	0.194	0.147
	25°			0.850	0.485	0.360	0.273	0.207	0.155
	30°				0.777	0.422	0.305	0.225	0.165
	35°					0.695	0.359	0.251	0.179
	40°						0.608	0.298	0.200
	45°							0.518	0.238
	50°								0.428
10°	0°	0.592	0.511	0.441	0.378	0.323	0.273	0.228	0.189
	5°	0.658	0.559	0.476	0.405	0.343	0.288	0.240	0.197
	10°	0.760	0.623	0.520	0.437	0.366	0.305	0.252	0.206
	15°	1.129	0.723	0.581	0.478	0.395	0.325	0.267	0.216
	20°		1.103	0.679	0.535	0.432	0.351	0.284	0.228
	25°			1.062	0.628	0.484	0.383	0.305	0.242
	30°				1.005	0.571	0.430	0.334	0.260
	35°					0.935	0.509	0.375	0.284
	40°						0.853	0.445	0.319
	45°							0.763	0.380
	50°								0.668
20°	0°	0.690	0.611	0.540	0.476	0.419	0.366	0.317	0.273
	5°	0.774	0.673	0.588	0.514	0.449	0.389	0.336	0.287
	10°	0.904	0.757	0.649	0.560	0.484	0.416	0.357	0.303
	15°	1.372	0.889	0.731	0.618	0.526	0.448	0.380	0.321
	20°		1.383	0.862	0.697	0.579	0.486	0.408	0.341
	25°			1.372	0.825	0.655	0.536	0.442	0.365
	30°				1.341	0.778	0.606	0.487	0.395
	35°					1.290	0.722	0.551	0.435
	40°						1.221	0.609	0.492
	45°							1.136	0.590
	50°								1.037
-10°	0°	0.458	0.371	0.298	0.237	0.186	0.142	0.106	0.076
	5°	0.503	0.400	0.318	0.251	0.195	0.148	0.110	0.078
	10°	0.576	0.442	0.344	0.267	0.205	0.155	0.114	0.081
	15°	0.850	0.509	0.380	0.289	0.219	0.163	0.119	0.084
	20°		0.776	0.441	0.320	0.237	0.174	0.125	0.087
	25°			0.695	0.374	0.263	0.188	0.133	0.091
	30°				0.607	0.308	0.209	0.143	0.097
	35°					0.518	0.246	0.159	0.104
	40°						0.428	0.189	0.116
	45°							0.341	0.137
	50°								0.259
-20°	0°	0.405	0.314	0.240	0.180	0.132	0.093	0.062	0.038
	5°	0.445	0.338	0.255	0.189	0.137	0.096	0.064	0.039
	10°	0.509	0.372	0.275	0.201	0.144	0.100	0.066	0.040
	15°	0.763	0.429	0.303	0.216	0.152	0.104	0.068	0.041
	20°		0.667	0.352	0.239	0.164	0.110	0.071	0.042
	25°			0.568	0.280	0.182	0.119	0.075	0.044
	30°				0.470	0.214	0.131	0.080	0.046
	35°					0.374	0.155	0.089	0.049
	40°						0.284	0.105	0.055
	45°							0.203	0.065
	50°								0.133

续上表

ε	β \ φ	15°	20°	25°	30°	35°	40°	45°	50°
	$\delta=20°$								
	0°			0.357	0.297	0.245	0.199	0.160	0.125
	5°			0.384	0.317	0.259	0.209	0.166	0.130
	10°			0.419	0.340	0.275	0.220	0.174	0.135
	15°			0.467	0.371	0.295	0.234	0.183	0.140
	20°			0.547	0.414	0.322	0.251	0.193	0.147
0°	25°			0.874	0.487	0.360	0.273	0.207	0.155
	30°				0.798	0.425	0.306	0.225	0.166
	35°					0.714	0.362	0.252	0.180
	40°						0.625	0.300	0.202
	45°							0.532	0.241
	50°								0.440
	0°			0.438	0.377	0.322	0.273	0.229	0.190
	5°			0.475	0.404	0.343	0.289	0.241	0.198
	10°			0.521	0.438	0.367	0.306	0.254	0.208
	15°			0.586	0.480	0.397	0.328	0.269	0.218
	20°			0.690	0.540	0.436	0.354	0.286	0.230
10°	25°			1.111	0.639	0.490	0.388	0.309	0.245
	30°				1.051	0.582	0.437	0.338	0.264
	35°					0.978	0.520	0.381	0.288
	40°						0.893	0.456	0.325
	45°							0.799	0.389
	50°								0.699
	0°			0.543	0.479	0.422	0.370	0.321	0.277
	5°			0.594	0.520	0.454	0.395	0.341	0.292
	10°			0.659	0.568	0.490	0.423	0.363	0.309
	15°			0.747	0.629	0.535	0.456	0.387	0.327
	20°			0.891	0.715	0.592	0.496	0.417	0.349
20°	25°			1.467	0.854	0.673	0.549	0.453	0.374
	30°				1.434	0.807	0.624	0.501	0.406
	35°					1.379	0.750	0.569	0.448
	40°						1.305	0.685	0.509
	45°							1.214	0.615
	50°								1.109
	0°			0.291	0.232	0.182	0.140	0.105	0.076
	5°			0.311	0.245	0.191	0.146	0.108	0.078
	10°			0.337	0.262	0.202	0.153	0.113	0.080
	15°			0.374	0.284	0.215	0.161	0.117	0.083
	20°			0.437	0.316	0.233	0.171	0.124	0.086
−10°	25°			0.703	0.371	0.260	0.186	0.131	0.090
	30°				0.614	0.306	0.207	0.142	0.096
	35°					0.524	0.245	0.158	0.103
	40°						0.433	0.188	0.115
	45°							0.344	0.137
	50°								0.262
	0°			0.231	0.174	0.128	0.090	0.061	0.038
	5°			0.246	0.183	0.133	0.094	0.062	0.038
	10°			0.266	0.195	0.140	0.097	0.064	0.039
	15°			0.294	0.210	0.148	0.102	0.067	0.040
	20°			0.344	0.233	0.160	0.108	0.069	0.042
−20°	25°			0.566	0.274	0.178	0.116	0.073	0.043
	30°				0.468	0.210	0.129	0.079	0.045
	35°					0.373	0.153	0.087	0.049
	40°						0.283	0.104	0.054
	45°							0.202	0.064
	50°								0.133

续上表

$\delta = 25°$									
ε	β \ φ	15°	20°	25°	30°	35°	40°	45°	50°
	0°				0. 296	0. 245	0. 199	0. 160	0. 126
	5°				0. 316	0. 259	0. 209	0. 167	0. 130
	10°				0. 340	0. 275	0. 221	0. 175	0. 136
	15°				0. 372	0. 296	0. 235	0. 184	0. 141
	20°				0. 417	0. 324	0. 252	0. 195	0. 148
0°	25°				0. 494	0. 363	0. 275	0. 209	0. 157
	30°				0. 828	0. 432	0. 309	0. 228	0. 168
	35°					0. 741	0. 368	0. 256	0. 183
	40°						0. 647	0. 306	0. 205
	45°							0. 552	0. 246
	50°								0. 456
	0°				0. 379	0. 325	0. 276	0. 232	0. 193
	5°				0. 408	0. 346	0。292	0. 244	0. 201
	10°				0. 443	0. 371	0. 311	0. 258	0. 211
	15°				0. 488	0. 403	0. 333	0. 273	0. 222
	20°				0. 551	0. 443	0. 360	0. 292	0. 235
10°	25°				0. 658	0. 502	0. 396	0. 315	0. 250
	30°				1. 112	0. 600	0. 448	0. 346	0. 270
	35°					1. 034	0. 537	0. 392	0. 295
	40°						0. 944	0. 471	0. 335
	45°							0. 845	0. 403
	50°								0. 739
	0°				0. 488	0. 430	0. 377	0. 329	0. 284
	5°				0. 530	0. 463	0. 403	0. 349	0. 300
	10°				0. 582	0. 502	0. 433	0. 372	0. 318
	15°				0. 648	0. 550	0. 469	0. 399	0. 337
	20°				0. 740	0. 612	0. 512	0. 430	0. 360
20°	25°				0. 894	0. 699	0. 569	0. 469	0. 387
	30°				1. 553	0. 846	0. 650	0. 520	0. 421
	35°					1. 494	0. 788	0. 594	0. 466
	40°						1. 414	0. 721	0. 532
	45°							1. 316	0. 647
	50°								1. 201
	0°				0. 228	0. 180	0. 139	0. 104	0. 075
	5°				0. 242	0. 189	0. 145	0. 108	0. 078
	10°				0. 259	0. 200	0. 151	0. 112	0. 080
	15°				0. 281	0. 213	0. 160	0. 117	0. 083
	20°				0. 314	0. 232	0. 170	0. 123	0. 086
-10°	25°				0. 371	0. 259	0. 185	0. 131	0. 090
	30°				0. 620	0. 307	0. 207	0. 142	0. 096
	35°					0. 534	0. 246	0. 159	0. 104
	40°						0. 441	0. 189	0. 116
	45°							0. 351	0. 138
	50°								0. 267
	0°				0. 170	0. 125	0. 089	0. 060	0. 037
	5°				0. 179	0. 131	0. 092	0. 061	0. 038
	10°				0. 191	0. 137	0. 096	0. 063	0. 039
	15°				0. 206	0. 146	0. 100	0. 066	0. 040
	20°				0. 229	0. 157	0. 106	0. 069	0. 041
-20°	25°				0. 270	0. 175	0. 114	0. 072	0. 043
	30°				0. 470	0. 207	0. 127	0. 078	0. 045
	35°					0. 374	0. 151	0. 086	0. 048
	40°						0. 284	0. 103	0. 053
	45°							0. 203	0. 064
	50°								0. 133

墙背与土体之间摩擦力　　表 5-3

挡土情况	摩擦角 δ	挡土情况	摩擦角 δ
墙背平滑、排水不良	$(0 \sim 0.33)\varphi$	墙背很粗糙、排水良好	$(0.5 \sim 0.67)\varphi$
墙背粗糙、排水良好	$(0.33 \sim 0.5)\varphi$	墙背与土体之间不可能滑动	$(0.67 \sim 1.0)\varphi$

【例 5-3】 挡土墙高 5m，墙背倾斜角 $\varepsilon = 10°$，填土坡角 $\beta = 20°$，填土重度 $\gamma = 18\text{kN/m}^3$，$\varphi = 30°$，$c = 0$，填土与墙背的摩擦角 $\delta = 20°$，试按库仑土压力理论求主动土压力及其作用点。

解：将 $\varepsilon = 10°$，$\beta = 20°$，$\varphi = 30°$，$c = 0$，$\delta = 20°$ 代入式(5-28)或查表 5-2 得主动土压力系数：$K_a = 0.540$，则计算主动土压力：

$$E_a = \frac{1}{2}\gamma \cdot h^2 \cdot K_a = \frac{1}{2} \times 18 \times 5^2 \times 0.540 = 121.5\text{kN/m}$$

土压力作用点在离墙底 $h/3 = 5/3 = 1.67\text{m}$ 处。

5.4.4 几种条件下库仑土压力公式的计算

1）墙后填土为黏性土时

由于库仑理论只是研究墙后填土为砂土的情况，所以严格地说，库仑土压力公式不适用于黏性填土，因为黏性土的黏聚力对土压力有影响。但实际上墙后填土有时往往不得不采用黏性土，这时可近似地将内摩擦角值适当提高，采用“等值内摩擦角”以反映黏聚力对土压力的影响。但采用“等值内摩擦角”的方法对高墙偏于危险，对矮墙偏于保守。在《建筑地基基础设计规范》对土质边坡，边坡主动土压力应按式(5-34)进行计算。当填土为无黏性土时，主动土压力系数可按库伦土压力理论确定。当支挡结构满足朗金条件时，主动土压力系数可按朗金土压力理论确定。

$$E_a = \frac{1}{2}\psi_a \gamma h^2 K_a \tag{5-34}$$

式中：E_a——主动土压力；

ψ_a——主动土压力增大系数。挡土墙高度小于 5m 时宜取 1.0，高度 5 ~ 8m 时宜取 1.1，高度大于 8 m 时宜取 1.2；

γ——填土的重度；

h——挡土结构的高度；

K_a——主动土压力系数，按《建筑地基基础设计规范》附录 L 确定。

应当指出，按照库仑土压力公式所算得的结果与其他较精确的理论比较是很接近的，加之库仑理论考虑了墙与土之间的摩阻力，且可适用于不同倾斜度的墙背及不同的填土面情况，而计算方法却比其他较精确的理论要简易得多。但库仑被动土压力计算结果常偏大，并随着 ε、δ、β 值的增大而迅速增大。另外，产生被动极限平衡状态时的位移量太大，是挡墙设计所不允许的，所以实践中计算被动土压力时不用库仑公式。

2）有连续均载作用时

当填土面上有连续均布荷载作用时，土压力的计算方法是将均布荷载换算为当量的土重，即用假想的土重代替均布荷载，当量的土层厚度为：$h_0 = q/\gamma$，方法同朗金同种条件的计算。

3)阶梯形墙背

如图 5-14 所示的挡土墙,可先假定墙背竖直面为 AC',按库仑公式计算出作用于假想墙背上的主动土压力 E_a,其作用点高度仍假设为 $H/3$,方向假定平行于填土斜面;然后再计算填土 CBC' 部分的自重 G,取 G 与 E_a 的合力作为作用于墙背上的主动土压力。

4)墙背为折面时

对图 5-15 所示的挡土墙,可先以墙背转折处 B 为界,将墙分成上下两段。当两段墙背倾角相差不超过 10°时,可用图 5-15 的简化方法。用库仑公式先后求得作用于墙背 AB 上和 BC 上的土压力,绘出两段相应的土压力强度分布图,即图 5-15a)中的三角形 abc 和图 5-15b)中的梯形 $bdec'$,可组成图 5-15c)的分布图,然后由两段分布图面积求出作用于两段墙背上的主动土压力,最后合成。

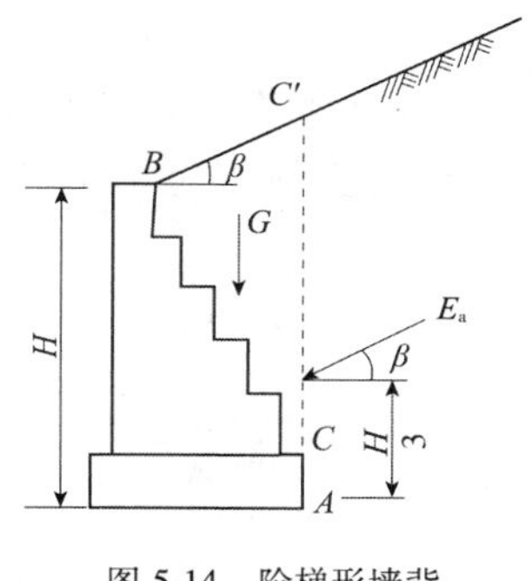

图 5-14　阶梯形墙背

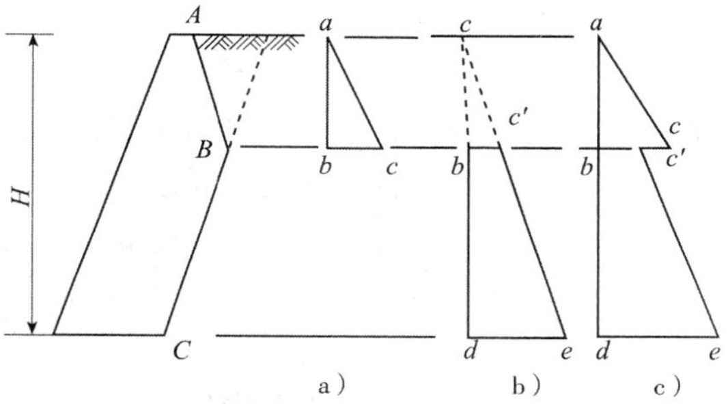

图 5-15　墙背为折面

5)墙背填土为多层土时

如图 5-16 所示,设墙背填土分为上下两层,其有关指标各为 γ_1、φ_1、δ_1 和 γ_2、φ_2、δ_2,层厚各为 h_1 和 h_2,可采用如下简化方法计算土压力:先分层绘出水平土压力强度分布图,由分布图面积求出两层的 E_{ax} 及相应的作用点位置,再求出两层的 E_{ax} 即可。

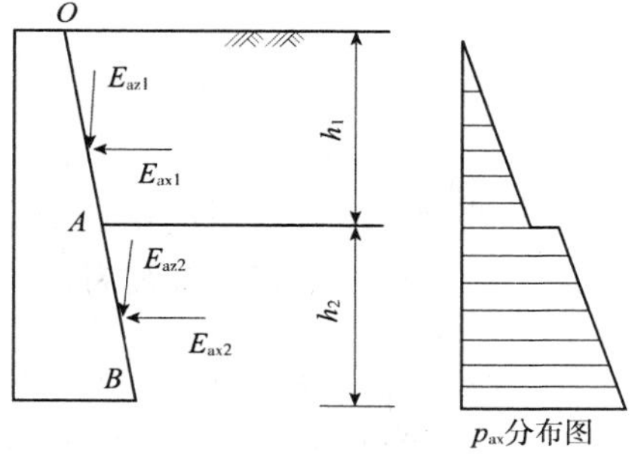

图 5-16　墙背填土为多层土

如 O、A、B 三点处的水平土压力强度为:

O 点:$p_{ax}=0$

A 点:$p_{axA1} = \gamma_1 h_1 K_{a1}\cos(\varepsilon + \delta_1)$

$p_{axA2} = \gamma_1 h_1 K_{a2}\cos(\varepsilon + \delta_2)$

B 点:$p_{axB} = (\gamma_1 h_1 + \gamma_2 h_2) K_{a2}\cos(\varepsilon + \delta_2)$

由以上几点土压力强度值绘出 p_{ax} 分布图,这样,利用前已介绍过的方法,按分布图面积和形状就可以求得两层土各自对墙背的土压力水平分力 E_{ax1} 和 E_{ax2} 及相应的作用点位置。然后用下式求得土压力的竖向分力:

$$E_{az1} = E_{ax1}\tan(\varepsilon + \delta_1)$$

$$E_{az2} = E_{ax2}\tan(\varepsilon + \delta_2)$$

填土由多层土组成时,显然可用同样原理求得各层土对墙背的土压力。

5.5 土坡稳定分析

5.5.1 无黏性土坡的稳定分析

砂土的颗粒之间没有黏聚力,只有摩擦力。只要位于砂土坡面上各个土颗粒能够保持稳定不下滑,则这个土坡就是稳定的。砂土土坡稳定的平衡条件可由图5-17所示的力系来说明。

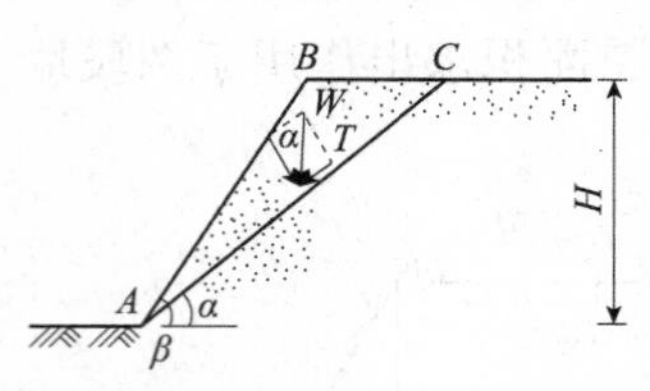

图5-17 砂土的土坡稳定计算

设土坡高度为H,坡角为β,土的重度为γ,土的抗剪强度$\tau_f = \sigma \cdot \tan\varphi$。若假定滑动面是通过坡脚$A$的平面$AC$,$AC$的倾角为$\alpha$,则可计算滑动土体$ABC$沿$AC$面上滑动的稳定安全系数$K$值。

沿坡长度方向截取单位长度土坡,作为平面问题来分析。设滑动土体ABC的重力为W,其在滑动面AC上的法向分力和法向应力分别为:

$$N = W \cdot \cos\alpha$$

$$\sigma = \frac{N}{AC} = \frac{W \cdot \cos\alpha}{AC}$$

W在滑动面AC上的切向分力及剪应力为:

$$T = W \cdot \sin\alpha$$

$$\tau = \frac{T}{AC} = \frac{W\sin\alpha}{AC}$$

土坡的滑动稳定安全系数为:

$$K = \frac{\tau_f}{\tau} = \frac{\sigma \cdot \tan\varphi}{\tau} = \frac{\dfrac{W \cdot \cos\alpha}{AC} \cdot \tan\varphi}{\dfrac{W \cdot \sin\alpha}{AC}} = \frac{\tan\varphi}{\tan\alpha} \tag{5-35}$$

可见,当$\alpha = \beta$时滑动稳定安全系数最小,即土坡面上的一层土是最易滑动的。由此,砂土的土坡滑动稳定安全系数为:

$$K = \frac{\tan\varphi}{\tan\beta} \tag{5-36}$$

由上式可见,当坡角β等于土的内摩擦角φ时,$K = 1$,即土坡处于极限平衡状态。只要坡角$\beta < \varphi(K > 1)$,土坡就稳定,而且与坡高无关。一般要求$K = 1.10 \sim 1.50$已能满足砂土土坡稳定的要求。砂土堆积成的土坡,在自然稳定状态下的极限坡角,称为自然休止角。砂土的自然休止角数值等于或接近其内摩擦角。

5.5.2 黏性土土坡的整体稳定分析

1)黏性土土坡滑动面的形式

黏性土土坡的滑动和工程地质条件有关,其实际滑动面的位置总是发生在受力情况最不利或者土性最薄弱的地方。在非均质土层中，如果土坡下面有软弱层，则滑动面很大部分将通过软弱土层，形成曲折的复合滑动面，如图5-18a)所示。如果土坡位于倾斜的岩层面上。滑动面往往沿岩层面产生，如图5-18b)所示。

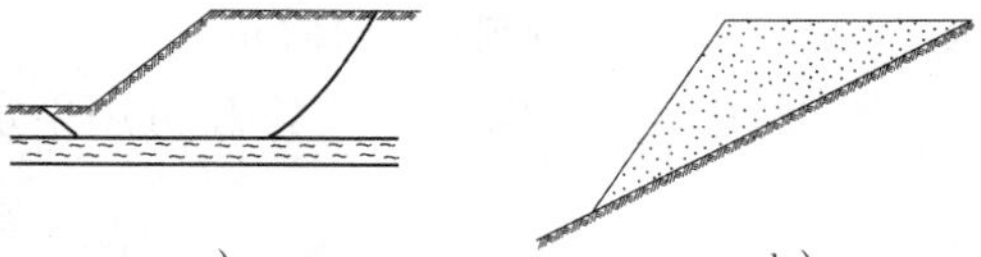

a)　　b)

图5-18　非均质土中的滑动面

a)土坡滑动面通过软弱层；b)土坡沿岩层面滑动图

大量的观察调查证实：均质黏性土的土坡失稳破坏时，其滑动面常常是一曲面，通常近似于圆柱面，在横断面上呈现圆弧形，因而在分析黏性土坡稳定性时，常假定土坡是沿着圆弧破裂面滑动，以简化土坡稳定验算的方法。

圆弧滑动面的产生与土坡的坡角大小、土的强度指标，以及土中硬层的位置等因素有关。其形式一般有以下3种：一是圆弧滑动面通过坡脚B点，如图5-19a)所示，称为坡脚圆；二是圆弧滑动面通过坡面上E点，如图5-19b)所示，称为坡面圆；三是圆弧滑动面发生在坡脚以外的A点，如图5-19c)所示，且圆心位于坡面中点的垂直线上，称为中点圆。

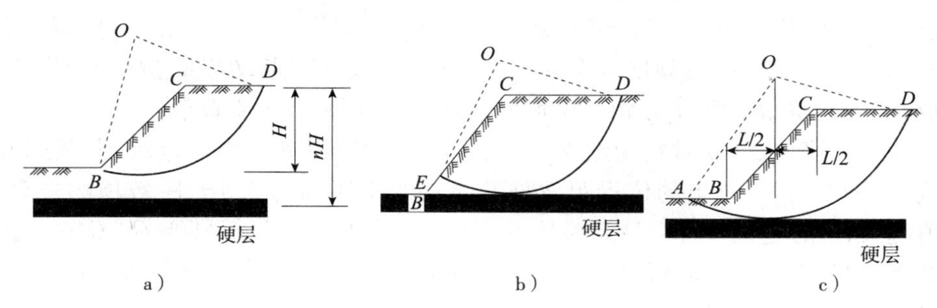

图5-19　均质黏性土土坡的圆弧滑动面

a)坡脚圆；b)坡面圆；c)中点圆

对于均质简单土坡，圆弧滑动体的稳定分析可采用整体稳定分析法，所谓简单土坡是指土坡上、下两个土面是水平的，坡面BC是一平面。对于外形复杂的土坡、非均质土坡和浸于水中的土坡等圆弧滑动体的稳定分析采用条分法分析法。

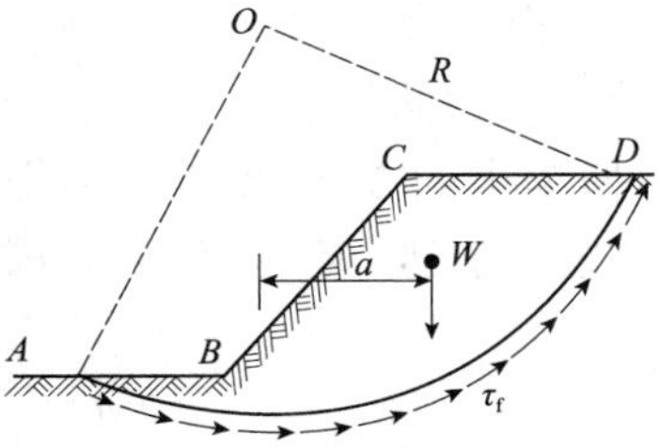

图5-20　土坡的整体稳定分析

2)土坡圆弧滑动体的整体稳定分析法

(1)基本概念

分析图5-20所示均质简单土坡，若可能的圆弧滑动面为AD，其圆心为O，半径为R。在土坡长度方向截取单位长度土坡，按平面问题分析。滑动土体$ABCD$的重力为W，它是促使土坡滑动的力，沿着滑动面AD上分布的土的抗剪强度τ_f，是抵抗土坡滑动的力。将滑动力W及抗滑力τ_f分别对滑动面圆心O取矩，得滑动力矩M_s以及稳定力矩M_r为：

$$M_s = W \cdot a \tag{5-37}$$

$$M_r = \tau_f \cdot \overset{\frown}{L} \cdot R \tag{5-38}$$

式中：W——滑动体$ABCDA$的重力(kN)；

a——W对O点的力臂(m)；

τ_f——土的抗剪强度，按库仑定律计算(kPa)；

$\overset{\frown}{L}$——滑动圆弧AD的长度(m)；

R——滑动圆弧的半径(m)。

土坡滑动的稳定安全系数 K 可用稳定力矩 M_r 与滑动力矩 M_s 的比值表示,即

$$K=\frac{M_r}{M_s}=\frac{\tau_f\cdot\overset{\frown}{L}\cdot R}{W\cdot a} \tag{5-39}$$

由于滑动面上的法向应力是不断变化的,上式中土的抗剪强度 τ_f 沿滑动面 AD 上的分布是不均匀的,因此直接按式(5-38)计算土坡的稳定安全系数有一定的误差。

上述计算中,滑动面 AD 是任意假定的。因此需要试算许多个可能的滑动面,相应于最小稳定安全系数 K_{min} 的滑动面才是最危险的滑动面,K_{min} 值必须满足规定数值。由此可以看出,土坡稳定分析的计算工作量是很大的。为此,费伦纽斯和泰勒对均匀的简单土坡做了大量的近似分析工作,提出了确定最危险滑动面圆心的经验法,以及计算土坡稳定安全系数的图表法。

(2)费伦纽斯确定最危险滑动面圆心的经验法

①土的内摩擦角 $\varphi=0$ 时费伦纽斯提出,土坡的最危险圆弧滑动面通过坡脚,其圆心为 D 点(图 5-21)。D 点是由坡脚顶 C 分别作 BD 及 CD 线的交点,BD 及 CD 线分别与坡面及水平面成 β_1 及 β_2 角,β_1 角和 β_2 角与土坡坡角 β 有关,可由表 5-4 查得。

②土的内摩擦角 $\varphi>0$ 时费伦纽斯提出,这时最危险滑动面也通过坡脚,其圆心在 ED 的延长线上(图 5-21)。E 点的位置距坡脚 B 点的水平距离为 4.5H,距坡顶的竖直距离为 2H。φ 值越大,圆心越向外移。计算时从 D 点向外延伸取几个试算圆心 O_1、O_2…,分别求得其相应的滑动稳定安全系数 K_1、K_2…,绘 K 值曲线可得到最小安全系数 K_{min} 其相应的圆心 O_m 即为最危险滑动面的圆心。

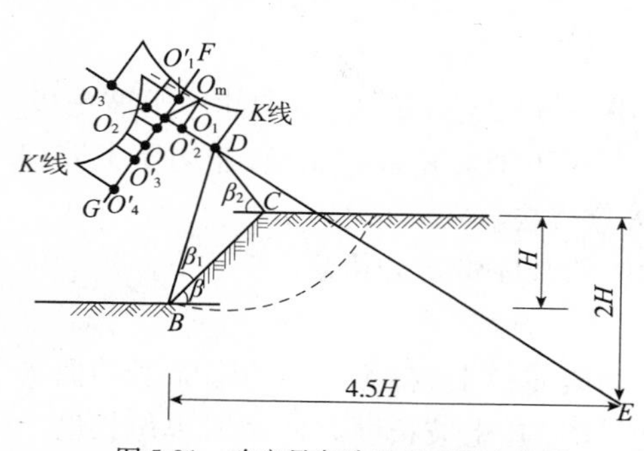

图 5-21 确定最危险滑动面圆心位置

实际上土坡的最危险滑动面圆心位置有时不一定在 ED 的延长线上,而可能在其左右附近,因此圆心 O_m 可能并不是最危险滑动面的圆心,这时可以通过 O_m 点作 ED 线的垂线 FG,在 FG 上取几个试算滑动面的圆心 O'_1、O'_2…,求得其相应的滑动稳定安全系数 K'_1、K'_2…,绘得 K' 值曲线,相应于 K'_{min} 值的圆心 O 才是最危险滑动面的圆心。

可见,根据费伦纽斯提出的方法,虽然可以把最危险滑动面的圆心位置缩小到一定范围,但其试算工作量还是很大的。

β_1 和 β_2 数值 表 5-4

土坡坡度(竖直:水平)	坡角 β	β_1	β_2
1:0.85	60°	29°	40°
1:1	45°	28°	37°
1:1.5	33°41′	26°	35°
1:2	26°34′	25°	35°
1:3	18°26′	25°	35°
1:4	14°02′	25°	37°
1:5	11°19′	25°	37°

(3)泰勒计算土坡稳定安全系数的图表法

泰勒在进一步研究的基础上,用图表的形式给出了确定简单黏性土坡最危险滑动面圆心位置和稳定因数 N_s 的方法。

当 $\varphi>3°$ 时,滑动面为坡脚圆,其最危险滑动面圆心位置可根据 φ 及 β 值,从图 5-22a)中的曲线查得 θ 及 α 值作图求得。

当 $\varphi=0$,且 $\beta>53°$ 时,滑动面也是坡脚圆,其最危险滑动面圆心位置,同样可以从图 5-22a)中的 θ 及 α 值作图求得。

当 $\varphi=0$,且 $\beta<53°$ 时,滑动面可能是中点圆,也有可能是坡脚圆或坡面圆,它取决于硬土层的埋藏深度。当土坡高度为 H,硬层的埋藏深度为 $n_d H$,若滑动面为中点圆,则圆心位置在坡面中点 M 的铅垂线上,且与硬层相切,如图 5-22b)所示,滑动面与土面的交点为 A,A 点距坡脚 B 距离为 $n_x H$,n_x 值可根据 n_d 及 β 值由图 5-22b)查得。可以看出,滑动面的形式与 n_d 有关,较大时,即硬层埋藏深度很大,滑动面呈中点圆,随着 n_d 减小,则滑动面可能是坡脚圆或坡面圆。

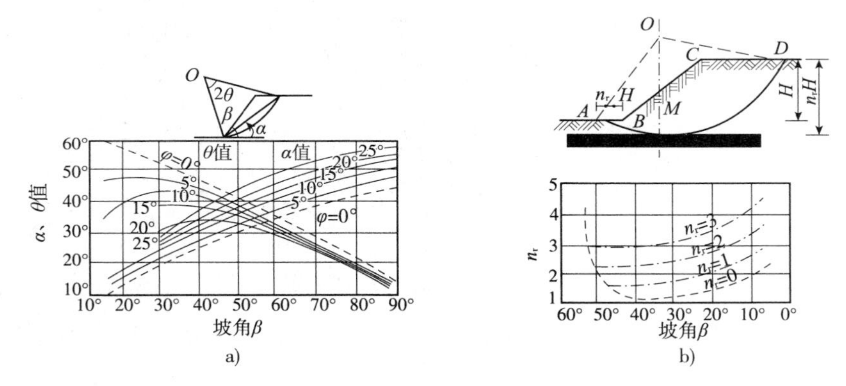

图 5-22 泰勒方法确定最危险滑动面圆心位置

a)当 $\varphi>3°$ 或当 $\varphi=0$,且 $\beta>53°$ 时;b)当 $\varphi=0$,且 $\beta<53°$ 时

泰勒提出在土坡稳定分析中共有 5 个计算参数,即土的重度 γ、土坡高度 H、坡角 β 和土的抗剪强度指标 c、φ,若知道其中 4 个参数时就可以求出第 5 个参数值。为了简化计算,泰勒把 3 个参数 c、γ、H 组成一个新的参数 N_s,称为稳定因数,即

$$N_s=\frac{\gamma\cdot H}{c} \tag{5-40}$$

稳定因数 N_s 与 φ 及 β 间的关系曲线如图 5-23 所示。由图 5-23 查出的稳定因数是边坡处于极限状态时的稳定因数,如果边坡的实际稳定因数 N_s 小于查得的稳定因数 N_s',则表示边坡是稳定的,反之,N_s 大于 N_s则表示边坡是危险的。于是边坡稳安全系数为:

$$K=\frac{N_s'}{N_s}=\frac{\dfrac{\gamma\cdot H}{c'}}{\dfrac{\gamma\cdot H}{c}}=\frac{c}{c'} \tag{5-41}$$

式中:c——土的实际黏聚力(kPa)。

3)费伦纽斯条分法

(1)基本原理

如图 5-24 所示土坡,取单位长度土坡按平面问题计算。设可能滑动面是一圆弧 AD,圆

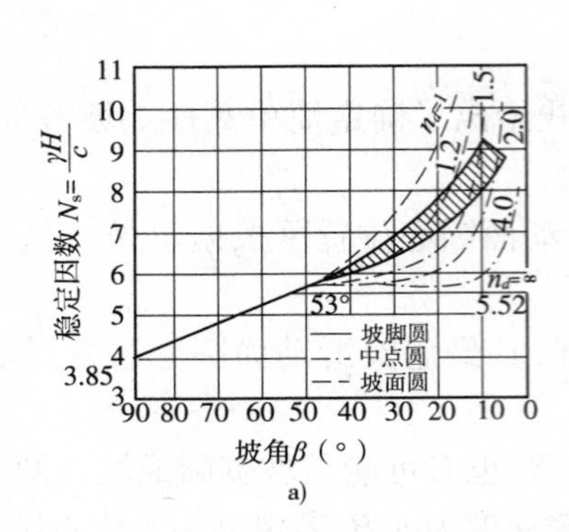

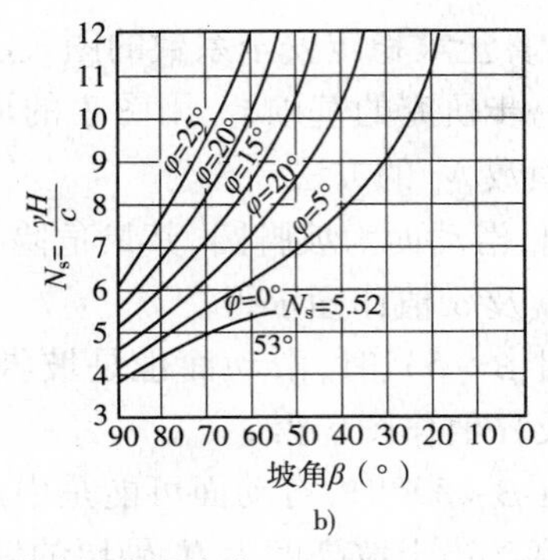

图 5-23　泰勒的稳定因数与坡角的关系

a）$\varphi=0°$时；b）$\varphi>0°$时

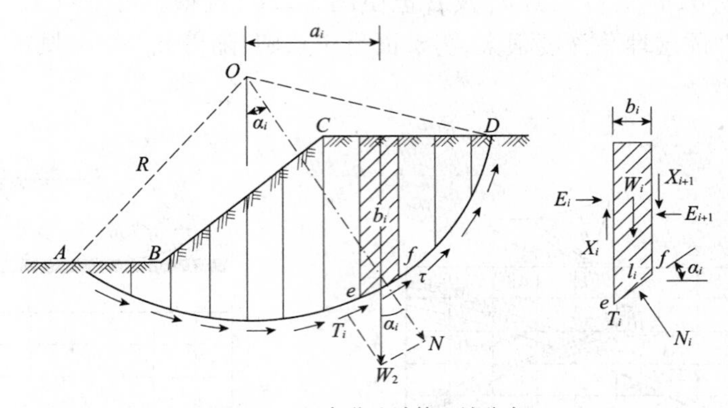

图 5-24　用条分法计算土坡稳定

心为 O，半径为 R 将滑动土体 $ABCDA$ 分成许多土条，土条宽度一般可取 $b=0.1R$，任意一土条 i 上的作用力包括：

①土条的重力 W_i，其大小、作用点位置及方向均已知。

②滑动面 ef 上的法向反力 N_i 及切向反力 T_i，假定 N_i、T_i 作用在滑动面 ef 的中点，它们的大小未知。

③土条两侧的法向力 E_i、E_{i+1} 及竖向剪切力 X_i、X_{i+1}。其中 E_i 和 X_i 可由前一个土条的平衡条件求得，而 E_{i+1} 和 X_{i+1} 的大小未知，E_{i+1} 的作用点位置也未知。

由此看到，土条 i 的作用力中有 5 个未知数，但只能建立 3 个平衡方程，故为超静定问题。为了求得 N_i、T_i 值，必须对土条两侧作用力的大小和位置作适当假定。费伦纽斯的条分法是不考虑土条两侧的作用力，即假设 E_i 和 X_i 的合力等于 E_{i+1} 和 X_{i+1} 的合力，同时它们的作用线重合，因此土条两侧的作用力相互抵消。这时土条 i 仅有作用力 W_i、N_i 及 T_i。根据平衡条件可得：

$$N_i = W_i \cdot \cos\alpha_i \qquad T_i = W_i \cdot \sin\alpha_i$$

滑动面 ef 上的土的抗剪强度为：

$$\tau_{fi} = \sigma_i \tan\varphi_i + c_i = \frac{1}{l_i}(N_i \cdot \tan\varphi_i + c_i l_i) = \frac{1}{l_i}(W_i \cdot \cos\alpha_i \cdot \tan\varphi_i + c_i l_i) \tag{5-42}$$

式中：α_i——土条 i 滑动面的法线与竖直线的夹角（°）；

l_i——土条 i 滑动面 ef 的弧长（m）；

c_i——滑动面上土的黏聚力（kPa）；

φ_i——滑动面上土的内摩擦角(°)。

土条 i 上的作用力对圆心 O 产生的滑动力矩 M_s 及稳定力矩 M_r 分别为:

$$M_s = T_i R = W_i R \cdot \sin\alpha_i \tag{5-43}$$

$$M_r = \tau_{fi} \cdot l_i \cdot R = (W_i \cdot \cos\alpha_i \cdot \tan\varphi_i + c_i l_i) R \tag{5-44}$$

整个土坡相应于滑动面 AD 的稳定安全系数为:

$$K = \frac{M_r}{M_s} = \frac{\sum_{i=1}^{n} (W_i \cdot \cos\alpha_i \cdot \tan\varphi_i + c_i l_i)}{\sum_{i=1}^{n} W_i \cdot \sin\alpha_i} \tag{5-45}$$

对于均质土坡 $c_i = c, \varphi_i = \varphi$,则得:

$$K = \frac{\tan\varphi \sum_{i=1}^{n} W_i \cdot \cos\alpha_i + c\overset{\frown}{L}}{\sum_{i=1}^{n} W_i \cdot \sin\alpha_i} \tag{5-46}$$

式中:$\overset{\frown}{L}$——滑动面 AD 弧长(m);

n——土条的条数。

(2)最危险滑动面圆心位置的确定

上面是对于某一个假定滑动面求得的稳定安全系数,因此需要试算许多个滑动面,相应于最小安全系数的滑动面即为最危险滑动面。求得最危险滑动面圆心位置的方法,可利用前述费伦纽斯或泰勒的方法。

5.5.3 土质边坡的经验坡度值与维系边坡稳定的常见措施

在山坡整体稳定的条件下,土质边坡的开挖应符合下列规定:

(1)边坡的坡度允许值,应根据当地经验,参照同类土层的稳定坡度确定。当土质良好且均匀、无不良地质现象、地下水不丰富时,可按表 5-5 确定。

土质边坡坡度允许值 表 5-5

土的类别	密实度或状态	坡度允许值(高宽比)	
		坡高在 5m 以内	坡高为 5~10m
碎石土	密实	1:0.35~1:0.50	1:0.50~1:0.75
	中密	1:0.50~1:0.75	1:0.75~1:1.00
	稍密	1:0.75~1:1.00	1:1.00~1:1.25
黏性土	坚硬	1:0.75~1:1.00	1:1.00~1:1.25
	硬塑	1:1.00~1:1.25	1:1.25~1:1.50

注:①表中碎石土的充填物为坚硬或硬塑状态的黏性土;

②对于砂土或充填物为砂土的碎石土,其边坡坡度允许值均按自然休止角确定。

(2)土质边坡开挖时,应采取排水措施,边坡的顶部应设置截水沟。在任何情况下不允许在坡脚及坡面上积水。

(3)边坡开挖时,应由上往下开挖,依次进行。弃土应分散处理,不得将弃土堆置在坡顶及坡面上。当必须在坡顶或坡面上设置弃土转运站时,应进行坡体稳定性验算,严格控制堆栈的土方量。

(4)边坡开挖后,应立即对边坡进行防护处理。

单 元 小 结

1)土压力

根据挡土结构物可能位移方向、大小及土体所处的3种极限平衡状态,将作用在挡土结构上的土压力分为3种:静止土压力、主动土压力、被动土压力。

(1)静止土压力的计算

挡土结构在土压力的作用下,其本身不发生变形和任何位移,土体处于弹性平衡状态,则这时作用在挡土结构上的土压力称为静止土压力。

①墙背竖直时

静止土压力强度: $$p_0 = K_0 \cdot \gamma \cdot z$$

静止土压力: $$E_0 = \frac{1}{2} \cdot \gamma \cdot h^2 \cdot K_0$$

静止土压力方向水平,土压力强度分布图形心的高度即为 E_0 的作用点高度。

②墙背倾斜时

静止土压力: $$E_0 = \frac{1}{2} \cdot \gamma \cdot h^2 \cdot \sqrt{K_0{}^2 + \tan^2\varepsilon}$$

E_0 与水平方向的夹角 α 由 $\tan\alpha = \frac{W_0}{E'_0} = \frac{\tan\varepsilon}{K_0}$ 求得,土压力强度分布图形心的高度即为 E_0 的作用点高度。

(2)朗金土压力理论

朗金土压力理论假定:①墙后填土表面水平且与墙顶齐平;②墙背垂直于填土面;③墙背光滑。从这些假定出发,墙背处没有摩擦力,土体的竖直面和水平面没有剪应力,故竖直方向和水平方向的应力为主应力。而竖直方向的应力即为土的竖向自重应力。

朗金主动土压力强度: $$p_a = \gamma \cdot z \cdot K_a - 2c \cdot \sqrt{K_a}$$

朗金被动土压力强度: $$p_p = \gamma \cdot z \cdot K_p + 2 \cdot c \cdot \sqrt{K_p}$$

朗金主动土压力、被动土压力方向水平, E_a 和 E_p 的作用线通过土压力强度分布图的形心。

(3)库仑土压力理论

库仑土压力理论假定:①挡土墙后土体是松散、匀质的砂性土,墙背粗糙,墙背与墙后填土面均可以为倾斜;②挡土墙后产生主动或被动土压力时墙后土体形成滑动土楔体,其滑裂面为通过墙脚的两个平面,一个是墙背 AB 面,另一个是通过墙脚的 AC 面,如图5-12a)所示;③将滑动土楔体视为刚体整体。

库仑主动土压力强度: $$p_a = \gamma \cdot z \cdot K_a$$

E_a 的作用点在距离墙底 $h/3$ 高度处,其作用方向与墙背法线逆时针成 δ 角,并指向墙背(与水平面成 $\varepsilon+\delta$ 角)。

库仑被动土压力强度: $$p_p = \gamma \cdot z \cdot K_p$$

E_p 的作用点离墙底 $h/3$ 高度处,其方向与墙背的法线顺时针成 δ 角。

2）土坡稳定分析

（1）无黏性土坡的稳定分析

砂土的土坡滑动稳定安全系数为： $K = \frac{\tan\varphi}{\tan\beta}$

只要坡角 $\beta < \varphi(K > 1)$，土坡就稳定，而且与坡高无关。一般要求 $K = 1.10 \sim 1.50$ 已能满足砂土土坡稳定的要求。

（2）黏性土土坡的整体稳定分析

黏性土土坡滑动面的形式一般有3种：坡脚圆、坡面圆、中点圆。

对于均质简单土坡圆弧滑动体的稳定分析可采用整体稳定分析法，费伦纽斯和泰勒对均匀的简单土坡做了大量的近似分析工作，提出了确定最危险滑动面圆心的经验法，以及计算土坡稳定安全系数的图表法。

对于外形复杂的土坡、非均质土坡和浸于水中的土坡等圆弧滑动体的稳定分析采用条分分析法。

思 考 题

1. 何谓静止土压力、主动土压力和被动土压力？产生的条件是什么？与哪些因素有关？
2. 朗金土压力理论的假定是什么？忽略墙背与土体之间的摩擦力对土压力的计算结果有什么影响？
3. 库仑土压力理论的假定是什么？与朗金土压力理论的假定有何差别？
4. 库仑土压力理论的假定破裂面为平面，与实际情况有什么区别？对土压力的计算结果有什么影响？
5. 等待土层的厚度如何确定？
6. 土坡失稳破坏的原因有哪些？
7. 土坡稳定安全系数的意义是什么？
8. 无黏性土土坡的稳定性只要坡角不超过其内摩擦角，坡高可不受限制，而黏性土土坡的稳定性却与坡高有关，为什么？
9. 如何用泰勒的稳定因数图表确定土坡的稳定安全系数？
10. 从土力学观点看，土坡稳定计算的主要问题是什么？

实 践 练 习

1. 挡土墙高5.0m，墙背竖直、光滑，墙后土体表面水平，土体重度 $\gamma = 18.0\text{kN/m}^3$，$c = 10\text{kPa}$，$\varphi = 25°$，求主动土压力沿墙高的分布及总主动土压力的大小和作用点的位置。

2. 挡土墙高6m，墙背竖直、光滑，墙后土体表面水平，土体重度 $\gamma = 18.5\text{kN/m}^3$，$c = 10\text{kPa}$，$\varphi = 25°$。求：

（1）墙后无地下水时的主动土压力；

（2）当地下水位埋深2m时作用在挡土墙上的总压力（包括土压力和水压力），$\gamma_{sat} = 19\text{kN/m}^3$。

3. 某挡土墙高 6m，墙背倾斜角（俯斜）$\varepsilon = 15°$，填土倾角 $\beta = 20°$，填土重度 $\gamma = 19.0\text{kN/m}^3$，$c = 0\text{kPa}$，$\varphi = 30°$，$\delta = 15°$。用库仑理论计算：

（1）主动土压力的大小、作用点位置和方向；

（2）主动土压力沿墙高的分布。

4. 挡土墙高 5m，墙背竖直，墙后土体表面水平，土体重度 $\gamma = 19.0\text{kN/m}^3$，$c = 0\text{kPa}$，$\varphi = 20°$，$\delta = 10°$，土体表面有连续均布荷载 $q = 10\text{kPa}$，计算主动土压力。

5. 如图 5-25 所示均质简单土坡，已知土坡高度 $H = 8\text{m}$，坡角 $\beta = 45°$，土的重度 $\gamma = 19.5\text{kN/m}^3$，$c = 25\text{kPa}$，$\varphi = 10°$，试用泰勒的稳定因数曲线计算土坡的稳定安全系数。

6. 某土坡如图 5-26 所示。已知土坡的高度 $H = 6\text{m}$，坡角 $\beta = 55°$，土的重度 $\gamma = 18.0\text{kN/m}^3$，内摩擦角 $\varphi = 15°$，黏聚力 $c = 18\text{kPa}$。试用条分法验算土坡的稳定安全系数。

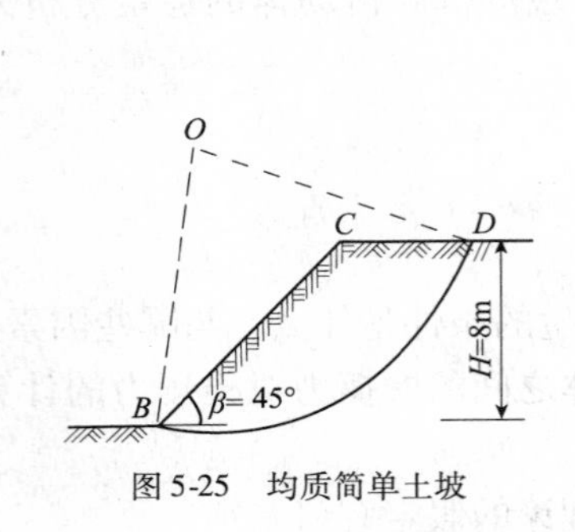

图 5-25 均质简单土坡

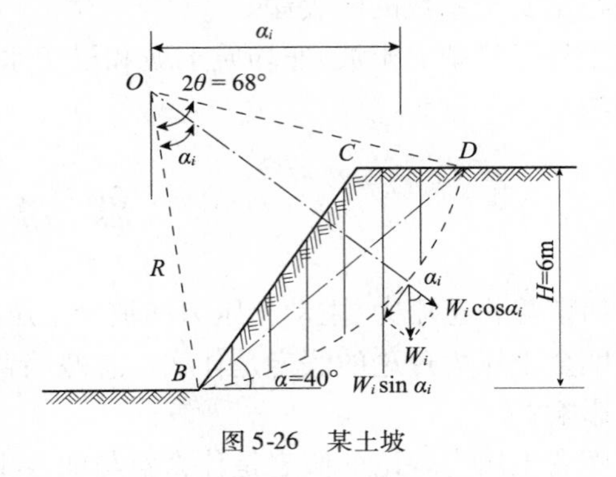

图 5-26 某土坡

第6单元　天然地基上的浅基础

单元重点：

(1)了解天然地基上浅基础的类型；

(2)掌握基础埋置深度、地基承载力及基础尺寸的确定；

(3)掌握浅基础设计与计算。

6.1　概　　述

基础按照埋置深度分为浅基础和深基础，一般在天然地基上修筑浅基础，其施工简单，且较经济，而人工地基及深基础，往往造价较高，施工工艺比较复杂。因此，在保证建筑物的安全和正常使用的条件下，应首先选用天然地基上浅基础方案。

6.1.1　浅基础设计中应注意的问题

(1)充分掌握拟建场地的工程地质条件和地基勘察资料，例如：不良地质现象和地震断层的存在及其危害性、地基土层分布的均匀性和软弱下卧层的位置和厚度、各层土的类别及其工程特性指标。地基勘察的详细程度应与建筑物的安全等级(表6-1)和场地的工程地质条件相适应。

建筑物安全等级　　　　表6-1

安全等级	破坏后果	建筑类型
一级	很严重	重要的工业与民用建筑物；20层以上的高层建筑；体型复杂的14层以上高层建筑；对地基变形有特殊要求的建筑物；单桩承受的荷载在4000kN以上的建筑物
二级	严　重	一般的工业与民用建筑
三级	不严重	次要的建筑物

(2)了解当地的建筑经验、施工条件和就地取材的可能性，并结合实际考虑采用先进的施工技术和经济、可行的地基处理方法。

(3)在研究地基勘察资料的基础上，结合上部结构的类型，荷载的性质、大小和分布，建筑布置和使用要求以及拟建的基础对原有建筑或设施的影响，从而考虑选择基础类型和平面布置方案，并确定地基持力层和基础埋置深度。

(4)按地基承载力确定基础底面尺寸，进行必要的地基稳定性和特征变形验算，以便使地基的稳定性能得到充分的保证，使地基的沉降不致引起结构损坏、建筑物倾斜与开裂，或影响其使用和外观。

(5)以简化的或考虑相互作用的计算方法进行基础结构的内力分析和截面设计，以保证基础具有足够的强度、刚度和耐久性。最后绘制施工详图并作出施工说明。不难看出，上述各方面是密切关联、相互制约的，未必能一次考虑周详。因此，地基基础设计工作往往要反复进行才能取得满意的结果。对规模较大的基础工程，还宜对若干可能方案作出技术经济比较，然后择优采用。

必须强调的是：地基基础问题的解决，不宜单纯着眼于地基基础本身，按常规设计时，更应把地基、基础与上部结构视为一个统一的整体，从三者相互作用的概念出发考虑地基基础方案。尤其是当地基比较复杂时，如果能从上部结构方面配合采取适当的建筑、结构、施工等不同措施，往往可以收到合理、经济的效果。

6.1.2　基础设计的方法

地基、基础和上部结构三者是相互联系成整体来承担荷载而发生变形的，合理的分析方法应该以地基、基础和上部结构必须同时满足静力平衡和变形协调两个条件为前提，但常采用的浅基础体型不大，结构简单，在计算单个基础时，一般即不遵循上部结构与基础的变形条件，也不考虑地基与基础的相互作用。这种简化法称为常规设计。

6.1.3　浅基础设计步骤

浅基础可按下列步骤进行设计：

(1)选择基础的材料、类型和平面布置；

(2)选择基础的埋置深度 d；

(3)确定地基承载力特征值f_{ak} 及修正值f_a；

(4)确定基础的底面积和底面尺寸；

(5)地基变形验算；

(6)基础结构设计；

(7)基础施工图绘制(包括施工说明)。

上述设计步骤是相互关联的，通常可按顺序逐项进行。当后面的计算出现不能满足设计要求(包括构造要求)的情况时，应返回前面(1)、(2)步骤，重新做出选择后再进行设计，直至完全满足设计要求为止。

6.2　浅基础的类型

地基基础的形式多样，一般按材料及受力情况可以分为无筋扩展基础和扩展基础；按构造分，可以分为单独基础、条形基础、片筏基础和箱形基础。

6.2.1　按材料及受力情况分类

基础按材料及受力情况，可以分为无筋扩展基础和扩展基础。无筋扩展基础一般是指用抗压强度较大，但抗拉、抗剪强度小的材料做成的基础，如砖基础、三合土基础、灰土基础、毛石基础、毛石混凝土基础；扩展基础一般是指用抗压、抗拉和抗剪强度均比较大的材料做成的基础，如钢筋混凝土基础。

1）无筋扩展基础

无筋扩展基础由于使用材料的特点，设计时必须保证发生在基础内的拉应力和剪应力不超过相应的材料强度设计值。这种保证通常是通过对基础构造（图 6-1）的限制来实现的，即基础每个台阶的宽度与其高度之比都不得超过表 6-2 所列的台阶宽高比的允许值（可用图 6-1 中角度 α 的正切 $\tan\alpha$ 表示）。在这样的限制下，基础的相对高度都比较大，几乎不发生挠曲变形，所以无筋扩展基础习惯上称为刚性基础（当考虑地基与基础相互作用时，挠曲变形可以不予考虑的任何基础）。设计时一般先选择适当的基础埋置深度 d 和基础底面尺寸，设基底宽度为 b，则按上述限制，基础的构造高度应满足下列要求：

$$H_0 \geqslant \frac{b - b_0}{2\tan\alpha} \tag{6-1}$$

式中：b——基础底面宽度；

b_0——基础顶面的墙体宽度或柱脚宽度；

H_0——基础高度；

$\tan\alpha$——基础台阶宽高比 $b_2 : H_0$，其允许值可按表 6-2 选择；

b_2——基础台阶宽度。

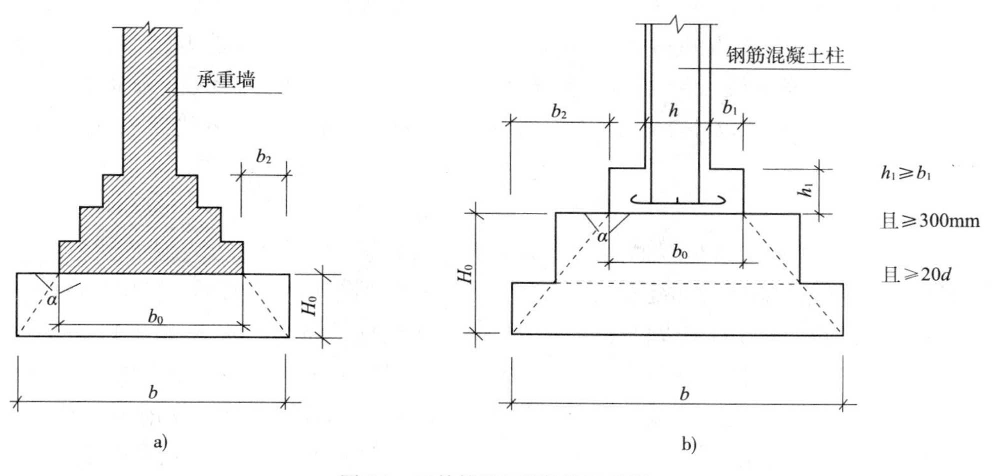

图 6-1　无筋扩展基础构造示意图

d-柱中纵向钢筋直径

无筋扩展基础台阶宽高比的允许值　　表 6-2

基础材料	质量要求	台阶宽高比的允许值		
		$p_k \leqslant 100$	$100 < p_k \leqslant 200$	$200 < p_k \leqslant 300$
混凝土基础	C15 混凝土	1 : 1.00	1 : 1.00	1 : 1.25
毛石混凝土基础	C15 混凝土	1 : 1.00	1 : 1.25	1 : 1.50
砖基础	砖不低于 MU10、砂浆不低于 M5	1 : 1.50	1 : 1.50	1 : 1.50

续上表

基础材料	质量要求	台阶宽高比的允许值		
		$p_k \leqslant 100$	$100 < p_k \leqslant 200$	$200 < p_k \leqslant 300$
毛石基础	砂浆不低于 M5	1∶1.25	1∶1.50	—
灰土基础	体积比为3∶7或2∶8的灰土，其最小干密度为： 粉土 1.50t/m³ 粉质黏土 1.50t/m³ 黏土 1.45t/m³	1∶1.25	1∶1.50	—
三合土基础	体积比1∶2∶4～1∶3∶6（石灰∶砂∶骨料），每层约虚铺220mm，夯至150mm	1∶1.50	1∶2.00	—

注：①p_k 为作用的标准组合时基础底面处的平均压力值（kPa）；

②阶梯形毛石基础的每阶伸出宽度，不宜大于200mm；

③当基础由不同材料叠合组成时，应对接触部分作抗压计算；

④混凝土基础单侧扩展范围内基础底面处的平均压力值超过300kPa时，尚应进行抗剪验算；对基底反力集中于立柱附近的岩石地基，应进行局部受压承载力验算。

当基础荷载较大、因而按地基承载力确定的基础底面积宽度 b 也较大时，按上式则 H_0 增大，此时，即使 $H_0 < d$，也还存在用料多、自重大的缺点。如果 $H_0 > d$，就不得不采用增大基础埋深来满足设计要求了，这样做会对施工带来不便。所以，无筋扩展基础一般只可用于6层和6层以下（三合土基础不宜超过4层）的民用建筑和砌体承重的厂房。

（1）砖基础

砖基础的主要使用材料是普通烧结砖，具有就地取材、工程造价低、施工工艺简单方便等特点，所以在普通的低层民用建筑使用广泛。砖基础的剖面为阶梯形，称为大放脚。每一阶梯挑出的长度为砖长的1/4（即60mm）。为保证基础外挑部分在基底反力作用下不至发生破坏，大放脚的砌法有两皮一收和二一间隔收两种（图6-2）。两皮一收是每砌两皮砖，收进1/4砖长；二一间隔收是底层砌两皮砖，收进1/4砖长，再砌一皮砖，收进1/4砖长，如此反复。在相同底宽的情况下，二一间隔收可减少基础高度，但为了保证基础的强度，基底需用两皮一收砌筑。为了施工方便，减少砍砖损耗，大放脚基础的宽度应是砖尺寸的倍数，如240mm、370mm、490mm……等。

砖基础的强度及抗冻性较差，对砂浆与砖的强度等级，根据地区的潮湿程度和寒冷程度有不同的要求。

（2）混凝土及毛石混凝土基础

混凝土基础的强度、耐久性、抗冻性都较好。当荷载较大或位于地下水位以下时，常用混凝土基础。阶梯高度一般不小于300mm（图6-3）。混凝土基础水泥用量较大，造价也比砖、石基础高。如基础体积较大，为了节约混凝土用量，在浇灌混凝土时，可掺入少于基础体积30%的毛石，做成毛石混凝土基础（图6-4）。毛石强度等级应符合表6-3要求，尺寸不得大于300mm，使用前应冲洗干净。

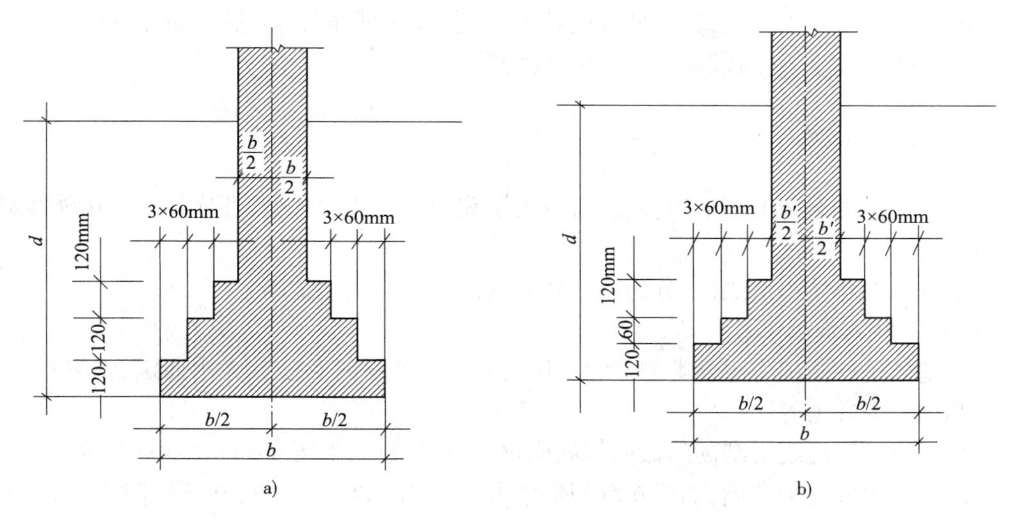

图 6-2 砖基础

a)两皮一收;b)二一间隔收

基础用砖、石料及砂浆最低强度等级 表 6-3

基土的潮湿程度	黏土砖		混凝土砌块	石材	混合砂浆	水泥砂浆
	严寒地区	一般地区				
稍潮湿的	MU10	MU10	MU5	MU20	M5	M5
很潮湿的	MU15	MU10	MU7.5	MU20	—	M5
含水饱和的	MU20	MU15	MU7.5	MU30	—	M5

注:①石材的重度不低于 $18kN/m^3$;

②地面以下或防潮层以下的砌体,不宜采用空心砖。当采用混凝土空心砌块砌体时,其孔洞应采用强度等级不低于 C15 的混凝土灌实;

③各种硅酸盐材料及其他材料制作的块体,应根据相应材料标准的规定选择采用。

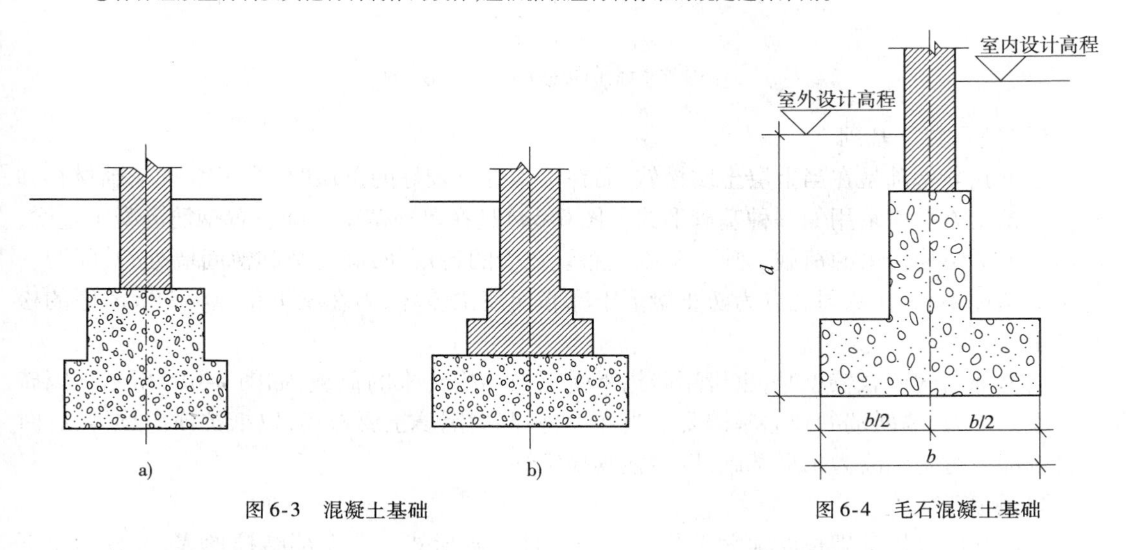

图 6-3 混凝土基础

图 6-4 毛石混凝土基础

2)扩展基础

扩展基础是指柱下钢筋混凝土独立基础和墙下钢筋混凝土条形基础。

钢筋混凝土基础强度大，具有良好的抗弯性能，在相同条件下，基础的厚度较薄。如建筑物的荷载较大或土质较软弱时，常采用这类基础。

6.2.2 按构造分类

基础的构造类型与上部结构特点、荷载大小和和地质条件有关，可分为以下几种类型：

1）独立基础

按支撑的上部结构形式，可分为柱下独立基础和墙下独立基础。

（1）柱下独立基础

独立基础是柱基础的主要类型。它所用材料依柱的材料和荷载大小而定，常采用砖石、混凝土和钢筋混凝土等。

现浇柱下钢筋混凝土基础的截面可做成阶梯形或锥形，如图 6-5a）、6-5b）所示。预制柱下的基础一般做成杯形基础，如图 6-5c）所示，待柱子插入杯口后，将柱子临时支撑，然后用强度等级 C20 的细石混凝土将柱周围的缝隙填实。

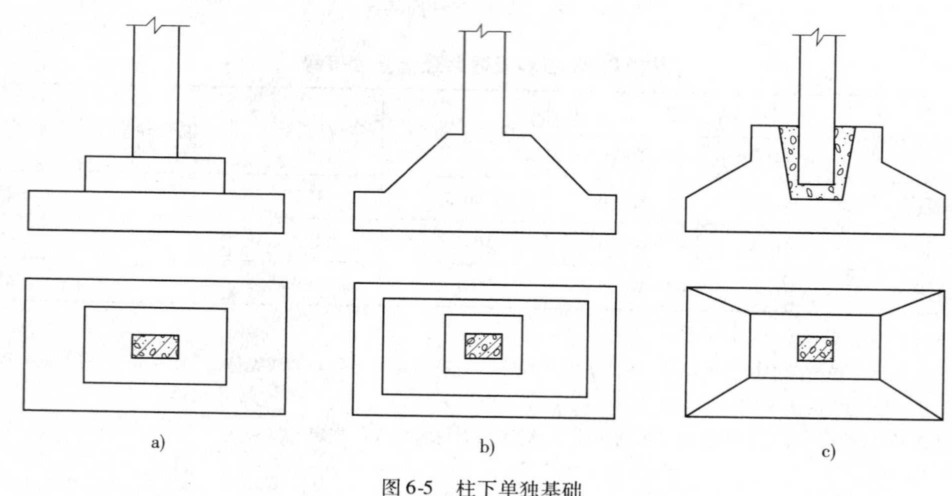

图 6-5 柱下单独基础

a）阶梯形基础；b）锥形基础；c）杯形基础

（2）墙下独立基础

墙下独立基础是在当上层土质松软，而在不深处有较好的土层时，为了节省基础材料和减少开挖土方量而采用的一种基础形式。图 6-6a）是在单独基础之间放置钢筋混凝土过梁，以承受上部结构传来的荷载。独立基础应布置在墙的转角、两墙交叉和窗间墙处，其间距一般不应超过 4m。在我国北方为防止梁下土冻胀而使梁破坏，需在梁下留 60 ~ 90mm 厚的松砂或干煤渣。

当上部结构荷载较小时，也可用砖拱承受上部结构传来的荷载，如图 6-6b）所示。因砖拱有横向推力，墙两端的独立基础要适当加大，柱基周围填土要密实，以抵抗横向推力，有时可将端部一跨基础改为条形基础，以增强其稳定性。

2）条形基础

条形基础是指基础长度远大于其宽度的一种基础形式。按上部结构形式，可分为墙下条形基础和柱下条形基础。

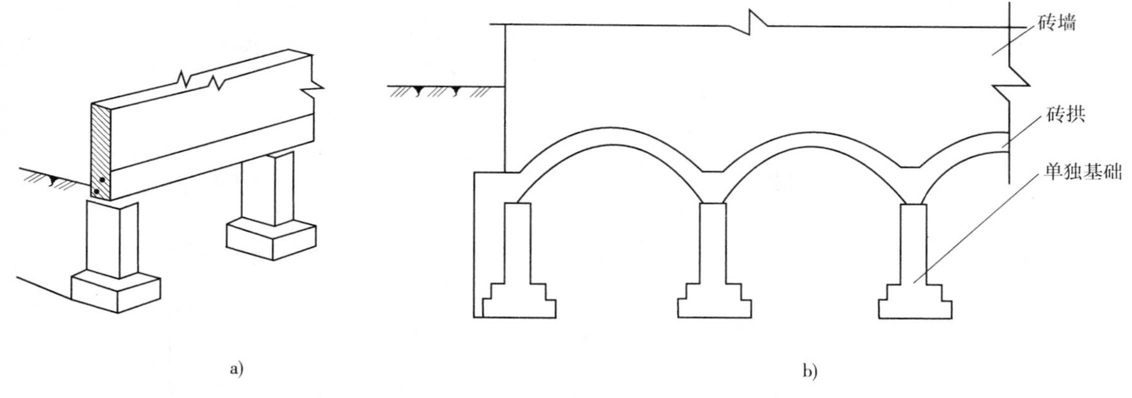

图 6-6　墙下独立基础

(1)墙下条形基础

条形基础是承重墙基础的主要形式,常用砖、毛石和灰土做成。当上部结构荷载较大而土质较差时,可采用混凝土或钢筋混凝土做成。墙下钢筋混凝土条形基础一般做成无肋式,如图 6-7a)所示;如地基在水平方向上压缩性不均匀,为了基础的整体性,减少不均匀沉降,也可做成有肋式的条形基础,如图 6-7b)所示。

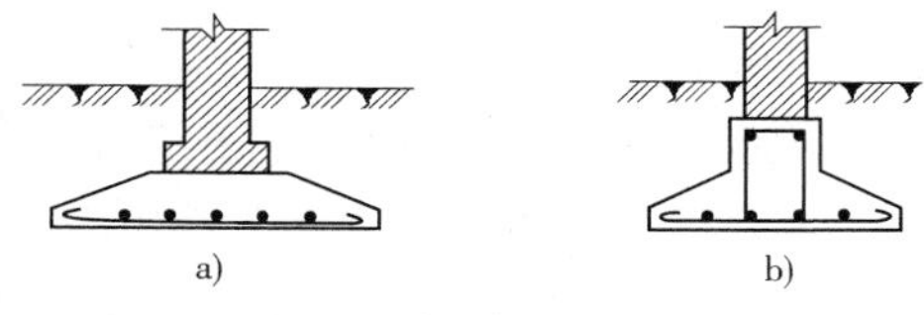

图 6-7　墙下条形基础

a)无肋式;b)有肋式

(2)柱下钢筋混凝土条形基础

当地基软弱而荷载较大,若采用柱下独立基础,基底面积必然很大而且互相接近。为增强基础的整体性并方便施工,可将同一排的柱基础连通做成钢筋混凝土条形基础,如图 6-8 所示。

(3)柱下十字形基础

荷载较大的高层建筑,如土质较弱,为了增强基础的整体刚度,减小不均匀沉降,可在柱网下纵横两方向设置钢筋混凝土条形基础,形成如图 6-9 所示的十字形基础。

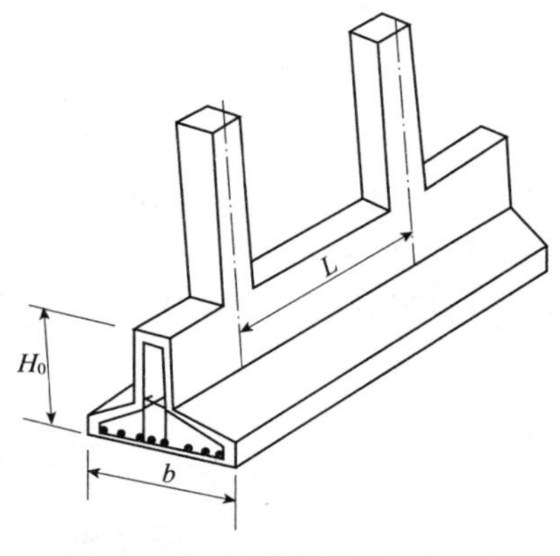

图 6-8　柱下钢筋混凝土条形基础

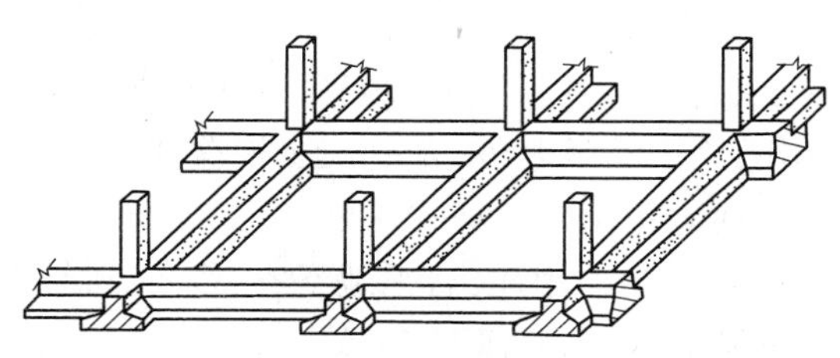
图 6-9　柱下十字形基础

(4)片筏基础

如地基软弱而荷载又很大,采用十字形基础仍不能满足要求或相邻基槽距离很小时,可用钢筋混凝土做成整块的片筏基础(图 6-10)。按构造不同它可分为平板式和梁板式两类。

平板式是在地基上做一块钢筋混凝土底板，柱子直接支撑在底板上，如图 6-10a）所示。梁板式按梁板位置不同可又可分为两类：图 6-10b）是将梁放在底板的下方，底板上面平整，可作建筑物底层地面；图 6-10c）是在底板上做梁，柱子支撑在梁上。

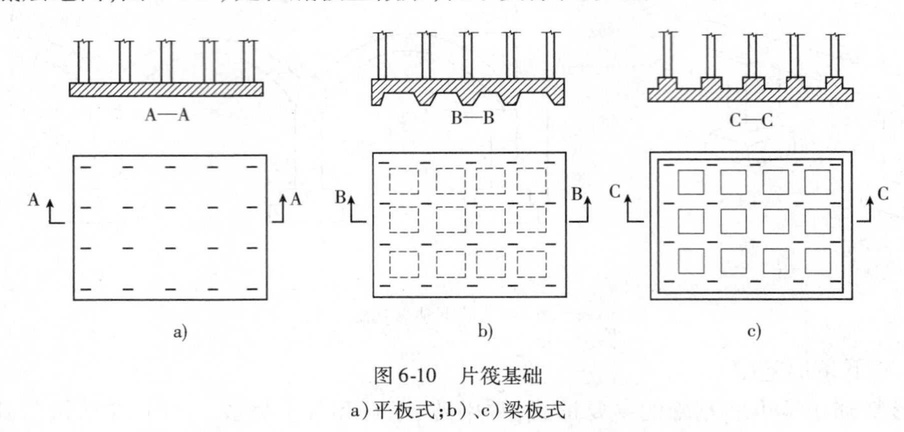

图 6-10　片筏基础

a）平板式；b）、c）梁板式

（5）箱形基础

箱形基础是由钢筋混凝土底板、顶板和纵横交叉的隔墙组成。底板、顶板和隔墙共同工作，具有很大的整体刚度。基础中空部分可作地下室，与实体基础相比可减小基底压力。箱形基础较适用于地基软弱、平面形状简单的高层建筑的基础。某些对不均匀沉降有严格要求的设备或构筑物，也可采用箱形基础（图 6-11）。

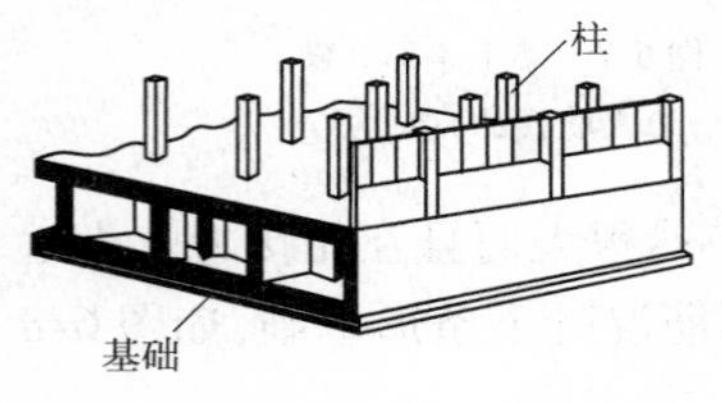

图 6-11　箱形基础

箱形基础、柱下条形基础、十字形基础、片筏基础都需用钢筋混凝土，尤其是箱形基础，耗用的钢筋及混凝土量均较大，故采用这些类型的基础时，应与其他的地基基础方案作技术、经济比较后确定。

6.3　基础埋置深度

基础埋置深度是指基础底面至地面（一般指室外地面）的距离。基础埋深的选择关系到地基基础施工的难易和造价的高低。所以，在保证建筑物基础安全稳定、变形要求的前提下，基础尽量浅埋，当上土层地基的承载力大于下土层时，宜利用上土层作持力层，以节省工程量并便于施工。为了防止基础日晒雨淋、人来车往等造成基础损伤，除岩石地基外，基础至少埋深 0.5m。

如何确定基础的埋置深度，应当综合考虑以下几方面的因素：

1）建筑物的用途、有无地下室、设备基础和地下设施、基础形式和构造的影响

基础的埋深，应满足上部及基础的结构构造要求，适合建筑物的具体安排情况和荷载的性质、大小。

当有地下室、地下管道或设备基础时，基础的顶板原则上应低于这些设施的底面。否则应采取有效措施，消除基础对地下设施的不利影响。

为了保护基础不受人类活动和生物活动的影响，基础应埋置在地表以下，其最小埋深为

0.5m，且基础顶面至少应低于设计地面0.1m，以便于建筑物周围排水的布置。

2）相邻建筑物基础埋深的影响

靠近原有建筑物修建新基础时，为了不影响原有建筑物基础的安全，新基础最好不低于原有的基础，如必须超过时，则两基础间净距应不小于其底面高差的1～2倍（图6-12）。如不能满足这一要求，施工期间应采取措施。此外在使用期间，还要注意新基础的荷载是否将引起原有建筑物产生不均匀沉降。

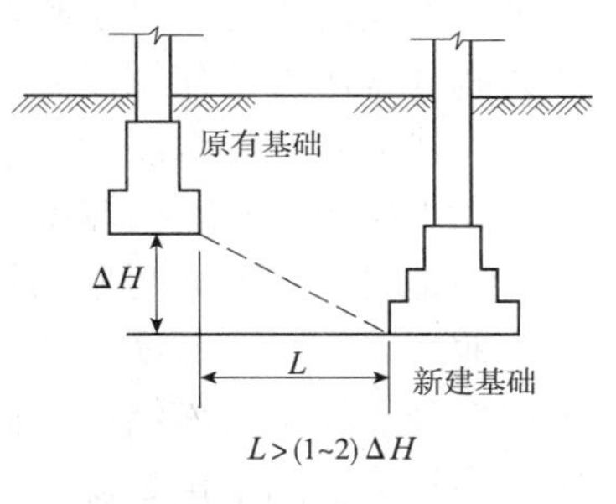

图6-12　相邻基础埋深

3）作用在地基上的荷载大小和性质

选择基础埋深时必须考虑荷载的性质和大小。一般荷载大的基础。其尺寸需要大些，同时也需要适当增加埋深。长期作用有较大水平荷载和位于坡顶、坡面的基础应有一定的埋深，以确保基础具有足够的稳定性。承受上拔力的基础，如输电塔基础，也要求有一定的埋深，以提供足够的抗拔阻力。

4）土层的性质和分布

直接支撑基础的土层称为持力层，在持力层下方的土层称为下卧层。为了满足建筑物对地基承载力和地基允许变形值的要求，基础应尽可能埋在良好的持力层上。当地基受力层或沉降计算深度范围内存在软弱下卧层时，软弱下卧层的承载力和地基变形也应满足要求。

在工程地质勘查报告中，已经说明拟建场地的地层分布、各土层的物理力学性质和地基承载力，这些资料给基础埋深和持力层的选择提供了依据。我们把处于坚硬、硬塑或可塑状态的黏性土层，密实或中密状态的砂土层和碎石土层，以及属于低、中压缩性的其他土层视为良好土层；而把处于软塑、流塑状态的黏性土层，处于松软状态的砂土层、填土和其他高压缩性土层视为软弱土层；良好土层的承载力高或较高；软弱土层的承载力低。按照压缩性和承载力的高低，对拟建厂区的土层，可自上而下选择合适的地基承载力和基础埋深。在选择中，大致可遇到如下几种情况：

①在建筑物影响范围内，自上而下都是良好土层，那么基础埋深按其他条件或最小埋深确定。

②自上而下都是软弱土层，基础难以找到良好的持力层，这是宜考虑采用人工地基或深基础等方案。

③上部为软弱土层而下部为良好土层。这时，持力层的选择取决于上部软弱土层的厚度。一般来说，软弱土层厚度小于2m者，应选取下部良好的土层作为持力层；软弱土层厚度较大时，宜考虑采用人工地基或深基础等方案。

④上部为良好土层而下部为软弱土层。此时基础应尽量浅埋。例如，我国沿海地区，地表普遍存在一层厚度2～3m的所谓“硬壳层”，硬壳层以下为较厚的软弱土层。对一般中小型建筑物来说，硬壳层属良好的持力层，应当充分利用。这时最好采用钢筋混凝土基础，并尽量按基础最小埋深考虑，即采用“宽基浅埋“的方案。同时在确定基础底面尺寸时，应对地基受力范围内的软弱下卧层进行验算。

应当指出，上面所划分的良好土层和软弱土层，只是相对于一般中小型建筑而言。对于高层建筑来说，上述所指的良好土层，很可能还不符合要求。

5）地下水条件

有地下水存在时，基础应尽量埋置于地下水位以上，以避免地下水位对基坑开挖、基础施工和使用期间的影响。如果基础埋深低于地下水位,则应考虑施工期间的基坑降水、坑壁支撑以及是否可能产生流沙、涌土等问题。对于具有侵蚀性的地下水应采用抗侵蚀的水泥品种和相应的措施。对于有地下室的厂房、民用建筑和地下贮罐,设计时还应考虑地下水的浮力和静水压力的作用以及地下结构抗渗漏的问题。

当持力层为隔水层而其下方存在承压水时,为了避免开挖基坑时隔水层被承压水冲破,坑底隔水层应有一定的厚度。这时,基坑隔水层的重力应大于其下面承压水的压力。

6)地基土冻胀和融陷的影响

地面以下一定深度的地层温度,随大气温度而变化。当地层温度降至摄氏零度以下时,土中部分孔隙水将冻结而形成冻土。季节性冻土在冬季冻结而夏季融化,每年冻融交替一次。多年冻土则不论冬夏,常年均处于冻结状态,且冻结连续 3 年或 3 年以上。我国东北、华北和西北地区的季节性冻土厚度在 0.5m 以上,最大可达 3m 左右。

如果季节性冻土由细粒土组成,且土中含水率多而地下水位又较高,那么不但冻结深度内的土中水被冻结形成冰晶体,而且未冻结区的自由水和部分结合水将不断进行冻结区迁移、聚集,使冰晶体逐渐扩大,引起土体发生膨胀和隆起,形成冻胀现象。到了夏季,地温升高,土体解冻,造成含水率增加,使土处于饱和及软化状态,强度降低,建筑物下陷。这种现象称为融陷。位于冻胀区内的基础,在土体冻结时,受到冻胀力的作用而上抬。融陷和上台往往是不均匀的,致使建筑物墙体产生方向相反、互相交叉的斜裂缝,或使轻型建筑物逐年上抬。

土的冻结不一定产生冻胀,即使冻胀,程度也有所不同。对于结合水含量极少的粗粒土,不存在冻胀问题。对于某些粉砂、粉土和黏性土的冻胀性,则与冻结以前的含水率有关。此外,冻胀程度还与地下水位有关。

6.4 地基承载力的确定

6.4.1 地基底面压力的计算

根据《建筑地基基础设计规范》(GB 50007 —2011)的规定,基础底面的压力和地基承载力应符合以下要求:

①当轴心荷载作用时

$$p_k \leqslant f_a \tag{6-2}$$

式中:p_k——相应于作用的标准组合时,基础底面处的平均压力值;

f_a——修正后的地基承载力特征值。

②当偏心荷载作用时,除符合式(6-2)要求外,尚应符合下式要求:

$$p_{kmax} \leqslant 1.2f_a \tag{6-3}$$

式中:p_{kmax}——相应于作用的标准组合时,基础底面边缘的最大压力值。

1)当轴心荷载作用时

$$p_k = \frac{F_k + G_k}{A} \tag{6-4}$$

式中:F_k——相应于作用的标准组合时,上部结构传至基础顶面的竖向力值;

G_k——基础自重和基础上的土重;

A——基础底面面积。

2）当偏心荷载作用时

$$p_{\mathrm{kmax}} = \frac{F_{\mathrm{k}} + G_{\mathrm{k}}}{A} + \frac{M_{\mathrm{k}}}{W} \tag{6-5}$$

$$p_{\mathrm{kmin}} = \frac{F_{\mathrm{k}} + G_{\mathrm{k}}}{A} - \frac{M_{\mathrm{k}}}{W} \tag{6-6}$$

式中：M_{k}——相应于作用的标准组合时，作用于基础底面的力矩值；

W——基础底面的抵抗矩；

p_{kmin}——相应于作用的标准组合时，基础底面边缘的最小压力值。

当偏心距 $e > b/6$ 时（图 6-13），p_{kmax}应按下式计算：

$$p_{\mathrm{kmax}} = \frac{2(F_{\mathrm{k}} + G_{\mathrm{k}})}{3la} \tag{6-7}$$

式中：l——垂直于力矩作用方向的基础底面边长；

a——合力作用点至基础底面最大压力边缘的距离。

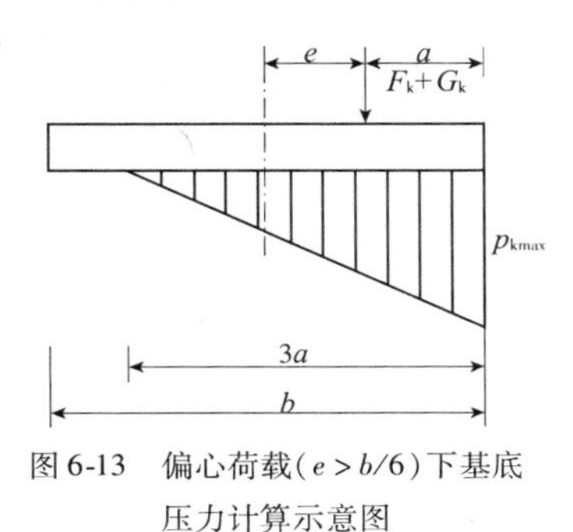

图 6-13　偏心荷载（$e > b/6$）下基底压力计算示意图

6.4.2　地基承载力特征值及其确定

地基承载力特征值f_{ak}是指由荷载试验测定的地基土压力变形曲线线性变形阶段内规定的变形所对应的压力值，其最大值为比例界限值。

不同地区、不同成因、不同土质的地基承载力特征值差别很大，如密实的卵石，f_{ak}可高达 800 ~ 1000kPa；而淤泥或淤泥质土，当天然含水率 $\omega = 75\%$ 时，地基承载力特征值仅有 40kPa，两者相差 20 倍以上。

地基承载力特征值可由载荷试验或其他原位试验、公式计算并结合工程实践等方法确定。

1）承载力载荷试验 $p-s$ 曲线确定

对于设计等级为甲级建筑物（见表 6-4）或地质条件复杂、土质很不均匀的情况，采用现场载荷试验法，可以取得较精确可靠的地基承载力数据。进行现场载荷试验，需要相应的试验费和时间，对建设单位来讲：采用现场载荷试验的成果，不仅安全可靠，而且往往可以比其他方法提高地基承载力数值，从而节省一笔投资，远超过试验费，因此是值得做的。

地基基础设计等级　　表 6-4

设计等级	建筑和地基类型
甲级	重要的工业与民用建筑 30 层以上的高层建筑 体积复杂、层数相差超过 10 层的高低层连成一体建筑物 大面积的多层地下建筑物（如地下车库、商场、运动会等） 对地基变形有特殊要求的建筑物 复杂地级条件下的坡上建筑物（包括高边坡） 对原有工程影响较大的新建建筑物 场地和地基条件复杂的得一般建筑物 位于复杂地质条件及软土地区的二层及二层以上地下室的基坑工程 开挖深度大于 15m 的基坑工程 周边环境条件复杂、环境保护要求高的基坑工程

续上表

设计等级	建筑和地基类型
乙级	除甲级、丙级以外的工业与民用建筑物 除甲级、丙级以外的基坑工程
丙级	场地和地基条件简单、荷载分布均匀的七层及七层以下民用建筑及一般工业建筑物；次要的轻型建筑物 非软土地区且场地地质条件简单、基坑周边环境条件简单、环境保护要求不高且开挖深度小于5.0m的基坑工程

地基承载力特征值应符合下列要求：

①当 $p-s$ 曲线有比较明显的起始曲线和界线值时，如图6-14a）所示，可取比例界限荷载 p_a 作地基承载力特征值。

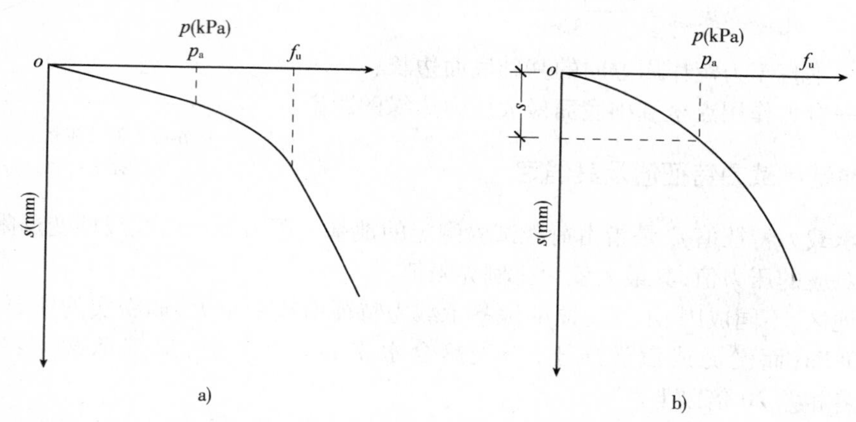

图6-14　按静荷载试验 $p-s$ 曲线确定地基承载力

a）有明显的 p_a、f_u 值；b）p_a、f_u 值不明确

②有些土 p_a、f_u 比较接近，当 $f_u<2.0p_a$ 时，则取 f_u 的一半作为地基承载力特征值。

③当不能按上述要求确定时，界限值不明确［（图6-14b）］，当压板面积为0.25～0.50mm^2，取 $s/b=0.01\sim0.015$ 所对应的荷载，但其值不应大于最大加载量的一半。

2）根据土的抗剪强度指标计算

当偏心距 $e\leqslant0.033$ 倍基础底面宽度时，根据土的抗剪强度指标确定地基承载力特征值可按下式计算：

$$f_a = M_b\gamma b + M_d\gamma_m d + M_c c_k \tag{6-8}$$

式中：f_a——由土的抗剪强度指标确定的地基承载力特征值（kPa）；

M_b、M_d、M_c——承载力系数，按表6-5确定；

b——基础底面宽度，大于6m时按6m取值，对于砂土小于3m按3m取值；

c_k——基底下一倍短边宽度深度内土的黏聚力标准值（kPa）。

式（6-8）是在中心荷载下导出的，而偏心距 $e\leqslant0.033$ 倍基础底面宽度时，偏心荷载下地基承载力条件 $p_{kmax}\leqslant1.2f_a$（f_a 为宽度和深度修正后的地基承载力）与中心荷载下的条件 $p_k\leqslant f_a$ 所确定的基础底面积是相同的。因此，《建筑地基基础设计规范》（GB 50007—2011）规定，式（6-8）可以用于偏心距 $e\leqslant0.033$ 倍基础底面宽度时的情形。

承载力系数 M_b、M_d、M_c 表 6-5

土的内摩擦角标准值 φ_k(°)	M_b	M_d	M_c	土的内摩擦角标准值 φ_k(°)	M_b	M_d	M_c
0	0	1.00	3.14	22	0.61	3.44	6.04
2	0.03	1.12	3.32	24	0.80	3.87	6.45
4	0.06	1.25	3.51	26	1.10	4.37	6.90
6	0.10	1.39	3.71	28	1.40	4.93	7.40
8	0.14	1.55	3.93	30	1.90	5.59	7.95
10	0.18	1.73	4.17	32	2.60	6.35	8.55
12	0.23	1.94	4.42	34	3.40	7.21	9.22
14	0.29	2.17	4.69	36	4.20	8.25	9.97
16	0.36	2.43	5.00	38	5.00	9.44	10.80
18	0.43	2.72	5.31	40	5.80	10.84	11.73
20	0.51	3.06	5.66				

注：φ_k——基底下一倍短边宽深度内土的内摩擦角标准值(°)。

3)当地经验参数法

对于设计等级为丙级中的次要、轻型建筑物可根据临近的经验确定地基承载力特征值。

4)地基承载力特征值的深宽修正

当基础宽度大于3m或埋置深度大于0.5m时，从载荷试验或其他原位测试、经验值等方法确定的地基承载力特征值，尚应按下式修正：

$$f_a = f_{ak} + \eta_b\gamma(b-3) + \eta_d\gamma_m(d-0.5) \tag{6-9}$$

式中：f_a——修正后的地基承载力特征值；

f_{ak}——地基承载力特征值；

η_b、η_d——基础宽度和埋深的地基承载力修正系数，按基底下土的类别查表6-6取值；

γ——基础底面以下土的重度，地下水位以下取浮重度；

γ_m——基础底面以上土的加权平均重度，地下水位以下取浮重度；

b——基础底面宽度，当基宽小于3m时按3m取值，大于6m时按6m取值；

d——基础埋置深度，一般自室外地面高程算起。在填方整平地区，可自填土地面高程算起，但填土在上部结构施工完成时，应从天然地面高程算起。对于地下室，如采用箱形基础或筏基时，基础埋置深度自室外地面高程算起；当采用独立基础或条形基础时，应从室内地面高程算起(m)。

承载力修正系数 表 6-6

土的类别	η_b	η_d
淤泥和淤泥质土	0	1.0
人工填土 e 或 I_L 大于等于0.85的黏性土	0	1.0

续上表

土的类别		η_b	η_d
红黏土	含水比 $\alpha_W>0.8$	0	1.2
	含水比 $\alpha_W\leq0.8$	0.15	1.4
大面积压实填土	压实系数大于0.95、黏粒含量 $\rho_c\geq10\%$ 的粉土	0	1.5
	最大干密度大于2.1t/m³的级配砂石	0	2.0
粉土	黏粒含量 $\rho_c\geq10\%$ 的粉土	0.3	1.5
	黏粒含量 $\rho_c<10\%$ 的粉土	0.5	2.0
e 及 I_L 均小于0.85的黏性土		0.3	1.6
粉砂、细砂(不包括很湿与饱和时的稍密状态)		2.0	3.0
中砂、粗砂、砾砂和碎石土		3.0	4.4

注:①强风化和全风化的岩石,可参照所风化成的相应土类取值,其他状态下的岩石不修正;

②地基承载力特征值按《建筑地基基础设计规范》(GB 50007—2011)附录D深层平板载荷试验确定时 η_d 取0;

③含水比是指土的天然含水率与液限的比值;

④大面积压实填土是指填土范围大于2倍基础宽度的填土。

【例6-1】 在 $e=0.727$、$I_L=0.50$、$f_{ak}=240kPa$ 的黏性土上修建一基础,其埋深为2.0m,底宽为2.5m,埋深范围内土的重度 $\gamma_0=17.5kN/m^3$,基底下土的重度 $\gamma=18kN/m^3$,试确定该基础的地基承载力特征值。

解:基底宽度小于3m,不作宽度修正。因该土的孔隙比及液性指数均小于0.85,查表6-6得 $\eta_d=1.6$,故地基承载力特征值为:

$$\begin{aligned}f_a &= f_{ak}+\eta_b\gamma(b-3)+\eta_d\gamma_0(d-0.5)\\&=240+1.6\times17.5\times(2.0-0.5)\\&=282\ kPa\end{aligned}$$

6.5 基础尺寸的确定

在初步选择基础类型和埋深后,就可以根据持力层承载力特征值计算基础的尺寸。如果地基沉降计算深度范围内,存在的承载力显著低于持力层的下卧层,则所选择的基底尺寸尚须满足对软弱下卧层验算的要求。此外,在选择基础底面尺寸后,必要时尚应对地基变形或稳定性进行验算。

基础尺寸设计,包括基础底面的长度、宽度与基础的高度。根据已确定的基础类型、埋置深度 d,计算地基承载力特征值 f_a 和作用在基底面的荷载值,进行基础尺寸设计。

作用在基础底面的荷载,包括竖向荷载 F_k(上部结构自重、屋面荷载、楼面荷载和基础自重)、水平荷载 T(土压力、水压力与风压力等)和力矩 M。

荷载计算应按传力系统,自上而下,由屋面荷载开始计算,累计至设计地面。需要注意计算单元的选取:对于无门窗的墙体,可取1m长计算;有门窗的墙体,可取一开间长度为计算单元。初算一般多层条形基础上的荷载,每层按 $F_k \approx 30kN/m$ 计算。

按照实际荷载的不同组合,基础尺寸设计按中心荷载作用与偏心荷载作用两种情况分别进行。

6.5.1 中心荷载作用下基础尺寸

1)基础底面积 A

如图 6-15 所示,取基础底面处诸力的平衡得:

$$F_k + G_k \leqslant f_a A$$

$$F_k \leqslant f_a A - G_k = f_a A - \gamma_G dA = (f_a - \gamma_G d)A$$

$$A \geqslant \frac{F_k}{f_a - \gamma_G d} \tag{6-10}$$

式中:γ_G——基础及其台阶上填土的重度,通常采用 $20kN/m^3$。

(1)独立基础

由式(6-10)计算所得基础底面积 $A = l \times b$,取整数。通常中心荷载作用下采用正方形基础,即 $A = b^2$。

如因场地限制等原因有必要采用矩形基础时,则取适当的 l/b 的比值,这样可使应力与沉降计算方便。

(2)条形基础

当基础长度 $l \geqslant 10b$ 时称为条形基础。此时,可按平面问题计算,取单位长度 $l = 1.0m$,则基底面积 $A = b$。

2)基础高度 H_0

基础高度 H_0 通常小于基础埋深 d,这是为了防止基础露出地面,承受人来车往、日晒雨淋的损伤,需要在基础顶面覆盖一层保护基础的土层,此保护层的厚度为 d_0,通常 $d_0 > 10cm$ 或 15cm 均可,因此,基础高度 $H_0 = d - d_0$,如图 6-16 所示。

若基础的材料采用刚性材料,如砖、石或素混凝土时,基础高度设计应注意刚性角 α 满足式(6-1)要求,以避免刚性材料被拉裂。

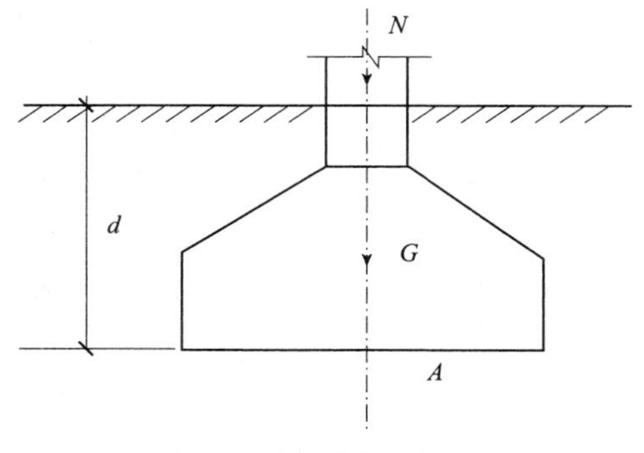

图 6-15　中心荷载基底面积

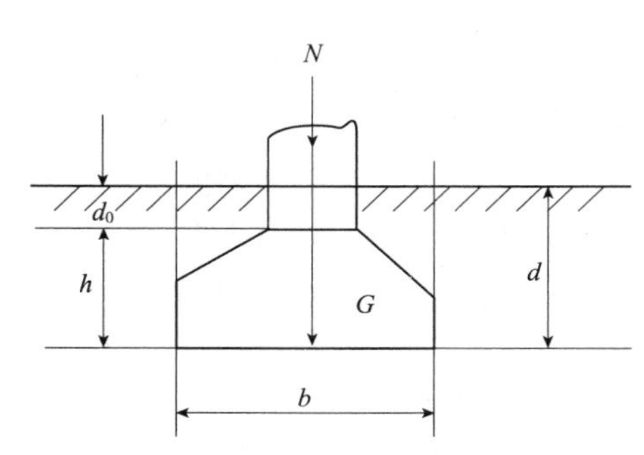

图 6-16　中心荷载基础高度计算

6.5.2 偏心荷载作用下基础尺寸

偏心荷载作用下,基础底面受力不均匀,需要加大基础底面积,通常采用逐次渐近试算法进行计算。计算步骤如下：

(1)先按中心荷载作用下的公式，初算基础底面积 A_1。

(2)考虑偏心不利影响，加大基底面积 10% ~40%。偏心小时可用 10%，偏心大时采用 40%，故偏心荷载作用下的基底面积为：

$$A = (1.1 \sim 1.4)A_1 \tag{6-11}$$

(3)计算基底边缘最大与最小应力：

$$p_{\substack{\text{kmax}\\ \text{kmin}}} = \frac{F_k + G_k}{A} \pm \frac{M_k}{W}$$

(4)基底应力验算：

$$\frac{1}{2}(p_{\text{kmax}} + p_{\text{kmin}}) \leqslant f_a \tag{6-12}$$

$$p_{\text{kmax}} \leqslant 1.2f_a \tag{6-13}$$

$$p_{\text{kmin}} \geqslant 0 \tag{6-14}$$

式(6-13)验算基础底面平均应力，应满足修正后的地基承载力特征值要求。式(6-14)指基础边缘最大应力不能超过修正后的地基承载力特征值的 20%，防止基底应力严重不均匀导致基础发生倾斜。若式(6-13)与式(6-14)均满足要求，说明按 $A = (1.1 \sim 1.4)A_1$ 确定的基底面积 A 合适，否则，应修改 A 值，重新计算 $p_{\max}$ 与 $p_{\min}$，直至满足式(6-13)与式(6-14)为止，这就是试算法。

当需要大量计算偏心荷载作用的基础尺寸时，用上述试算法费时间，可采用偏心受压基础直接解法来确定基础底面尺寸，读者可以参考有关资料。

6.5.3 地基的变形与稳定验算

1)地基的变形验算

建筑物的地基变形计算时，不应大于地基变形允许值，即

$$s \leqslant [s] \tag{6-15}$$

式中：s ——地基广义变形值，可分为沉降量、沉降差、倾斜和局部倾斜等，见表 6-7；

$[s]$ ——建筑物所能承受的地基广义变形允许值，具体参见《建筑地基基础设计规范》(GB 50007—2011)中的表 5.3.4。

在进行地基变形验算时，应符合下列规定：

①建筑物是否应进行地基的变形验算，需根据建筑物的安全等级以及长期荷载作用下地基变形对上部结构的影响程度来决定。

②对于建筑物地基不均匀、荷载差异大及体型复杂等因素引起的地基变形，在砌体承重结构中应由局部倾斜控制；在框架结构和单层排架结构中，应由相邻柱基的沉降差控制；在多层、高层建筑物和高耸结构中，应由倾斜控制；必要时尚应控制平均沉降量。

③在必要时应分别预估建筑物在施工期间和使用期间的地基变形值，以便预留建筑物有关部分之间的净空，考虑连接方法和施工顺序。一般建筑物在施工期间完成的沉降量，对于砂土可认为其最终沉降量已完成 80% 以上，对于低压缩性黏性土可认为已完成最终沉降量的 50% ~80%，对于中压缩性黏性土可认为已完成 20% ~50%，对于高压缩性黏性土可认为已完成 5% ~20%。

建筑物地基变形值 表 6-7

地基变形指标	图　例	计算方法
沉降量	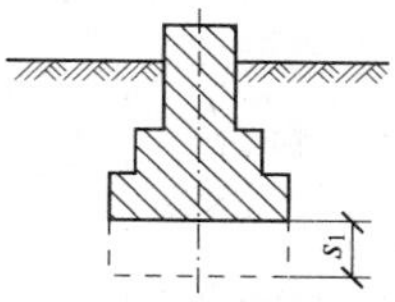	s_1 基础重点沉降值
沉降差	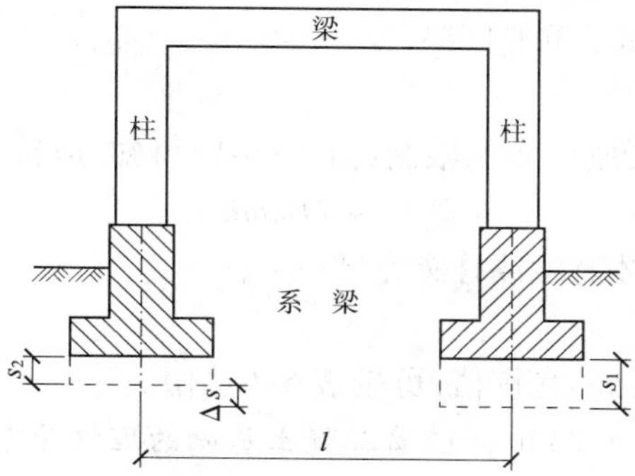	l 为相邻柱基的中心距离，两相邻独立基础沉降值之差：$\Delta s = s_1 - s_2$，规定 Δs 的允许变形为 l 与系数的乘积。例如：框架结构在高压缩性土基础中邻柱柱基沉降差允许值为 $0.003l$ 或 $3‰\ l$
倾斜	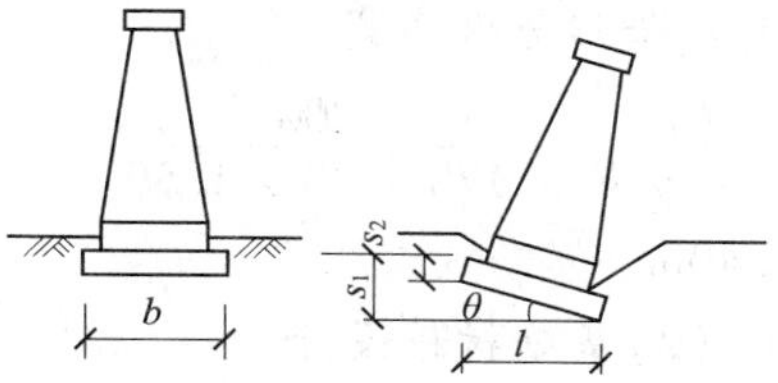	基础倾斜方向两端点的沉降差与其距离的比值：$\tan\theta = \dfrac{s_1 - s_2}{l}$
局部倾斜	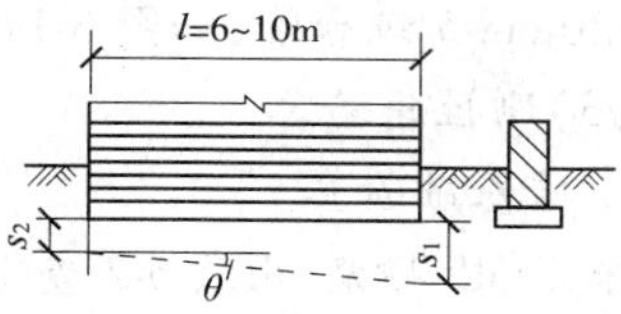	砌体承重结构沿纵向 6 ~ 10m 内基础两点的沉降差与其距离的比值：$\tan\theta = \dfrac{s_1 - s_2}{l}$

2）地基的稳定性验算

地基稳定性可用圆弧滑动面法进行验算。稳定安全系数 K 为最危险滑动面上各力对滑动中心所产生的抗滑力矩与滑动力矩的比值，并应符合下式要求：

$$K = \frac{M_R}{M_s} \geqslant 1.2 \tag{6-16}$$

式中：M_R ——抗滑力矩；

M_s ——滑动力矩。

当滑动面为平面时，稳定安全系数 K 应提高为 1.3。

6.6 浅基础设计

6.6.1 无筋扩展基础设计

1)无筋扩展基础的适用范围

前面说明,由砖、毛石、素混凝土、毛石混凝土与灰土等材料建筑的基础称无筋扩展基础,这种基础只能承受压力,不能承受弯矩或拉力,可用于6层和6层以下(三合土基础不宜超过4层)的民用建筑和砌体承重的厂房。

2)无筋扩展基础底面宽度

无筋扩展基础的宽度,受刚性角的限制,由式(6-1)可知,应符合式(6-17)的要求。

$$b \leqslant b_0 + 2H_0\tan\alpha \tag{6-17}$$

式中:b_0 ——基础顶面的墙体宽度或柱脚宽度(m);

H_0 ——基础高度(m);

$\tan\alpha$ ——基础台阶宽高比的允许值,可按表6-2选用。

【例6-2】 某办公楼,承重240mm砖墙混凝土基础的埋深为1.50m,上部结构传来的轴向压力为$F=200$kN/m,地基承载力特征值为$f_a=178$kPa,地下水位在基础地面以下。试设计无筋扩展条形基础。

解:(1)按承载力要求初步确定条形基础底宽

$$b_{min} \geqslant \frac{F_k}{f_a-\gamma_G d} = \frac{200}{178-20\times1.50} = 1.35\text{m}$$

初步选定基础宽度取$b=1.40$m。

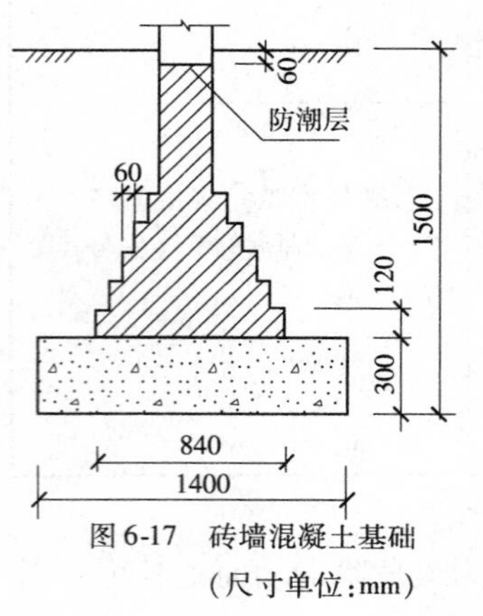

图6-17 砖墙混凝土基础(尺寸单位:mm)

(2)基础材料设计

基础底部用素混凝土,强度等级为C15,高度$H_0=300$mm。其上用砖,质量要求不低于MU7.5,每皮砖宽度$b_1=60$mm,$h_1=120$mm 5级台阶,如图6-17所示。

(3)刚性角验算

①砖基础验算

采用M5砂浆,由表6-2查得基础台阶宽高比允许值$\tan\alpha'=1:1.50$。

设计上部砖墙宽度为$b_0'=240$mm。砖基础底部实际宽度为:

$$b_0 = b_0' + 2\times5\times60 = 240+600 = 840\text{mm}$$

根据式(6-17)得砖基础允许底宽为:

$$\begin{aligned} b' &= b_0' + 2H_0'\tan\alpha' \\ &= 240+2\times5\times120\times0.67 = 1044\text{mm} > b_0 = 840\text{mm} \end{aligned}$$

设计宽度正好满足要求。

②混凝土基础验算

根据表6-2查得混凝土基础台阶宽高比允许值$\tan\alpha=1:1.00$。

设计$b_0=840$mm,$H_0=300$mm,基底宽度$b=1400$mm。

由式(6-17)得混凝土基础允许底宽为：

$$b_0 + 2H_0\tan\alpha = 840 + 2 \times 300 \times 1$$
$$= 1440\text{mm} > b = 1400\text{mm}$$

因此，设计基础宽度安全。

6.6.2 扩展基础设计

扩展基础是指柱下钢筋混凝土独立基础和墙下钢筋混凝土条形基础。扩展基础底面外伸的宽度大于基础高度，基础材料承受拉应力。

1）扩展基础的适用范围

扩展基础适用于上部结构荷载较大，有时为偏心荷载或承受弯矩和水平荷载的建筑的基础。当地基表层土质较好、下层土质较差的情况，利用表层好土质浅层，最适合采用扩展基础。

2）扩展基础构造要求

（1）锥形截面基础的边缘高度，不宜小于200mm，阶梯形基础的每阶高度，宜为300～500mm。

（2）基础下的垫层厚度不宜小于70mm；垫层混凝土强度等级不宜低于C10。

（3）底板受力钢筋的最小直径不宜小于10mm，间距不宜大于200mm和小于100 mm。当有垫层时，钢筋保护层厚度不宜小于40mm，无垫层时不宜小于70mm。纵向分布钢筋直径不小于8mm，间距不大于300mm。每延米分布钢筋的面积不应小于受力钢筋面积的15%。

（4）混凝土强度等级不应低于C20。

（5）当地基软弱时，为了减少不均匀沉降的影响，基础截面可采用带肋的板，肋的纵向钢筋和箍筋按经验确定。

3）扩展基础计算

（1）扩展基础底面积

$$A \geqslant \frac{F_k}{f_a - \gamma_G d} \tag{6-18}$$

（2）扩展基础高度和变阶处高度

按照钢筋混凝土受冲切公式计算。对矩形截面柱的矩形基础，在柱与基础交接处和基础变阶处的受冲切承载力，可按式(6-19)～式(6-21)计算，如图6-18所示。

$$F_l \leqslant 0.7\beta_{hp} f_t a_m h_0 \tag{6-19}$$

$$F_l = P_j A_l \tag{6-20}$$

$$a_m = \frac{a_t + a_b}{2} \tag{6-21}$$

式中：F_l ——相应于作用的基本组合时作用在A_l上的地基土净反力设计值；

β_{hp} ——受冲切承载力截面高度影响系数。当承台高度h不大于800mm时，β_{hp}取1.0；当h大于等于2000mm时，β_{hp}取0.9，其间按线性内插法取用；

f_t ——混凝土轴心抗拉强度设计值；

h_0 ——基础冲切破坏锥体的有效高度；

a_m ——冲切破坏锥体最不利一侧计算长度；

a_t ——冲切破坏锥体最不利一侧斜截面的上边长。当计算柱与基础交接处的受冲切承载力时，取柱宽；当计算基础变阶处的受冲切承载力时，取上阶宽；

a_b ——冲切破坏锥体最不利一侧斜截面在基础底面积范围内的的下边长。当冲切破坏锥体的底面落在基础底面以内，如图 6-18a)、b) 所示，计算柱与基础交接处的受冲切承载力时，取柱宽加 2 倍基础有效高度；当计算基础变阶处的受冲切承载力时，取上阶宽加 2 倍该处的基础有效高度；当冲切破坏锥体的底面在 l 方向落在基础底面以外，即 $a+2h_0 \geqslant l$ 时，如图 6-21c) 所示，$a_b = l$；

A_l——冲切验算时取用的部分基底面积，如图 6-18a)、b) 中阴影面积 $ABCDEF$ 或图 6-18c) 中阴影面积 $ABCD$；

P_j ——扣除基础自重及其上土重后相应于作用的基本组合时的地基土单位面积净反力(kPa)，对偏心受压基础可取基础边缘处最大地基土单位面积净反力。

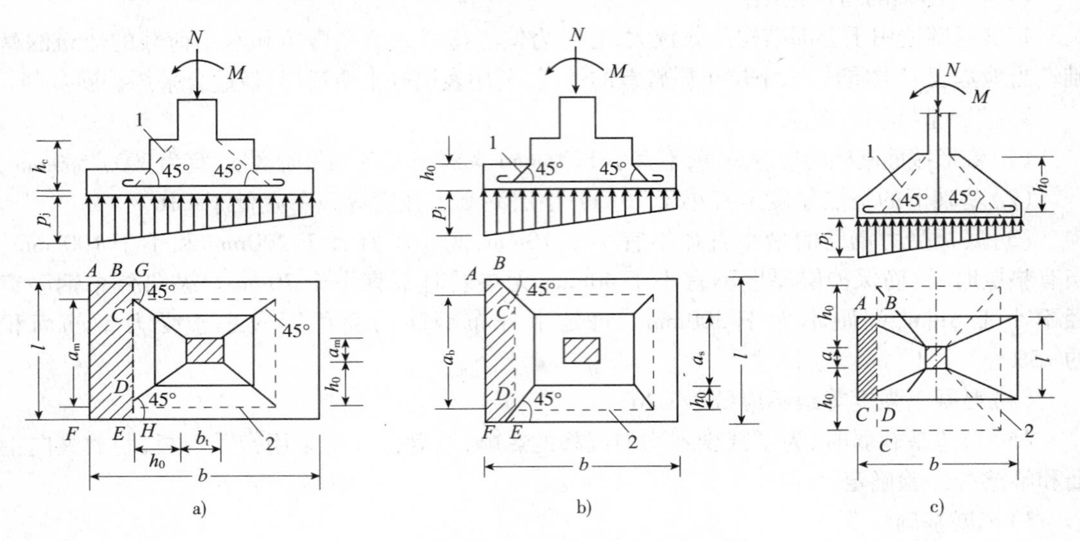

图 6-18 计算阶形基础的受冲切承载力截面位置

a) 柱与基础交接处；b)、c) 基础变阶处

1-冲切破坏锥体最不利一侧的斜截面；2-冲切破坏锥体的底面线

由式(6-19)和式(6-20)可得：

$$P_j A_l \leqslant 0.7\beta_{hp} f_t a_m h_0 \tag{6-22}$$

当冲切破坏锥体的底面落在基础底面以内，由图 6-21a)、b) 可知：

$$A_l = A_{AGHF} - (A_{BCG} + A_{DHE}) = \left(\frac{b}{2} - \frac{b_t}{2} - h_0\right)l - \left(\frac{l}{2} - \frac{a_t}{2} - h_0\right)^2 \tag{6-23}$$

$$a_m = \frac{a_t + a_b}{2} = \frac{a_t + (a_t + 2h_0)}{2} = a_t + h_0 \tag{6-24}$$

由式(6-23)和式(6-24)得：

$$F_l = P_j A_l = P_j\left[\left(\frac{b}{2} - \frac{b_t}{2} - h_0\right)l - \left(\frac{l}{2} - \frac{a_t}{2} - h_0\right)^2\right] \tag{6-25}$$

将式(6-25)代入式(6-22)，即可得基础有效高度 h_0 为：

$$h_0 = \frac{1}{2}(-b_t + \sqrt{b_t^2 + c}) \tag{6-26}$$

式中：h_0 ——基础底板有效高度(mm)；

b_t ——基础边长 b 方向对应的柱截面的短边(mm)；

a_t ——基础边长 l 方向对应的柱截面长边(mm)；

c ——系数。其值为：

矩形基础：
$$c = \frac{2b(l - a_t) - (b - b_t)^2}{1 + 0.6\dfrac{f_t}{P_j}} \tag{6-27}$$

正方形基础：
$$c = \frac{b^2 - b_t^2}{1 + 0.6\dfrac{f_t}{P_j}} \tag{6-28}$$

当冲切破坏锥体的底面在 l 方向落在基础底面以外，由图 6-21c）可知：

$$A_1 = \left(\frac{b}{2} - \frac{b_t}{2} - h_0\right)l$$

基础底板厚度为基础有效高度 h_0 加承台底面钢筋的混凝土保护层之和。

有垫层时
$$h = h_0 + 40\text{mm} \tag{6-29}$$

无垫层时
$$h = h_0 + 75\text{mm} \tag{6-30}$$

保护层厚度不宜小于 70 mm；当设素混凝土垫层时，保护层厚度可适当减少。工程中常先设定承台高度 h，并取 h_0 = 承台高度 h − 保护层厚度，用式(6-24)和式(6-25)进行验算。

(3)扩展基础弯矩计算

在轴心荷载或单向偏心荷载作用下底板受弯，可按下面简化方法计算任意截面的弯矩。

①矩形基础弯矩计算

如图 6-19 所示，当矩形基础台阶的宽高比小于或等于 2.5 和偏心距小于或等于 $\frac{1}{6}$ 基础宽度时，任意截面的弯矩可按下列公式计算：

$$M_{\mathrm{I}} = \frac{1}{12}a_1^2\left[(2l + a')\left(p_{\max} + p - \frac{2G}{A}\right) + (p_{\max} - p)l\right] \tag{6-31}$$

$$M_{\mathrm{II}} = \frac{1}{48}(l - a')^2(2b + b')\left(p_{\max} + p_{\min} - \frac{2G}{A}\right) \tag{6-32}$$

式中：M_{I}、M_{II} ——任意截面Ⅰ－Ⅰ、Ⅱ－Ⅱ处相应于作用的基本组合时的弯矩设计值；

a_1 ——任意截面Ⅰ－Ⅰ至基地边缘最大反力处的距离；

$p_{\max}$、$p_{\min}$ ——相应于作用的基本组合时基础底面边缘最大和最小地基反力设计值；

p ——相应于作用的基本组合在任意截面Ⅰ－Ⅰ处基础底面地基反力设计值；

G ——考虑荷载分项系数的基础自重及其上的土自重。当组合值由永久荷载控制时，$G = 1.35G_k$，G_k 为基础及其上土的标准自重。

②墙下条形基础弯矩计算

墙下条形基础任意截面的弯矩计算，可取 $l = a' = 1\text{m}$，如图 6-20 所示，按式(6-31)进行计算。其最大弯矩截面的位置，应符合下列规定：当墙体材料为混凝土时，取 $a_1 = b_1$；如为砖墙且放脚不大于 1/4 砖长时，取 $a_1 = b_1 + 0.06$。

(4)基础底板配筋

按照国家标准《混凝土结构设计规范》有关规定，基础底板内受力钢筋面积可按式(6-33)确定：

$$A_s = \frac{M}{0.9h_0 f_y} \tag{6-33}$$

式中：A_s ——条形基础每延米长基础底板受力钢筋面积（mm^2）；

f_y ——钢筋抗拉强度设计值。

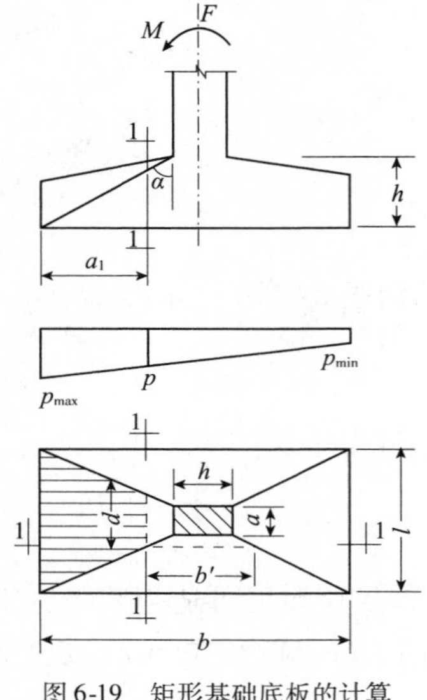

图 6-19　矩形基础底板的计算

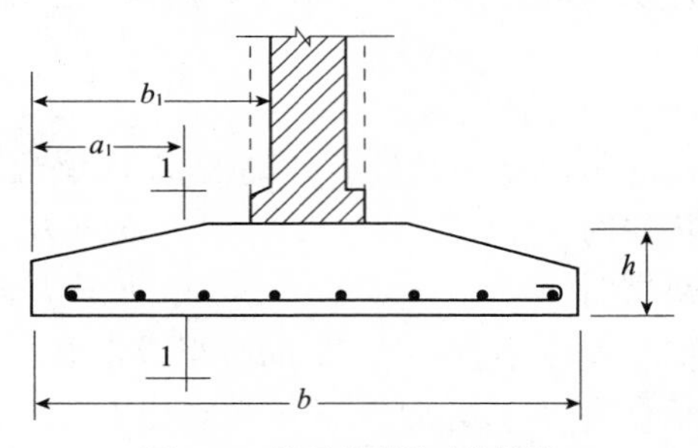

图 6-20　墙下条形基础的计算

【例 6-3】　某框架结构上部荷载 $F_k=2500\text{kN}$，柱截面尺寸为 1200mm × 1200mm。基础埋深 2.0m，假设经深宽修正后的地基承载力特征值 $f_a=213\text{kPa}$。基础混凝土强度等级 C20，混凝土抗拉强度设计值 $f_t=1.1\text{N/mm}^2$。设计此钢筋混凝土柱基础。

解：(1) 柱基底面面积

$$A \geqslant \frac{F_k}{f_a-\gamma_G d}=\frac{2500}{213-20\times 2}=14.45\text{m}^2$$

$l=b=3.80\text{m}$，采用正方形基础。

(2) 基础底板厚度 h

①基底净反力　　$$p_j=\frac{F_k}{l\times b}=\frac{2500}{3.8\times 3.8}=173\text{kPa}$$

②系数 c

已知 $f_t=1.1\text{N/mm}^2=1100\text{kPa}$。根据式(6-28)得：

$$c=\frac{b^2-b_t^{\ 2}}{1+0.6\dfrac{f_t}{P_j}}=\frac{3.80^2-1.20^2}{1+0.6\dfrac{1100}{173}}=\frac{14.44-1.44}{1+3.82}=\frac{13}{4.82}=2.70$$

③基础有效高度 h_0

$$h_0=\frac{1}{2}(-b_t+\sqrt{b_t^2+c})=\frac{1}{2}(-1.20+\sqrt{1.2^2+2.70})$$

$$=\frac{1}{2}(-1.20+2.03)=0.415\text{m}=415\text{mm}$$

④基础底板厚度 h'

$$h'=h_0+40=415+40=455\text{mm}$$

⑤设计采用基础底板厚度 h

取 2 级台阶，各厚 300mm，则承台高度 $h=2\times 300=600\text{mm}$。

采用实际基础有效高度 $h_0 = h - 40 = 600 - 40 = 560\text{mm}$。

(3)基础底板配筋

①基础台阶宽高比由图 6-21a)可知：$\frac{650}{300} = 2.17 < 2.5$。

②柱与基础交界处的弯矩，由式(6-32)得(因无偏心荷载，故 $p = p_{max} = p_{min} = P_j$)：

$$M = \frac{1}{48}(l - a')^2\left[(2b + b')\left(p_{max} + p_{min} - \frac{2G}{A}\right)\right]$$

$$= \frac{1}{48}(3.80 - 1.20)^2[(2 \times 3.80 + 1.20) \times (2P_j - 2\gamma_G d)]$$

$$= \frac{1}{48} \times 2.6^2 \times 8.8 \times 2 \times (173 - 2 \times 20)$$

$$= 329.67\text{kN} \cdot \text{m} = 329.67 \times 10^6\text{N} \cdot \text{mm}$$

③基础底板受力钢筋面积由式(6-33)得：

$$A_s = \frac{M}{0.9h_0 f_y} = \frac{329.67 \times 10^6}{0.9 \times 560 \times 210} = 3166\text{mm}^2$$

④基础底板每 1m 配筋面积：

$$A'_s = \frac{A_s}{b} = \frac{3166}{3.81} = 818\text{mm}^2$$

采用 Φ 16@200，实际每 1m 配筋为：

$$A''_s = 1206\text{mm}^2$$

应沿基础底面双向配筋，详见图 6-21b)所示。

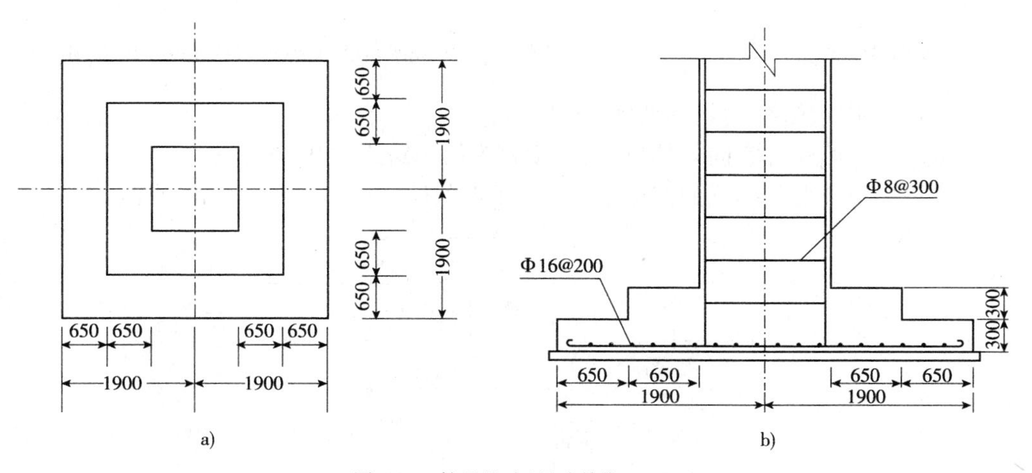

图 6-21　扩展基础(尺寸单位：mm)

a)设计平面图；b)设计剖面图

6.6.3　柱下条形基础设计

1)应用范围

(1)单柱荷载较大，地基承载力不很大，按常规设计的柱下独立基础，因基础需要底面积大，基础之间的净距很小。为施工方便，把各基础之间的净距取消，连在一起，即为柱下条形基础，如图 6-22 所示。

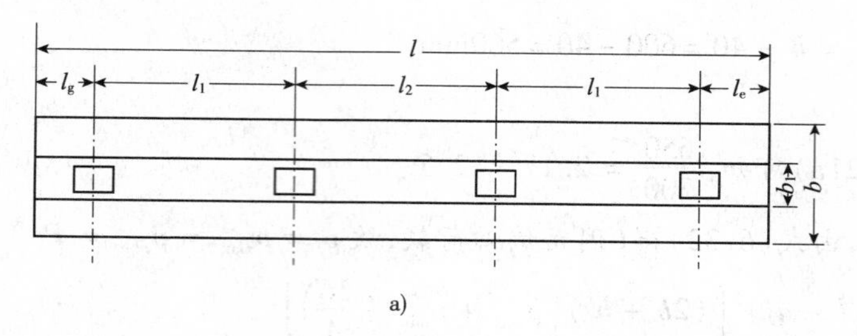

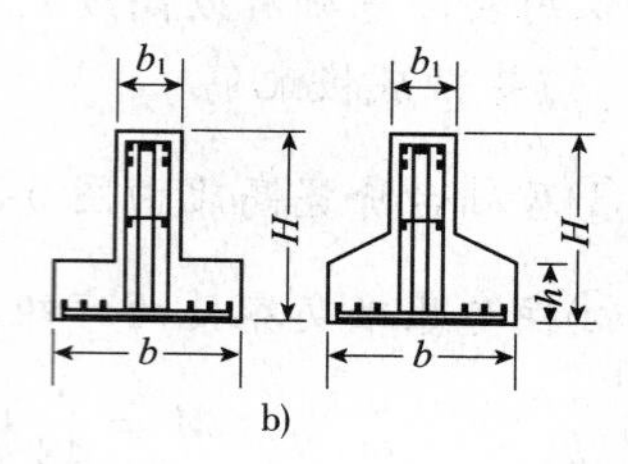

图 6-22 柱下条形基础

a)平面图;b)剖面图

(2)对于不均匀沉降或振动敏感的地基,为加强结构整体性,可将柱下独立基础连成条形基础。

2)截面类型

根据柱子的数量、基础的剖面尺寸、上部荷载大小、分布以及结构刚度等情况,柱下条形基础可分别采用以下两种形式:

(1)等截面条形基础

此类基础的横截面通常呈倒 T 形,底部挑出部分为翼板,其余部分为肋部。

(2)局部扩大条形基础

此类基础的横截面,在与柱交接处局部加高或扩大,以适应柱与基础梁的荷载传递和牢固联接。

3)设计要点

(1)构造要求

基础梁高 H 宜为 $\left(\frac{1}{4} \sim \frac{1}{8}\right)l$(l 为柱距)。翼板厚度不小于 200mm,当翼板厚大于 250mm 时,宜采用变厚度翼板,其坡度 $i \leqslant 1:3$。

(2)条形基础的端部宜向外伸出,其长度宜为第一跨距的 0.25 倍。

(3)现浇柱与条形基础梁的交接处,其平面尺寸不应小于图 6-23 中的规定。

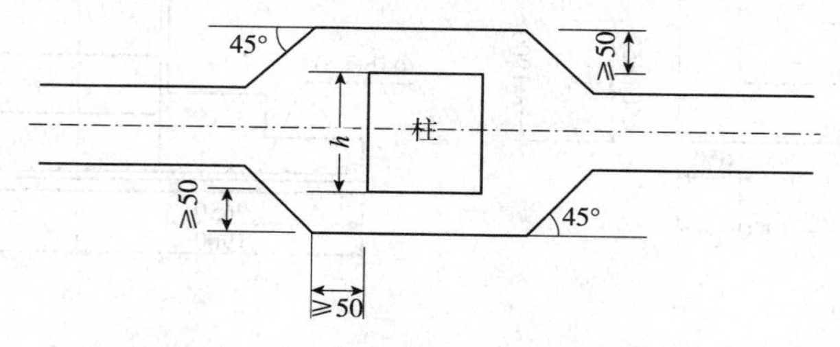

图 6-23 现浇柱与条形基础梁交接处平面尺寸(尺寸单位:cm)

(4)条形基础梁顶部和底部的纵向受力钢筋除应满足计算要求外,顶部钢筋按计算配筋全部贯通,底部通长钢筋的面积不应少于底部受力钢筋截面总面积的 1/3。

(5)柱下条形基础的混凝土强度等级不应低于 C20。

4)基础底面面积 A

柱下条形基础可视为一狭长的矩形基础进行计算。即

$$A = l \times b \geqslant \frac{F_k}{f_a - \gamma_G d} \tag{6-34}$$

式中：A ——条形基础底面面积；

l ——条形基础长度，由构造要求设计；

b ——条形基础宽度，由上部荷载与地基承载力确定。

5）条形基础梁的内力计算

（1）按连续梁计算

这是计算条形基础梁内力的常用方法，适用于地基比较均匀，上部结构刚度较大，荷载分布较均匀，且条形基础梁的高度 $H > \frac{1}{6}l$ 的情况。地基反力可按直线分布计算。

因基础自重不引起内力，采用基底净反力计算内力，进行配筋（净反力计算中不包括基础自重与其上覆土的自重）。两端边跨应增加受力钢筋，并上下均匀配置。

（2）按弹性地基梁计算

当上部结构刚度不大，荷载分布不均匀，且条形基础梁高 $H < \frac{1}{6}l$ 时，地基反力不按直线分布，可按弹性地基梁计算内力。通常采用文克尔（Winkler）地基上梁的基本解。

文克尔地基模型，假设地基上任一点所受的压应力与该点的地基沉降 s 成正比，即：

$$p = Ks \tag{6-35}$$

式中：K ——基床系数。

K 值的大小与地基土的种类、松密程度、软硬状态、基础底面尺寸大小、形状以及基础荷载、刚度等因素有关。K 值应由现场载荷试验确定；如无载荷试验资料，可按表 6-8 选用。

基床系数 K 的经验值 表 6-8

土的分类	土的状态	K（N/cm^3）
淤泥质黏土	流塑	3.0～5.0
淤泥质黏性土	流塑	5.0～10
黏土、黏性土	软塑 可塑 硬塑	5.0～20 20～40 40～100
砂土	松散 中密 密实	7.0～15 15～25 25～40
砾石	中密	25～40

【例 6-4】 试分析图 6-24 所示柱下条形基础的内力。基础长 20m，宽 2.0m，高 1.1m。荷载和柱距如图 6-24 所示。

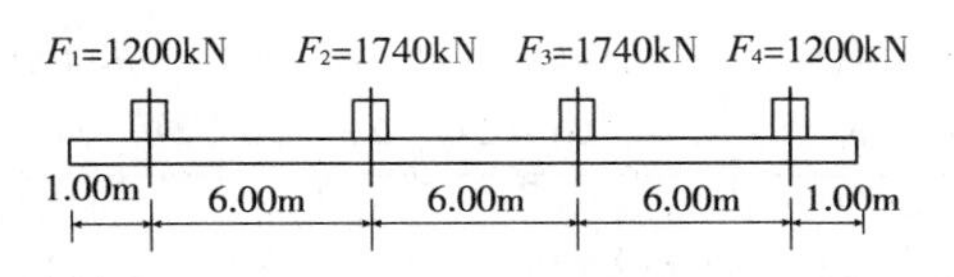

图 6-24 柱下条形基础荷载和柱距

解：（1）计算柱下条形基础地基反力

因荷载和结构对称,则基础地基反力为均匀分布。为:

$$q = \frac{\sum F}{l} = \frac{(1200 + 1740) \times 2}{20} = 294\text{kN/m}$$

视基础梁为在地基反力作用下以柱脚为支座的三跨连续梁,计算简图如图 6-25 所示。

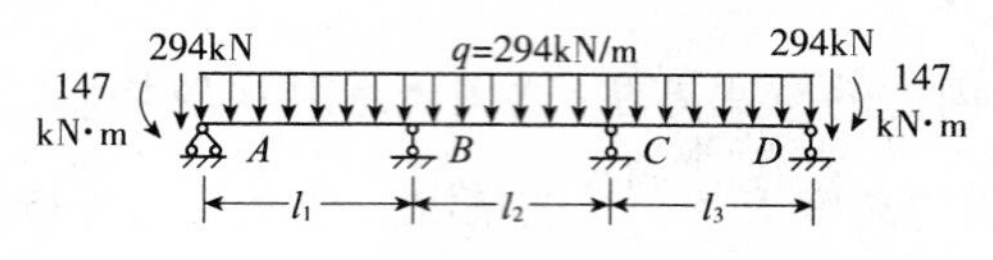

图 6-25　基础梁计算简图

(2)用弯矩分配比例法算得内力和支座反力,如图 6-26 ~ 图 6-28 所示。

弯矩:　固端　$M_{A1} = M_{D1} = -147\text{kN}\cdot\text{m}$;$M_{B1} = M_{C1} = -1029\text{kN}\cdot\text{m}$

　　　跨中　$M_{AB1} = M_{CD1} = 734.5\text{kN}\cdot\text{m}$;$M_{BC1} = 294\text{kN}\cdot\text{m}$

剪力:　$V^l_{C1} = -V^r_{B1} = -882\text{kN}$;$V^l_{D1} = -V^r_{A1} = -734.8\text{kN}$

　　　$V^r_{C1} = -V^l_{B1} = 1029\text{kN}$;$V^r_{D1} = -V^l_{A1} = 294\text{kN}$

支座反力:$R_{A1} = R_{D1} = 294 + 734.8 = 1028.8\text{kN}$;$R_{B1} = R_{C1} = 1029 + 882 = 1911\text{kN}$

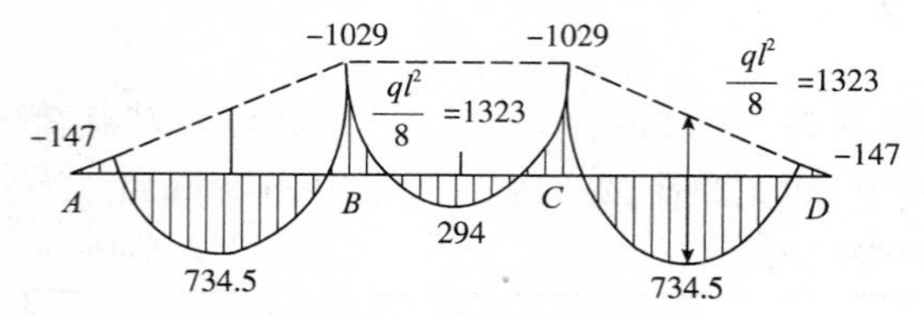

图 6-26　基础梁弯矩图(弯矩单位:kN·m)

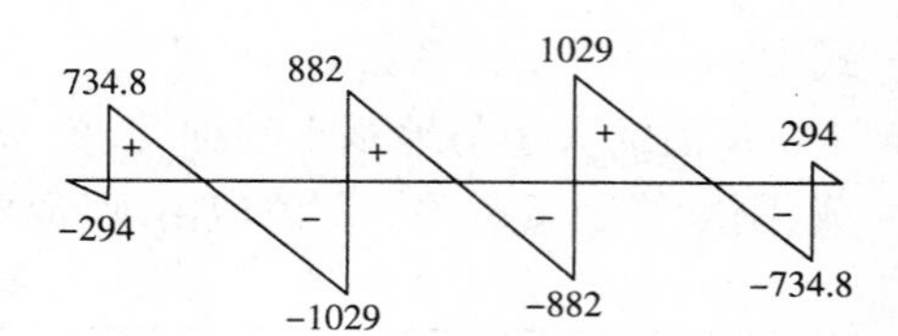

图 6-27　基础梁剪力图(剪力单位:kN)

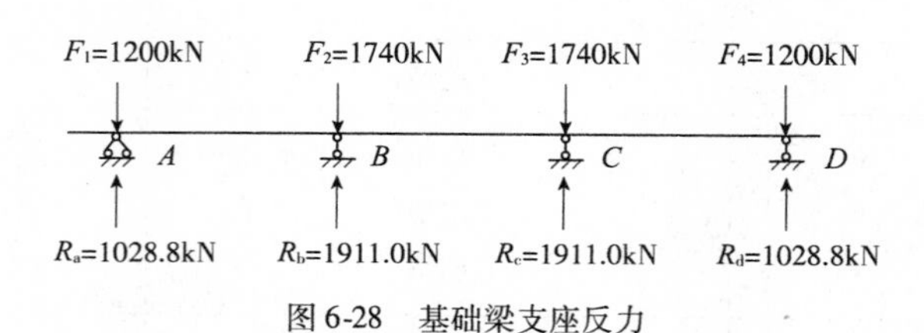

图 6-28　基础梁支座反力

(3)由于支座反力与原柱荷载不相等,需调整,将差值折算成分布荷载,分布在支座两侧各 1/3 跨内,如图 6-29 所示。

$$q_1 = q_4 = \frac{1200 - 1028.8}{1 + \frac{6}{3}} = 57.3\text{kN/m}(\downarrow)$$

$$q_2 = q_3 = \frac{1740 - 1911}{6/3 + 6/3} = -42.8\text{kN/m}(\uparrow)$$

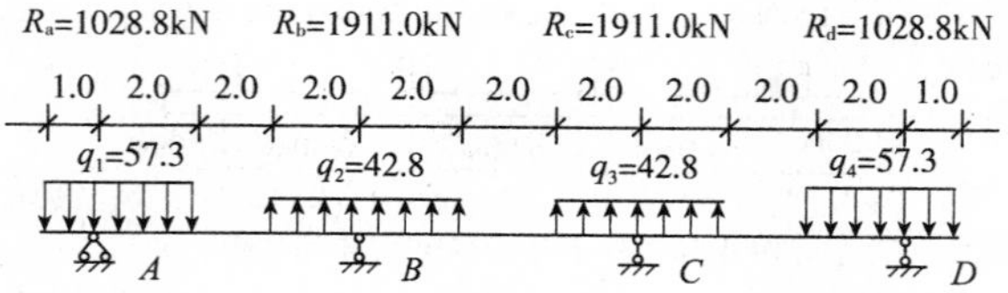

Ra=1028.8kN　Rb=1911.0kN　Rc=1911.0kN　Rd=1028.8kN

1.0　2.0　2.0　2.0　2.0　2.0　2.0　2.0　2.0　2.0　1.0

q1=57.3　q2=42.8　q3=42.8　q4=57.3

A　B　C　D

图 6-29　基础梁荷载调整(尺寸单位:m;力的单位:kN/m)

(4)计算图 7-29 的内力和支座反力

弯矩：
$$M_{A2}=M_{D2}=-28.7\text{kN}\cdot\text{m}$$
$$M_{B2}=M_{C2}=43.5\text{kN}\cdot\text{m}$$

剪力：
$$V_{C2}^{l}=-V_{B2}^{r}=85.7\text{kN}$$
$$V_{C2}^{r}=-V_{B2}^{l}=-64.3\text{kN}$$
$$V_{D2}^{l}=-V_{A2}^{r}=-93.3\text{kN}$$
$$V_{D2}^{r}=-V_{A2}^{l}=57.3\text{kN}$$

支座反力：
$$R_{A2}=R_{D2}=57.3+92.7=150\text{kN}(\uparrow)$$
$$R_{B2}=R_{C2}=-64.3-85.6=-149.9\text{kN}(\downarrow)$$

(5)支座反力两次计算结果叠加
$$R_{A}=R_{A1}+R_{A2}=1029+150=1179\text{kN}(\uparrow)$$
$$R_{D}=1179\text{kN}(\uparrow)$$
$$R_{B}=R_{B1}+R_{B2}=1911-149.9=1761.1\text{kN}(\uparrow)$$
$$R_{C}=1761.1\text{kN}(\uparrow)$$

与柱荷载比较，误差小于2%，故不需要再作调整。

(6)梁内弯矩和剪力两次计算结果叠加

弯矩：
$$M_{A}=M_{D}=-147-28.7=-175.7\text{kN}\cdot\text{m};$$
$$M_{B}=M_{C}=-1028.8+43.5=-985.3\text{kN}\cdot\text{m}$$

剪力：
$$V_{A}^{l}=V_{A1}^{l}+V_{A2}^{l}=-294-57.3=-351.3\text{kN};\ V_{D}^{r}=351.3\text{kN}$$
$$V_{A}^{r}=V_{A1}^{r}+V_{A2}^{r}=734.8+93.3=828.1\text{kN};\ V_{D}^{l}=-828.1\text{kN}$$
$$V_{B}^{l}=V_{B1}^{l}+V_{B2}^{l}=-1028.8+64.3=-964.9\text{kN};\ V_{C}^{r}=964.9\text{kN}$$
$$V_{B}^{r}=V_{B1}^{r}+V_{B2}^{r}=882-85.7=796.5\text{kN};\ V_{C}^{l}=-796.5\text{kN}$$

最终弯矩和剪力图如图 6-30 所示。

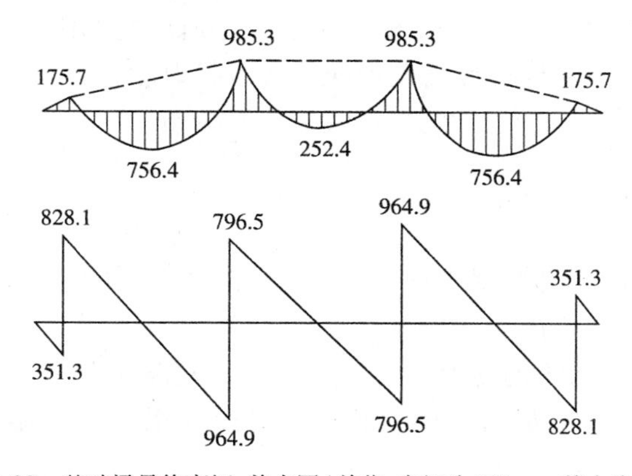

图 6-30　基础梁最终弯矩、剪力图(单位:弯矩为 kN·m,剪力为 kN)

6.6.4　筏形基础

1)应用范围

当上部结构荷载较大，地基土较软，采用十字交叉基础不能满足地基承载力要求或采用人工地基不经济时,则可采用筏形基础。对于采用箱形基础不能满足地下空间使用要求的情况,如地下停车场、商场、娱乐场等,也可采用筏形基础。此时筏形基础的厚度可能会比较大。

筏形基础分梁板式和平板式两种类型,应根据地基土质、上部结构体系、柱距、荷载大小以及施工等条件确定。

2)筏形基础内力的计算及配筋要求

当地基比较均匀、上部结构刚度较好,且柱荷载及柱间距的变化不超过20%时,筏形基础可仅考虑局部弯曲作用,按倒置楼盖法进行计算。计算时地基反力可视为均布荷载,其值应扣除底板自重。

当地基比较复杂、上部结构刚度较差,或柱荷载及柱间距变化较大时,筏基内力应按弹性地基梁板方法进行分析。

按倒置楼盖法计算的梁板式筏基,其基础的内力可按连续梁分析,边跨跨中弯距以及第一内支座的弯矩值宜乘以1.2的系数。考虑整体弯曲的影响,梁式板筏基的底板和基础梁的配筋除满足计算要求外,纵横方向的支座钢筋尚应有1/2~1/3贯通全跨,且其配筋率不应小于0.15%;跨中钢筋应按实际配筋全部连通。

按倒梁法计算的平板式筏基,柱下板带和跨中板带的承载力应符合计算要求。柱下板带中在柱宽及其两侧各0.5倍板厚的有效宽度范围内的钢筋配置量不应小于柱下板带钢筋的一半,且应能承受作用在冲切临界截面重心上的部分不平衡弯矩的作用。

同样,考虑到整体弯曲的影响,柱下筏板带和跨中板带的底部钢筋应有1/2~1/3贯通全跨,且配筋率也不应小于0.15%;顶部钢筋应按实际配筋全部连通。

3)筏形基础的承载力计算要点

梁板式筏基底板的板格应满足受冲切承载力的要求。梁板式筏基的板厚不应小于300mm,且板厚与板格的最小跨度之比不应小于1/20。梁板式筏基的基础梁除满足正截面受弯及斜截面受剪承载力外,尚应验算底层柱下基础梁顶面的局部受压承载力。

平板式筏基的板厚应能满足受冲切承载力的要求。板的最小厚度不宜小于400mm。计算时应考虑作用在冲切临界截面重心上的不平衡弯矩所产生的附加剪力。平板式筏板除满足受冲切承载力外,尚应验算柱边缘处筏板的受剪承载力。

6.6.5 箱形基础简介

1)概述

箱形基础是指由底板、顶板、侧墙及一定数量内隔墙构成的整体刚度较大的钢筋混凝土箱形结构,简称箱基。

箱基是在工地现场浇筑的钢筋混凝土大型基础。箱基的尺寸很大:平面尺寸通常与整个建筑平面外形轮廓相同;箱基高度至少超过3m,超高层建筑的箱基可有数层,高度可超过10m。

我国第一个箱基工程是1953年设计的北京展览馆中央大厅的基础,此后,北京、上海与全国各省市很多高层建筑均采用箱基。

2)箱形基础的特点

(1)箱基的整体性好、刚度大

由于箱基是现场浇筑的钢筋混凝土箱型结构,整体刚度大,可将上部结构荷载有效地扩散传给地基,同时又能调整与抵抗地基的不均匀沉降,并减少不均匀沉降对上部结构的不利影响。

(2)箱基沉降量小

由于箱基的基槽开挖深,面积大,土方量大,而基础为空心结构,以挖除土的自重来抵消或减少上部结构荷载,属于补偿性设计,由此可以减小基底的附加应力,使地基沉降量减小。

(3)箱基抗震性能好

箱基为现场浇筑的钢筋混凝土整体结构,底板、顶板与内外墙体厚度都较大。箱基不仅整体刚度大,而且箱基的长度、宽度和埋深都大,在地震作用下箱基不可能发生移滑或倾覆,箱基本身的变形也不大。因此,箱基是一种具有良好抗震性能的基础形式。例如,1976 年唐山发生 7.8 级大地震时,唐山市区平地上的房屋全部倒塌,但当地最高建筑物——新华旅社 8 层大楼反而未倒,该楼采用的即是箱形基础。

但是,箱形基础的纵横隔墙给地下空间的利用带来了诸多限制。由于这个原因,现在有许多建筑物采用了筏形基础。通过增加筏形基础的厚度来获得足够的整体性和刚度。

3)箱形基础的适用范围

(1)高层建筑

高层建筑为了满足地基稳定性的要求,防止建筑物的滑动与倾覆,不仅要求基础整体刚度大,而且需要埋深大,常采用箱形基础。

(2)重型设备

重型设备或对不均匀沉降有严格要求的建筑物,可采用箱形基础。

(3)需要地下室的各类建筑物

人防、设备间等常采用箱形基础。

(4)上部结构荷载大,地基土较差

当上部结构荷载大,地基土较软弱或不均匀,无法采用独立基础或条形基础时,可采用天然地基箱形基础,避免打桩或人工加固地基。

(5)地震烈度高的重要建筑物

重要建筑物位于地震烈度 8 度以上设防区,根据抗震要求可采用箱形基础。

单 元 小 结

1)天然地基上浅基础的类型

(1)按材料及受力情况,分为无筋扩展基础和扩展基础。

无筋扩展基础的主要形式有砖基础、三合土基础、灰土基础、毛石基础、混凝土及毛石混凝土基础。

扩展基础是指柱下钢筋混凝土独立基础和墙下钢筋混凝土条形基础。

(2)按构造情况,分为独立基础、条形基础、片阀基础和箱型基础。

2)基础埋置深度的确定

影响基础埋置深度的因素有:

(1)建筑物的用途、有无地下室、设备基础和地下设施、基础的形式和构造;

(2)相邻建筑物基础埋深的影响;

(3)作用在地基上的荷载大小和性质；
(4)土层的性质和分布；
(5)地下水条件；
(6)地基土冻胀和融陷的影响。
3)承载力的确定
(1)基础底面压力的计算
(2)地基承载力特征值及其确定
①承载力载荷试验 $p-s$ 曲线确定
②根据土的抗剪强度指标计算
③当地经验参数法
④地基承载力特征值的宽度修正
4)基础尺寸的确定
(1)中心荷载作用下基础尺寸
(2)偏心荷载作用下基础尺寸
5)地基变形与稳定验算
(1)地基的变形验算

$$s \leqslant [s]$$

(2)地基稳定性验算

$$K = \frac{M_R}{M_s} \geqslant 1.2$$

6)浅基础设计
(1)无筋扩展基础设计
(2)扩展基础设计
(3)柱下条形基础设计

思 考 题

1. 浅基础设计应注意哪些问题？
2. 浅基础设计的步骤有哪些？
3. 浅基础有哪些构造类型？它们的适用条件如何？
4. 选择基础埋深应考虑哪些因素？
5. 确定地基承载力有哪些方法？
6. 如何按地基承载力确定基础底面尺寸？
7. 无筋扩展基础如何设计？
8. 扩展基础的适用范围是什么？有哪些构造要求？
9. 柱下条形基础的适用范围是什么？有哪些设计要点？
10. 条形基础梁的内力如何计算？
11. 筏形基础的内力计算及配筋有哪些要求？
12. 箱形基础的适用范围是什么？有哪些特点？

实 践 练 习

1. 某地基土为中性的碎石，其承载力f_{ak}为500kPa，地下水位以上的重度$\gamma=19.8kN/m^3$，地下水位以下的饱和重度$\gamma_{sat}=21.0kN/m^3$，地下水距地表为1.3m。基础埋深$d=1.8m$，基底宽$b=3.5m$。试求地基土承载力特征值。

2. 某工业厂房柱下矩形基础拟建在双层地基上，第一层为填土，$\gamma=18.50kN/m^3$，厚1.2m，第二层为黏土层，$\gamma=19.30kN/m^3$，厚8.0m，基础埋深1.2m，基底长宽比取1.2，已知柱的轴心荷载为1900kN，试确定基底尺寸。（已知：黏土层地基承载力特征值$f_{ak}=205kPa$，$\eta_b=0.3$，$\eta_d=1.6$）

实践二　浅基础设计

1）实践目的

根据本课程教学大纲的要求，学生应通过本设计掌握天然地基上的浅基础设计的原理与方法，培养学生的分析问题、实际运算和绘制施工图的能力，以巩固和加强对基础设计原理的理解。

2）设计任务与资料

设计单层工业厂房排架柱基础，按使用功能要求，上部结构的柱截面尺寸设计为400mm×700mm，间距为6m，外柱柱角处内力组合设计值为：

$F_k=500kN$，$M=150kN\cdot m$，$V=25kN$，基础梁宽为240mm，传递集中力$P=160kN$，室内外设计地坪高差为0.15m，地质剖面资料如图6-31所示。（注：该地区的标准冻深$Z_0=1.2m$，冬季采暖期间的平均气温为9℃，吊车起重量为35t，厂房跨度为30m）

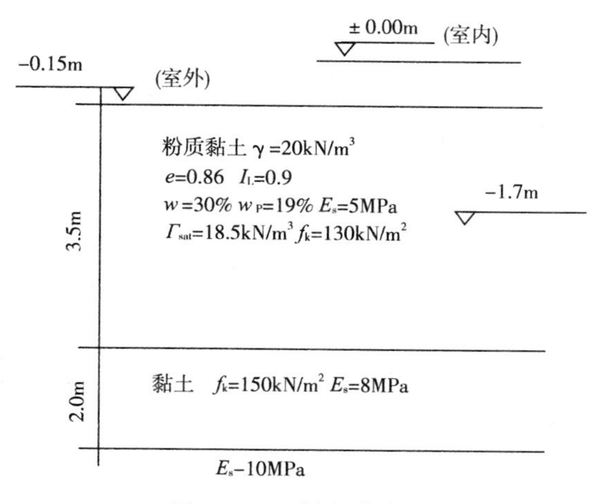

图6-31　地质剖面资料图

3）设计成果要求

（1）设计说明书

要求写出完整的计算说明书，包括荷载计算，基础类型及材料选择、埋深确定、底面尺寸确定、剖面尺寸确定及配筋量计算。

(2)图纸

绘制2号图一张(独立基础平面、剖面图)。

4)设计步骤

(1)根据地质条件确定基础的埋置深度;

(2)根据地基承载力与荷载计算基底面积,并进行软弱下卧层验算;

(3)根据建筑层数及地质条件确定基础类型;

(4)地基变形验算;

(5)基础剖面设计与结构计算;

(6)绘制基础施工图,编写施工说明书。

第7单元　桩基础及其他深基础

单元重点：

(1)掌握桩基础的类型选择；

(2)掌握桩基础的单桩承载力确定；

(3)理解桩基础的承载力与沉降验算；

(4)能利用以上的各知识点进行桩基础的设计；

(5)了解其他的各种深基础。

7.1　桩基础概述

当地基土的上部土层比较软弱，且建筑物的上部荷载很大，采用浅基础已经不能满足建筑物对地基变形和强度的要求，同时，采用地基处理又不经济时，可以利用地基土的下部土层作为基础的持力层，从而可将基础设计为深基础。常用的深基础有桩基础、沉井基础、地下连续墙、沉箱基础等多种类型。而这些深基础中最常用的又是桩基础，本节仅对桩基础作简单的介绍。

桩基础简称桩基，通常由承台和桩身两部分组成。桩基础通过承台把若干根桩的顶部联结起来组合成一个整体，共同承受上部结构的荷载。当承台底面低于地面以下时，承台称为低桩承台，相应的桩基础称为低承台桩基础，如图7-1a)所示。当承台底面高于地面时，承台称为高桩承台，相应的桩基础称为高承台桩基础，如图7-1b)所示。工业与民用建筑多用低承台桩基础。

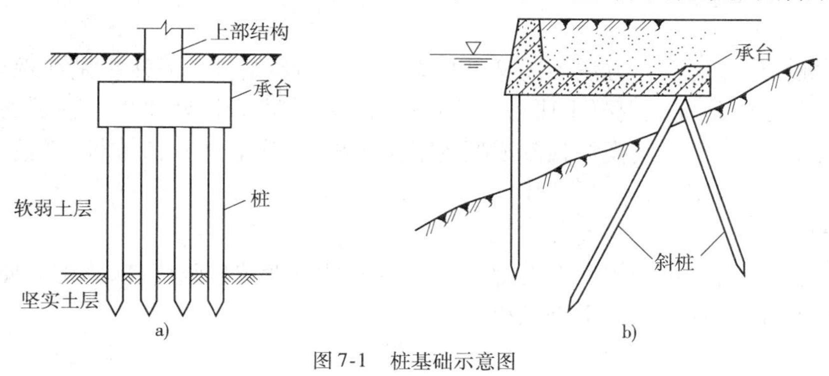

图7-1　桩基础示意图

a)低承台桩基础；b)高承台桩基础

7.1.1　桩基础的类型

1)按桩的承载性状分类

桩在上部竖向荷载作用下，桩顶部的竖向荷载可由桩身与桩侧岩土层间的侧向阻力和桩端的端阻力共同承担。由于桩侧、桩端岩土的物理力学性质以及桩的尺寸和施工工艺不同,桩侧和桩端阻力的大小以及它们分担荷载的比例有很大差异,因此可将桩分为摩擦型桩和端承型桩。

(1)摩擦型桩

①摩擦桩。在极限承载力状态下,桩顶竖向荷载由桩侧阻力承受。即在深厚的软弱土层中,桩顶竖向荷载绝大部分的由桩侧阻力承受,桩端阻力小到可以忽略不计的桩。

②端承摩擦桩。在极限承载力状态下,桩顶竖向荷载主要由桩侧阻力承受。即在深厚的软弱土层中,桩的长径比很大,桩顶竖向荷载由桩侧阻力和桩端阻力共同承受,但大部分由桩侧阻力承受的桩。这种桩应用较广。

(2)端承型桩

①端承桩。在极限承载力状态下,桩顶竖向荷载由桩端阻力承受。即在深厚的软弱土层中,桩的长径比很小,桩顶竖向荷载绝大部分由桩端阻力承受,桩侧阻力可以小到忽略不计的桩。

②摩擦端承桩。在极限承载力状态下,桩顶竖向荷载主要由桩端阻力承受。即在深厚的软弱土层中,桩顶竖向荷载由桩侧阻力和桩端阻力共同承担,但主要由桩端阻力承受的桩。

2)按桩的使用功能分类

当上部结构完工后,承台下部的桩不但要承受上部结构传递下来的竖向荷载,还担负着由于风和其他作用引起的水平荷载。根据桩在使用状态下的抗力性能,把桩可分为以下 4 类:

(1)竖向抗压桩

主要承受竖向下压荷载的桩。

(2)竖向抗拔桩

主要承受竖向上拔荷载的桩。

(3)水平受荷桩

主要承受水平方向荷载的桩。

(4)复合受荷桩

承受竖向、水平向荷载均较大的桩。

3)按桩身构成材料分类

(1)混凝土桩

混凝土桩按照桩的制作方法不同又可分为灌注桩和预制桩。灌注桩是在现场采用机械或人工挖掘成孔,就地浇灌混凝土成桩。这种桩可在桩内设置钢筋笼以增强桩的强度,也可不配筋。预制桩是在工厂或现场预制成型的混凝土桩,有实心、空心;方桩、管桩之分。混凝土桩在工程上应用很广。

(2)钢桩

钢桩主要有大直径钢管桩和 H 形钢桩等。钢桩的抗弯抗压强度高,施工方便,但缺点是造价高,不耐腐蚀,目前仅用于重点工程。

(3)组合材料桩

组合材料桩是指用两种材料组合而成的桩,如钢管内填充混凝土,或上部为钢管桩而下部为混凝土等形式的组合桩。

4)按成桩方法分类

桩基础成桩时对建筑场地内的土层结构有扰动,并产生挤土效应,引发施工环境的若干问题。根据成桩方法和挤土效应,将桩分为非挤土桩、部分挤土桩和挤土桩 3 类。

(1)非挤土桩

非挤土桩施工成过程中自桩孔内向外排土，桩身处土体排除的桩。通常采用的干作业法（如人工挖孔扩底灌注桩）、泥浆护壁法（如潜水钻孔）、套管护壁法施工而成的桩都为非挤土桩。这种桩在成孔过程中已将孔中的土体清除掉，故没有产生成桩时的挤土作用。

（2）部分挤土桩

部分挤土桩是指采用预钻孔打入式预制桩、打入式敞口钢管桩、冲击成孔灌注桩、钻孔压注成型灌注桩。这种桩在成桩过程对桩周围土体的强度及变形会产生一定的影响。

（3）挤土桩

挤土桩是指挤土灌注桩（如沉管、爆扩灌注桩），挤土预制桩（打入、静压）。这种桩在打入、振入、压入过程中都需将桩位处的土完全排挤开，这样使土的结构遭受严重破坏；除此之外，这种成桩方式还会对场地周围环境造成较大影响，因而事先必须对成桩所引起的挤土效应进行评价，并采取相应的防护措施。

5）按桩径大小分类

（1）小直径桩

桩径 $d \leqslant 250$mm，多用于基础加固和复合桩基础。

（2）中等直径桩

桩径 250mm $< d <$ 800mm，应用较广。

（3）大直径桩

桩径 $d \geqslant 800$mm，多用于高层或重型建筑物基础。

7.1.2 桩的施工工艺简介

1）预制桩

预制桩的设计强度及龄期均达到后才能采用各种方法将桩沉入土中，预制桩抗变形能力强，适用于新填土或极软弱的基土中。

（1）预制桩的种类

按照桩材料的不同，主要有钢筋混凝土桩、预应力钢筋混凝土桩、钢桩等多种。

①钢筋混凝土桩。钢筋混凝土桩的截面有方形和圆形。其中最常用的是方桩，断面尺寸从 250mm × 250mm 到 550mm × 550mm。桩顶主筋焊在预埋角钢上，一般桩长超过 25 ~ 30m 时需要接桩，接头不宜超过两个。接桩方法可采用钢板焊接桩、法兰接桩及硫磺胶泥锚接桩。当采用静压法沉桩时，常采用空心桩；在软土层中亦有采用三角形断面，以节省材料，增加侧面积和摩阻力。桩的长径比不宜大于 80。混凝土强度不宜低于 C30。桩内主筋的配筋率不宜小于 0.8%。主筋直径不宜小于 ϕ14，箍筋直径为 6 ~ 8mm，间距不大于 200mm。

②预应力钢筋混凝土桩。简称预应力桩，是将钢筋混凝土桩的部分或全部主筋作为预应力张拉钢筋，采用先张法或后张法对桩身混凝土施加预压应力，以减小桩身混凝土的拉应力和弯拉应力，提高桩的抗冲（锤）击能力和抗弯能力。预应力桩的特点是：强度高，抗裂性好。

③钢桩。钢桩强度高，抗冲击能力强和贯入能力强，且便于切割、连接和运输，质量可靠，沉桩速度快以及挤土效应较小。但是钢桩造价高，耐腐蚀性差。

（2）预制桩的施工工艺

预制桩的施工工艺包括制桩与沉桩两部分，沉桩工艺又随沉桩机械而变，主要有打入式、静压式和振动式 3 种。

①打入式。打入式是采用蒸汽锤、柴油锤、液压锤等，依靠锤芯的自重自由下落以及部

分液压产生的冲击力,将桩体贯入土中,直至设计深度,即为打桩。这种工艺会产生较大的振动、挤土效应和噪声,引起邻近建筑或地下管线的附加沉降或隆起,所以实施时应加强对邻近建筑物和地下管线的变形监测与施工控制,并采取周密的防护措施。打入桩适用于松软土层和较空旷的地区。

②静压式。静压式是采用液压或机械方法对桩顶施加静压力而将桩压入土中并达到设计高程。施工过程中无振动和噪声,适宜在软土地带城区施工。但应注意,其挤土效应仍不可略,亦应采取防挤措施。

③振动式。振动式是借助于放置在桩顶的振动锤使桩产生振动,从而使桩周围土体受到扰动或液化,于是桩体在自重和动力荷载作用下沉入土中。选用时应综合考虑其振动、噪声和挤土效应。

2)灌注桩

灌注桩是指在预定的桩位上通过机械钻孔、钢管挤土或人力挖掘等手段,在地基土中形成的孔内放置钢筋笼,再在其中灌注混凝土而做成的桩。灌注桩的优点是省去了预制桩的制作、运输、吊装和打入等工序,从而节省了材料、降低了工程造价。其缺点是成桩过程完全在地下完成,施工过程中的许多环节把握不当则会影响成桩质量。灌注桩按照成孔以及排土是否需要泥浆,划分为干作业成孔和湿作业成孔;按照成孔方法,可将灌注桩分为沉管灌注桩、钻孔灌注桩和钻孔扩底灌注桩等几大类。

(1)沉管灌注桩

沉管灌注桩的沉管方法可选用打入、振动和静压任何一种。其施工程序一般包括以下4个步骤:沉管、放笼、灌注、拔管。沉管灌注桩的优点是在钢管内无水环境中沉放钢筋笼和灌注混凝土,从而为桩身混凝土的质量提供了保障。沉管灌注中需要注意的问题的主要有两个:一是在拔除钢套管时,提管速度不宜过快,否则会造成颈缩、带泥、甚至断桩;二是沉管过程中的挤土效应除产生与预制桩类似的影响外,还可能使混凝土尚未结硬的邻桩被剪断,这样就需要控制好提管速度,并使桩管产生振动,不让管内出现真空,提高桩身混凝土的密实度,并保持其连续性。

(2)钻孔灌注桩

它是指利用各种钻孔机具在地面用机械方法钻孔,清除孔内泥土,再向孔内灌注混凝土。其施工顺序主要分为3大步:钻孔、沉放导管和钢筋笼、灌注混凝土成桩。

钻孔桩的优点在于施工过程无挤土效应、无振动、噪声小,对邻近建筑物及地下管线危害较小,且桩径不受限制,是城区高层建筑常采用的类型。钻孔桩的最大缺点是端部承载力不能充分发挥,并造成较大沉降。

(3)钻孔扩底灌注桩

它是指用钻机钻孔后,再通过钻杆底部装置的扩刀,将孔底再扩大。扩大角度不宜大于15°,扩底后直径不宜大于3倍桩身直径。孔底扩大后可以提高桩的承载力。

7.1.3 桩及桩基础的构造要求

(1)摩擦型桩的中心距不宜小于桩身直径的3倍;扩底灌注桩的中心距不宜小于扩底直径的1.5倍,当扩底直径大于2m时,桩端净距不宜小于1m。在确定桩距时尚应考虑施工工艺及挤土效应对邻近桩的影响。

(2)扩底灌注桩的扩底直径,不应大于桩身直径的3倍。

(3)桩底进入持力层的深度，根据地质条件、荷载及施工工艺确定，宜为桩身直径1～3倍。在确定桩底进入持力层深度时，尚应考虑特殊土、岩溶以及振陷液化等影响。嵌岩灌注桩周边嵌入完整和较完整的未风化、微风化、中风化硬质岩体的最小深度，不宜小于0.5m。

(4)布置桩位时宜使桩基承载力合力点与竖向永久荷载合力作用点重合。

(5)预制桩的混凝土强度等级不应低于C30；灌注桩不应低于C25；预应力桩不应低于C40。

(6)桩的主筋应经计算确定。打入式预制桩的最小配筋率不宜小于0.8%；静压预制桩的最小配筋率不宜小于0.6%；灌注桩的最小配筋率不宜小于0.2%～0.65%（小直径桩取大值）。

(7)配筋长度要求如下：

①受水平荷载和弯矩较大的桩，配筋长度应通过计算确定。

②桩基承台下存在淤泥、淤泥质土或液化土层时，配筋长度应穿过淤泥、淤泥质土或液化土层。

③坡地岸边的桩、8度及以上地震区的桩、抗拔桩、嵌岩端承桩应通长配筋。

④桩径大于600mm的钻孔灌注桩，构造钢筋的长度不宜小于桩长的2/3。

(8)桩顶嵌入承台内的长度不应小于50mm。主筋伸入承台内的锚固长度不宜小于钢筋直径（HPB235级钢）的30倍和钢筋直径（HRB335级钢和HRB400级钢）的35倍。对于大直径灌注桩，当采用一柱一桩时，可设置承台或将桩和柱直接连接。桩和柱的连接可按高杯口基础的要求选择截面尺寸和配筋，柱纵筋插入桩身的长度应满足锚固长度的要求。

(9)灌注桩主筋保护层厚度不应小于50mm，预制桩不应小于45mm，预应力管桩不应小于35mm，腐蚀环境中的灌注桩不应小于55mm。

(10)在承台及地下室周围的回填中，应满足填土密实性的要求。

7.2 单桩竖向承载力的确定

在外荷载作用下，引起基础破坏的原因大致可分为两类：一是由于桩的本身强度不够而引起的破坏；二是地基承载能力不够而引起的破坏。桩基础设计时，在选定桩基础的类型后，就需要根据建筑物基础的等级、上部荷载效应的组合及地基土的地质条件确定单桩的竖向承载力。

7.2.1 单桩竖向承载力特征值的确定应满足的有关规定

(1)单桩竖向承载力特征值应通过单桩竖向静载荷试验确定。在同一条件下的试桩数量不宜少于总桩数的1%，且不应少于3根。

(2)当桩端持力层为密实砂卵石或其他承载力类似的土层时，对单桩承载力很高的大直径端承型桩，可采用深层平板载荷试验确定桩端土的承载力特征值。

(3)地基基础设计等级为丙级的建筑物，可采用静力触探及标贯试验参数结合工程经验确定竖向承载力特征值。

(4)初步设计时，单桩竖向承载力特征值可按式(7-1)估算：

$$R_a = q_{pa}A_p + u_p \sum q_{sia}l_i \tag{7-1}$$

式中：R_a ——单桩竖向承载力特征值；

q_{pa}、q_{sia} ——桩端端阻力、桩侧阻力特征值，由当地静载荷试验结果统计分析算得；

A_p ——桩底端横截面面积；

u_p ——桩身横截面的周边长度；

l_i ——第 i 层岩土的厚度。

(5)桩端嵌入完整及较完整的硬质岩中，当桩长较短且入岩较浅时，可按式(7-2)估算单桩竖向承载力特征值：

$$R_a = q_{pa}A_p \tag{7-2}$$

式中：q_{pa} ——桩端岩石承载力特征值(kN)。

7.2.2 单桩竖向承载力特征值的确定——静载荷试验

1. 试验目的

在建筑工程的施工现场，用与设计采用的工程桩规格尺寸完全相同的试桩，进行静载荷试验，直至加载破坏，确定单桩竖向极限承载力，并进一步计算出单桩竖向承载力特征值。

2. 试验装置

一般试验荷载采用油压千斤顶加载，千斤顶反力装置常用下列方法：

(1)锚桩横梁反力装置，如图7-2a)所示。该装置要求试桩与两端锚桩的中心距不应小于桩径。如果采用工程桩作为锚桩时，锚桩数量不得少于4根，并应对试验过程中锚桩的上拔量进行监测。

(2)压重平台反力装置，如图7-2b)所示。该装置要求压重平台支墩边到试桩的净距不应小于3倍桩径，并大于1.5m。装置提供的反力不得少于预估试桩荷载的1.2倍。

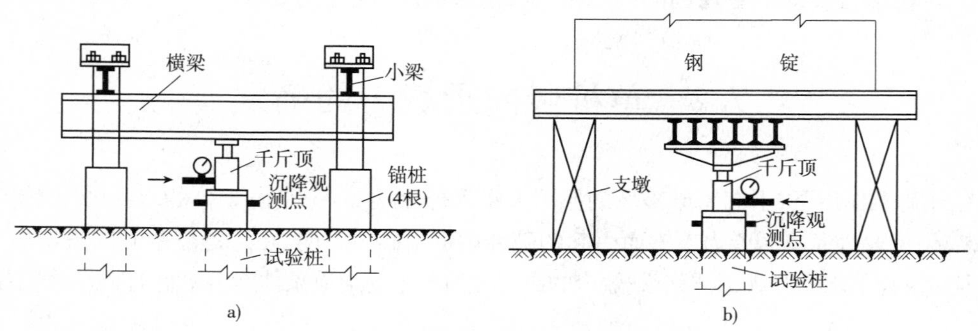

图7-2 单桩静载荷试验的装置

a)锚桩横梁反力装置；b)压重平台反力装置

(3)锚桩压重联合反力装置。该装置是指当试桩最大加荷量超过锚桩的抗拔力时，可在横梁上放置一定重物，由锚桩和重物共同承担反力。

3. 荷载与沉降的量测

(1)在千斤顶上安置应力环和应变式压力传感器直接测定。

(2)试桩沉降量测一般采用百分表或电子位移计。

4. 静载荷试验注意事项

(1)加荷采用慢速维持荷载法，即逐级加载，每级荷载达到相对稳定后再加下一级荷载，直至试验破坏，然后分级卸载到零。每级加载量为预估极限荷载的1/8～1/10。

(2)测读桩沉降量的间隔时间：每级加荷后，每隔5min、10min、15min各读一次，以后每隔 15min 读一次，累计 1h 后每隔 30min 读一次。

(3)沉降相对稳定标准：在每级荷载作用下，每小时的沉降量连续 2 次在每小时内不超过 0.1mm 时，可认为相对稳定。可以施加下一级荷载。

(4)为安置测点及仪表，试桩顶部高于试坑地面的高度不应小于 60cm，试坑地面与承台底的设计高程相同。

(5)终止加载条件。符合下列条件之一时可终止加载：

①当荷载~沉降曲线上有可判定极限承载力的陡降段，且桩顶总沉降量超过 40mm。

②某级荷载作用下，桩的沉降量大于前一级荷载作用下沉降量的 2 倍，且经 24h 尚未达到相对稳定。

③25m 以上的非嵌岩桩，荷载~沉降曲线呈缓变型时，桩顶总沉降量大于 60~80mm。

④在特殊条件下，可根据具体要求加载至桩顶总沉降量大于 100mm。

(6)卸载观测的规定：每级卸载值为加载值的 2 倍。卸载后隔 15min 测读一次，读 2 次后，隔 30min 再读一次，即可卸下一级荷载。全部卸载后，隔 3~4h 再测读一次。

5. 单桩竖向极限承载力的确定

(1)作荷载—沉降(Q—S)曲线和其他辅助分析所需的曲线。

(2)当陡降段明显时，取相应于陡降段起始点对应的荷载值。

(3)出现某级荷载作用下，桩的沉降量大于前一级荷载作用下沉降量的 2 倍，且经 24h 尚未达到相对稳定的情况，取前一级荷载值。

(4)Q—S 曲线呈缓变型时，取桩顶总沉降量 $s=40\text{mm}$ 所对应的荷载值，当桩长大于 40m 时，宜考虑桩身的弹性压缩。

(5)当按上述方法判断有困难时，可结合其他辅助分析方法综合判定，对桩基沉降在特殊要求者，应根据具体情况选取。

6. 单桩竖向承载力特征值的确定

(1)参加统计的试桩，当满足其极差不超过平均值的 30% 时，可取其平均值为单桩竖向极限承载力。极差超过平均值的 30% 时，宜增加试桩数量并分析其过大的原因，再结合工程具体情况确定极限承载力。

(2)对桩数为 3 根及以下的柱下桩台，取最小值作为单桩竖向极限承载力。

(3)将单桩竖向极限承载力除以安全系数 2，为单桩竖向承载力特征值 R_a。

7.3 桩基承载力与沉降验算

7.3.1 桩基承载力验算

1)单桩轴心竖向力作用

$$Q_k=\frac{F_k+G_k}{n}\leqslant R_a \tag{7-3}$$

式中：F_k——相应于作用的标准组合时，作用于桩基承台顶面的竖向力(kN)；

G_k——桩基承台自重及承台上覆土的自重设计值；

n ——桩基中的桩数；

Q_k ——相应于作用的标准组合时，轴心力竖向力作用下任一单桩的竖向力(kN)；

R_a ——单桩竖向承载力特征值(kN)。

2)偏心竖向力作用

$$Q_{ik} = \frac{F_k + G_k}{n} \pm \frac{M_{xk} y_i}{\sum y_i^2} \pm \frac{M_{yk} x_i}{\sum x_i^2} \tag{7-4}$$

$$Q_{ikmax} \leqslant 1.2 R_a \tag{7-5}$$

式中：Q_{ik} ——相应于作用的标准组合时，偏心竖向力作用下第 i 根桩的竖向力(kN)；

M_{xk}、M_{yk} ——相应于作用的标准组合时，作用于承台底面通过桩群形心的 x、y 轴的力矩(kN·m)；

x_i、y_i ——桩 i 至桩群形心的 y、x 轴线的距离(m)；

R_a ——单桩竖向承载力特征值(kN)。

7.3.2 桩基软弱下卧层验算

当桩端持力层下存在软弱下卧层时，尤其是当桩基的平面尺寸较大、桩基持力层的厚度相对较薄时，应考虑桩端平面下受力层范围内的软弱下卧层发生强度破坏的可能性。对于桩距 $S_a \leqslant 6d$ 的群桩基础，桩基下方有限厚度持力层的冲剪破坏，一般可按整体冲剪破坏考虑，此时桩基作为实体深基础，假设作用于桩基的竖向荷载全部传到持力层顶面并作用于桩群外包线所围的面积上，该荷载以 θ 角扩散到软弱下卧层顶面，对软弱下卧层顶面处的承载力进行验算。

7.3.3 桩基变形验算

1)应进行沉降验算的建筑物桩基的要求：

(1)地基基础设计等级为甲级的建筑物桩基。

(2)体型复杂、荷载不均匀或桩端以下存在软弱土层的设计等级为乙级的建筑物桩基。

(3)摩擦型桩基。

(4)嵌岩桩、设计等级为丙级的建筑物桩基、对沉降无特殊要求的条形基础下不超过两排桩的桩基、吊车工作级别 A5 及以下的单层工业厂房桩基，可不进行沉降验算。

(5)当有可靠地区经验时，对地质条件不复杂、荷载均匀、对沉降无特殊要求的端承型桩基也可不进行沉降验算。

2)桩基变形特征及允许值

桩基础的沉降不得超过建筑物的沉降允许值。

桩基变形特征可分为沉降量、沉降差、倾斜及局部倾斜。建筑物桩基变形允许值见表 7-1。

3)桩基变形验算

对于桩基础设计而言，变形常常是比承载力更为重要的控制因素。验算桩基础的变形时，也是将桩群作为整体的深基础，作用在桩尖平面处的承载力，仍按上面的计算公式计算，再用分层总和法进行基础中点的变形验算。

对于桩中心距不大于 6 倍桩径的桩基，其最终沉降量计算可采用等效作用分层综合法。等效作用面位于桩端平面，等效作用面积为桩承台投影面积，等效作用附加压力近似取承台底平均附加压力。等效作用面以下的应力分布采用各向同性均质直线变形体理论。桩基任一点最终沉降量可用角点法按式(7-6)计算：

$$S = \psi \cdot \psi_e S' = \psi \cdot \psi_e \sum_{j=1}^{m} p_{0j} \sum_{i=1}^{n} \frac{z_{ij}\overline{\alpha}_{ij} - z_{(i-1)j}\overline{\alpha}_{(i-1)j}}{E_{si}} \tag{7-6}$$

计算矩形桩基中点沉降时，桩基沉降量可按下式简化计算：

$$S = \psi \cdot \psi_e S' = 4 \cdot \psi \cdot \psi_e \sum \frac{p_0}{E_{si}} z_i \overline{\alpha}_i - z_{i-1} \overline{\alpha}_{i-1} \tag{7-7}$$

对于单桩、单排桩、桩中心距大于6倍桩径的疏桩基础的沉降计算应符合下列规定：

(1)承台地基土不分担荷载的桩基。桩端平面以下地基中由桩基引起的附加应力，按考虑桩径影响的明德林解计算确定。将沉降计算点水平面影响范围内各基桩对应力计算点产生的附加应力叠加，采用单向压缩分层总和法计算土层的沉降，并计入桩身压缩 S_e。桩基的最终沉降量可按下列公式计算：

$$S = \psi \sum \frac{\sigma_{zi}}{E_{si}} \Delta Z_i + S_e \tag{7-8}$$

$$\sigma_{zi} = \sum \frac{Q_j}{l_j^2} [\alpha_j I_{p,ij} + (1 - \alpha_j) I_{s,ij}] \tag{7-9}$$

$$S_e = \xi_e \frac{Q_j l_j}{E_c A_{ps}} \tag{7-10}$$

(2)承台底地基土分担荷载的复合桩基。将承台底土压力对地基中某点产生的附加应力按 Boussinesq 解计算，与基桩产生的附加应力叠加，采用式(7-11)计算其沉降。其最终沉降量可按下列公式计算：

$$S = \psi \sum_{i=1}^{n} \frac{\sigma_{zi} + \sigma_{zci}}{E_{si}} \Delta z_i + S_e \tag{7-11}$$

$$\sigma_{zci} = \sum_{k=1}^{n} \alpha_{ki} \cdot p_{c,k} \tag{7-12}$$

式中：m——以沉降计算点为圆心，0.6倍桩长为半径的水平面影响范围内的基桩数；

n——沉降计算深度范围内土层的计算分层数；分层数应结合土层性质，分层厚度不应超过计算深度的0.3倍；

σ_{zi}——水平面影响范围内各基桩对应力计算点桩端平面以下第 i 层土1/2厚度处产生的附加竖向应力之和；应力计算点应取与沉降计算点最近的桩中心点；

σ_{zci}——承台压力对应力计算点桩端平面以下第 i 计算土层1/2厚度处产生的应力；

Δz_i——第 i 计算土层厚度(m)；

E_{si}——第 i 计算土层的压缩模量(MPa)。采用土的自重压力至土的自重压力加附加压力作用时的压缩模量；

Q_j——第 j 桩在荷载效应准永久组合作用下(对于复合桩基应扣除承台底土分担荷载)桩顶的附加荷载(kN)。当地下室埋深超过5m时，取荷载效应准永久组合作用下的总荷载为考虑回弹再压缩的等代附加荷载；

l_j——第 j 桩桩长(m)；

A_{ps}——桩身截面面积；

α_j——第 j 桩总桩端阻力与桩顶荷载之比，近似取极限总端阻力与单桩极限荷载承载力之比；

$I_{p,ij}$、$I_{s,ij}$——分别为第 j 桩的桩端阻力和桩侧阻力对计算轴线第 i 计算层 1/2 厚度处的应力影响系数；

E_c ——桩身混凝土的弹性模量；

$p_{c,k}$ ——第 k 块承台底均布压力，可按 $p_{c,k} = \eta_{c,k} \cdot f_{ak}$ 取值，其中 $\eta_{c,k}$ 为第 k 块承台底板的承台效应系数；

α_{ki} ——第 k 块承台底角点处，桩端平面以下第 i 计算土层 1/2 厚度处的附加应力系数；

S_e ——计算桩身压缩；

ξ_e ——桩身压缩系数。端承型桩，取 $\xi_e = 1.0$；摩擦型桩，当 $l/d \leqslant 30$ 时，取 $\xi_e = 2/3$；$l/d \leqslant 50$ 时，取 $\xi_e = 1/2$；介于两者之间可线性插值；

ψ ——沉降计算经验系数，无当地经验时，可取 1.0。

对于单桩、单排桩、疏桩复合桩基础的最终沉降量计算深度 Z_n，可按应力比法确定，即 Z_n 处由桩引起的附加应力 σ_z、由承台土压力引起的附加应力 σ_{zc} 与土的自重应力 σ_c 应符合下式要求：

$$\sigma_z + \sigma_{zc} = 0.2\,\sigma_z \tag{7-13}$$

建筑物桩基变形允许值 表 7-1

变 形 特 征	地基土类别	
	中、低压缩性土	高压缩性土
砌体承重结构基础的局部倾斜	0.002	0.003
工业与民用建筑相邻柱基的沉降差		
(1)框架结构	0.002 l	0.003 l
(2)砖石墙填充的边排柱	0.0007 l	0.001 l
(3)当基础不均匀沉降时不产生附加应力的结构	0.005 l	0.005 l
单层排架结构(柱距为 6m)柱基的沉降量(mm)	(120)	200
桥式吊车轨面的倾斜(按不调整轨道考虑)		
纵向	0.004	
横向	0.003	
多层和高层建筑基础的倾斜		
(1) $H_g \leqslant 24$	0.004	
(2) $24 < H_g \leqslant 60$	0.003	
(3) $60 < H_g \leqslant 100$	0.0025	
(4) $H_g \geqslant 100$	0.002	
高耸结构基础的倾斜		
(1) $H_g \leqslant 20$	0.008	
(2) $20 < H_g \leqslant 50$	0.006	
(3) $50 < H_g \leqslant 100$	0.005	
(4) $100 < H_g \leqslant 150$	0.004	
(5) $150 < H_g \leqslant 200$	0.003	
(6) $200 < H_g \leqslant 250$	0.002	
高耸结构基础的沉降差(mm)		
(1) $H_g \leqslant 100$	400	
(2) $100 < H_g \leqslant 200$	300	
(3) $200 < H_g \leqslant 250$	200	

注：①有括号者仅适用于中压缩性土；

②l 为相邻柱基的中心距离(mm)；H_g 为自室外地面起算的建筑物高度(m)。

式中：S——桩基最终沉降量；

S'——按分层总和法计算的桩基沉降量；

ψ——桩基沉降计算经验系数，根据地区桩基础沉降观测资料以及经验统计确定，在不具备条件时可按表7-2选用；

ψ_e——桩基等效沉降系数；

p_0——承台底面平均附加应力；

E_{si}——桩端底面下第i层土的压缩模量；

α_i——桩端底面荷载计算点至第i层土深度范围内平均附加应力系数；

α_{i-1}——桩端底面荷载计算点至第$i-1$层土深度范围内平均附加应力系数；

z_i——桩端底面至第i层土底面的距离；

z_{i-1}——桩端底面至第$i-1$层土底面的距离。

实体深基础计算桩基础沉降的经验系数ψ_p 表7-2

E_s (MPa)	$E_s<15$	$15\leq E_s<30$	$30\leq E_s<40$
ψ_p	0.5	0.4	0.3

7.4 单桩的水平承载力

作用于桩基上的水平荷载主要有挡土建筑物的土压力、水压力、风力及水平地震荷载等。水平荷载作用下桩身的水平位移按桩的长、短考虑会有较大的差别。当地基土比较松软而桩长较短时，桩的相对抗弯刚度大，所以桩体就如刚性体一样绕桩体或土体某一点转动。当桩前方的土体受到桩侧水平压力作用而达到屈服破坏时，桩体的侧向变形迅速增大甚至倾覆，失去稳定。当地基土比较坚硬而桩长较长时，桩的相对抗弯刚度小，所以桩身产生弹性的弯曲变形。随着水平荷载的增大，桩侧土的屈服由上而下发展，但不会出现全范围内的屈服。当水平位移过大时，可因桩体开裂而造成破坏。

单桩水平承载力取决于桩的材料强度、截面刚度、入土深度、土质条件、桩顶水平位移允许值和桩顶嵌固情况等因素。单桩水平承载力的确定应满足两方面条件：第一，桩侧土不因水平位移过大而丧失对桩的水平约束作用，因此，桩的水平位移应较小，在桩长范围内大部分桩侧土处于较小的变形阶段；第二，对于桩身，不允许开裂（或限制裂缝宽度并在卸载后裂缝自动闭合），因此，桩身应处于弹性工作状态。

桩的水平承载力一般通过现场水平静载荷试验确定。试验时，一般采用千斤顶施加水平力，力的作用线应通过工程桩基承台底面高程处，千斤顶与试桩接触处宜设置一球形铰座，以保证作用力能水平通过桩身轴线。桩的水平位移宜用大量程百分表量测，固定百分表的基准桩与试桩的净距不少于一倍试桩直径。

根据试验结果，可绘制水平荷载—位移梯度（$H_0 — \Delta x_0/\Delta H_0$）曲线，如图7-3所示。试验资料表明，上述曲线中通常有两个特征点，所对应的桩顶水平荷载即为临界荷载H_{cr}和极限荷载H_u（亦即单桩水平极限承载力）。H_{cr}一般可取$H_0 — \Delta x_0/\Delta H_0$曲线的第一直线段的终点所对应的荷载。$H_u$一般可取$H_0 — \Delta x_0/\Delta H_0$曲线的第二直线段的终点所对应的荷载。

根据水平静载试验，单桩水平承载力特征值R_{Ha}（kN）为：

$$R_{Ha} = \frac{H_u}{\gamma_h} \tag{7-14}$$

式中：γ_h ——水平抗力分项系数，取 1.6。

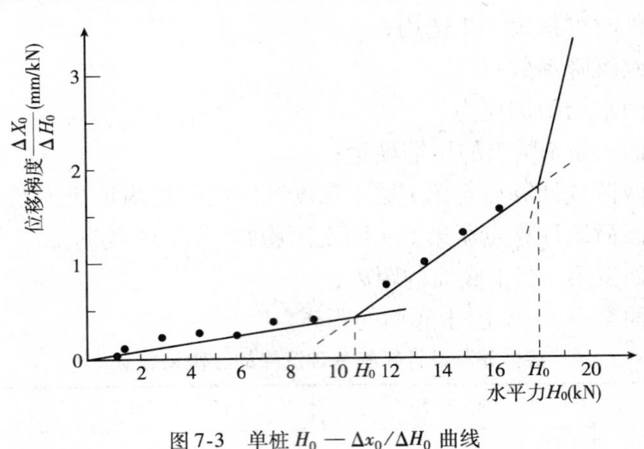

图 7-3　单桩 H_0 — $\Delta x_0/\Delta H_0$ 曲线

7.5　桩基础设计

7.5.1　桩基设计应满足的基本原则

(1)设计前应进行必要的基本情况调查。

(2)选定适用、简便、可行、可靠的设计方法。

(3)测定和选用可靠的原始参数。

(4)确定桩的设计承载力时，应考虑不同结构的允许沉降量。

(5)遵循有关技术规范的规定。

7.5.2　桩基设计应满足的基本要求

(1)在外荷载作用下，保证有足够的强度，不发生失稳。

(2)在外荷载作用下，保证有足够的刚度，保证结构的正常使用。

7.5.3　桩基设计所包括的内容

一般桩基设计应包括的内容有：调查研究、收集相关的设计资料；根据工程地质勘察资料、荷载情况、上部结构的条件要求等确定桩基的持力层；桩基结构形式选择及方案对比；桩基几何参数(桩径、桩长及桩距等)选定；计算并确定单桩承载力；根据上部结构及荷载情况，初拟桩的平面布置和数量；根据桩的平面布置拟定承台尺寸和底面高程；桩基础验算；桩身、承台结构设计；绘制桩基(桩和承台)的结构施工图。

1)桩基设计的基本资料

(1)建筑物上部结构的类型、尺寸、构造、使用要求以及荷载。

(2)符合国家现行规范规定的工程地质勘察报告。

(3)当地建筑材料的供应及施工条件。

(4)施工场地及周围环境。

(5)河流水文资料。

2)桩基础类型的选择

选择桩基础的类型应考虑设计要求和现场的条件,同时要考虑到各种类型桩和桩基础具有不同的特点,要扬长避短,综合考虑,从而选择经济合理、安全适用的桩型和成桩工艺。

(1)低桩承台与高桩承台

应根据桩的荷载情况、桩的刚度、地形、地质、水流、施工等条件确定承台形式。低桩承台稳定性好,但在水中施工难度较大,多用于季节性河流、冲刷小的河流或岸滩上墩台及旱地上其他结构物基础;而对常年有流水、冲刷较深,或水位较高,施工排水困难,在受力条件允许时,应尽可能采用高桩承台。

(2)端承桩和摩擦桩

可根据地质和受力情况选定。端承桩承载力大,沉降量小,较为安全可靠,当基土埋深较浅时,应考虑采用端承桩基础;若适宜的土层埋置较深或受到施工条件限制不宜采用端承桩时,可采用摩擦桩,但要注意,同一桩基础中不宜同时采用端承桩和摩擦桩,也不宜采用不同材料、不同直径和长度相差过大的桩,以避免桩基产生不均匀沉降或丧失稳定性。

(3)单排桩基础和多排桩基础

多排桩基础稳定性好,抗弯刚度大,能承受较大的水平荷载,但承台尺寸大,施工困难;单排桩基础能较好地与柱式墩台结构形式配合,圬工量小,施工方便。因此,当单桩承载力较大,桩数不多时,常采用单排桩基础;而当单桩承载力较小,桩数较多时,则多用多排桩基础。

3)桩基础断面尺寸的选择

(1)混凝土灌注桩。断面形状为圆形,其直径一般随成桩工艺有较大变化。

(2)沉管灌注桩。断面形状为圆形,直径一般为300~500mm之间。

(3)钻孔灌注桩。断面形状为圆形,直径多为500~1200mm。

(4)扩底钻孔灌注桩。断面形状为圆形,扩底直径一般为桩身直径的1.5~2.0倍。

(5)混凝土预制桩。断面形状常用方形,边长一般不超过550mm。

4)桩长的选择

桩长的选择与桩的材料、施工工艺等有关,但桩端持力层的选择是确定桩长的关键。一般桩端应选择岩层或较硬的土层作为持力层。若由于条件的限制,允许深度内没有坚硬土层时,应尽可能选择压缩性较低、承载力较大的土层作为持力层。

桩的实际长度应包括桩尖及嵌入承台的长度。对于摩擦桩,有时桩端持力层可能有多种选择,此时桩长与桩数两者相互制约,可通过试算比较,选用较合理的桩长。对土层单一无法确定桩底高程时,可按承台尺寸和布桩的构造要求布置桩,然后按偏压分配单桩所受轴向承载力反算桩长。摩擦桩的桩长不宜太短,一般不宜小于4m。此外,为保证桩端土层承载能力的充分发挥,桩端应进入持力层一定深度,一般不宜小于1m。在选择桩长时还应该注意对同一建筑物尽量采用同一类型的桩,尤其不应同时使用端承桩和摩擦桩。除落于斜岩面上的端承桩外,桩端高程之差不宜超过相邻桩的中心距,对于摩擦型桩,在相同土层中不宜超过桩长的1/10。如已选择的桩长不能满足承载力或变形等方面的要求,可考虑适当调整桩的长度,必要时需调整桩型、断面尺寸及成桩工艺等。

5）桩的根数估算

桩的根数 n 可根据荷载情况按下式初步确定：

当荷载为轴心荷载时，则有

$$n \geqslant \frac{F_k + G_k}{R_a} \tag{7-15}$$

当荷载为偏心荷载时，则有

$$n \geqslant (1.0 \sim 1.2)\frac{F_k + G_k}{R_a} \tag{7-16}$$

式中：F_k ——相应于作用的标准组合时，作用于承台顶面的竖向力设计值（kN）；

G_k ——桩基承台和承台上土的自重设计值，地下水位以下取有效重度计算。

估算的桩数是否合适，还需验算各桩的受力状况后才能最终确定。除此之外，桩数的确定还与承台尺寸、桩长和桩的间距等相关，确定时应综合考虑。

6）桩间距确定

（1）钻（冲）孔成孔的摩擦桩中心距不得小于2.5倍成孔直径。

（2）支承或嵌固在岩层的柱桩中心距不得小于2.0倍成孔直径，桩的最大中心距也不宜超过5~6倍桩径。

（3）打入桩的中心距不应小于3.0倍桩径，在软土地区宜适当增加。

（4）斜桩的桩端中心距不应小于3.0倍桩径，承台底面处不小于1.5倍桩径。

（5）振动法沉入砂土内的桩，桩端处中心距不应小于4.0倍桩径。

（6）管柱的中心距一般为管柱外径的2.0~3.0倍（摩擦桩）或2.0倍（柱桩）。

（7）为避免承台边缘距桩身过近而发生破裂，并考虑桩顶位置允许的偏差，边桩外侧到承台边缘的距离，对桩径小于或等于1.0m桩不应小于0.5倍桩径，且不小于0.25m；而大于1.0m的桩不应小于0.3倍桩径，并不小于0.5m（盖梁不受此限）。

7）桩基础的平面布置

桩数确定后，根据桩基础的受力情况，桩可采用多种形式的平面布置，如图7-4所示，包括等间距、不等间距布置，正方形、矩形网格布置，三角形、梅花形等布置形式。布置时，应尽量使上部荷载的中心与桩群的中心重合或接近，以使桩基中各桩受力比较均匀。对于柱基，通常布置梅花形或行列式，承台底面积相同时，梅花式可排列较多的基桩，而行列式更有利于施工；对于条形基础，通常布置成一字形，小型工程一排桩，大中型工程两排桩；对于烟囱、水塔基础，通常布置成圆环形。

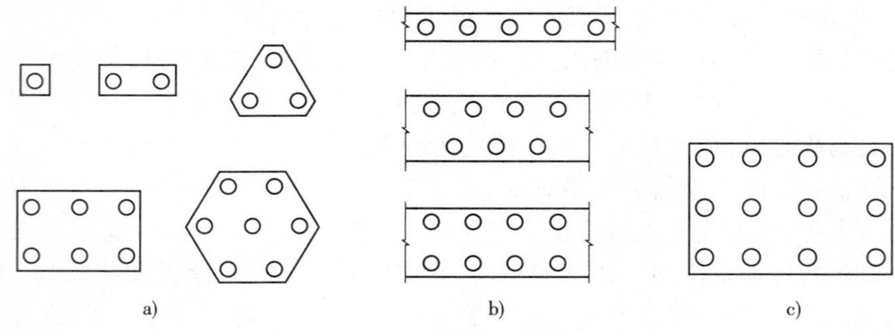

图7-4 桩的平面布置示例

a）柱下桩基，按相等桩距排列；b）墙下桩基，按相等桩距排列；c）柱下桩基，按不等桩距布置

桩基础中基桩的平面布置，除应满足上述最小桩距等要求外，还应考虑基桩布置对桩基受力是否有利，要充分发挥每根桩的承载力。通常，设计时应尽可能使桩群横截面重心与荷载合力作用点重合或接近。

若作用于桩基的弯矩较大，宜尽量将桩布置在离承台形心较远处，采用外密内疏的布置方式，以增大基桩对承台形心或合力作用点的惯性矩，提高桩基的抗弯能力。

此外，基桩布置还应考虑便于承台受力。

8）桩基础单桩承载力的确定

根据建筑物对桩功能的要求及荷载的特性，需明确单桩承载力的类型，如抗压及水平受荷等，并根据确定承载力的具体方法及有关规范要求给出单桩承载力（具体计算方法见该单元7-2、7-4内容）。

9）桩基础承载力与沉降验算（具体计算方法见该单元7-3内容）。

10）桩身结构设计

（1）钢筋混凝土预制桩

设计时应分析桩在各阶段的受力状况并验算桩身内力，按偏心受压柱或按受弯构件进行配筋。一般设4根（截面边长 $a<300$mm）或8根（$a=350\sim550$mm）主筋，主筋直径12～25mm。配筋率一般为1%左右，最小不得低于0.8%。箍筋直径6～8mm。间距不大于200mm。桩身混凝土的强度等级一般不低于C30。

打入桩在沉桩过程中产生的锤击应力和冲击疲劳容易使桩顶附近产生裂损，故应加强构造配筋，在桩顶2500～3000mm范围内将箍筋加密（间距50～100mm），并且在桩顶放置3层钢筋网片。在桩尖附近应加密箍筋，并将主筋集中焊在一根粗的圆钢上形成坚固的尖端，以利破土下沉。

（2）钢筋混凝土灌注桩

灌柱桩的结构设计主要考虑承载力条件。灌注桩的混凝土强度等级一般不得低于C20（水下灌注桩不低于C25）。

灌注桩按偏心受压柱或受弯构件计算，若经计算表明桩身混凝土强度满足要求时，桩身可不配受压钢筋，只需在桩顶设置插入承台的构造钢筋。轴心受压桩主筋的最小配筋率不宜小于0.2%，受弯时不宜小于0.4%。当桩周上部土层软弱或为可液化土层时，主筋长度应超过该土层底面。抗拔桩应全长配筋。

灌注桩的混凝土保护层厚度不宜小于40mm，水下浇筑时不得小于50mm。箍筋宜采用焊接环式或螺旋箍筋，直径不小于6mm，间距为200～300mm。每隔2m设一道加劲箍筋。钢管内放置钢筋笼时，箍筋宜设在主筋内侧，其外径至少应比钢管内径小50mm；采用导管浇灌水下混凝土时，箍筋应放在钢筋笼外，钢筋笼内径应比混凝土导管接头的外径大100mm以上，其外径应比钻孔直径小100mm以上。

11）承台结构设计

承台设计应包括确定承台的形状、尺寸、高度及配筋等，必须进行局部受压、受剪和受弯承载力的验算，并应符合构造要求。

（1）构造要求

①桩承台的宽度不应小于500mm。边桩中心至承台边缘的距离不宜小于桩的直径或边长，且桩的外缘至承台边缘的距离不小于150mm。对于条形承台梁，桩的外边缘至承台梁边缘的距离不小于75mm。

②承台的最小厚度不应小于300mm。

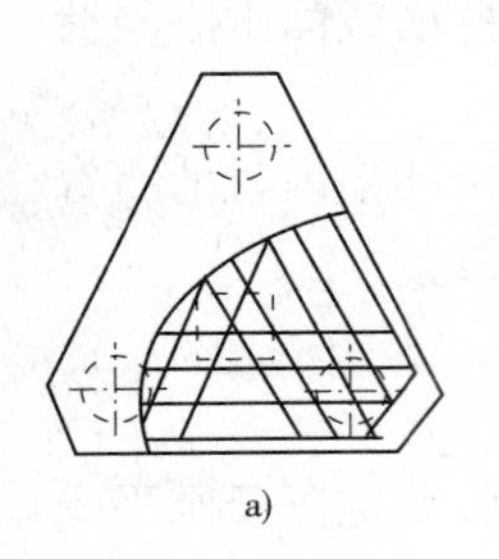

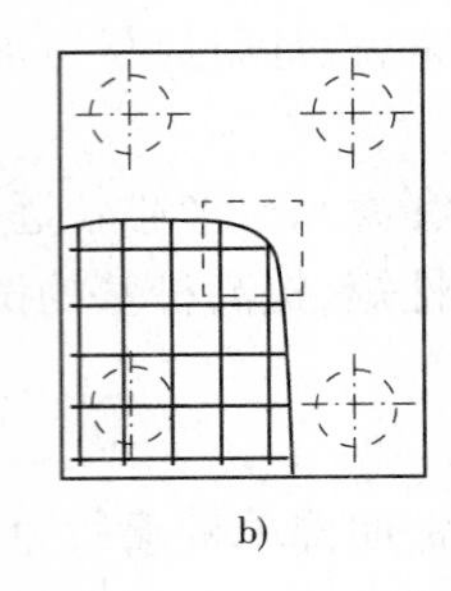

a)　　　　　　　b)

图7-5　承台配筋示意

a)三桩承台;b)矩形承台

③承台的配筋,对于矩形承台,其钢筋应按双向均匀通长布置,钢筋直径不宜小于10mm,间距不宜大于200mm;对于三桩承台,钢筋应按三向板带均匀布置,且最里面的3根钢筋围成的三角形应在柱截面范围内,如图7-5所示;承台梁的主筋除满足计算要求外,尚应符合《混凝土结构设计规范》(GB 50010—2010)最小配筋率的要求,主筋直径不宜小于12mm,架立筋不宜小于10mm,箍筋直径不宜小于6mm。

④承台混凝土强度等级不应低于C20;纵向钢筋的混凝土保护层厚度不应小于70mm;当有混凝土垫层时,不应小于50mm;且不应小于桩头嵌入承台的长度。

(2)柱下桩基承台弯矩计算

一般柱下单独桩基承台板作为受弯构件,在桩的反力作用下,其正截面受弯承载力和钢筋配置可按《混凝土结构设计规范》(GB 50010—2010)的有关规定计算。

①多桩矩形承台计算截面取在柱边和承台高度变化处,其两个方向的正截面弯矩计算公式为:

$$M_x = \sum N_i y_i \tag{7-17}$$

$$M_y = \sum N_i x_i \tag{7-18}$$

式中:M_x、M_y——分别为垂直y轴和x轴方向计算截面处的弯矩设计值;

x_i、y_i——垂直y轴和x轴方向自桩轴线相应计算截面的距离;

N_i——扣除承台和其上填土自重后相应于荷载效应基本组合时第i桩竖向力设计值。

②三桩承台

a.等边三桩承台

$$M = \frac{N_{\max}}{3}\left(S_a - \frac{\sqrt{3}}{4}c\right) \tag{7-19}$$

式中:M——由承台形心至承台边缘距离范围内板带的弯矩设计值;

$N_{\max}$——扣除承台和其上填土自重后的三桩中相应于荷载效应基本组合时最大单桩竖向力设计值;

S_a——桩距;

c——方柱边长,圆柱时$c=0.866d$(d为圆柱直径)。

b.等腰三桩承台

$$M_1 = \frac{N_{\max}}{3}\left(S_a - \frac{0.75}{\sqrt{4-a^2}}c_1\right) \tag{7-20}$$

$$M_2 = \frac{N_{\max}}{3}\left(a\,S_a - \frac{0.75}{\sqrt{4-a^2}}c_2\right) \tag{7-21}$$

式中:M_1、M_2——分别为由承台形心到承台两腰和底边的距离范围内板带的弯矩设计值;

S_a ——长向桩距；

a ——短向桩距与长向桩距之比。当 a 小于 0.5 时，应按变截面的二桩承台设计；

c_1、c_2 ——分别为垂直于、平行于承台底边的柱截面边长。

(3) 柱下桩基独立承台受冲切承载力验算

承台板的冲切有两种情况，分别缘起于柱底竖向力和桩顶竖向力。

①柱对承台的冲切(图 7-6)，可以按下式计算：

$$F_l \leqslant 2[\beta_{ox}(b_c + a_{oy}) + \beta_{oy}(h_c + a_{ox})]\beta_{hp}f_t h_o \tag{7-22}$$

$$F_l = F - \sum Q_i \tag{7-23}$$

$$\beta_{ox} = 0.84/(\lambda_{ox} + 0.2) \tag{7-24}$$

$$\beta_{oy} = 0.84/(\lambda_{oy} + 0.2) \tag{7-25}$$

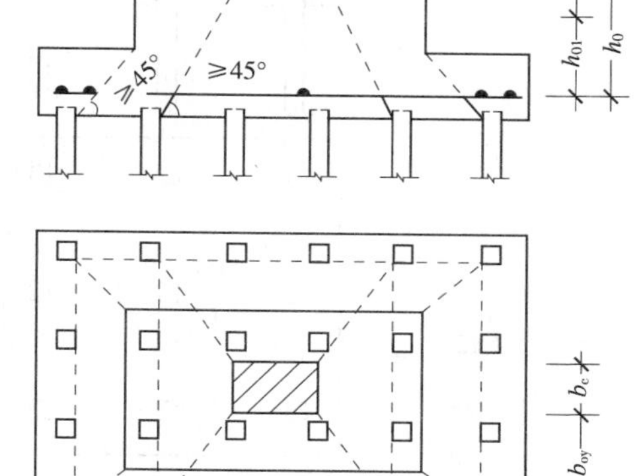

图 7-6　柱对承台冲切计算示意图

式中：F_l ——扣除承台和其上填土自重，作用在冲切破坏椎体上相应于荷载效应基本组合的冲切力设计值，冲切破坏椎体应采用自柱边或承台变阶处至相应桩顶边缘连线构成的锥体，锥体与承台底面的夹角不小于 45°；

h_o ——冲切破坏椎体的有效高度；

β_{hp} ——受冲切承载力截面高度影响系数。查《建筑地基基础设计规范》(GB 50007—2011)第 8.2.8 条的有关规定取用；

β_{ox}、β_{oy} ——冲切系数；

λ_{ox}、λ_{oy} ——冲跨比，$\lambda_{ox} = a_{ox}/h_o$、$\lambda_{oy} = a_{oy}/h_o$，$a_{ox}$、$a_{oy}$ 为柱边或变阶处至桩边的水平距离，当 $a_{ox}(a_{oy}) < 0.25h_o$ 时，$a_{ox}(a_{oy}) = 0.25h_o$；$a_{ox}(a_{oy}) > 0.25h_o$ 时，$a_{ox}(a_{oy}) = h_o$；

F ——柱根部轴力设计值；

$\sum N_i$ ——冲切破坏椎体范围内各桩的净反力设计值之和。

对中低压缩性土上的承台，当承台与地基之间没有脱空现象时，可根据地区经验适当减小柱下桩基础独立承台受冲切计算的承台厚度。

②角桩对承台的冲切(图 7-7)，多桩矩形承台受角桩冲切的承载力应按下式计算：

$$N_l = \left[\beta_{1x}\left(c_2 + \frac{a_{1y}}{2}\right) + \beta_{1y}\left(c_1 + \frac{a_{1x}}{2}\right)\right]\beta_{hp}f_t h_o \tag{7-26}$$

$$\beta_{1x} = \left(\frac{0.56}{\lambda_{1x} + 0.2}\right) \tag{7-27}$$

$$\beta_{1y} = \left(\frac{0.56}{\lambda_{1y} + 0.2}\right) \tag{7-28}$$

式中：N_l ——扣除承台和其上填土自重后的角桩桩顶相应于荷载效应基本组合时的竖向力设计值；

h_o ——承台外边缘的有效高度；

β_{1x}、β_{1y}——角桩冲切系数；

λ_{1x}、λ_{1y}——角桩冲跨比，$\lambda_{1x} = a_{1x}/h_o$，$\lambda_{1y} = a_{1y}/h_o$。其值满足 0.25 ~ 1.0；

c_1、c_2——从角桩内边缘至承台外边缘的距离；

a_{1x}、a_{1y}——从承台底角内边缘引 45°冲切线与承台顶面或承台变阶处相交点至角桩内边缘的水平距离。

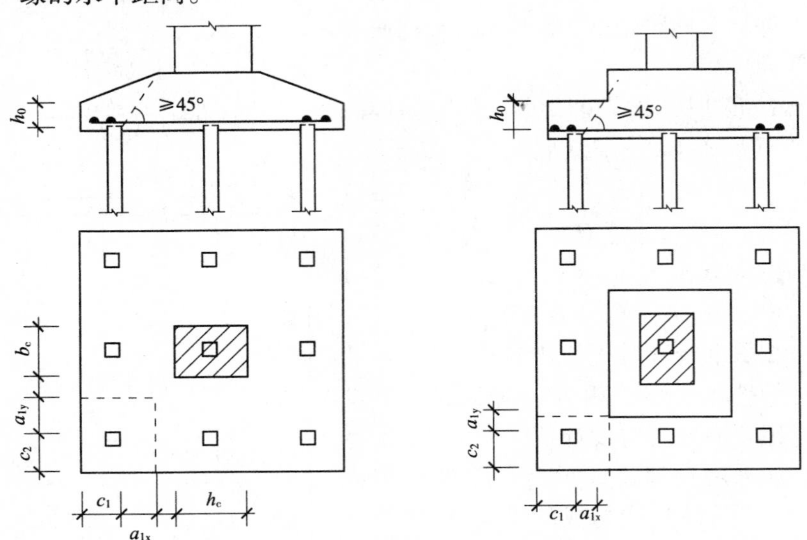

图 7-7　矩形承台角桩冲切计算示意图

(4)承台板的斜截面受剪承载力验算

一般情况下，独立桩基承台板作为受弯构件，验算斜截面受剪承载力必须考虑互相正交的两个截面；当桩基同时承受弯矩时，则应取与弯矩作用面相交的斜截面作为验算面，通常以过柱(墙)边和桩边的斜截面作为剪切破坏面，如图 7-8 所示。斜截面受剪承载力按下式验算：

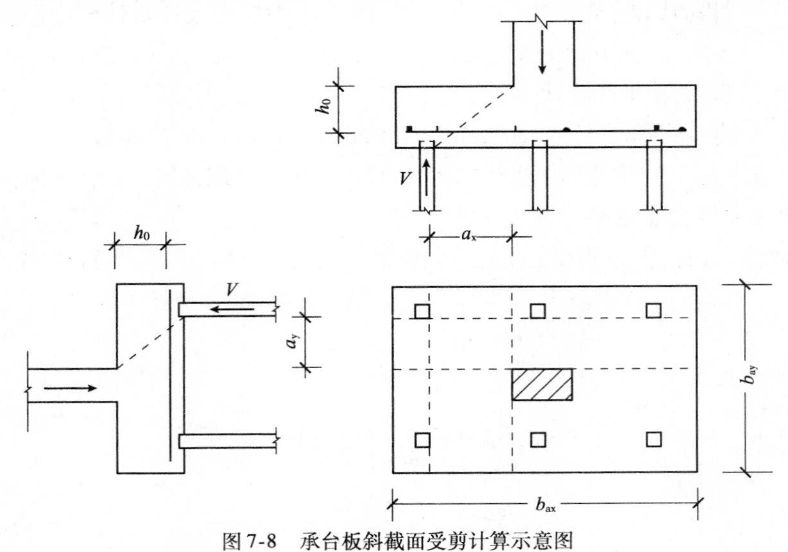

图 7-8　承台板斜截面受剪计算示意图

$$V \leqslant \beta_{hs}\alpha f_t b_o h_o \tag{7-29}$$

$$\alpha = \frac{1.75}{\lambda + 1.0} \tag{7-30}$$

$$\beta_{hs} = (800/h_o)^{1/4} \tag{7-31}$$

式中：V——扣除承台和其上填土自重后相应于荷载效应基本组合时斜截面的最大剪力设计值；

b_o——承台计算截面处的计算宽度；

h_o——计算宽度处的承台有效高度；

α——剪切系数；

β_{hs}——受剪切承载力截面高度影响系数。板的有效高度 $h_o < 800$mm 时，h_o 取 800mm；$h_o > 2000$mm 时，h_o 取 2000mm；

λ——计算截面的剪跨比。$\lambda_x = a_x/h_o$，$\lambda_y = a_y/h_o$。a_x、a_y 为柱边或承台变阶处至 x、y 方向计算一排桩的桩边的水平距离，当 $\lambda < 0.25$ 时，取 $\lambda = 0.25$；当 $\lambda > 3$ 时，取 $\lambda = 3$。

（5）局部承压验算

当承台的混凝土强度等级低于柱或桩的混凝土强度等级时，尚应验算柱下或柱上承台的局部受压承载力。

（6）承台之间的连接

①单桩承台，宜在两个互相垂直的方向上设置连系梁。

②两桩承台，宜在其短方向设置连系梁。

③有抗震要求的柱下独立承台，宜在两个主轴方向设置连系梁。

④连系梁顶面宜与承台位于同一高程。连系梁的宽度不应小于 250mm，梁的高度可取承台中心距的 1/10 ~ 1/15，且不小于 400mm。

⑤连系梁的主筋应按计算要求确定。连系梁内上下纵向钢筋直径不应小于 12mm 且不应少于 2 根，并应按受拉要求锚入承台。

7.5.4 桩基础的设计程序

桩基础设计是一个系统工程，它包括方案设计与施工图设计。为取得良好技术与经济效果，通常需作几种方案比较或对拟定方案修正，使施工图设计成为方案设计的实施与保证，其设计程序如图 7-9 所示。

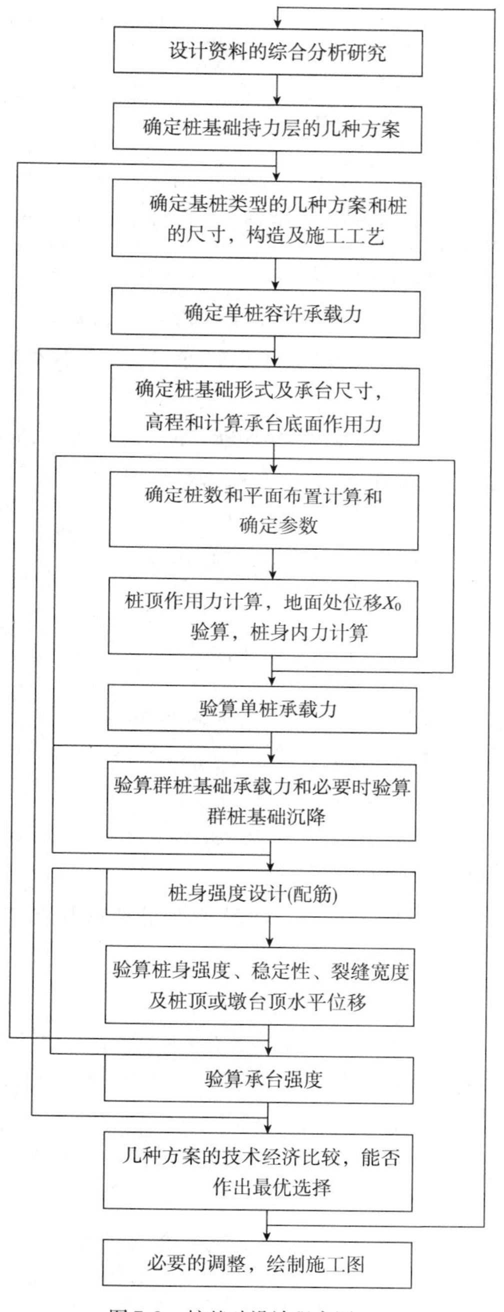

图 7-9 桩基础设计程序图

【例 7-1】 如图 7-10 所示，某工程为二级建筑物，位于软土地区，采用桩基础。已知上部结构传来的相当于荷载效应标准组合的基础顶

面竖向荷载 $F_k=2800\text{kN}$，弯矩 $M_k=300\text{kN}\cdot\text{m}$，水平方向剪力 $T_k=30\text{kN}$。工程地质勘察得知地基表层为人工填土，厚度为2.0m；第二层为软塑状态黏土，厚度达8.5m；第三层为可塑状态粉质黏土，厚度为5.8m。地下水位埋深2.0m，位于第二层黏土顶面。土工试验结果见表7-3。采用钢筋混凝土预制桩，截面为350mm×350mm，长10m，进行现场静载荷试验，得单桩承载力特征值 $R_a=300\text{kN}$。试设计此工程的桩基础。

地基土的性质指标 表7-3

编号	土层名称	ω (%)	$\gamma\left(\frac{kN}{m^3}\right)$	e	ω_L (%)	ω_P (%)	I_P	I_L	S_i	c (kPa)	φ(°)	E_s (MPa)	f_{ak} (kPa)	土层厚度(m)
1	人工填土		16.5											2.0
2	灰色黏土	38.2	19.1	1.0	38.2	18.4	19.8	1.0	0.96	12	18.4	4.6	115	8.5
3	粉质黏土	26.7	20.1	0.8	32.7	17.7	15.0	0.7	0.98	18	28.1	7.0	220	6.8

解：(1)根据地质资料确定第三层粉质黏土为桩端持力层。采用与现场载荷试验相同的尺寸：桩截面为350mm×350mm，桩长10m。

考虑桩承台埋深2.0m，桩顶嵌入承台0.1m，则桩端进入持力层1.4m。

(2)桩身材料

混凝土强度等级为C30，钢筋用Ⅱ级钢筋4ϕ16。

(3)单桩竖向承载力特征值

$$R_a=300\text{kN}$$

(4)估算桩数及承台面积

①桩的数量

$$n\geqslant(1.0\sim1.2)\frac{F_k+G_k}{R_a}=1.2\times\frac{2800}{300}=11.2$$

(先不考虑承台、土重及偏心距的影响，乘以1.2的扩大系数)

取桩数 $n=12$。

②桩的中心距

按桩的构造要求，桩的最小中心距取为 $3.5d$（挤土预制桩），则为3.5×350=1225mm，取中心距为1250mm。

③桩的排列，采用行列式，桩基在受弯方向排列4根，另一方向排列3根，如图7-11所示。

④桩承台

桩承台尺寸，根据桩的排列，柱外缘每边外伸净距为 $0.5d=175\text{mm}$，则桩承台长度 $l=4450\text{mm}$，宽度 $b=3200\text{mm}$，设计埋深为2.0m，位于人工填土层以下，黏土层顶部。

承台及上覆土重为：

$$G_k=4.45\times3.2\times2.0\times20=569.6\text{kN}$$

(5)单桩受力验算

①按中心受压桩平均受力计算，应满足下式的要求

$$Q_k=\frac{F_k+G_k}{n}=\frac{2800+569.6}{12}=280.8\text{kN}\leqslant300\text{kN}$$

所以符合要求。

②按偏心荷载考虑承台四角最不利的桩的受力情况，即

$$Q_{ik} = \frac{F_k + G_k}{n} \pm \frac{M_{yk} x_i}{\sum x_i^2}$$

$$= \frac{2800 + 569.6}{12} \pm \frac{(300 + 30 \times 1.5) \times 1.875}{6 \times (0.625^2 + 1.875^2)}$$

$$= 280.8 \pm 27.6 = \begin{cases} 308.4\text{kN} \\ 253.2\text{kN} \end{cases}$$

$$Q_{ik\max} = 308.4\text{kN} \leqslant 1.2R_a = 1.2 \times 300 = 360\text{kN}$$

$$Q_{ki\min} = 253.3\text{kN} > 0$$

因此偏心荷载作用下，最边缘桩受力满足要求。

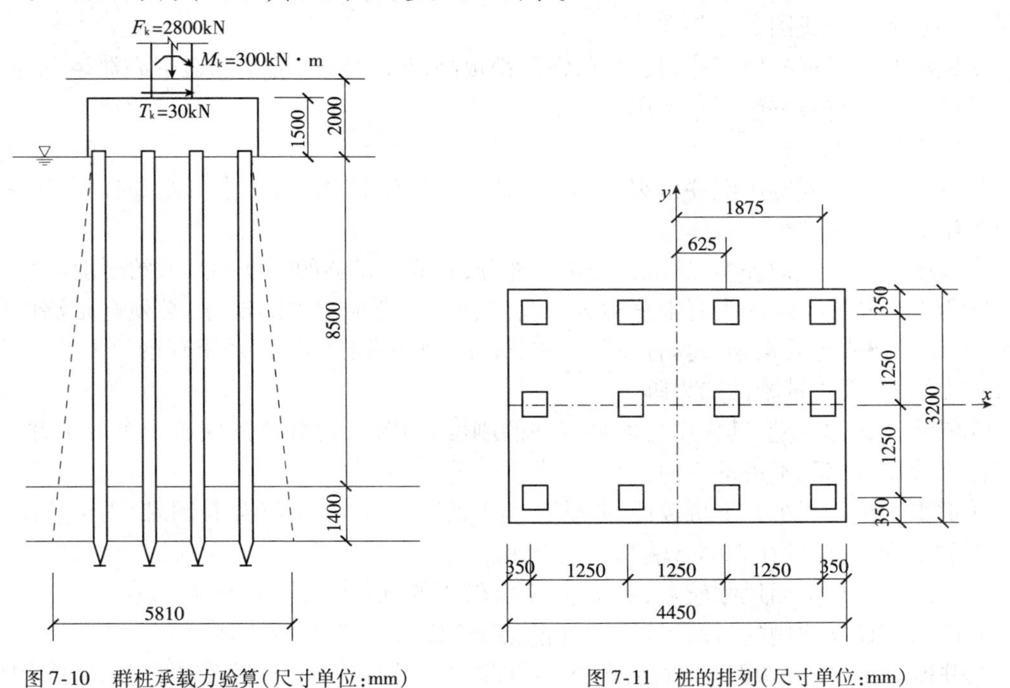

图 7-10　群桩承载力验算（尺寸单位：mm）

图 7-11　桩的排列（尺寸单位：mm）

7.6　深基础简介

深基础中尤属桩基础用得最多、最广，前面已经详细地讲述了桩基础，现在就其他的深基础做一些简单的介绍。

7.6.1　沉井基础

沉井是在软土地基中的一种地下结构物或建筑物的深基础。

1）沉井的分类

（1）按下沉的方法分类

沉井可分成一般沉井和浮运沉井。

①一般沉井。因为沉井本身自重大，一般直接在基础的设计位置上制造并就地下沉。

②浮运沉井。在深水地区(水深超过 10～15m)、河流的水流流速大、有通航要求时,采用在岸边制造,然后浮运到设计位置上下沉。

(2)按沉井材料分类

沉井可分为混凝土沉井、钢筋混凝土沉井、竹筋混凝土和钢沉井等。

①混凝土沉井。混凝土的抗压强度高,抗拉强度低,所以一般多做成圆形,使混凝土主要承受压应力。

②钢筋混凝土沉井。钢筋混凝土沉井是最常用的沉井。可以做成重型的、薄壁的、薄壁浮运沉井及钢丝网水泥沉井等。

③竹筋混凝土沉井。用一种抗拉强度较高而耐久性较差的竹筋来代替钢筋,从而节约钢材。一般适用于我国南方各省。

④钢沉井。用钢材做沉井,其刚度,强度都很高,拼装方便,适于制造空心浮运沉井。但用钢量过大,不经济,一般不宜采用。

2)一般沉井的构造

最常用的钢筋混凝土沉井由刃脚、井壁、隔墙、井孔、凹槽、射击水管组和探测管、底板、顶板等组成的筒壁结构。具体为:

①井壁。即沉井的外壁,是沉井的主要部分,它应有足够的强度和足够的刚度。

②刃脚。外壁下端的尖利部分称为刃脚。它是受力最集中的部分,必须有足够的强度和刚度,以免挠曲与受损。刃脚有多种形式,沉井沉入坚硬土层,宜采用有钢刃尖的刃脚;沉入松软土层者,宜用带踏面的刃脚。

③隔墙。又称内壁,其作用是加强沉井的刚度,同时又把沉井分成若干个取土井,便于掌握挖土位置以控制下沉的方向。

④射水管组。当沉井下沉较深,并估计到土的阻力较大,下沉会有困难,则可在沉井壁中预埋射水管,管口设在刃脚下端和井壁外侧。

⑤探测管。在平面尺寸较大,不排水、下沉较深的沉井中可设置探测管。

⑥凹槽。设立凹槽的目的,是为使封底混凝土嵌入井壁,形成整体。

⑦井顶围堰。沉井顶面按设计要求位于地面以下一定深度时,井顶需接筑围堰,以挡土防水。

⑧顶板。当沉井下沉到设计高程后,如井中之水无法排干,则在井底灌注一层水下封底混凝土。

⑨顶盖。沉井封底后,可作成空心沉井基础,这时在井顶应设置钢筋混凝土顶盖,以承托上部墩台的全部荷重。

3)沉井的平面形状

沉井的平面形状常用的有圆形、圆端形和矩形等。

(1)圆形沉井

在桥梁工程中,圆形沉井多用于斜交桥或流向不稳定的河流,这时桥礅一般也采用圆形。

(2)矩形沉井

矩形沉井的优缺点正好和圆形沉井相反。它与上部墩台身的圆端形或矩形截面容易吻合,可节省基础圬工和挖土数量,较充分地利用地基的承载力。

(3)圆端形沉井

圆端形沉井的优缺点介于前二者之间。

4）井孔的布置及大小

井孔的布置和大小应满足取土机具所需净空和除土范围的要求。井孔最小边长不宜小于2.5～3.0m，井孔应对称布置，以便对称挖土。

5）沉井的高度

沉井顶面应低于最低水位，沉井底面高程由冲刷深度和地基容许承载力而定。井顶和井底高程之差为沉井高度。

6）沉井制作

（1）制作顺序

场地整平→放线→挖土600～700mm深→夯实基底→抄平放线验线→铺砂垫层→垫木或挖刃脚土模→安设刃脚铁件、绑钢筋→支刃脚、井身模板→浇筑混凝土→养护、拆模→外围围槽灌砂→抽出垫木或拆砖座。

（2）沉井制作

①沉井基坑先挖至地面下600～700mm，再铺满不小于500mm厚粗垫层夯实，在夯实后的砂垫层上铺设垫木支承模板。

②沉井不得设置垂直施工缝。沉井直壁模板及刃脚斜面内模拆模应按施工规范要求执行。

③沉井预埋钢套管应预先安装带法兰短管予以封堵洞口。

④沉井外壁涂冷底子油二道，涂刷前应对沉井浇筑的质量仔细检查，并作适当修整。

⑤取水泵房沉井优先考虑分段浇筑井体，一次下沉。下沉后沉井的接高应以顶面露出地面0.8～1.0m为宜。

⑥沉井接高的各节竖向中心线应与前一节的中心线重合或平行。沉井外壁应平滑。

⑦沉井分节制作的高度，应保证其稳定性并能使其顺利下沉。本沉井分二节制作，分段处选在变截面处，能确保其制作时的稳定性。

⑧分节制作的沉井，在第一节混凝土达到设计强度的70%以后，方可浇筑其上一节混凝土。

⑨沉井浇筑混凝土时，应对称和均匀地进行。在取承垫木之前，应对封底及底板接缝部位凿毛处理，井体上的各类穿墙管件及固定模板的对穿螺栓等应采取抗渗措施。

7）沉井施工（图7-12）

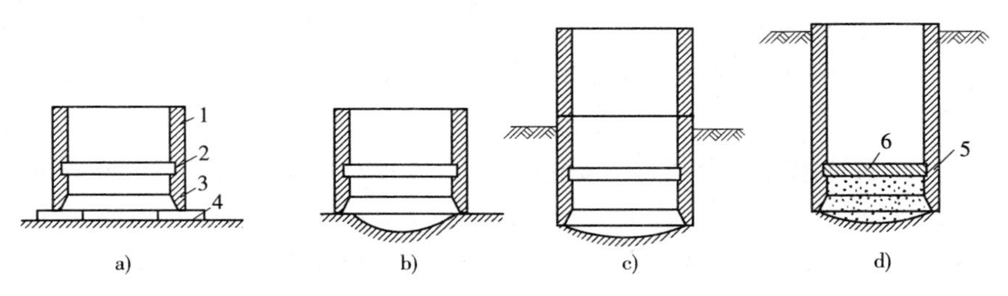

图7-12　沉井施工示意图

a）制作第一节井筒；b）抽垫木，挖土下沉；c）沉井接高继续下沉；d）封底，并浇筑钢筋混凝土底板

1-井壁；2-凹槽；3-刃脚；4-垫木；5-素混凝土封底；6-钢筋混凝土底板

(1)沉井下沉

①抽出承垫木,应在井壁混凝土达到设计强度以后,分区、依次、对称、同步地进行。每次抽去垫木后,刃脚下应立即用砂或砾砂填实。定位支点处的垫木,应最后同时抽出。

②挖土下沉时,应分层、均匀、对称地进行,使其能均匀竖直下沉,不得有过大的倾斜。一般情况,不应从刃脚踏面下挖土。如沉井的下沉系数较大时,应先挖中间部分,沿沉井刃脚周围保留土堤,使沉井挤土下沉;如沉井的下沉系数较小时,应采取其他措施,使沉井不断下沉,中间不应有较长时间的停歇,亦不得将底部开挖过深。在下沉过程中,除防止沉井的不均匀下沉及突沉,还应特别强调防止沉井的扭曲变形,内挖土时应严格控制挖土厚度,先中间后四周,均匀对称进行,并根据需要留有土台,逐层切削,使沉井均匀下沉。

③由数个井孔组成的沉井,为使其下沉均匀,挖土时各井孔土面高差不应超过1m。

④在沉井四周应设沉降观测点,应加强下沉过程中的观测,要求每班至少测量2次,并应在每次下沉后进行检查,如发现倾斜、扭曲,应随时纠正。为防止突沉,应控制均匀挖土。

(2)沉井封底

①当沉井下沉到距离设计高程0.1m时应停止挖土和抽水,使其靠自重下沉至设计高程或接近设计高程,沉井下沉于设计高程,应进行沉降观测,在8h内下沉量不大于10mm时,方可封底。排干井内积水、清除浮泥才能进行封底。

②沉井底部采用碎石作为反滤层,总厚度为400~700mm,四周靠刃脚处需设置土台。反滤层厚度及锅底形状可根据施工需要调整,以保证沉井稳定。反滤层上浇筑素混凝土垫层,在刃脚下应切实填严,振捣密实。垫层混凝土强度达到50%设计强度以后方可在垫层上绑扎底板钢筋,浇筑底板混凝土。

③在浇捣底板封底混凝土(C25素混凝土)开始到钢筋混凝土底板浇捣并达到30%的设计强度以前,应抽掉滤鼓内积水。当底板达到100%的设计强度后,方可进行封堵滤鼓。滤鼓封堵采用C30混凝土,并宜加入适量早强剂及混凝土膨胀剂,在封堵前须抽干滤鼓内积水。

④取水泵房(沉井)顶板及内隔墙混凝土浇筑待顶管施工结束后进行。

⑤干封底时,应符合下列规定:

a.沉井基底土面应全部挖至设计高程。

b.井内积水应尽量排干。

c.混凝土凿毛处应洗刷干净。

d.浇筑时,应防止沉井不均匀下沉,在软土层中封底宜分格对称进行。

e.在封底和底板混凝土未达到设计强度以前,应从封底以下的集水井中不间断地抽水。停止抽水时,应考虑沉井的抗浮稳定性,并采取相应的措施。

8)注意事项及措施

(1)在原有建筑物附近下沉沉井、沉箱时,应经常对原有建筑物进行沉降观测,必要时应采取相应的安全措施。

(2)在沉井、沉箱周围布置起重机、管路和其他重型设备时,应考虑地面的可能沉陷,并采取相应的技术措施。

(3)沉箱开始下沉至填筑作业室完毕,应用两根或两根以上输气管不断地向沉箱作业室供给压缩空气,供气管路应装有逆止阀,以保证安全和正常施工。

(4)沉箱下沉时,作业室内应设置枕木垛或采取其他安全措施。在下沉过程中,作业室内土面距顶板的高度不得小于1.8m。

(5)挖土应分层进行,防止挖得太深,或刃脚挖土太快以防突沉伤人。再挖土时,刃脚处,隔墙下不准有人操作或穿行,以免刃脚处切土过快伤人。

(6)井下操作人员应戴安全帽、穿胶鞋、防水衣裤;潜水泵应配装漏电保护器。

7.6.2 沉箱基础

沉箱法的主要优点是:在下沉过程中能处理任何障碍物;可以直接鉴定和处理基底,不用水下混凝土封底,基础质量较为可靠。其缺点是:工作效率较低,易引起沉箱病;需要许多复杂的施工设备,进度较慢,造价较高。

1)沉箱的构造

沉箱的主要构成分为工作室、刃脚、箱顶圬工、升降孔和箱顶的各种管路等。

(1)工作室

工作室是指由其顶盖和刃脚所围成的工作空间,其四周和顶面均应密封不漏气。

(2)顶盖

顶盖即工作室的顶板,下沉期要承受高压空气向上的压力,后期则承受箱顶上圬工的荷重,因此它应具有一定的厚度。

(3)刃脚

沉箱刃脚的工作是为了切入土层,同时也作为工作室的外墙;它不仅要防止水和土进入室内,也要防止室内高压空气的外逸。

(4)箱顶圬工

沉箱顶上的圬工,也是基础的主要组成部分。

(5)升降孔

在沉箱顶盖和箱顶圬工中,必须留出垂直孔道,以便在其中安装连通工作室和气闸的井管,使人、器材及室内弃土能由此上下通过。

(6)箱顶上的管路

箱顶上的管路有电线管、水管、进气管、排气管、风管、悬锤管和备用管等,它们是工作室内所需的空气、动力、通讯和照明等一切来源的必经管道。

2)沉箱的制造和下沉程序

(1)制造

沉箱的制造和沉井的制造基本相同。

(2)下沉准备和下沉

①撤除垫土,支立箱顶圬工的模板。

②安装井管和气闸。

③挖土下沉。在沉箱开始下沉阶段,下沉的速度较快,每次挖土不宜过深,以控制下沉速度。

④接长井管。随着沉箱的下沉,箱子顶圬工在不断上砌,当圬工顶面接近气闸时,就应接长井管。

⑤沉箱下沉到达设计高程后,进行基底土质鉴定和地基处理。

⑥填封工作室和升降孔。工作室内应填以不低于C10的混凝土或块石混凝土。

7.6.3 地下连续墙

1)地下连续墙的特点

(1)地下连续墙的优点

①施工时振动小,噪声低,非常适于在城市施工。

②墙体刚度大,用于基坑开挖时,极少发生地基沉降或塌方事故。

③防渗性能好。

④可以贴近施工,由于上述几项优点,我们可以紧贴原有建筑物施工地下连续墙。

⑤可用于逆筑法施工。

⑥适用于多种地基条件。

⑦可用作刚性基础。

⑧占地少,可以充分利用建筑红线以内有限的地面和空间,充分发挥投资效益。

⑨工效高,工期短,质量可靠,经济效益高。

(2)地下连续墙的缺点

①在一些特殊的地质条件下(如很软的淤泥质土,含漂石的冲积层和超硬岩石等),施工难度很大。

②如果施工方法不当或地质条件特殊,可能出现相邻槽段不能对齐和漏水的问题。

③地下连续墙如果用作临时的挡土结构,比其他方法的费用要高。

④在城市施工时,废泥浆地处理比较麻烦。

2)地下连续墙施工(图7-13)

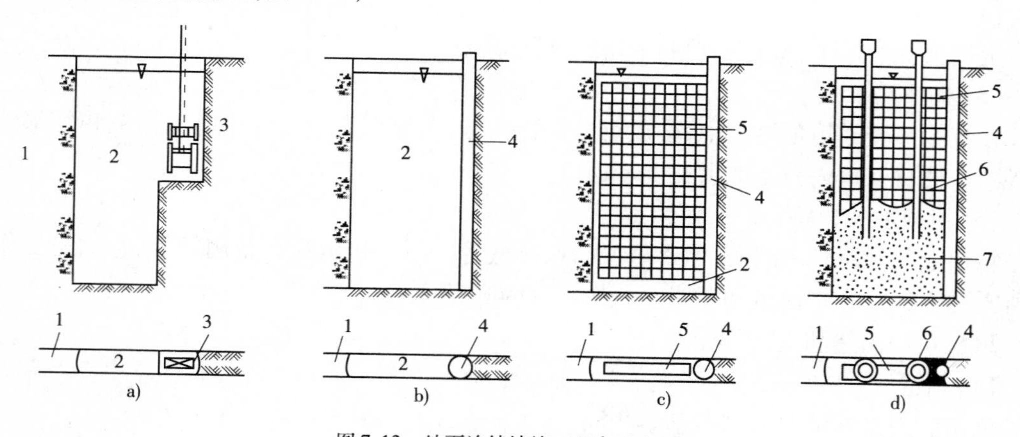

图7-13 地下连续墙施工程序示意图

a)成槽;b)放入接头管;c)放入钢筋笼;d)浇筑混凝土

1-已完成的墙段;2-护壁泥浆;3-成槽机;4-接头管;5-钢筋笼;6-导管;7-混凝土

地下连续墙的施工主要分为以下几个部分:导墙施工,钢筋笼制作,泥浆制作,成槽放样,成槽,下锁口管,钢筋笼吊放和下钢筋笼,下拔混凝土导管浇筑混凝土,拔锁口管。

(1)导墙施工

导墙是地下连续墙施工的第一步,它的作用是挡土墙,建造地下连续墙施工测量的基准、储存泥浆,它对挖槽起重大作用。施工过程中主要注意以下几个问题:

①导墙变形导致钢筋笼不能顺利下放。出现这种情况的主要原因是导墙施工完毕后没有加纵向支撑,导墙侧向稳定不足发生导墙变形。解决这个问题的措施是导墙拆模后,沿导墙纵向每隔1m设2道木支撑,将2片导墙支撑起来,导墙混凝土没有达到设计强度以前,禁止重型机械在导墙侧面行驶,防止导墙受压变形。如导墙已变形,解决方法是用锁口管强行插入,撑开足够空间下放钢筋笼。

②导墙的内墙面与地下连续墙的轴线不平行。出现这种情况的主要原因是由于导墙本身的不垂直,造成整幅墙的垂直度不理想。导墙的内墙面与地下连续墙的轴线不平行,会造成建好的地下连续墙不符合设计要求。解决的措施主要是导墙中心线与地下连续墙轴应重合,内外导墙面的净距应等于地下连续墙的设计宽度加50mm,净距误差小于5mm,导墙内外墙面垂直。以此偏差进行控制,可以确保偏差符合设计要求。

③导墙开挖深度范围内均为回填土,塌方后造成导墙背侧空洞,混凝土土方量增多。出现这种情况的主要解决方法:首先是用小型挖机开挖导墙,使回填的土方量减少,其次是导墙背后回填一些素土而不用杂填土。

(2)钢筋笼制作

钢筋笼的制作是地下连续墙施工的一个重要环节,在我们的施工过程中,钢筋笼的制作与进度的快慢有直接影响。钢筋笼制作主要有以下几个问题:

①进度问题。

②焊接质量问题。焊接质量问题是钢筋笼制作过程里一个比较突出的问题。主要有:碰焊接头错位、弯曲;钢筋笼焊接时的咬肉问题。

(3)泥浆制作

泥浆是地下连续墙施工中深槽槽壁稳定的关键,必须根据地质、水文资料,采用膨润土、纯碱等原料,按一定比例配制而成。在地下连续墙成槽中,依靠槽壁内充满触变泥浆,并使泥浆液面保持高出地下水位0.5~1.0m。泥浆液柱压力作用在开挖槽段土壁上,除平衡土压力、水压力外,由于泥浆在槽壁内的压差作用,部分水渗入土层,从而在槽壁表面形成一层固体颗粒状的胶结物——泥皮。性能良好的泥浆失水量少,泥皮薄而密,具有较高的黏结力,这对于维护槽壁稳定,防止塌方起到很大的作用。

(4)成槽放样

$$成槽宽度 = 墙体理论宽度 + 锁口管直径 + 外放尺寸$$

(5)成槽

①成槽机施工。成槽的技术指标要求主要是前后偏差、左右偏差。前后偏差由仪器控制;左右偏差由于原有的控制仪器损坏,至今未修复,因此主要由驾驶人的经验和目测来控制。

②泥浆液面控制。成槽的施工工序中,泥浆液面控制是非常重要的一环。只有保证泥浆液面的高度高于地下水位的高度,并且不低于导墙以下50cm时,才能够保证槽壁不塌方。泥浆液面控制包括两个方面:首先是成槽工程中的液面控制;其次是成槽结束后到浇筑混凝土之前的这段时间的液面控制。

③地下水的升降。遇到降雨等情况使地下水位急速上升,地下水又绕过导墙流入槽段使泥浆对地下水的超压力减小,极易产生塌方事故。地下水位越高,平衡它所需用的泥浆密度也越大,槽壁失稳的可能性越大,为了解决槽壁塌方,必要时可部分或全部降低地下水,泥浆面与地下水位液面高差大,对保证槽壁的稳定起很大作用。所以一个方法是提高泥浆液面,泥浆液面至少高出地下水位0.5~1.0m;第二种方法是部分或全

部降低地下水，这种方法实施比较容易，因此采用的比较多，但碰到恶劣的地质环境，还是第一种方法效果好。

④在吊放钢筋笼前的操作。在吊放钢筋笼前应认真做好清底工作。沉渣过多会造成地下连续墙的承载能力降低，墙体沉降加大，沉渣影响墙体底部的截水防渗能力，成为管涌的隐患；降低混凝土的强度，严重影响接头部位的抗渗性；造成钢筋笼的上浮；沉渣过多，影响钢筋笼沉放不到位；加速泥浆变质。

⑤刷壁次数。地下连续墙一般都是顺序施工，在已施工的地下连续墙侧面往往有许多泥土粘在上面，所以刷壁就成了必不可少的工作。刷壁要求在铁刷上没有泥才可停止，一般需要刷 20 次，确保接头面的新老混凝土接合紧密。

(6)下锁口管

下锁口管的主要问题有以下几个方面：

①槽壁不垂直，造成锁口管位置的偏移。

②锁口管固定不稳，造成锁口管倾斜。

③拔锁口管应该在混凝土灌注完毕的时候再开始拔。

④锁口管下放以后，不会紧贴土体，总是有一定的缝隙，一定要进行土方回填，否则混凝土绕过锁口管，就会对下一幅连续墙的施工造成很大的障碍。

(7)钢筋笼起吊和下钢筋笼

钢筋笼的吊放过程中，发生钢筋笼变形，笼在空中摇摆，吊点中心与槽段中心不重合，这样会使笼在插入槽内碰撞槽壁发生坍塌及钢筋笼不能顺利沉放到槽底等。因此，插入钢筋笼时，应使钢筋笼的中心线对准槽段的纵向轴线，然后慢慢放下。

(8)下、拔导管及浇筑混凝土

①导管拼装。导管在混凝土浇注前先在地面上每 4 ~5 节拼装好，用吊机直接吊入槽中混凝土导管口，再将导管连接起来，这样有利于提高施工速度。

②导管拆卸。每次混凝土灌注完毕后，把每节导管拆卸一遍，螺丝口涂黄油润滑。还应注意在使用导管的时候，要防止导管碰撞变形。

③在钢筋笼安置完毕后，应马上下导管，这样做可以减少空槽的时间，防止塌方的产生。

④及时清除槽底淤积物，槽孔底部淤积物是墙体夹泥的主要来源。这些淤泥最易被包裹在混凝土中，形成窝泥。混凝土开始浇注时，先在导管内放置隔水球以便混凝土浇注时能将管内泥浆从管底排出。

⑤混凝土的浇筑。混凝土浇灌采用将混凝土车直接浇注的方法，初灌时保证每根导管混凝土浇捣有 $6m^3$ 混凝土的备用量。混凝土浇注中要保持混凝土连续均匀下料，混凝土面上升速度控制在 4 ~5m/h，导管下口在混凝土内埋置深度控制在 1.5 ~6.0m，在浇注过程中严防将导管口提出混凝土面，导管下口暴露在泥浆内，造成泥浆涌入导管。主要通过测量掌握混凝土面上升情况、浇筑量和导管埋入深度。当混凝土浇捣到地下连续墙顶部附近时，导管内混凝土不易流出，一方面要降低浇筑速度，另一方面可将导管的最小埋入深度减为 1m 左右，若混凝土还浇捣不下去，可将导管上下抽动，但上下抽动范围不得超过 30cm。在浇筑过程中，导管不能作横向运动，以防沉渣和泥浆混入混凝土中，同时不能使混凝土溢出料斗流入导沟。对采用两根导管的地下连续墙，混凝土浇注应两根导管轮流灌注，确保混凝土面均匀上升，混凝土面高差小于 50cm。以防止因混凝土面高差过大而产生夹层现象。

单元小结

1)桩基础

桩基础是深基础的一种常见类型,主要从以下3个方面掌握桩基础的有关知识。

(1)桩基础的类型

(2)桩基础的施工工艺

(3)桩基础的构造要求

2)单桩轴向承载力

桩基础的单桩轴向承载力是进行桩基础设计的关键步骤,其确定的合适与否可以直接关系到设计方案的优劣,单桩轴向承载力的确定主要从以下几方面进行阐述:

(1)单桩竖向承载力特征值的确定应满足的有关规定。

(2)单桩竖向承载力静载荷试验。

(3)单桩竖向极限承载力确定。

3)桩基承载力与沉降验算

桩基础设计的合适与否需要进行进一步的论证,因此必须进行两方面的验算:一方面是桩基承载力验算,其主要包括两种情况:第一种情况是轴心竖向力作用;第二种情况是偏心竖向力作用。另一方面是桩基础的变形验算,其主要包括两个的内容:一是桩基变形特征及允许值;二是桩基变形验算。

4)单桩的水平承载力

作用于桩基上的水平荷载主要有挡土建筑物的土压力、水压力、风力及水平地震荷载等,随着水平荷载的增大,桩侧土的屈服由上而下发展,但不会出现全范围内的屈服。当水平位移过大时,可因桩体开裂而造成破坏。因此,有必要确定单桩的水平承载力,其主要通过水平静载荷试验确定。

5)桩基础设计

桩基础的设计是本章的重点,其设计可以按照一定的步骤执行,具体步骤包括:

(1)桩基设计应满足的基本原则。

(2)桩基设计应满足的基本要求。

(3)桩基设计所包括的内容。

(4)桩基础的设计程序。

6)深基础简介

深基础是指基础的埋深大于或等于5m的基础。常见的深基础类型有桩基础、地下连续墙、沉井、沉箱基础等。本节从深基础的构造、施工工艺、类型等方面对深基础进行了简单阐述。

思考题

1. 什么是桩基础?适用于哪些情况?

2. 什么是摩擦型桩和端承型桩?有什么区别?

3. 单桩竖向承载力特征值如何确定?

4. 单桩水平承载力如何确定?

5. 桩基承载力验算有哪几个方面内容?

6. 桩基础设计包括哪些内容?

实践练习

1. 某场地第一层土层为粉质黏土,厚度 3m, $q_{s1a} = 24\text{kPa}$;第二层为粉土,厚度为 6m, $q_{s2a} = 20\text{kPa}$;第三层为中密的中砂, $q_{s3a} = 30\text{kPa}$, $q_{pa} = 2600\text{kPa}$。现采用截面边长 350mm×350mm的预制方桩,承台底面在天然地面以下 1.0m,桩端进入中密中砂的深度为 1.0m,试确定单桩竖向承载力的特征值。

2. 某 4 桩承台埋深 1m,桩中心距 1.6m,承台边长为 2.5m,作用在承台顶面的 $F_k = 2000\text{kN}$, $M_k = 200\text{kN}\cdot\text{m}$。若单桩竖向承载力特征值 $R_a = 550\text{kN}$,试验算单桩承载力是否满足要求。

实践三　桩基础设计

1)实践目的

根据本课程教学大纲的要求,学生应通过本设计掌握桩基础的设计方法,培养学生应用理论知识解决实际问题的能力。

2)设计任务与资料

某二级建筑工业厂房的柱下基础,经过技术方案的比较,决定采用桩基础,试设计该桩基础。已知资料如下:

(1)地质与水文资料

①通过工程地质勘察及土工试验可知地基土的分布情况与土层的物理性质及状态指标如下:

第一层:杂填土,土层厚 2.6m,重度为 16.8kN/m^3,液性指数为 0.3;第二层:淤泥质土,土层厚 4.5m,重度为 17.5kN/m^3,液性指数为 1.28,饱和重度为 19.0kN/m^3;第三层:黏土,土层厚 2.1m,饱和重度为 19.6kN/m^3,液性指数为 0.5;第四层:粉质黏土,土层厚 4.8m,饱和重度为 19.4kN/m^3,液性指数为 0.25,孔隙比为 0.78;第五层:粉质黏土,土层厚 2.5m,液性指数为 0.8。

②地下水位距地表的距离为 3.2m。

(2)桩与材料

①承台底面埋深要求不小于 1.6m。

②采用钢筋混凝土预制桩,混凝土强度等级 C20,Ⅰ级钢筋。

③桩的边长采用 400mm×400mm。

(3)荷载情况

上部结构轴心力荷载设计值为 4000kN,弯矩为 450kN·m,水平荷载为 150kN。

3)设计成果要求

(1)设计说明书

要求写出完整的计算说明书,包括必要的文字说明及计算过程。同时,字迹工整,数字准确,图文并茂。

(2)图纸

绘制2号图。要求均应符合新的制图标准,图纸上所有文字和数字均应书写端正,排列整齐,笔画清晰,书写为仿宋字。

4)设计步骤

(1)熟悉桩基础设计的基本资料

(2)桩基础类型的选择说明

(3)桩基础断面尺寸的选择说明

(4)桩长的选择

(5)桩的根数估算

(6)桩间距确定

(7)桩基础的平面布置

(8)桩基础单桩承载力的确定

(9)桩基础承载力与沉降验算

(10)桩身结构设计

(11)承台结构设计

第8单元　软弱土地基处理

单元重点：

(1)掌握软弱地基的特性；

(2)掌握各类软弱地基处理方法的基本原理与适用范围；

(3)根据工程地质条件、施工条件等因素，因地制宜地选择合适的地基处理方案。

8.1　概　　述

自然地理环境的不同，岩土的抗剪强度、压缩性、透水性等有着很大的差异。在各类岩土中，有不少为软弱土或不良土。随着我国建设事业的发展，越来越多的新建工程会遇到不良地质条件，而上部结构荷载日益增大，变形要求更加严格，原来尚属良好的地基，也可能在新的条件下不能满足上部结构的要求。因此，需要对天然土层进行人工处理满足建筑物对地基的要求。

8.1.1　地基处理的目的

地基处理的目的可概括为以下4个方面：

(1)提高地基的强度，增加其稳定性

当地基的抗剪强度低于上部荷载所产生的剪应力时，地基就会产生局部剪切或整体滑动破坏。

(2)降低地基的沉降与不均匀沉降

当地基在上部荷载作用下产生严重沉降或不均匀沉降时，就会影响建筑物的正常使用，甚至发生整体倾斜、墙体开裂等事故。

(3)减少地基的渗漏或溶蚀

如地基渗漏严重，会发生水量损失。地基溶蚀会使地面坍陷，导致建筑物沉陷。

(4)改善地基的动力特性，避免地基振动液化与振沉

在强烈地震或其他动力荷载作用下，会引起饱和粉土与粉细砂的液化及软黏性土的振沉，造成事故。

8.1.2　地基处理的对象及方法

地基处理的对象包括软弱地基与特殊土地基两个方面。

我国《建筑地基基础设计规范》(GB 50007—2011)中规定，软弱地基是指主要由淤泥、淤泥质土、冲填土、杂填土或其他高压缩性土层构成的地基。

淤泥及淤泥质土统称为软土。软土的特性是含水率高、孔隙比大、渗透系数小、压缩性高、抗剪强度低。在外荷载作用下，软土地基承载力低，地基变形大，不均匀变形也大，且变形稳定历时较长，在比较深厚的软土层上，建筑物基础的沉降往往持续数年甚至数十年之久。软土地基是在工程实践中遇到最多的需要人工处理的地基。

冲填土是指在整治和疏浚江河航道时，用挖泥船通过泥浆泵将夹有大量水分的泥砂吹到江河两岸而形成的沉积土。冲填土的工程性质主要取决于颗粒组成、均匀性和排水固结条件，若冲填物是黏性土为主，土中含有大量水分，且难于排出，则在其形成初期常处于流动状态。这类土属于强度较低和压缩性较高的欠固结土，一般需经过人工处理才能作为建筑物地基；而以砂性土或其他粗颗粒土为主的冲填土，其性质基本与砂性土相类似，可按砂性土考虑是否需要进行地基处理。

杂填土是由人类活动所形成的建筑垃圾、工业废料和生活垃圾等无规则堆填物。杂填土的成分复杂，组成的物质杂乱，分布极不均匀，结构松散且无规律性。杂填土的主要特性是强度低、压缩性高和均匀性差，即使在同一建筑场地的不同位置，其地基承载力和压缩性也有较大的差异。杂填土未经人工处理一般不宜作为持力层。

特殊土地基大部分带有地区性特点，包括湿陷性黄土、膨胀土和和冻土等。特殊土地基处理详见第 9 单元。

地基处理方法的分类多种多样。按时间可分为临时处理和永久处理；按处理深度可分为浅层处理和深层处理；按地基处理作用机理可分为换填、夯实、预压、振冲、挤密及化学加固等处理方法。本章将简要介绍几种常用的地基处理方法。

必须强调指出的是，各种地基处理方法，由于被处理对象即具体场地的土性和各种处理方法的作用机理同时存在复杂性，导致处理效果必然存在诸多不确定性。因此在拟定处理措施前，应先慎重对本场地开展必要的调查研究，为合理确定具体的地基处理方法提供充分依据。

8.2　机械压实法

对一定含水率范围内的土，可通过机械压实或落锤夯实以降低其孔隙比，提高其密实度，从而提高其强度，降低其压缩性。

8.2.1　土的压实原理

对细粒土，包括黏性土和可被压实的粉土，在一定的压实能量下，只有在适当的含水率范围内才能被压实到最大干密度。这种适当的含水率称为最优含水率，可以通过室内击实试验测定。击实试验分为轻型和重型两种类型。轻型击实试验适用于粒径小于 5mm 的土，重型击实试验适用于粒径小于 40mm 的土。轻型击实试验的击实筒容积为 947cm^3，击锤的质量为 2.5kg。试验时把制备成某一含水率的土样分 3 层装入击实筒，每装入一层均用击锤依次锤击 25 下，击锤落高为 30.5cm，由导筒加以控制。重型击实试验的击实筒容积为 2104cm^3，击锤的质量为 4.5kg，落高为 45.7cm，分 5 层击实，每层锤击 56 下。

击实后，测出土样的含水率和密度，再由 $\rho_d = \rho/(1+w)$ 算出相应的干密度。将被测试的土分别制成含水率不同的几个松散试样，用同样的击实能逐一进行击实，然后测定各试样的含水率 w 和干密度 ρ_d，绘成 ρ_d — w 关系曲线，如图 8-1 所示。曲线峰值相应的纵坐标，为试样的最大干密度 ρ_{dmax}，相应的横坐标，即为试样的最优含水率 w_{op}。

影响土压实性的因素很多，从图 8-1 中可以看出，对同一种土料，当含水率较小时，土的干密度随着含水率的增加而增大，而当干密度随着含水率的增加达到 ρ_{dmax} 后，含水率的继续增加反而使干密度减小。分析其原因：当土中含水率很低时，土中只有强结合水，受电分子力的吸引，阻止土颗粒的移动，使土难以压实。当含水率适当增大时，土中的结合水变厚，电分子吸引力减弱，水起润滑的作用，使土粒容易移动而压实。但当土中含水率较高，超过最优含水率很多时，土中存在相当多的自由水，在击实的短暂时间内，自由水无法排出而占有相当的体积，因而固体体积相应减小，使土的干密度下降。据试验研究，通常黏性土的最优含水率约比土的塑限含水率大 1% ~2%。

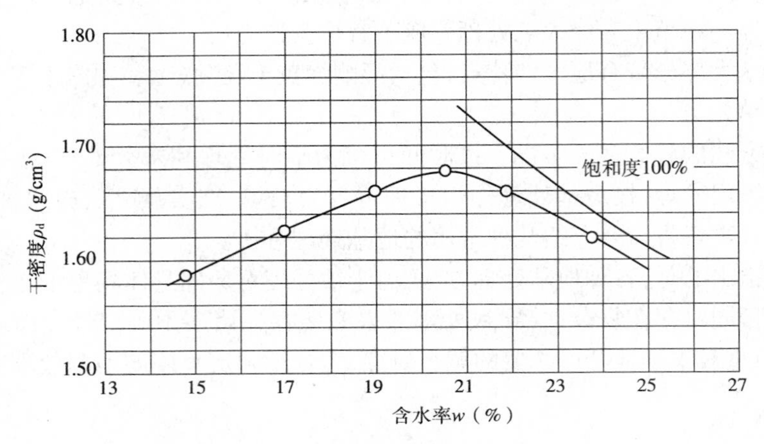

图 8-1　ρ_d — w 关系曲线

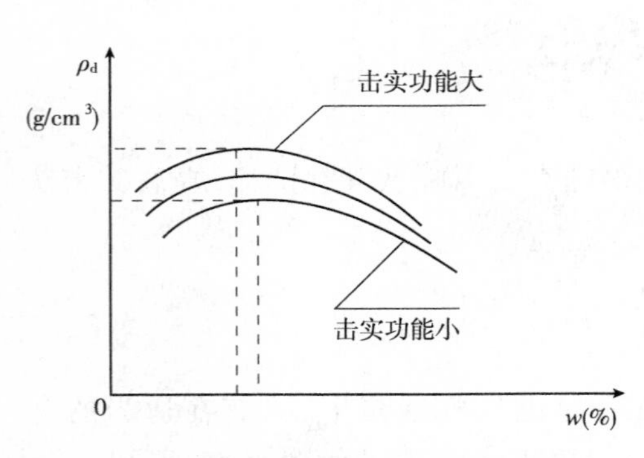

图 8-2　压实功能对击实曲线的影响

实践表明：影响黏性土压实效果的因素，除上述含水率的大小以外，还有压实功能与土的粒径级配。同一种土，如压实功能大小不同，所得的击实曲线也不相同。当压实功能加大，则其最大干密度增高，相应的最优含水率降低，如图 8-2 中 3 条曲线所示。此外，土的粒径级配也影响土的压实效果，如黏粒含量高或塑性指数大的黏性土，其最大干密度较低，相应的最优含水率较高。

土的压实原理具有重要的工程应用价值。例如我国在 20 世纪 50 年代东北地区某大型水库土坝施工中，坝体采用的黏性土料运到坝上以后，按设计辗压数遍达不到干密度的标准。反复辗压后，干密度仍然没有提高，土层反而产生剪切破坏，类似“千层饼”形状，整个工程被迫停工，造成很大损失。究其原因，该工程土坝的黏性土的天然含水率过高，限于当时历史条件，对土的压实原理缺乏认识。

砂土的击实性能与黏性土不同。由于砂土的粒径大，孔隙大，结合水的影响微小，总的比黏性土容易压实。例如,干砂在压力与振动作用下容易压实。稍湿的砂土,因水的表面张力作用,使砂粒相互靠紧,阻止其移动,压实效果稍差,如充分洒水,饱和砂土表面张力消失,压实效果又变良好。

8.2.2 重锤夯实法

重锤夯实法是利用起重机将重锤提升至2.5~4.5m高度后,让其自由下落,通过不断重复夯击地基表面,达到加固地基的目的。

通常重锤用钢筋混凝土制成,锤的形状为截头圆柱体,锤重为1.5~3.2t;锤底直径为0.7~1.5m,夯击6~8遍。

这种方法适用于处理地下水位0.8m高度以上稍湿的黏性土、粉土、杂填土以及砂土和湿陷性黄土地基。不适用于软黏土或地下水位以下的饱和黏性土。因这类土在击实过程中容易产生"橡皮土"而破坏土的结构,反而增加土的压缩性。所以当地下水位埋藏深度在夯击的影响深度范围内时,需采取降水措施。

重锤夯实法的效果与锤重、锤底直径、落距、夯击遍数、夯实土的种类和含水率有一定的关系。施工中宜由现场夯击试验决定有关参数。当土质和含水率变化时,这些参数应相应加以调整。

8.2.3 机械碾压法

机械碾压法是一种采用机械压实松软土的方法,常用的机械有平碾、羊足碾、压路机等。

这种方法适用于地下水位以上,大面积回填压实,也可用于含水率较低的素填土或杂填土地基处理,例如,修筑堤坝、路基。苏州、南京普遍采用的筏板基础下的杂填土地基,常用此法压实处理。

在实际工程中,除了进行室内击实试验外,还应进行现场碾压试验。通过试验,确定在一定压实能条件下土的合适含水率、恰当的分层碾压厚度和遍数,以便确定满足设计要求的工艺参数。黏性土压实前,被碾压的土料应先进行含水率测定,只有含水率在合适范围内的土料才允许进场。每层铺土厚度约为300mm。碾压后的地基的质量常以压实系数λ_c控制,λ_c为土的控制干密度ρ_d与击实试验得出的最大干密度ρ_{dmax}之比。不同类别的土要求的λ_c不同,但在主要受力层范围内一般要求$\lambda_c \geqslant 0.96$。

8.2.4 振动压实法

振动压实法是一种在地基表面施加振动把浅层松散土振密的方法。主要的机具是振动压实机。这种方法主要用于处理杂填土、湿陷性黄土、炉渣、松散砂土与碎石土等类土。振动压实的效果主要取决于被压实土的成分和施振的时间。振动开始时,振密作用较为显著,但随时间推移变形渐趋稳定。所以在施工前应先进行现场试验,根据振实的要求确定施振的时间。有效的振实深度为1.2~1.5m。但如地下水位太高,则将影响振实效果。此外尚应注意振动对周围建筑物的影响,振源与建筑物的距离应大于3m。

8.3 强 夯 法

强夯法是在重锤夯实法基础上发展起来的一种地基夯实方法。1969年由法国Menard技术公司首先创立并应用的。这种方法是将10~40t的重锤提升到10~40m高度后令其下落,以很大的冲击能对地层进行强力夯实加固的方法。锤重的大小与所需加固的地基土质、加固深度与落距等因素有关,由设计与现场试验确定。此法可提高土的强度、降低其压缩性、减轻甚至消除砂土振动液化危险和消除湿陷性黄土的湿陷性等,同时还能提高土层的均匀程度、减少地基的不均匀沉降。

强夯法开始使用时,仅用于加固砂土和碎石土地基。经过30多年的发展,它已适用于夯实碎石土、砂土、低饱和度的粉土、黏性土、人工填土和湿陷性黄土等类地基。对于淤泥和淤泥质土地基,尤其是高灵敏度的软土,其适用性尚有争议,须经试验证明其加固效果后才能采用。1992年我国《建筑地基处理技术规范》颁布,强夯法是其中之一。说明这项新技术的成熟程度已得到公认。

8.3.1 强夯法的加固机理

强夯法加固地基的机理,与重锤夯实法有着本质的不同。强夯法主要是将势能转化为夯击能,在地基中产生强大的动应力和冲击波,对土体产生加密作用、液化作用、固结作用和时效作用。

(1)加密作用。土体中大多含有以微气泡形式出现的气体,其含量为1%~4%。强夯时的强大冲击能,使气体压缩、孔隙水压力升高,随后在气体膨胀、孔隙水排出的同时,孔隙水压力下降。这样每夯击一遍孔隙水和气体的体积都有所减少,土体得到加密。根据试验测定,每夯击一遍气体体积可减少40%。

(2)液化作用。在巨大的冲击应力作用下,土中超孔隙水压力迅速提高,致使局部(部分)土体产生液化,土的强度消失,土粒通过自由地重新排列而趋密。

(3)固结作用。强夯时在地基中所产生的超孔隙水压力大于土粒间的侧向压力时,土粒间便可能出现裂隙,形成排水通道。此时土的渗透性增大,孔隙水得以顺利排出,加速了土的固结。

(4)时效作用。随着时间的推移,孔隙水压力的消散,土颗粒又重新紧密接触,自由水也重新被土颗粒吸附而变成结合水,土的强度便逐渐恢复。这种触变带来的强度恢复,称为时效作用。

8.3.2 强夯法设计要点

应用强夯法加固软弱地基时,一定要根据现场的地质条件和工程的使用要求,正确地选用各项技术参数。这些参数包括加固范围、夯点布置、有效加固深度、强夯的单位夯击能、单击夯击能、夯击遍数、间隔时间等。

1)有效加固深度

根据工程的规模与特点结合地基土层情况,确定强夯处理有效加固深度。深度与强夯的功能有关，据此选择锤重与落距。加固深度的确定，应根据现场试夯或当地经验确定。在缺少试验资料或经验时可按表 8-1 预估。

强夯法的有效加固深度(m)　　表 8-1

单击夯击能(kN·m)	碎石土、砂土等	粉土、黏性土、湿陷性黄土等
1000	5.0～6.0	4.0～5.0
2000	6.0～7.0	5.0～6.0
3000	7.0～8.0	6.0～7.0
4000	8.0～9.0	7.0～8.0
5000	9.0～9.5	8.0～8.5
6000	9.5～10.0	8.5～9.0
8000	10.0～10.5	9.0～9.5

注：强夯法的有效加固深度应从起夯面算起。

初步确定强夯的有效加固深度与夯击功能的关系，设计选用强夯的锤重与落距，在现场进行强夯试夯。根据试夯的实际有效加固深度作适当的调整。

2)强夯的单位夯击能

强夯的单位夯击能根据地基土的类别、结构类型、荷载大小和要求处理的深度等综合考虑，并通过现场试夯确定。在一般情况下：

粗颗粒土可取 1000～3000kN/m^2；

细颗粒土可取 1500～4000kN/m^2。

3)选用夯锤与落距

根据初步确定的强夯有效加固深度、所需的夯击能以及施工设备的条件选择锤重和落距，并通过现场试夯确定。

单击夯击能是指锤重 W 与落距 H 之积，即 WH (kN·m)。根据研究，同样的夯击能，不同土层的有效加固深度不同。

4)确定每个夯点重复夯击次数

最佳夯击次数应按现场试夯的夯击次数和夯沉量关系曲线确定，并同时满足下列条件：

(1)最后两击的平均夯沉量不大于下列数值：当单击夯击能小于 4000kN·m 时为 50mm；当单击夯击能为 4000～6000kN·m 时为 100mm；当单击夯击能大于 6000kN·m 时为 200mm。

(2)夯坑周围地面不应发生过大的隆起。

(3)不因夯坑过深而发生起锤困难。

5)夯击遍数

夯击遍数应根据地基土的性质确定。一般来说，由粗颗粒土组成的渗透性强的地基，夯击遍数可少些。反之，由细颗粒土组成的渗透性弱的地基，夯击遍数要求多些。根据我国工程实践，对于大多数工程采用夯击 2 遍，最后再以低能量满夯 2 遍，一般均能取得较好的夯击效果。对于渗透性弱的细颗粒土地基，必要时夯击遍数可适当增加。

必须指出，由于表层土是基础的主要持力层，如处理不好，将会增加建筑物的沉降和不均匀沉降。因此，必须重视满夯的夯实效果，除了采用 2 遍满夯外，还可采用轻锤或低落距锤多次夯击，锤印搭界等措施。

6)夯点平面布置

夯击点位置可根据基底平面形状，采用等边三角形、等腰三角形或正方形布置。第一遍夯击点间距可取夯锤直径的2.5~3.5倍，第二遍夯击点位于第一遍夯击点之间。以后各遍夯击点间距可适当减小。对处理深度较深或单击夯击能较大的工程，第一遍夯击点间距宜适当增大。

强夯处理范围应大于建筑物基础范围，超过建筑物边沿之外约一个加固深度值。

7)两遍夯击之间的时间间隔

两遍夯击之间的间隔时间取决于土中超静孔隙水压力的消散时间，对碎石与砂土渗透性好的地基可连续夯击；对于渗透性弱的黏性土地基，时间间隔不应少于3~4周。

8.3.3 强夯法的施工工艺

为了保证强夯加固地基的预期效果，需要严格的、科学的施工技术与管理制度。

(1)夯前地基的详细勘察。查明建筑场地的土层分布、厚度与工程性质指标，如γ、w、e、E_s、N等。

(2)现场试夯与测试。在建筑场地内，选代表性小块面积进行试夯或试验性强夯施工一段时间后，测试加固效果，为强夯正式施工提供设计和施工参数的依据。

(3)清理并平整场地。平整的范围应大于建筑物外围轮廓线，超过建筑物边沿之外约一个加固深度值。

(4)标明第一遍夯点位置。对每一夯击点，用石灰标出夯锤底面外围轮廓线，并测量场地高程。

(5)起重机就位，夯锤对准夯点位置，位于石灰线内。测量夯前锤顶高程。

(6)将夯锤起吊到预定高度，自动脱钩，使夯锤自由下落夯击地基，放下吊钩，测量锤顶高程。若因坑底倾斜造成夯锤歪斜时，应及时整平坑底。

(7)重复步骤(6)，按设计规定的夯击次数及控制标准，完成一个夯点的夯击。

(8)重复步骤(5)~(7)，按设计强夯点的次序图，完成第一遍全部夯点的夯击。

(9)用推土机将夯坑填平，并测量场地高程。标出第二遍夯点位置。

(10)按规定间隔时间待前一遍强夯产生的土中孔隙水压力消散后，再按上述步骤逐次完成全部夯击遍数。最后用低能量满夯，将场地表层松土夯实，并测量夯后场地高程。

(11)全部夯击结束后，砂土地基间隔可取1~2周，低饱和度的粉土与黏性土间隔可取2~4周，进行强夯效果质量检测。对于一般工程采用两种或两种以上方法进行检测。简单场地一般建筑物的检测点不少于3处。对重要工程与复杂场地应增加检测方法与检测点。检测的深度不小于设计地基处理的深度。

强夯法施工由于设备简单、工艺方便，需要人员少，施工速度快以及不消耗水泥、钢材，并且加固效果好，费用通常可比桩基节省投资30%~70%，所以应用广泛。但是强夯法施工时，振动大、噪声大，影响周围建筑物的安全和居民的正常生活，所以在市区或居民密集的地段难以采用。

8.4 换 填 法

换填法又称为换土垫层法，是将基础底面下一定深度范围内的软弱土层部分或全部挖去，然后换填强度较大、压缩性小且性能稳定、无侵蚀性的砂石、素土、灰土、粉煤灰、工业废渣等材料，并分层夯压至要求的密实度。换填法适用于淤泥、淤泥质土、湿陷性黄土、膨胀土、季节性冻土、素填土、杂填土地基以及暗沟、暗塘等的浅层处理。这种方法常用于处理5层以下民用建筑，跨度不大的工业厂房，以及基槽开挖后局部具有软弱土层的地基。

换填法处理地基时换填材料所形成的垫层，按其材料的不同，可分为砂垫层、砂石垫层、碎石垫层、素土垫层、灰土垫层、粉煤灰垫层和干渣垫层等。对于不同材料的垫层，虽然其应力分布有所差异，但测试结果表明，其极限承载力还是比较接近的，并且不同材料垫层上建筑物的沉降特点也基本相似，故各种材料垫层的设计都可近似按砂垫层方法进行。但对于湿陷性黄土、膨胀土和季节性冻土等特殊土采用换填法进行地基处理时，因其主要目的是为了消除或部分消除地基土的湿陷性、胀缩性和冻胀性，所以在设计时所考虑解决问题的关键也应有所不同。

8.4.1 换填法的加固机理

换填法处理地基的加固机理主要有以下几个方面。

(1)提高基底持力层的承载力

地基中的剪切破坏是从基础底面以下边角处开始的，随着基底压力的增大而逐渐向深部发展。因此当基底面以下浅层范围内可能被剪切破坏的软弱土被强度较大的垫层材料置换后，承载能力可以提高。

(2)减少地基沉降量

一般情况下，基础下浅层的沉降量在总沉降量中所占的比例较大。由土体侧向变形引起的沉降，理论上也是浅层部分占的比例较大。因而以垫层材料代替软弱土层，可以大大减少沉降量。

(3)加速软弱土层的排水固结

由于用砂石作为垫层材料时，其透水性大，当软弱土层受压后，垫层可作为良好的排水面，使基础下面的孔降水压力得以迅速消散，加速垫层下软弱土层的固结，从而提高地基土强度。

(4)防止地基土冻胀

由于粗颗粒垫层材料的孔隙较大，不易产生毛细管现象，因此可以防止寒冷地区土中结冰所造成的冻胀，此时，垫层底面尚应满足当地冻结深度的要求。

(5)消除地基的湿陷性和胀缩性

采用素土和灰土垫料，在湿陷性黄土地基中，置换了基础底面下一定范围内的湿陷性土层，可免除土层浸水后湿陷变形的发生或减少土层湿陷沉降量。因为垫层可作为地基的防水层，减少了下卧天然黄土层浸水的可能性。采用非膨胀性的黏性土、砂、碎石、灰土以及矿渣等置换膨胀土，可以减少地基的胀缩变形量。

8.4.2 换填法设计要点

换填法地基处理的设计不但要满足建筑物对地基承载力和变形的要求，而且应符合经济合理的原则，其主要内容是确定垫层的厚度 z 和宽度 b' 。一般情况下，换土垫层的厚度为 $0.5\text{m} \leqslant z \leqslant 3.0\text{m}$。

1）垫层厚度的确定

垫层厚度 z 应根据垫层底面下卧软弱土层的承载力来确定，如图 8-3 所示，即要求作用在垫层底面处土的自重压力与附加压力之和不大于下卧软弱土层的地基承载力，应满足下式要求：

$$p_z + p_{cz} \leqslant f_{az} \tag{8-1}$$

式中：p_z ——垫层底面处的附加压力（kPa）；

p_{cz} ——垫层底面处的自重压力（kPa）；

f_{az} ——垫层底面处经深度修正后的下卧土层地基承载力特征值（kPa）。

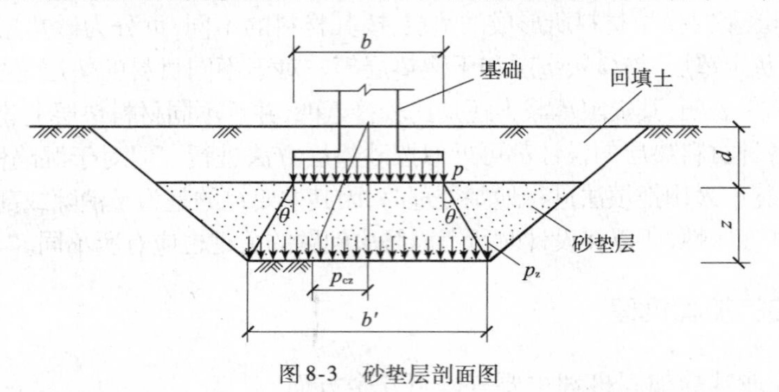

图 8-3　砂垫层剖面图

垫层底面处的附加压力 p_z 除了可用弹性理论的土中应力公式进行计算外，常用的是按照压力扩散角的方法进行简化计算。

对于条形基础，有

$$p_z = \frac{b(p_k - p_c)}{b + 2z\tan\theta} \tag{8-2}$$

对于矩形基础，有

$$p_z = \frac{bl(p_k - p_c)}{(b + 2z\tan\theta)(l + 2z\tan\theta)} \tag{8-3}$$

式中：b ——矩形基础或条形基础底面的宽度（m）；

l ——矩形基础底面的长度（m）；

p_k ——基础底面处的平均压力（kPa）；

p_c ——基础底面处土的自重压力（kPa）；

z ——基础底面下垫层的厚度（m）；

θ ——垫层的压力扩散角，可按表 8-2 采用。

垫层的压力扩散角 θ　　　表 8-2

z/b	换填材料		
	中砂、粗砂、砾砂、圆砾、角砾、石屑、卵石、碎石、矿渣	粉质黏土和粉煤灰	灰　土
0.25	20°	6°	28°
≥0.50	30°	23°	28°

注：①当 $z/b < 0.25$ 时，除灰土仍取 $\theta = 28°$ 外，其余材料均取 $\theta = 0°$；

②当 $0.25 < z/b < 0.50$ 时，θ 值可由内插求得。

2）垫层宽度的确定

当确定垫层宽度时，应满足基础底面压力扩散的要求，同时还应考虑到垫层应有足够的宽度，以及垫层侧面土的强度条件，以防止垫层材料向侧边挤出而增加垫层的竖向变形量。

垫层的宽度可按下式压力扩散角的方法进行计算，或根据当地经验确定。

$$b' \geqslant b + 2z\tan\theta \tag{8-4}$$

式中：b'——垫层底面宽度（m）；

θ——垫层的压力扩散角，按表8-2采用；但当 $z/b < 0.25$ 时，仍按 $z/b = 0.25$ 取值。

8.4.3 换填法的施工要点

1）对垫层材料的要求

（1）砂石

宜选用碎石、卵石、角砾、圆砾、砾砂、粗砂、中砂或石屑（粒径小于2mm的部分不应超过总重的45%），要求级配良好，不含植物残体、垃圾等杂质。当使用粉细砂或石粉（粒径小于0.075mm的部分不应超过总重的9%），应掺入不少于总重30%的碎石或卵石。最大粒径不宜大于50mm。对湿陷性黄土地基不得选用砂石等渗水材料。

（2）素土

土料中有机质含量不得超过5%，亦不得含有冻土或膨胀土。当含有碎石时，其粒径不宜大于50mm。用于湿陷性黄土或膨胀土地基的素土垫层，土料中不得夹有砖、瓦和石块。

（3）灰土

体积配合比宜为2:8或3:7。土料宜用黏性土及塑性指数大于4的粉土，不得含有松软杂质，并应过筛，其颗粒不得大于15mm。灰土宜用新鲜的消石灰，其颗粒不得大于5mm。

（4）粉煤灰

粉煤灰垫层上宜覆土0.3~0.5m。作为建筑物垫层的粉煤灰应符合有关放射性安全标准的要求。大量填筑粉煤灰时应考虑对地下水和环境的影响。

（5）工业废渣

应质地坚硬、性能稳定和无侵蚀性。其最大粒径及级配宜通过试验确定。

2）换填法的施工

为获得最佳夯压效果，宜采用垫层材料的最优含水率 w_{op} 作为施工控制含水率。对于素土和灰土垫层，含水率可控制在最优含水率 w_{op} ±2%的范围内；当使用振动碾压时，可适当放宽至最优含水率 w_{op} 的6%~20%范围内。对于砂石料垫层，当使用平板振动器时，含水率可取15%~20%；当使用平碾或蛙式夯时，含水率可取8%~12%；当使用插入式振动器时，砂石料则宜为饱和。对于粉煤灰垫层，含水率应控制在最优含水率 w_{op} ±4%的范围内。

垫层的分层铺填厚度和每层压实遍数宜根据垫层材料、施工机械设备及设计要求等通过现场试验确定。除接触下卧软土层的垫层底层，应根据施工机械设备和下卧层土质条件的要求具有足够的厚度外，一般情况下，垫层的分层铺填厚度可取200~300mm，为保证分层压实质量，同时还应控制机械碾压速度。

垫层的质量必须分层控制及检验，每夯压完一层，应检验该层的平均压实系数 λ_c。当压实系数 λ_c 满足设计要求后，才能铺填上层。质量检验方法主要有环刀法和灌砂法；另外，对于垫层填筑工程竣工质量验收还可用静载荷试验法、标准贯入法、轻便触探法、动测法和静力触探法等方法中的一种或几种方法进行检验。

8.5 预 压 法

预压法的设计理念是在建筑物建造之前，先在拟建场地上分级施加与其相当的荷载，使土体中的孔隙水排出并逐渐固结，地基沉降在加载预压期间基本完成或大部分完成，从而使建筑物在使用期间不致产生过大的沉降和不均匀沉降，同时提高地基土的承载力和稳定性。在我国沿海地区，内陆湖泊和河流各地分布着大量的软弱黏性土，其特点是含水率大、压缩性高、强度低、透水性差且有时埋藏深厚，这类软土地基通常需要采取处理措施，预压法是处理软土地基的一种有效方法。

8.5.1 预压法的加固机理和适用范围

预压法由排水系统和加压系统两部分共同组合而成。排水系统的主要作用在于改变地基原有的排水边界条件，缩短排水距离，当软土层较薄或土的渗透性较好且施工期允许较长时，可仅在地面上铺设一定厚度的砂垫层，然后加载；当软土层深厚且透水性很差时，可在地基中进一步设置砂井或塑料排水带，以增加排水通道，从而加快土体排水固结。而加压系统主要是指对地基施加预压并使地基土产生固结的荷载，其方法主要有堆载预压法和真空预压法两类，此外还有降水预压法、电渗排水预压法及其他联合方法等。

本节主要介绍国内常用的堆载预压法。这一方法广泛地应用于大面积深厚软土层的加固处理。但由于堆载须大量的材料、排水固结须占用较长的工期，以及预压排水固结将导致场地附近的地表沉降，可能危及邻近建筑物，使得其适用范围得到限制。

8.5.2 堆载预压法

堆载预压，根据土质情况可分为单级加荷和多级加荷；根据堆载材料又可分为自重预压、加荷预压和加水预压。堆载一般用填土、砂石等散粒材料；对于油罐，通常利用充水对地基进行预压；对于堤坝等以稳定为控制的工程，则以其本身的重量有控制地分级加载；有时也采用超载预压的方法来减少堤坝等使用期间的沉降。

当天然地基的强度满足总预压荷载下地基的稳定性时，堆载预压可一次加荷，但由于软黏土地基的抗剪强度较低，因此，堆载预压往往必须分级逐渐加荷，待前期荷载下地基强度增加到足以施加下一级荷载时方可施加下一级荷载。

1）预压荷载的大小与加载速率

预压荷载通常是堆置砂石等建筑材料。堆载量按设计要求。为了加速固结过程以缩短工期，堆载可以超过设计荷载（超载预压），但一般不大于设计荷载1.2倍。堆载的分布应与建筑物荷载的分布大致相同。堆载的面积一般应大于建筑物的底面积，以保证建筑地基得到均匀加固。若只为了增加地基强度以加强其稳定性，可利用建筑物自重作为预压荷载。对于油罐、水池等，则往往用充水作为预压荷载。

在施加预压荷载的过程中，任意时刻作用于地基上的荷载不得超过相应时刻的地基极限承载力，以免地基发生剪切破坏。为此，应制定严格的加载计划，待地基在前一级荷载作用下达到一定固结度后，再施加下一级荷载。实施过程中，除了根据计算拟定加载计划外，还应根据现场观测资料控制加载速率。根据经验，安全施工的控制标准为：边桩水平位移的速率不应超过5mm/d，竖向变形不应超过10mm/d。

2）堆载预压法设计要点

（1）砂井的直径、间距和平面布置

砂井的直径与间距应保证井内排水顺利和井周渗径足够短，主要取决于土的固结特性和施工期限要求，还与固结压力、土的灵敏度和施工方法等因素有关。根据理论和工程实践可知，缩小井距比增大井径对加速固结更为有效，因此宜按“细而密”的原则选择砂井的直径和间距。但太细则不能保证灌砂的密实和连续，而太密则对周围土扰动较大。所以普通砂井的直径一般采用300～500mm，袋装砂井直径可取70～120mm。井距则按一定范围的井径比 n（即砂井的有效排水直径 d_e 与砂井直径 d_w 之比，如图8-4所示）选取，普通砂井的井距可按 $n=6\sim8$ 选用；袋装砂井或塑料排水带的井距可按 $n=15\sim20$ 选用。

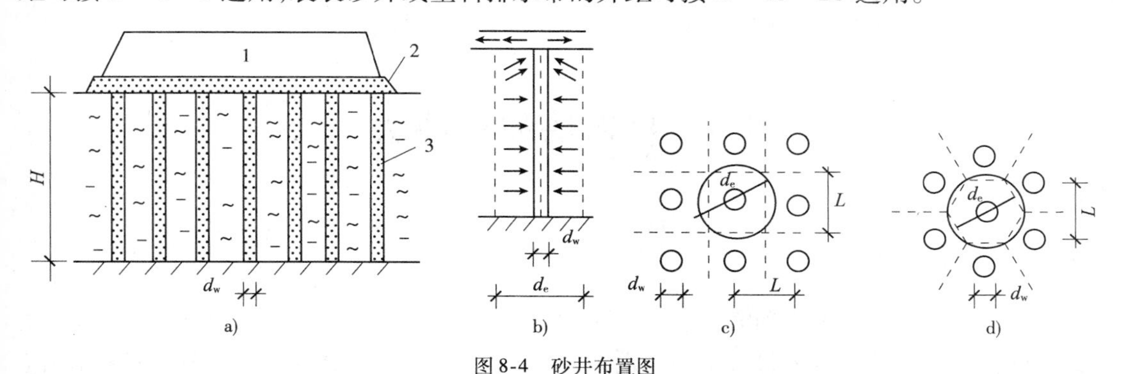

图8-4 砂井布置图

a）剖面图；b）砂井排水途径；c）正方形布置；d）等边三角形布置

1-堆载；2-砂垫层；3-砂井

砂井通常采用等边三角形和正方形两种方式布置，如图8-4c、d）所示。当砂井为等边三角形布置时，其有效范围为正六边形；而正方形布置时，则有效范围为正方形。为简化计算，把砂井影响范围的多边形化为有效排水直径 d_e 的圆形，它们与砂井间距 l 的关系如下：

等边三角形布置时

$$d_e=\sqrt{\frac{2\sqrt{3}}{\pi}}l=1.05l \tag{8-5}$$

正方形布置时

$$d_e=\sqrt{\frac{4}{\pi}}l=1.13l \tag{8-6}$$

显然，等边三角形排列比正方形排列紧凑，故实际工程中，常用等边三角形排列布置。

砂井的布置范围，一般应比建筑物基底范围稍大，即向外增大2～4m。这样可以防止地基产生过大的侧向变形或防止基础周边附近地基的剪切破坏。

（2）砂井的深度

砂井的深度一般按下列原则确定：如果软土层较薄，砂井应贯穿该土层；若软土层较厚，则应根据建筑物对地基稳定及沉降的要求决定砂井的长度。从稳定方面考虑，砂井至少应深入最危险滑动面下2m以上。从沉降方面考虑，砂井的深度应穿越压缩层。为保证砂井排水畅通,还应在砂井顶部设置厚度为0.3~0.5m的砂垫层,以便引出从土层排入砂井的渗透水。

3)堆载预压法的施工

(1)砂井的灌砂量,应按井孔的体积和砂在中密时的干密度计算,其实际灌砂量不得小于计算值的95%。

(2)袋装砂井或塑料排水带施工时,平面井距的偏差应不大于井径,垂直度的偏差宜小于1.5%,拔管后带上的长度不宜超过500mm。

(3)塑料排水带需接长时,应采用滤膜内芯板平搭接的连接方式,其搭接长度宜大于200mm。

(4)在加载预压过程中,应通过沉降、边桩位移及孔隙水压力等的观测,严格控制加载速率,沉降每天不应超过10~15mm,边桩水平位移每天不应超过5mm。

(5)当地面总沉降量大于预压荷载作用下最终计算沉降量的80%,地基总固结度也大于80%,并且地面沉降速率小于0.5~1.0mm/d时,可进行卸载。

8.6 挤密法和振冲法

8.6.1 挤密法

挤密法是以沉管或冲击的方法成孔,然后在孔中填入砂、石、土、灰土或其他材料并加以捣实成为桩体。按其填入的材料不同分别称为砂桩、砂石桩、灰土桩等。挤密法一般采用沉管(振动、锤击)、冲击或爆破成孔。

1)加固机理和适用范围

常见挤密桩主要靠桩管打入地基过程中,对土产生横向挤密作用,在一定挤密能量作用下,土粒彼此移动,小颗粒填入大颗粒的空隙,颗粒间彼此靠近,空隙减少,地基土的强度也随之增强。在黏性土中,还由于桩体本身具有较大的强度和变形模量,桩的断面也较大,故桩体与土组成复合地基,共同承担建筑物荷载。

必须指出:挤密砂桩与排水砂井都是以砂为填料的桩体,但两者的作用是不同的。砂桩的作用主要是挤密,故桩径与填料密度大,桩距较小;而砂井的作用主要是排水固结,故井径和填料密度小,间距大。

挤密桩主要适用于处理松散砂类土、素填土、杂填土等,将土挤密,其效果是显著的。

2)挤密法设计

(1)布置

砂石挤密桩加固地基宽度应超出基础的宽度,每边放宽不应少于1~3排;砂石桩用于防止砂层液化时,每边放宽不宜小于处理深度的1/2,且不应小于5m。当可液化土层上覆盖有厚度大于3m的非液化层时,每边放宽不宜小于液化层厚度的1/2,且不应小于3m。其他挤密桩也有类似规定。

砂石挤密桩孔位宜采用等边三角形或正方形布置。砂石挤密桩的直径应根据地基土质情况和成桩设备等因素确定,一般可采用300~800mm。对于饱和黏性土地基宜选用较大的直径。

(2)桩距

砂石挤密桩的间距应通过现场试验确定,但不宜大于砂石桩直径的4倍。在有经验的地区,砂石挤密桩的间距也可按下述方法计算:

①松散砂土地基

等边三角形布置

$$s = 0.95 \cdot \xi \cdot d \sqrt{\frac{1 + e_0}{e_0 - e_1}} \tag{8-7}$$

正方形布置

$$s = 0.89 \cdot \xi \cdot d \sqrt{\frac{1 + e_0}{e_0 - e_1}} \tag{8-8}$$

$$e_1 = e_{max} - D_{rl}(e_{max} - e_{min}) \tag{8-9}$$

式中:s ——砂石挤密桩间距(m);

d ——砂石挤密桩直径(m);

ξ ——修正系数,当考虑振动下沉密实作用时,可取1.1~1.2;不考虑振动下沉密实作用时,可取1.0;

e_0 ——地基处理前砂土的孔隙比,可按原状土样试验确定,也可根据动力或静力触探等对比试验确定;

e_1 ——地基挤密后要求达到的孔隙比;

D_{rl} ——地基挤密后要求砂土达到的相对密度,可取0.70~0.85;

e_{max}、e_{min}——分别为砂土的最大、最小孔隙比。

②黏性土地基

等边三角形布置

$$s = 1.08\sqrt{A_e} \tag{8-10}$$

正方形布置

$$s = \sqrt{A_e} \tag{8-11}$$

$$A_e = \frac{A_p}{m} \tag{8-12}$$

式中:A_e ——每根砂石挤密桩承担的处理面积(m^2);

A_p ——砂石挤密桩的截面积(m^2);

m ——面积置换率。

$$m = \frac{d^2}{d_e^2} \tag{8-13}$$

式中:d ——桩的直径(m);

d_e ——等效影响圆的直径(m)。

对于等边三角形布置

$$d_e = 1.05s \tag{8-14}$$

对于正方形布置

$$d_e = 1.13s \tag{8-15}$$

(3)桩长

砂石挤密桩的长度要求如下:

①当地基中松软土层厚度不大时，砂石桩长度宜穿过松软土层；

②当松软土层厚度较大时，桩长应根据建筑地基的允许变形值确定；

③对可液化砂层，桩长应穿透可液化层或按国家标准《建筑抗震设计规范》(GB 50011—2010)的有关规定执行；

④砂石挤密桩孔内砂石的填量

$$s = \frac{A_p l d_s}{1 + e_1}(1 + 0.01w) \tag{8-16}$$

式中：s ——填砂石量(t)；

A_p ——砂石挤密桩的截面积(m^2)；

l ——砂石挤密桩的桩长(m)；

d_s ——砂石料的相对密度；

w ——砂石料的含水率(去掉%)。

⑤砂石挤密桩的填料

砂石挤密桩的填料应采用粗粒洁净材料，如砾砂、粗砂、中砂、圆砾、角砾、卵石、碎石等。填料中含泥量不得大于5%，并不宜含有大于50mm的颗粒。

⑥砂石挤密桩复合地基承载力

砂石挤密桩复合地基承载力特征值，应按现场复合地基载荷试验确定。

⑦变形计算

砂石挤密桩复合地基的变形计算，应按《建筑地基基础设计规范》(GB 50007—2011)的有关规定进行。

3)砂石挤密桩的施工要点

(1)施工设备

砂石挤密桩施工可采用振动沉管、锤击沉管或冲击成孔等成桩法。当用于消除粉细砂及粉土液化时，宜采用振动沉管成桩法。

(2)施工顺序

对砂土地基宜从外围或两侧向中间进行，对黏性土地基宜从中间向外围或隔排施工。在既有建(构)筑物邻近施工时，应按背离建(构)筑物方向进行。

(3)施工要求

施工前应进行成桩工艺和成桩挤密试验。当成桩质量不能满足设计要求时，应在调整设计与施工有关参数后，重新进行试验或改变设计方案。

施工时桩位水平偏差不应大于0.3倍套管外径，套管垂直度偏差不应大于1%。

8.6.2 振冲法

振动水冲法，简称振冲法，是利用振动和水冲来加固地基的一种方法。振冲法适用于处理砂土、粉土、粉质黏土、素填土和杂填土等地基。对于处理不排水，抗剪强度不小于20kPa的饱和黏性土和饱和黄土地基，应在施工前通过现场试验确定其适用性。

振冲法主要的施工机具是振冲器、吊机和水泵。振冲器是一种利用自激振动，配合水力冲击进行作业的机具。振冲法的优点是施工设备较简单，操作方便，施工速度快，造价较低。缺点是加固地基时要排出大量的泥浆，环境污染比较严重。

根据加固机理的不同，振冲法可分为振冲密实法和振冲置换法两类。

1)振冲密实法

(1)加固机理和适用范围

在砂土中,振冲器对地基土施加重复水平振动和侧向挤压,使土的结构逐渐破坏,孔隙水压力逐渐增大。由于土的结构破坏,土粒便向低势能位置转移,土体由松变密。当孔隙水压力增大到大主应力值时,土体开始液化。因此,振冲对砂土的作用主要是振动密实和振动液化。

振冲密实法适用于砂类土,从粉粒砂到含砾粗砂,只要粒径小于0.005mm的黏粒含量不超过10%,都可得到显著的挤密效果;若黏粒含量大于30%,则挤密效果明显降低。

(2)设计要点

①处理范围。振冲的范围如果没有抗液化要求,一般不超出或稍超出基底覆盖的面积;但在地震区有抗液化要求时,应在基底外缘每边放宽不少于5m。当可液化土层不厚时,振冲深度应穿透整个可液化土层;当可液化土层较厚时,振冲深度应按要求的抗震深度处理。

②孔位间距和平面布置。孔位间距与砂土的颗粒组成、密实程度、地下水位、振冲器功率等有关。砂的粒径越细,密实要求越高,则间距应越小。使用30kW振冲器,间距一般为1.8~2.5m;使用75kW的大功率振冲器,间距可加大到2.5~3.5m。振冲孔位布置常用等边三角形和正方形两种。

③填料。振冲密实法宜用碎石、卵石、角砾、圆砾、砾砂、粗砂、中砂等硬质材料作为填入材料,在施工不发生困难的前提下,粒径越粗,加密效果越好。每一振冲点所需的填料量,随地基土要求达到的密实程度和振冲点间距通过现场试验而定。

2)振冲置换法

振冲置换法是利用振冲器在高压水流下边振边冲,在地基中冲成一孔,再在孔内填入碎石等坚硬材料制成一根桩体的地基处理技术。

(1)加固原理和适用范围

在黏性土中,振动不能使黏性土液化。除了部分非饱和土或黏粒土含量较少的黏性土在振动挤压作用下可能压密外,对于饱和黏性土,特别是饱和软土,振动挤压不可能使土密实,甚至会扰动土的结构,引起土中孔隙水压力的升高,降低有效应力,使土的强度降低。所以振冲置换法在黏性土中的作用主要是振冲制成碎石柱,置换软弱土层,碎石桩与周围土组成复合地基。在复合地基中,碎石桩的变形模量远比黏性土的大,因而使应力集中于碎石桩,相应减少软弱土中的附加应力,从而改善地基承载能力和变形特性。

振冲置换法适用于主要以黏性土层为主的软弱地基。

(2)设计要点

①处理范围。振冲置换法的处理范围根据基础形式而定。对于单独基础和条形基础,一般不超出或适当超出基底覆盖的面积;对于板式、十字交叉和柔性基础,应在建筑物平面外轮廓线范围内满堂加固,且轮廓线外加2~3排保护桩。

②桩间距及平面布置。桩中心间距的确定应考虑荷载大小,原土的抗剪强度等。荷载大,间距应小;原土强度低,间距亦应小。

大面积满堂加固时,桩位布置常用等边三角形;单独基础、条形基础等小面积加固常用正方形或矩形布置。

③桩体材料。桩体材料可以就地取材,碎石、卵石、含石砾砂、矿渣、碎砖等材料均能利用。桩体材料的容许最大粒径与振冲器的外径和功率有关,一般不大于80mm。

④振动影响。用振冲法加固地基时，由于振冲器在土中振动产生的振动波向四周传播，对周围的建筑物，特别是不太牢固的陈旧建筑物可能造成某些振害。为此，在设计中应该考虑施工的安全距离，或者事先采取适当的防振措施。

(3)施工步骤

①清理平整施工场地，布置桩位。

②施工机具就位，使振冲器对准桩位。

③启动供水泵和振冲器，将振冲器徐徐沉入土中，直至达到设计深度。

④造孔后边提升振冲器边冲水直至孔口，再放至孔底，重复 2 ~ 3 次扩大孔径并使孔内泥浆变稀，这时开始填料制桩。

⑤将振冲器沉入填料中进行振密制桩，当电流达到规定的密实电流值和规定的留振时间后，将振冲器提升 30 ~ 50cm。

⑥重复以上步骤，自下而上逐段制作桩体直至孔口，记录各段深度的填料量、最终电流值和留振时间，并均应符合设计规定。

⑦关闭振冲器和水泵，施工步骤如图 8-5 所示。

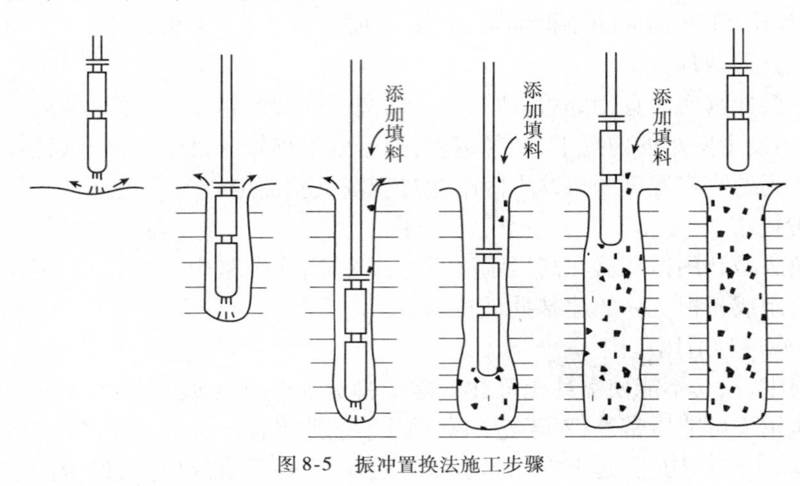

图 8-5　振冲置换法施工步骤

单 元 小 结

1)地基处理的对象及方法

地基处理的对象有软弱地基与特殊土地基。

地基处理方法的分类多种多样，按地基处理作用机理可分为换填、夯实、预压、振冲、挤密及化学加固等处理方法。

2)机械压实法

对一定含水率范围内的土，可利用机械压实法提高其强度，降低其压缩性。机械压实法包括重锤夯实法和机械碾压法和振动压实法。

重锤夯实法适用于处理地下水位 0.8m 高度以上稍湿的黏性土、粉土、杂填土以及砂土和湿陷性黄土地基。不适用于软黏土或地下水位以下的饱和黏性土。

机械碾压法适用于地下水位以上，大面积回填压实，也可用于含水率较低的素填土或杂填土地基处理。

振动压实法主要用于处理杂填土、湿陷性黄土、炉渣、松散砂土与碎石土等类土。

3)强夯法

强夯法是在重锤夯实法基础上发展起来的一种地基夯实方法,适用于加固砂土和碎石土、低饱和度的粉土、黏性土、人工填土和湿陷性黄土等类地基。

应用强夯法加固软弱地基时,一定要根据现场的地质条件和工程的使用要求,正确地选用加固范围、夯点布置、有效加固深度、强夯的单位夯击能、单击夯击能、夯击遍数、间隔时间等技术参数。

强夯法的施工工艺。

4)换填法

换填法适用于淤泥、淤泥质土、湿陷性黄土、膨胀土、季节性冻土、素填土、杂填土地基以及暗沟、暗塘等的浅层处理。

换填法地基处理的设计主要内容是确定垫层的厚度 z 和宽度 b' 。

垫层厚度 z 应根据垫层底面下卧软弱土层的承载力来确定,应满足下式要求:

$$p_z + p_{cz} \leqslant f_{az}$$

垫层的宽度可按 $b' \geqslant b + 2z\tan\theta$ 进行计算。

换填法的施工要点。

5)预压法

预压法是处理软土地基的一种有效方法。国内常用的堆载预压法广泛地应用于大面积深厚软土层的加固处理。

堆载预压法预压荷载的大小按设计要求,堆载量一般不大于设计荷载 1.2 倍;根据经验,加载速率安全施工的控制标准为:边桩水平位移的速率不应超过 5mm/d,竖向变形不应超过 10mm/d。

堆载预压法设计要点如下:

①砂井的直径。普通砂井的直径一般采用 300 ~ 500mm,袋装砂井直径可取70 ~ 120mm。

②砂井的间距。普通砂井的井距可按 n =6 ~ 8 选用;袋装砂井或塑料排水带的井距可按 n =15 ~ 20 选用。

③砂井的平面布置。砂井通常采用等边三角形和正方形两种方式布置。

④砂井的深度。如果软土层较薄,砂井应贯穿该土层;若软土层较厚,则应根据建筑物对地基稳定及沉降的要求决定砂井的长度。

堆载预压法的施工。

6)挤密法和振冲法

挤密法是以沉管或冲击的方法成孔,然后在孔中填入砂、石、土、灰土或其他材料并加以捣实成为桩体,挤密桩主要适用于处理松散砂类土、素填土、杂填土、湿陷性黄土等。

挤密法设计内容如下:

(1)布置。砂石挤密桩孔位宜采用等边三角形或正方形布置。

(2)桩距。砂石挤密桩的间距应通过现场试验确定,但不宜大于砂石桩直径的 4 倍。

(3)桩长。当地基中松软土层厚度不大时,砂石桩长度宜穿过松软土层、当松软土层厚度较大时,根据建筑地基的允许变形值确定、对可液化砂层,桩长穿透可液化层或按国家标准《建筑抗震设计规范》(GB 50011—2010)的有关规定执行。

(4)砂石挤密桩孔内砂石的填量

$$s = \frac{A_p l d_s}{1 + e_1}(1 + 0.01w)$$

(5)砂石挤密桩的填料。采用粗粒洁净材料，如砾砂、粗砂、中砂、圆砾、角砾、卵石、碎石等。

(6)砂石挤密桩复合地基承载力。应按现场复合地基载荷试验确定。

(7)变形计算。按《建筑地基基础设计规范》(GB 50007—2011)的有关规定进行。

砂石挤密桩的施工要点。

振冲法是利用振动和水冲来加固地基的一种方法。振冲法适用于处理砂土、粉土、粉质黏土、素填土和杂填土等地基。

振冲法可分为振冲密实法和振冲置换法两类。

振冲密实法适用于砂类土，从粉粒砂到含砾粗砂，只要粒径小于0.005mm的黏粒含量不超过10%，都可得到显著的挤密效果。

振冲密实法设计要点如下：

①处理范围。振冲的范围没有抗液化要求，不超出或稍超出基底覆盖的面积；地震区有抗液化要求时，在基底外缘每边放宽不少于5m。

②孔位间距和平面布置。孔位间距与砂土的颗粒组成、密实程度、地下水位、振冲器功率等有关。振冲孔位布置常用等边三角形和正方形两种。

③填料。振冲密实法宜用碎石、卵石、角砾、圆砾、砾砂、粗砂、中砂等硬质材料作为填入材料。

振冲置换法适用于主要以黏性土层为主的软弱地基。

振冲置换法设计要点：

①处理范围。振冲置换法的处理范围根据基础形式而定。

②桩间距及平面布置。桩中心间距的确定应考虑荷载大小，原土的抗剪强度等。荷载大，间距应小；原土强度低，间距亦应小。

大面积满堂加固时，桩位布置常用等边三角形；单独基础、条形基础等小面积加固常用正方形或矩形布置。

③桩体材料。碎石、卵石、含石砾砂、矿渣、碎砖等材料均能利用。

④振动影响。振冲器在土中振动产生的振动波向四周传播，对周围的建筑物可能造成某些振害。在设计中应该考虑施工的安全距离，或者事先采取适当的防振措施。

振冲置换法施工步骤。

思　考　题

1. 软土有哪些主要特点？
2. 试述地基处理方法的分类。
3. 何谓特殊土地基？
4. 地基处理的目的是什么？
5. 何谓最大干密度、最优含水率、压实系数？如何求得这些参数？
6. 强夯法与重锤夯实法的压实机理是否相同？

7. 排水砂井与挤密砂桩的主要区别是什么？
8. 换填法设计要点是什么？
9. 预压法处理软土地基的原理是什么？
10. 挤密法的加固机理是什么？其适用范围是什么？
11. 砂井或塑料排水带的作用是什么？
12. 振冲法包括哪些具体方法？其适用范围是什么？

实 践 练 习

1. 某砖混结构办公楼的承重墙下为条形基础，宽1.3m，埋深1.5m，承重墙传至基础荷载 $F_k = 146kN/m$，地表为1.5m厚的杂填土，$\gamma = 15.0kN/m^3$，$\gamma_{sat} = 17.2kN/m^3$，下面为淤泥层，$\gamma_{sat} = 19.0kN/m^3$，$f_{az} = 80.0kPa$，地下水距地表1.0m，试设计基础垫层。

2. 某海港码头地基为淤泥和淤泥质土，厚达50m以上。规划在一年后修建公路与低层办公用房，需大面积进行地基处理，试选择地基处理方案。

实践四 地 基 处 理

1）实践目的

通过参加或参观现场地基处理的有关工作，能够了解和熟悉某一种地基处理方法的设计、施工及质量检验。

2）实践内容和要求

将学生分为若干小组，由教师或工程技术人员带领学生到实践教学基地或施工单位，在一个具体的地基处理施工现场，指导学生熟悉施工过程的每一个环节，学会应用有关规范来指导施工。

学生在施工现场应熟悉图纸，了解施工场地的工程地质资料和水文地质资料，结合相关规范了解和熟悉地基处理方法选择及设计，施工机具及施工工艺流程，施工质量控制措施及施工质量检验方法等情况。

3）成果整理与交流

现场工作完成以后，应对现场收集的有关资料进行整理，相互交流并进行讨论，写出实践报告。由教师作讲评，以提高学生实际工作能力。

第9单元　区域性地基

单元重点：

（1）了解工程中常见的区域性特殊土的形成、分布范围；

（2）掌握区域性特殊土的主要工程地质特性，对地基的工程性质作出正确评价；

（3）掌握区域性地基的处理方法。

区域性地基是指特殊土（如湿陷性黄土、膨胀土、红黏土、多年冻土等）地基、山区地基以及地震区地基等。由于不同的地理环境、气候条件、地质历史及矿物成分等原因，使它们具有不同于一般地基的特征，分布也存在一定的规律，表现出明显的区域性，与一般土的工程性质有显著区别。

9.1　湿陷性黄土地基

黄土在一定压力下受水浸湿后，结构迅速破坏，并产生显著的附加沉陷，这种性能称为湿陷性。湿陷性是黄土独特的工程地质性质。具有湿陷性的黄土称为湿陷性黄土。湿陷性黄土具有与一般黏性土不同的特性，主要是具有大孔隙和湿陷性。湿陷性黄土是在第四纪形成的沉积物，颗粒成分以粉粒为主。富含碳酸钙，颜色一般为黄色或褐黄色，天然剖面上铅直节理发育，肉眼可见大孔隙。湿陷性黄土在我国分布广泛，主要分布在陇西地区、陇东、陕北地区、关中地区、山西地区、河南地区、冀鲁地区和黄河中游北部边缘地区等地区，其中以陇西地区、陇东、陕北地区湿陷性较强烈。

湿陷性黄土可分为自重湿陷性黄土和非自重湿陷性黄土两种。前者是指在上覆土自重压力下受水浸湿发生湿陷的湿陷性黄土；后者是指只有在大于上覆土自重压力下（包括附加压力和土自重压力）受水浸湿后才会发生湿陷的湿陷性黄土。

9.1.1　湿陷性黄土的物理力学性质

1）颗粒组成

我国湿陷性黄土的颗粒以粉粒（0.05～0.005mm）为主，其含量可达50%～75%，其次为砂粒（>0.05mm）和黏粒（<0.005mm），分别占10%～30%和8%～26%。从全国各地湿陷性黄土的颗粒组成比较看，从西北向东南呈砂粒减少而黏粒增多的趋势。这与我国黄土湿陷性由西北向东南呈递减趋势基本一致，说明黄土的湿陷性与黏粒含量的多少有一定关系。

2）孔隙比 e

孔隙比 e 是衡量湿陷性黄土密实度和湿陷程度的主要指标。若在其他条件相同的情况下，孔隙比越大，湿陷性越强。孔隙比大小一般在0.8～1.2之间，大多数在0.9～1.1之间。

3）天然含水率 w

土的天然含水率与黄土的湿陷性、承载力关系都十分密切。含水率低时，湿陷性强烈，但土的承载力较高。随含水率增大，湿陷性逐渐减弱。含水率大小与地区年降雨量和地下水位以及农田灌溉、渠道渗漏等环境影响有关。在塬、梁、峁上的黄土，含水率一般为8%～12%，而河流阶地及谷地上则可达18%～21%。一般来说，当含水率在23%以上，湿陷性已基本消失。

4）饱和度（s_r）

湿陷性黄土饱和度在17%～77%之间，随着饱和度增大，黄土的湿陷性减弱。超过80%时，称为饱和黄土，湿陷性基本消失，成为压缩性很大的软土。

5）可塑性

湿陷性黄土的塑性较弱，塑限一般在14%～20%之间，液限一般为22%～35%，塑性指数为8～14，液性指数通常接近于零，甚至小于零。

6）压缩性

我国湿陷性黄土的压缩系数一般在0.1～1.0MPa^{-1}之间，除受土的天然含水率影响外，地质年代也是一个重要因素。一般在晚更新世（Q_3）早期形成的湿陷性黄土，多属低压缩性或中等偏低压缩性，而 Q_3 晚期和 Q_4 形成的多是中等偏高，甚至为高压缩性。

7）抗剪强度

当湿陷性黄土处于地下水位变化带时，其抗剪强度最低，这是由于在浸水状态下黄土湿陷处于发展过程。到湿陷压密过程基本结束时，尽管土的含水率较高，但抗剪强度反而高于湿陷过程。所以处于地下水以下的黄土，抗剪强度反而较水位变化带的黄土高些。

9.1.2 黄土湿陷性的原因

1）外因

由于建筑物附近修建水库、渠道蓄水渗漏，特别是建筑物本身的上下水道漏水，以及大量降雨渗入地下，引起黄土的湿陷。

2）内因

黄土中含有多种可溶盐，如硫酸钠、碳酸镁和氯化钠等物质，受水浸湿后，这些可溶盐被溶化，土中的胶结力大为减弱，使土粒容易发生位移而变形。同时，黄土受水浸湿，使固体土粒周围的薄膜水增厚，楔入颗粒之间，在压密过程中起润滑作用。这就是黄土湿陷性的内在原因。

9.1.3 黄土湿陷性评价

1）湿陷性判定

黄土是否具有湿陷性，可用湿陷系数 δ_s 值来进行判定。湿陷系数 δ_s 是利用现场采集的原状土样，通过室内浸水压缩试验在一定压力下求得的，计算公式如下：

$$\delta_s = \frac{h_p - h'_p}{h_0} \tag{9-1}$$

式中：h_p ——保持天然的湿度和结构的土样，加压至一定压力 p 时，下沉稳定后的高度（cm）；

h'_p ——上述加压稳定后的土样，在浸水作用下，下沉稳定后的高度（cm）；

h_0 ——土样的原始高度（cm）。

按式(9-1)计算的湿陷系数 δ_s 对黄土湿陷性判定如下：

$\delta_s < 0.015$　　非湿陷性黄土

$\delta_s \geq 0.015$　　湿陷性黄土

湿陷系数的大小反映了黄土对水的湿陷敏感程度，湿陷系数越大，表明土受水浸湿后湿陷性越强烈，因而对建筑物的危害也越大；反之，则越小。

2)建筑场地的湿陷类型

建筑场地的湿陷类型，应按实测自重湿陷量 Δ'_{zs} 或按室内压缩试验累计的计算自重湿陷量 Δ_{zs} 判定。

实测自重湿陷量 Δ'_{zs} 是根据现场试坑浸水试验确定，由于该方法受诸多条件限制，不易做到。因此，对一般建筑物可按计算自重湿陷量方法划分湿陷类型。计算自重湿陷量 Δ_{zs} 是按室内压缩试验测定不同深度的土样在饱和自重压力下计算的自重湿陷量。其计算公式如下：

$$\delta_{zs} = \frac{h_z - h'_z}{h_0} \tag{9-2}$$

$$\Delta_{zs} = \beta_0 \sum_{i=1}^{n} \delta_{zsi} h_i \tag{9-3}$$

式中：δ_{zs} ——自重湿陷系数；

h_z ——保持天然的湿度和结构的土样，加压至土的饱和自重压力时，下沉稳定后的高度(cm)；

h'_z ——上述加压稳定后的土样，在浸水作用下，下沉稳定后的高度(cm)；

h_0 ——土样的原始高度(cm)；

β_0 ——因土质地区而异的修正系数。对陇西地区可取1.5，对陇东、陕北地区可取1.2，对关中地区可取0.7，对其他地区取0.5；

δ_{zsi} ——第 i 层土在上覆土的饱和($s_r > 0.85$)自重压力下的自重湿陷系数；

h_i ——第 i 层土的厚度(cm)；

n ——计算深度内湿陷土层的数目。应自天然地面算起(当挖、填方的厚度和面积较大时，应自设计地面算起)，至其下全部湿陷性黄土层的底面为止，但其中自重湿陷系数小于0.015的土层不应累计。

当 Δ_{zs}(或 Δ'_{zs})≤7cm 时，应定为非自重湿陷性黄土场地。

当 Δ_{zs}(或 Δ'_{zs})>7cm 时，应定为自重湿陷性黄土场地。当实测值和计算值出现矛盾时，应按自重湿陷的实测值判定。

3)湿陷等级判定

湿陷性黄土地基的湿陷等级，应根据基底下各土层累计的总湿陷量和计算自重湿陷量的大小等因素判定，见表9-1。

湿陷性黄土地基的湿陷等级　　表9-1

湿陷类型 / 计算自重湿陷量 Δ_{zs}(cm) / 总湿陷量 Δ_s(cm)	非自重湿陷性场地	自重湿陷性场地	
	$\Delta_{zs} \leq 7$	$7 < \Delta_{zs} \leq 35$	$\Delta_{zs} > 35$
$\Delta_s \leq 30$	Ⅰ(轻微)	Ⅱ(中等)	—
$30 < \Delta_s \leq 70$	Ⅱ(中等)	Ⅱ或Ⅲ	Ⅲ(严重)
$\Delta_s > 70$	Ⅱ(中等)	Ⅲ(严重)	Ⅳ(很严重)

注：当总湿陷量 Δ_s >60cm，计算自重湿陷量 Δ_{zs} >30cm 时，可判为Ⅲ级；其他情况可判为Ⅱ级。

湿陷性黄土地基受水浸湿饱和至下沉稳定为止的总湿陷量 Δ_s 应按下式计算：

$$\Delta_s = \sum_{i=1}^{n} \beta \delta_{si} h_i \tag{9-4}$$

式中：δ_{si} ——第 i 层土的湿陷系数；

h_i ——第 i 层土的厚度(cm)；

β ——考虑地基土的侧向挤出和浸水几率等因素的修正系数。基底下 5m(或压缩层)深度内可取 1.5;5m(或压缩层)深度以下,在非自重湿陷性黄土场地,可不计算;在自重湿陷性黄土场地,对陇西地区可取 1.5,对陇东、陕北地区可取 1.2,对关中地区可取 0.7,对其他地区可取 0.5。

按式(9-4)计算时,土层厚度应自基础底面(初勘时,自地面下 1.5m)算起。在非自重湿陷性黄土场地,累计至基底下 5m(或压缩层)深度为止;在自重湿陷性黄土场地,应根据建筑物类别和地区建筑经验确定。其中非湿陷性黄土层不应累计。

4)黄土湿陷起始压力 p_{sh}

黄土的湿陷起始压力 p_{sh} 是指使黄土出现明显湿陷所需的最小外部压力,此数值在地基设计中是很有用处的。比如,在荷载不大的情况下,可以使基础底面的压力小于或等于土的起始压力,从而可以避免湿陷的产生。

湿陷起始压力值可以采用室内压缩试验或现场载荷试验来确定。由测得的湿陷系数 δ_s 与压力 p 关系曲线,取 $\delta_s=0.015$ 所对应的压力作为湿陷起始压力值。如图 9-1 所示。

我国各地湿陷起始压力相差较大,如兰州地区一般为 20~50kPa,洛阳地区常在 120kPa 以上。试验结果表明,黄土的湿陷起始压力随土的密度、湿度、胶结物含量以及土的埋藏深度等的增加而增加。

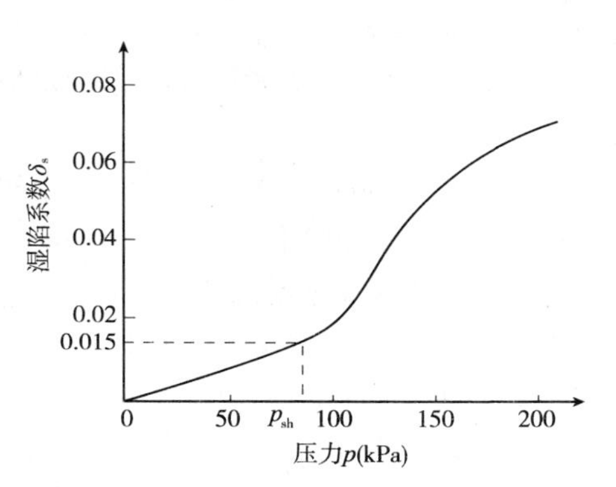

图 9-1　湿陷系数 δ_s 与压力 p 关系曲线

9.1.4　湿陷性黄土地基的施工措施

建筑物根据其重要性、地基受水浸湿可能性的大小和使用上对不均匀沉降限制的严格程度,分为甲、乙、丙、丁 4 类。对各类建筑物采取哪些措施,应根据场地湿陷类型、地基湿陷等级、地基处理后的剩余湿陷量,结合当地建筑经验和施工条件等因素确定。如甲类建筑通过地基处理消除地基的全部湿陷量或用桩基等穿透全部湿陷性土层,对乙、丙类建筑通过地基处理消除地基的部分湿陷量,而对丁类建筑的地基一律不处理。在建筑工程中施工措施主要有地基处理、防水措施和结构措施。

1)地基处理

地基处理的目的主要是破坏湿陷性黄土的大孔隙结构,改善土的力学性能,消除或减小地基因偶然浸水而引起的湿陷变形。常采用的地基处理方法有土或灰土垫层、重锤夯实、强夯法、土或灰土桩挤密、预浸水、硅化或碱液加固等,亦可采用桩基础,见表 9-2。对非自重湿陷性黄土场地,将桩底支承在压缩性较低的非湿陷性土层中;对自重湿陷性场地,将桩底支承在可靠的持力层中。单桩承载力,宜通过现场浸水静载荷试验并结合当地建筑经验确定。

湿陷性黄土地基常用处理方法　　　　表9-2

名　　称	适 用 范 围	可处理的湿陷性土层厚度(m)
垫层法	地下水位以上,局部或整片处理	1~3
强夯法	地下水位以上,s_t≤60%的湿陷性黄土,局部或整片处理	3~12
挤密法	地下水位以上,s_t≤65%的湿陷性黄土	5~15
桩基础	有可靠持力层的建筑场地	≤30
化学加固法	地下水位以上,渗透系数为0.50~2.00m/d的湿陷性黄土	2~5
预浸水法	Ⅲ、Ⅳ级自重湿陷性黄土场地	可清除地面下6m以下全部土层的湿陷性,6m以上尚应采用垫层等方法处理

2)防水措施

湿陷性黄土地基如果确保地基不受水浸湿,一般强度较高、压缩性小,地基即使不处理,湿陷也无从发生。因此,在进行工程设计时,采取一定的防水措施是十分必要的。在工程中的防水措施有3个等级,即基本防水措施、检漏防水措施和严格防水措施,设计时要根据建筑类别、湿陷性等级来选择不同等级的防水措施。

(1)基本防水措施。在建筑物布置场地排水、屋面排水、地面防水、散水、排水沟、管道敷设、管道材料和接口等方面采取措施防止雨水或生产、生活用水的渗漏。

(2)检漏防水措施。在基本防水措施的基础上,对防护范围内的地下管道,增设检漏管沟和检漏井。

(3)严格防水措施。在检漏防水措施的基础上,提高防水地面、排水沟、检漏管沟和检漏井等设施的设计标准。

在湿陷性黄土场地,既要放眼于整个建筑场地的排水、防水措施,又要考虑到单体建筑的防水措施;不但要保证在建筑物长期使用过程中地基不被浸湿,也要做好施工阶段临时性排水、防水工作。

3)结构措施

结构措施是补充前述措施不可缺少的辅助手段,可用以增强建筑物适应地基变形或抵抗因湿陷引起的不均匀沉降的能力。这样,即使地基处理或防水措施不周密而发生湿陷时,建筑物也不至造成严重危害,以减轻其破坏程度。

在设计中应选择适宜的上部结构体系和基础形式,对单层工业厂房,宜用铰接排架,以适应基础的不均匀沉降;对多层厂房和民用建筑,不宜用内框架结构,而宜用框架结构和柱下条形基础或筏基,以增强建筑物抵抗不均匀沉降的能力。

加强上部结构的整体性和空间刚度,设置沉降缝,在构件之间采用足够强度的连接接头和支撑面积等措施。建筑体型力求简单,否则可用沉降缝分割成平面形状简单且具有足够刚度的独立单元。

墙体宜选用轻质材料;预留适应沉降的净空等。

9.2　膨胀土地基

膨胀土是指土中黏粒主要由亲水矿物组成,同时具有显著的吸水膨胀和失水收缩两种变形特征的黏性土。膨胀土在我国分布广泛,以黄河以南地区较多,湖北、河南、云南等20多个省(市、自治区)均有膨胀土。

9.2.1 膨胀土的一般特征

膨胀土一般分布在二级或二级以上阶地、山前和盆地边缘丘陵地带。膨胀土是一种特殊的黏性土,其黏粒含量很高,塑性指数大于17,且多在22~35之间。天然含水率接近或略小于塑限,液性指数常小于零。其压缩性低、强度高,一般呈灰白、灰绿、灰黄、棕红、褐黄等颜色。膨胀土所处地形平缓,无明显自然陡坎。其分布地区常见浅层塑性滑坡、地裂,新开挖坑壁(槽)易发生坍塌。在自然条件下膨胀土呈坚硬或硬塑状态,结构致密,裂隙发育,常有光滑面和擦痕。裂隙有竖向、斜交和水平3种,裂隙间常充填灰绿、灰白色黏土。竖向裂隙常露出地表面,裂隙宽度随深度增加而逐渐尖灭;斜交剪切裂隙越发育,膨胀性越严重。膨胀土分布地区还有一个特点,即在旱季常出现地裂,长可达数十米至百米,深数米,在雨季则可闭合。膨胀土内常含有钙质结核和铁锰结核,呈零星分布,有时也富集成层。具有上述工程地质特征的场地,且自由膨胀率大于或等于40%的土,可以判定为膨胀土。

9.2.2 膨胀土的危害

膨胀土通常强度较高、压缩性低,易被误认为是良好的地基。实际上膨胀土具有明显的吸水膨胀和失水收缩两种变形特征。造成膨胀土地基上的建筑物,随季节气候变化会反复不断地产生不均匀的抬升和下沉,使建筑物破坏,破坏具有下列规律:

(1)建筑物的开裂具有地区性成群出现的特点,建筑物裂缝随气候变化不停地张开和闭合。而且以低层轻型、砖混结构损坏最为严重,因为这类房屋重量轻、整体性较差,且基础埋置浅,基础土容易受外界环境变化的影响而产生胀缩变形。

(2)房屋在垂直和水平方向都受弯和受扭,故在房屋转角处首先开裂,墙上出现对称或不对称的八字形、X形缝。外纵墙基础由于受到地基在膨胀过程中产生的竖向切力和侧向水平推力的作用,造成基础移动而产生水平裂缝和位移,室内地坪和楼板发生纵向隆起开裂。

(3)膨胀土边坡不稳定,地基会产生水平方向和垂直方向的变形,坡地上的建筑物损坏要比平地上更严重。此外,膨胀土的胀缩性还会使公路路基发生破坏,堤岸、路堑产生滑坡,涵洞、桥梁等刚性结构物产生不均匀沉降,导致开裂等。

9.2.3 影响膨胀土变形的主要因素

膨胀是指在一定条件下土的体积因不断吸水而增大的过程,收缩是指由于日照蒸发、树根吸水等使土中水分减少,体积变小的过程。膨胀土具有膨胀和收缩两种变形特性,可归因于内在因素和外部因素两个方面。

1)膨胀土胀缩性的内在因素

(1)矿物成分

膨胀土主要由蒙脱石、伊利石等亲水性矿物组成。蒙脱石矿物亲水性强,具有既容易吸水又容易失水的强烈的活动性。伊利石亲水性比蒙脱石低,但也有较高的活动性。

(2)微观结构特征

膨胀土中普遍存在着片状黏土矿物,颗粒彼此叠聚成面—面接触的微观结构。这种结构比团粒结构具有更大的吸水膨胀、失水收缩的能力。

(3)黏粒的含量

由于黏土颗粒细小,比表面积大,而具有很大的表面能,对水分子和水中阳离子的吸附能力强。因此,土中黏粒含量越多,则土的膨胀性越强。

(4)土的天然孔隙比和含水率

对于含有一定数量蒙脱石和伊利石的黏土来说,当其在同样的天然含水率条件下浸水,天然孔隙比越小,土的膨胀越大,失水后的收缩越小;反之亦然。因此,在一定条件下,土的天然孔隙比是影响胀缩变形的一个重要因素。此外,土中原有的含水率与土体膨胀所需的含水率相差越大时,则遇水后的膨胀越大,而失水后的收缩越小。

(5)土的结构强度

土的结构强度越大,限制胀缩变形的能力也越大。当土的结构受到破坏以后,土的胀缩性随之增强。

2)膨胀土胀缩性的外部因素

(1)气候条件的影响

从现有的资料分析,膨胀土分布地区年降雨量大多集中在雨季,继之是延续较长的旱季。如果建筑场地潜水位较低,则表层膨胀土受大气影响,土中水分处于剧烈的变动之中。在雨季,土中水分增加,在干旱季节则减少。房屋建造后,室外土层受季节性气候影响较大,因此,基础的室内外两侧土的胀缩变形产生了明显的差别,有时甚至外缩内胀,而使建筑物受到反复不均匀变形的影响。这样,经过一段时间以后,就会导致建筑物的开裂。野外实测资料表明,季节性气候变化对地基土中水分的影响随深度的增加而递减。因此,确定建筑物所在地区的大气影响深度对防治膨胀土的危害具有实际意义。

(2)地形地貌的影响

这种影响实质上仍然与土中水分的变化相联系。通常低地的膨胀土地基较高地的同类地基的胀缩变形要小得多;在边坡地带,坡脚地段比坡肩地段的同类地基的胀缩变形要小得多。

(3)建筑物周围的阔叶树对建筑物的胀缩变形造成的影响

在炎热和干旱地区,建筑物周围的阔叶树(特别是不落叶的桉树)对建筑物的胀缩变形造成不利影响。尤其在旱季,由于树根的吸水作用,会使土中的含水率减少,更加剧了地基土的干缩变形,使附近有成排树木的房屋产生裂缝。

(4)日照的时间和强度的影响

许多调查资料表明,房屋向阳面(即东、南、西三面,尤其是南、西面)开裂较多,背阳面(即北面)开裂较少。另外建筑物内、外有局部水源补给时,会增加胀缩变形的差异。高温建筑物如无隔热措施,也会因不均匀变形而开裂。

9.2.4 膨胀土的工程特性指标及地基评价

1)膨胀土的工程特性指标

对膨胀土进行室内试验,除了一般的物理、力学性质指标的试验外,尚应进行下列特有的工程特性指标的试验。

(1)自由膨胀率(δ_{ef})

将人工制备的烘干土浸泡于水中,在水中经过充分浸泡后增加的体积与原体积之比,就称为自由膨胀率。计算公式如下：

$$\delta_{ef} = \frac{V_w - V_0}{V_0} \tag{9-5}$$

式中：V_w ——土样在水中膨胀稳定后体积(mL)；

V_0 ——土样原有的体积(mL)。

自由膨胀率是一个重要指标。它可用来初步判定是否是膨胀土。由于试验简单、快捷，可用于初步判别。但由于它不能反映原状土的胀缩变形，因此，不能用它来评价地基土的胀缩性。

(2)膨胀率(δ_{ep})

在一定压力下，处于侧限条件下的原状土样浸水膨胀稳定后，试样增加的高度与原高度之比，称为膨胀率。试验方法仿压缩试验，将原状土置于压缩仪中，按工程实际需要确定对试样施加的最大压力。对试样逐级加荷至最大压力，待下沉稳定后，浸水使其膨胀并测得稳定值，然后按加荷等级逐级卸荷至零，测定各级压力下膨胀稳定后的土样高度。按下式计算不同压力下的膨胀率：

$$\delta_{ep} = \frac{h_w - h_0}{h_0} \tag{9-6}$$

式中：h_w ——土样在浸水状态下压力为 p 时膨胀稳定后的高度(mm)；

h_0 ——土样的原始高度(mm)。

膨胀率可以用来评价地基的胀缩等级，计算膨胀土地基的变形量以及测定膨胀力。

(3)线缩率 δ_s 和收缩系数 λ_s

线缩率是指原状土样的垂直收缩变形与土样原始高度之比，用百分数表示。试验时把土样从环刀中推出，置于20℃恒温条件下干缩，按规定时间测读试样高度，并同时测定其含水率。按下式计算土的线缩率：

$$\delta_s = \frac{h_0 - h}{h_0} \times 100\% \tag{9-7}$$

式中：h_0 ——试样开始时的高度(mm)；

h ——试验过程中某时刻测得的土样收缩后的高度(mm)。

如果以线缩率为纵坐标，含水率为横坐标，可以绘制出含水率 w 与相应线缩率 δ_s 的关系曲线，称为收缩曲线，如图9-2所示。此曲线可分为直线收缩阶段(Ⅰ)、过渡阶段(Ⅱ)和微收缩阶段(Ⅲ)。利用曲线的直线收缩阶段可以计算膨胀土的收缩系数 λ_s。

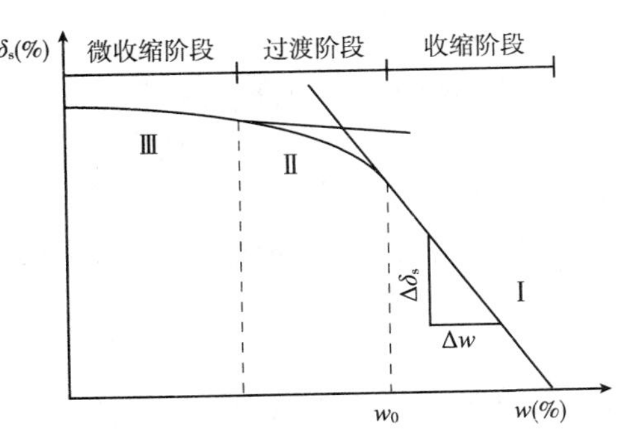

图9-2 线缩率与含水率关系曲线

收缩系数 λ_s 是指不扰动土试样在直线收缩阶段，含水率减少1%时的竖向线缩率。按下式计算：

$$\lambda_s = \frac{\Delta\delta_s}{\Delta w} \tag{9-8}$$

式中：$\Delta\delta_s$ ——收缩过程中与两点含水率之差对应的竖向线缩率之差(%)；

Δw ——收缩过程中直线变化阶段两点含水率之差(%)。

收缩系数可用来评价地基的胀缩等级和计算膨胀土地基的变形量。

2)膨胀土地基的评价

(1)膨胀潜势

由于自由膨胀率能综合反映膨胀土的组成、特征及危害程度,因此《膨胀土地区建筑技术规范》规定按自由膨胀率的大小划分土的膨胀潜势的强弱,见表9-3。自由膨胀率小于40%者可不定为膨胀土。

膨胀土的膨胀潜势分类

表9-3

δ_{ef}(%)	膨胀潜势
$40 \leqslant \delta_{ef} < 65$	弱
$65 \leqslant \delta_{ef} < 90$	中
$\delta_{ef} \geqslant 90$	强

(2)胀缩等级

地基的胀缩等级根据地基的膨胀、收缩变形对低层砖混房屋的影响进行。我国规范规定地基的胀缩等级以50kPa压力下(相当于一层砖石结构的基底压力)测定土的膨胀率δ_{ep},计算地基分级变形量s_c,作为划分胀缩等级的标准,见表9-4。地基分级变形量,应按膨胀土地基的胀缩变形式(9-9)计算。

膨胀土地基的胀缩等级

表9-4

s_c(mm)	级别
$15 \leqslant s_c < 35$	Ⅰ
$35 \leqslant s_c < 70$	Ⅱ
$s_c \geqslant 70$	Ⅲ

9.2.5 膨胀土地基计算和建筑工程措施

1)膨胀土地基变形计算

按场地的地形条件,可将膨胀土建筑场地分为:平坦场地,指地形坡度小于5°,或大于5°小于14°且距坡肩水平距离大于10m的坡顶地带;坡地场地,地形坡度等于或大于5°,或地形坡度小于5°,但同一座建筑物范围内地形高差大于1m。

膨胀土地基的胀缩变形量可按下列公式计算:

$$s_c = \psi \sum_{i=1}^{n} (\delta_{epi} + \lambda_{si} \Delta w_i) h_i \tag{9-9}$$

式中:ψ——计算胀缩变形量的经验系数,可取0.7;

δ_{epi}——基础底面下第i层土在压力作用下的膨胀率,由室内试验确定;

λ_{si}——第i层土的收缩系数;

Δw_i——第i层土在收缩过程中可能发生的含水率变化的平均值(用小数表示),按《膨胀土地区建筑技术规范》公式计算;

h_i——第i层土的计算厚度(cm),一般为基底宽度的0.4倍;

n——自基础底面至计算深度内所划分的土层数,计算深度可取大气影响深度,当有热源影响时,应按热源影响深度确定。

膨胀土地基的胀缩变形量应符合 $s_j \leqslant |s_j|$ 要求。s_j 为天然地基或人工地基及采用其他处理措施后的地基变形量计算值(mm)；$|s_j|$ 为建筑物的地基容许变形值(mm)，可按《膨胀土地区建筑技术规范》确定。

膨胀土地基承载力可按载荷试验法、计算法和经验法确定，具体可参见《膨胀土地区建筑技术规范》。

2)建筑工程措施

(1)设计措施

①总平面设计。场址应选择在排水通畅、地形条件简单、土质较均匀、胀缩性较弱以及坡度小于14°并有可能采用分级低挡土墙治理的地段，避开地裂、冲沟发育、地下水变化剧烈和可能发生浅层滑坡等地段。

总平面设计时，要求同一建筑物地基土的分级变形量之差不宜大于35mm；对变形有严格要求的建筑物，应布置在埋深较深、胀缩等级较低或地形较平坦的地段，竖向设计宜保持自然地形，避免大挖大填；场地内应设可靠的排水系统，其绿化应根据气候条件、膨胀土等级并结合当地经验采取相应的措施。

②基础埋深。膨胀土地基上建筑物基础埋深不应小于1.0m，具体埋深的确定应根据以下条件综合考虑：场地类型；膨胀土地基胀缩等级；大气影响急剧层深度；建筑物结构类型；作用在地基上荷载大小和性质；建筑物用途；有无地下室、设备基础和地下设施；基础型式和构造；相邻建筑物的基础埋深。对于以基础埋深为主要防治措施的平坦场地上的砖混结构房屋，基础埋深应取大气影响急剧层深度或通过变形计算确定。当坡地坡角小于14°，基础外边缘至坡肩的水平距离大于或等于5.0m时，基础埋深(图9-3)可按下式计算：

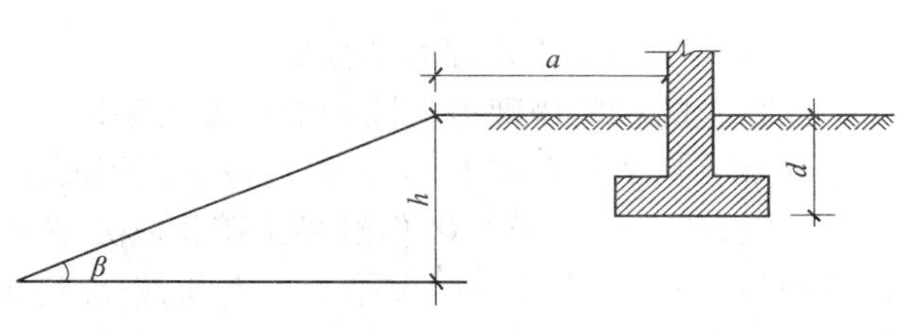

图9-3 坡地上基础埋深计算示意图

$$d = 0.45da + h(1 - 0.2\cot\beta) - 0.2a + 0.20 \quad (9\text{-}10)$$

式中：d——基础埋置深度(m)；

h——设计斜坡高度(m)；

β——设计斜坡的坡角(°)；

a——基础外边缘至坡肩的水平距离(m)。

(2)地基处理措施

膨胀土地基处理可采用换土、砂石垫层、土性改良等方法，亦可采用桩基。确定处理方法应根据土的胀缩等级、地方材料以及施工工艺等，进行综合技术经济比较。

换土可采用非膨胀土或灰土，换土厚度可通过变形计算确定。

平坦场地上Ⅰ、Ⅱ级膨胀土的地基处理，宜采用砂、碎石垫层。垫层厚度不应小于300mm，垫层宽度应大于基底宽度，两侧宜采用与垫层相同的材料回填，并做好防水处理。

(3)施工措施

膨胀土地基上的施工措施宜采用分段快速作业法。进行开挖工程时，应在达到设计开挖高程以上1.0m处采取严格保护措施。防止长时间曝晒或浸泡。基坑(槽)挖土接近基底设计高程时，宜在上部预留150~300mm土层，待下一步工序开始前挖除。验槽后，应及时浇混凝土垫层或采取措施封闭坑底。封闭方法可选用喷(抹)1:3水泥砂浆或土工塑料膜覆盖。基础施工出地面后，基坑（槽）应及时分层回填并夯实。填料可选用非膨胀土、弱膨胀土及掺有石灰或其他材料的膨胀土。

9.3　红黏土地基

红黏土是指石灰岩、白云岩等碳酸盐系的岩石经化学风化作用形成的棕红、褐黄等颜色的高塑性黏土，其液限一般大于50%，具有表面收缩、上硬下软、裂隙发育的特征。红黏土经再搬运之后仍保留其基本特征，液限大于45%的土称为次生红黏土。

红黏土形成及分布与气候条件密切相关。一般气候变化大、潮湿多雨地区有利于岩石的风化，易形成红黏土。因此，在我国以贵州、云南、广西分布最为广泛和典型，其次在安徽、川东、粤北、鄂西和湘西也有分布，一般在山区或丘陵地带居多。

9.3.1　红黏土的特征

1）红黏土的主要物理力学性质

红黏土的主要物理力学性质指标见表9-5。从表中数值可以看出红黏土处于饱和状态。天然含水率与塑限很接近，液性指数较小。因而红黏土的含水率虽高，但仍处于硬塑或坚硬状态，孔隙比虽然大于1.0，但红黏土矿物成分主要为高岭石、伊利石和绿泥石，它们具有稳定的团粒结构，具有较强的黏结力。因此，一般情况下，红黏土具有良好的力学性能。

红黏土的主要物理力学性质指标　　表9-5

指　标	黏粒含量（%）		天然含水率	天然重度	饱和度	孔隙比	液限 ω_L	塑限
	粒径（mm）0.005～0.002	粒径（mm）<0.002	ω（%）	γ（kN/m^3）	s_r（%）	e	（%）	ω_p（%）
一般值	10～20	40～70	30～60	165～185	88～96	1.1～1.7	50～100	25～55

指　标	塑性指数	液性指数	相对密度	三轴剪切		压缩系数	压缩模量	变形模量
	I_p	I_L	d_s	内摩擦角 φ（°）	黏聚力 c（kPa）	a_{1-2}（MPa^{-1}）	Er（MPa）	E_0（MPa）
一般值	25～50	-0.1～0.6	2.76～2.90	0～3	50～160	0.1～0.4	6.0～16.0	10.0～30.0

2）红黏土的厚度变化特征及由硬变软现象

红黏土厚度变化与所处的地貌、基岩的岩性以及岩溶发育程度有关。比如，分布在盆地或洼地时，其厚度变化大体是边缘较薄，向中间逐渐增厚；在厚层及中厚层石灰岩、白云岩分布区，由于岩体表部岩溶化强烈，岩面起伏大，导致红黏土厚薄不一；在泥灰岩、薄层灰岩分布区，岩面稍微平整，土层厚度相对变化较小；当下伏基岩的溶沟、溶槽、石芽等较发育时，上覆红黏土厚度变化极大，常有咫尺之隔，竟相差10m之多。

红黏土地层从地表向下是由硬变软。相应地，土的强度逐渐降低，压缩性逐渐增大。

3）红黏土的胀缩性

由于红黏土的矿物成分亲水性不强，使得天然状态下的红黏土的膨胀量很小。另外，由表9-5可以知道红黏土具有高孔隙比、高含水率、高分散性及呈饱和状态，致使红黏土有很高的收缩量。因此，红黏土的胀缩性表现为以收缩为主。

4）红黏土裂隙性

呈坚硬、硬塑状态的红黏土由于收缩作用形成了大量裂隙，并且裂隙的发育和发展速度极快。在干旱气候条件下，新挖坡面数日内便可被裂隙切割得支离破碎，使地面水容易侵入，导致土的抗剪强度降低，常常造成边坡变形和失稳。

9.3.2 红黏土地基的工程措施

（1）在红黏土地基上的建筑物，基础应尽量浅埋，充分利用红黏土表层的较硬土层作为天然地基持力层，还可保持基底下相对较厚的硬土层，以满足下卧层承载力要求。

（2）不均匀地基是丘陵山地中红黏土地基普遍的情况，对不均匀地基应优先考虑地基处理。对石芽零星出露的地段，最简便有效的办法是打掉一定厚度的石芽，铺以一定厚度的褥垫材料。理想的褥垫材料应具可压缩性，在应力集中、基底压力较大时，可产生压缩变形，同时还应具有可靠的水稳性，在众多材料中，炉渣、中细砂经常被采用。

对基底下有一定厚度，但其变化较大的红黏土地基，通常是挖除土层较厚端的部分土，把基底做成阶梯状。如遇到挖除一定厚度土层后，下部的可塑性土接近基底，导致地基承载力和变形满足不了工程设计要求。此时，可在挖除后，用低压缩性土料作置换处理。

（3）由于红黏土地区下卧基岩岩溶现象发育，因此，在红黏土中可能有土洞存在。土洞一般具有顶板弱、发展快的特点，容易发展成地表塌陷，严重危及建筑物场地和地基的稳定性。因此，对土洞以及土洞塌陷的预测是十分重要的，并且对已查明的土洞及塌陷均需进行处理。

（4）红黏土中的网状裂隙，使土体整体性遭受破坏，大大削弱了土体的强度。因此，在进行地基基础设计时，土的抗剪强度及地基承载力都应作相应的折减。此外，分布于红黏土中的深长裂隙对工程危害也很大，进行工程布置时应避开。

9.4 冻土地基

9.4.1 冻土地基的特点

1）冻土的类别

（1）季节性冻土

季节性冻土又称为融冻层。这种冻土只在冬季气温降至摄氏零度以下时才冻结，春季气温上升而融化，因此冻土的深度不大。我国华北、东北与西北地区大多数地区为此类冻土，需要在基础埋置深度设计中考虑当地冻结深度的因素。

（2）多年冻土

多年冻土是指当地气温连续3年或3年以上保持在摄氏零度或零度以下，并含有冰的土层。多年冻土很厚，常年不融化，具有特殊的性质。例如在多年冻土上修筑建筑物采暖，使冻土逐年融化，降低地基强度，可能导致上部结构的破坏。

2）多年冻土的分布

多年冻土分布在我国的严寒地区，当地的年平均气温约低于 $-2℃$，冻期长达7个月以上，主要集中在内蒙北部、黑龙江北部大小兴安岭一带及海拔较高的青藏高原和甘新高山区。

3)多年冻土的发展趋势

(1)发展的冻土

如冻土层每年散热多于吸热,则多年冻土厚度逐渐增大,为发展的多年冻土。

(2)退化的冻土

若冻土层每年吸热多于散热,则多年冻土层逐渐融化变薄,以致消失,即为退化的冻土。如清除地表草皮等覆盖,可加速多年冻土退化。

4)特殊的不良地质现象

多年冻土地区常见若干特殊的不良地质现象,如地下冰、冰椎、冰丘及热融滑坍等。在工程勘察时应查明范围并采取相应的措施。

9.4.2 冻土的物理力学性质

1)按冻土中未冻水含量区分

(1)坚硬冻土

土中未冻水含量很少,土粒为冰牢固胶结,土的强度高,压缩性小,在荷载下呈现脆性破坏。

(2)塑性冻土

土中含大量未冻水,土的强度不高,压缩性较大。

(3)松散冻土

当土的含水率较小,土粒未被冰所胶结,仍呈冻前的松散状态。

2)冻土的构造与融陷性

(1)冻土的构造

①晶粒状构造。冻结时水分就在原来的孔隙中结成晶粒状的冰晶。一般的砂土或含水率小的黏性土具有这种构造。如图9-4a)所示。

②层状构造。土在单向冻结并有水分转移时形成层状构造,冰和矿物颗粒离析,形成冰夹层。在饱和黏性土、粉土中常见,如图9-4b)所示。

③网状构造。土在多向冻结条件下水分转移形成网状构造,也称为蜂窝状构造,如图9-4c)所示。

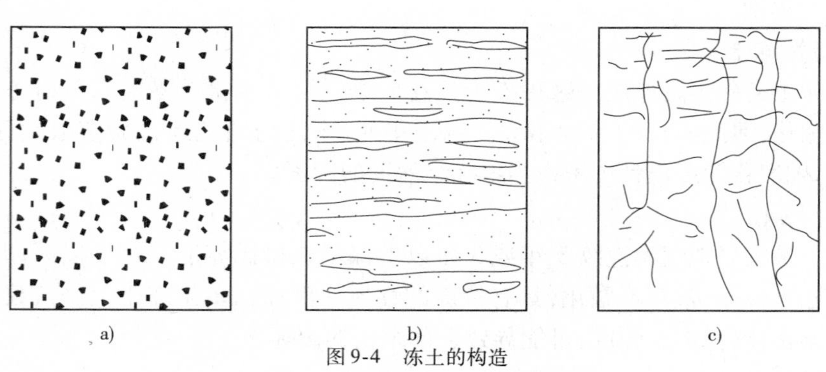

图9-4 冻土的构造

a)晶粒状构造;b)层状构造;c)网状构造

(2)冻土的融陷性

冻土的融陷性是评价冻土工程性质的重要指标。晶粒构造冻土融陷性小,网状构造冻土融陷性大，融陷性应由试验测定，并以融陷系数 A_0 表示。

$$A_0 = \frac{h - h'}{h} = \frac{e - e'}{1 + e} \tag{9-11}$$

式中：h、e ——分别为冻土试样融化前的厚度与孔隙比；

h'、e' ——分别为冻土试样融化后的厚度与孔隙比。

(3)冻土融陷等级

据融陷系数 A_0 值大小，冻土融陷可分为以下3个等级：

$A_0 < 0.02$ 弱融陷

$A_0 = 0.02 \sim 0.06$ 融陷

$A_0 > 0.06$ 强融陷

3)冻土的特殊物理指标

(1)相对含冰量 i_0

冻土中冰的质量与全部水的质量(包括冰)之比，称为相对含冰量，以%表示。

(2)冰夹层含水率 w_b

冻土中冰夹层(或包裹体)的质量与土骨架质量的百分比%，称为冰夹层含水率。

(3)未冻水含量 w_r

未冻水含量

$$w_r = (1 - i_0)w \tag{9-12}$$

(4)饱冰度 V

饱冰度为冰的质量与土的总质量之比(%)。即

$$V = \frac{i_0 w}{1 + w} \tag{9-13}$$

(5)冰夹层含冰量 B_b

冰透镜体和冰夹层体积占冻土总体积的百分比，称为冰夹层含冰量 B_b(%)。

(6)冻胀量 V_p

土在冰结过程中的相对体积膨胀，称为冻胀量，以小数表示，按下式计算：

$$V_p = \frac{\gamma_r - \gamma_d}{\gamma_r} \tag{9-14}$$

式中：γ_r、γ_d ——分别为冻土融化后和融化前的干容度(kN/m^3)。

据冻胀量 V_p 的大小，可将冻土分为以下3类：

$V_p < 0$ 不冻胀土

$0 \leq V_p \leq 0.02$ 弱冻胀土

$V_p > 0.02$ 冻胀土

4)冻土的抗压强度与抗剪强度

(1)冻土的抗压强度

由于冰的胶结作用，冻土的抗压强度大于未冻土的抗压强度，并随着气温的降低而增高。冻土中存在冰和未冻水，使冻土在长期荷载作用下具有强烈的流变性。长期荷载作用下冻土的极限抗压强度远低于瞬时荷载下的极限抗压强度值，设计地基承载力时应注意。

(2)冻土的抗剪强度

在长期荷载作用下，冻土的抗剪强度低于瞬时荷载作用下的抗剪强度。融化后土的黏聚力约为冻结时的1/10，由此，建筑物将因地基强度破坏而造成事故。

5)冻土地基的融陷变形

(1)冻土融化前后孔隙比变化

冻土在短期荷载作用下,压缩性很低,可不计其变形。但冻土融化时,土的结构破坏,变成高压缩性和稀释的土体,产生剧烈的变形。由图9-5a)冻土的压缩曲线可知,当温度由-0℃上升至+0℃时,孔隙比突变;图9-5b)表示融化前后孔隙比之差Δe与压力p的关系。在压力$p \leqslant 500$kPa范围内,这一关系可视为线性关系,可由下式表示:

$$\Delta e = A + ap \tag{9-15}$$

式中:Δe——冻土融化前后孔隙比的差值;

A——$\Delta e - p$曲线在纵坐标上的截距,称为融化下沉系数;

a——$\Delta e - p$曲线的斜率($a = tg\alpha$),称为冻土融化时的压缩系数。

(2)冻土地基的融陷变形

冻土地基的融陷变形,按下式计算:

$$s = \frac{\Delta e}{1 + e_1}h = \frac{A}{1 + e_1}h + \frac{ap}{1 + e_1}h = A_0 h + a_0 ph \tag{9-16}$$

式中:s——冻土地基的融陷变形(mm);

e_1——冻土的原始孔隙比;

h——土层融前的厚度(m);

A_0——冻土的相对融陷量(融陷系数);

a_0——冻土引用压缩系数,$a_0 = \dfrac{a}{1 + e_1}$;

p——作用在冻土上的总压力,即土的自重压力和附加压力之和(kPa)。

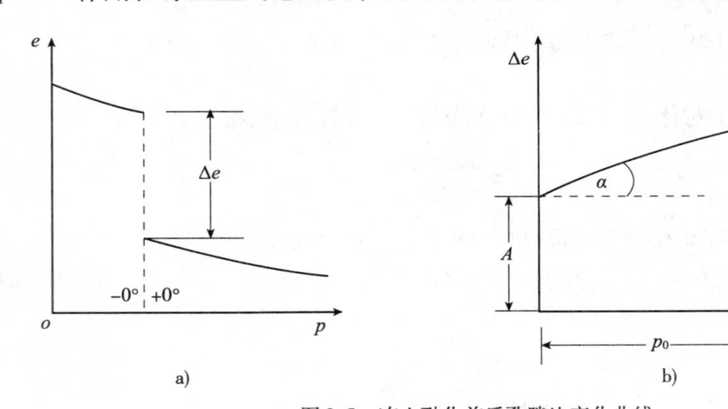

图9-5　冻土融化前后孔隙比变化曲线

9.4.3　建筑物冻害的防治措施

1)换填法

用粗砂、砾石等非(弱)冻胀性材料填筑在基础底下,换填深度对非采暖建筑为当地冻深的80%,采暖建筑为60%;宽度由基础每边外伸15~20cm。

2)物理化学法

(1)人工盐渍化改良土,如加入NaCl、$CaCl_2$和KCl等,以降低冰点的温度,减轻冻害。

(2)用憎水物质改良土,可用石油产品(如柴油等)加化学表面活性剂,以减少地基的水量。

(3)使土颗粒聚集或分散改良土,如用顺丁烯聚合物,使土粒聚集,降低冻胀。

3)保温法

在建筑物基础底部或四周设隔热层,增大热阻,推迟土的冻结,提高土温,降低冻深。

4)排水隔水法

建筑物周围设排水沟,防止雨水入渗地基。同时在基础的两侧与底部填砂石料,并设排水管将入渗之水排除。

5)结构措施

(1)采用深基础。埋于当地冻深以下。

(2)锚固式基础。包括深桩基础与扩大基础。

(3)回避性措施。包括架空法、埋入法、隔离法。

9.5 山区地基

山区地基覆盖层厚薄不均,下卧基岩面起伏较大,有时出露于地表,并且地表高差悬殊,常见有大块孤石或石牙出露,形成了山区不均匀的土岩组合地基。另外,山区山高坡陡,地表径流大,如遇暴雨极易形成滑坡、崩塌、泥石流以及岩溶、土洞等不良地质现象。这些特征说明山区地基的均匀性和稳定性都很差。

9.5.1 土岩组合地基

在山区,建筑地基(或被沉降缝分隔区段的建筑地基)的主要受力层范围内,如遇下列情况之一者,属于土岩组合地基:

①下卧基岩表面坡度较大的地基;

②石芽密布并有出露的地基;

③大块孤石或个别石芽出露的地基。

对于下卧基岩面坡度大于10%的地基,当建筑地基处于稳定状态、下卧基岩面为单向倾斜且基岩表面距基础底面的土层厚度大于300mm时,如果结构类型的地质条件符合表9-6要求,可以不作变形验算,否则,应作变形验算。当变形值超出建筑物地基变形容许值时,应调整基础的宽度、埋深或采用褥垫等方法进行处理。对于局部为软弱土层的,可采用基础梁、桩基、换土或其他方法进行处理。

下卧基岩表面允许坡度值 表9-6

上覆土层承载力标准(kPa)	4层和4层以下的砌体承重结构,3层和3层以下的框架结构	配设15t和15t以下吊车的一般单层排架结构	
		靠墙的边柱和山墙	无墙的中柱
≥150	≤15%	≤15%	≤30%
≥200	≤25%	≤30%	≤50%
≥300	≤40%	≤50%	≤70%

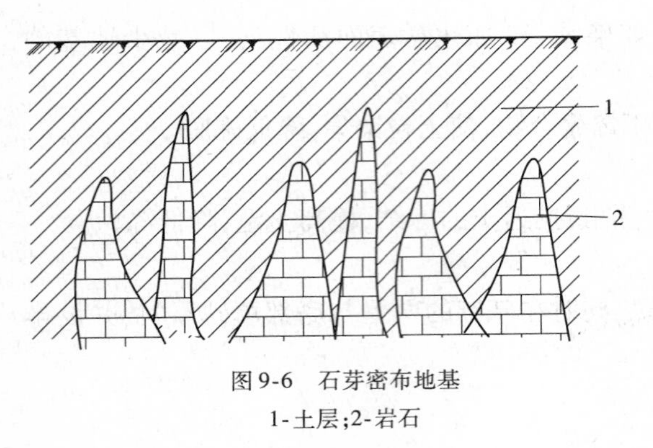

图 9-6　石芽密布地基

1-土层;2-岩石

石芽密布并有出露的地基一般在岩溶地区出现,如贵州、广西、云南等省区。其特点是基岩表面起伏较大,石芽间多被红黏土所填充,如图 9-6 所示。对于石芽密布并有出露的地基,如果石芽间距小于 2m,其间为硬塑或坚硬状态的红黏土,或当房屋为 6 层和 6 层以下的砌体承重结构,3 层和 3 层以下的框架结构或配设 15t 和 15t 以下吊车的单层排架结构,其基底压力小于 200kPa 时,可以不作地基处理。如不能满足上述要求,可利用经检验稳定性可靠的石芽作支墩式基础,也可在石芽出露部位作褥垫,如图 9-7 所示。当石芽间有较厚的软弱土层时,可用碎石、土夹石等压缩性低的土料进行置换。

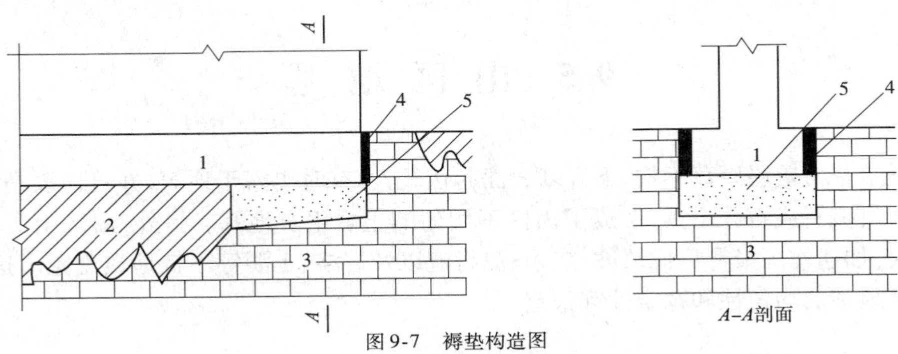

图 9-7　褥垫构造图

1-基础;2-土层;3-基岩;4-沥青;5-褥垫

大块孤石地基中夹杂着大块孤石,如图 9-8 所示。多出现在山前洪积层或冰碛层中。对于大块孤石或个别石芽出露的地基,容易在软硬交界处产生不均匀沉降,导致建筑物开裂。因此,地基处理的目的,应使地基的局部坚硬部位的变形与周围土的变形相适应。当土层的承载力标准值大于 150kPa,房屋为单层排架结构或一、二层砌体承重结构时,宜在基础与岩石的接触部位采用褥垫进行处理;对于多层砌体承重结构,应根据土质情况,适当调整建筑物平面位置,也可采用桩基或梁、拱跨越等处理措施。在地基压缩性相差较大的部位,宜结合建筑平面形状、荷载条件设置沉降缝。

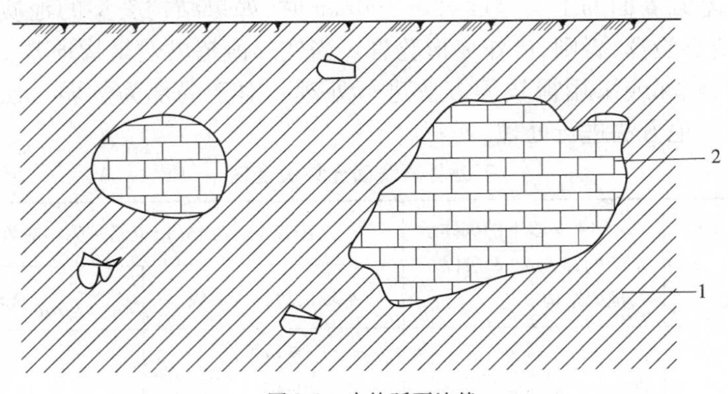

图 9-8　大块孤石地基

1-土层;2-岩石

9.5.2 岩溶

岩溶(又称喀斯特)是指可溶性岩石在水的溶(侵)蚀作用下,产生沟槽、裂隙和空洞以及由于空洞顶板塌落使地表出现陷穴、洼地等类现象和作用的总称图 9-9 为岩溶剖面示意图。可溶岩包括碳酸盐类岩石(如石灰岩、白云岩)以及石膏、岩盐等其他可溶性岩石。由于可溶岩的溶解速度快,因此,评价岩溶对工程的危害不但要评价其现状,更要着眼于工程使用期限内溶蚀作用继续对工程的影响。

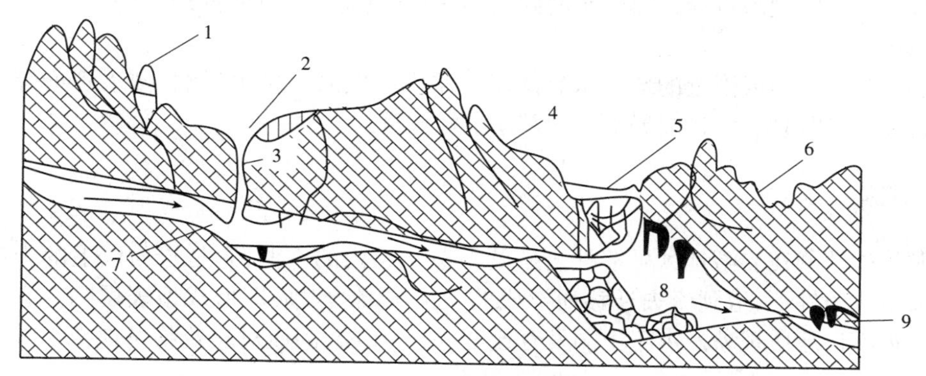

图 9-9 岩溶岩层剖面示意图

1-石芽、石林;2-漏斗;3-落水洞;4-溶蚀裂隙;5-塌陷洼地;6-溶沟、溶槽;7-暗河;8-溶洞;9-钟乳石

可溶性岩石在我国分布很广泛,尤其是碳酸盐类岩石,无论在北方或南方都有成片或零星的分布,其中以贵州、广西、云南分布最广。

1)岩溶区地基稳定性评价

在岩溶地区首先要了解岩溶的发育规律、分布情况和稳定程度,查明溶洞、暗河、陷穴的界限以及场地内有无出现涌水、淹没的可能性,以便作为评价和选择建筑场地、布置总图时参考。下列地段属于工程地质条件不良或不稳定的地段:①地面石芽、溶沟、溶槽发育、基岩起伏剧烈,其间有软土分布;②有规模较大的浅层溶洞、暗河、漏斗、落水洞;③溶洞水流通路堵塞造成涌水时,有可能使场地暂时被淹没。在一般情况下,应避免在上述地区从事建筑,如果一定要利用这些地段作为建筑场地时,应采取必要的防护和处理措施。

在岩溶地区,如果基础底面以下的土层厚度大于地基沉降计算深度,且不具备形成土洞的条件时,或基础位于微风化的硬质岩表面,对于宽度小于 1m 的竖向溶蚀裂隙和落水洞近旁地段,可以不考虑岩溶对地基稳定性的影响。当溶洞顶板与基础底面之间的土层厚度小于地基沉降计算深度时,应根据洞体大小、顶板形状、厚度、岩体结构及强度、洞内充填情况以及岩溶地下水活动等因素进行洞体稳定性分析。如地基的地质条件符合下列情况之一时,对 3 层及 3 层以下的民用建筑或具有 5t 及 5t 以下吊车的单层厂房,可以不考虑溶洞对地基稳定性的影响:①溶洞被密实的沉积物填满,其承载力超过 150kPa 且无被冲蚀的可能性;②洞体较小、基础尺寸大于溶洞的平面尺寸,并有足够的支承长度;③微风化的硬质岩石中,洞体顶板厚度接近或大于洞跨。

2)地基处理措施

岩溶地基的处理措施归纳起来有挖填、跨盖、灌注和排导等。

(1)挖填

挖除岩溶形态中的软弱充填物、回填碎石、灰土或素混凝土等，以增强地基强度和完整性；或在压缩性地基上凿去局部凸出的基岩，铺盖可压缩的垫层（褥垫），以调整地基的变形量。

（2）跨盖

基础下有溶洞、溶槽、漏斗、小型溶洞等，可采用钢筋混凝土梁板跨越，或用刚性大的平板基础覆盖，但支承点必须落在较完整的岩石上，也可用调整柱距的方法处理。

（3）灌注

地基岩体内的裂隙可通过灌注水泥砂浆、混凝土或沥青等方法处理。

（4）排导

对建筑物地基内或附近的地下水宜疏不宜堵。一般采用排水隧洞、排水管道等进行疏导，以防止水流通道堵塞，造成场地和地基季节性淹没。

9.5.3 土洞

土洞是指埋藏在岩溶地区可溶性岩层的上覆土层内的空洞，它是岩面以上的土体在特定的水文地质条件下，遭到流失迁移而形成的。土洞继续发展即形成地表塌陷。它是岩溶地区的一种不良地质现象。由于土洞发育速度快、分布密，因而对建筑物场地或地基的危害远大于溶洞。

一般情况下，具备下列条件的部位，可能有利于土洞的发育，对于工程来说，应视为不利于建设的地段。

①土层较薄，土中裂隙发育，地表无植被或为新挖方区，地表水入渗条件好，其下基岩有通道、暗流或呈页岩面的地段。

②石芽或出露的岩体与上覆土层的交接处、岩体裂隙通道发育且为地面水经常集中入渗的部位。

③土层下岩体中两组结构面交会，或处于宽大裂隙带上。

④隐伏的深入溶沟、溶槽、漏斗等地段，邻近基岩面以上有软弱土层分布。

⑤人工降水的降落漏斗中心，如岩溶导水性相对均匀，在漏斗中地下水流向的上游部位。

⑥地势低洼，地面水体近旁。

对建筑场地和地基范围内存在的土洞和塌陷应采取如下处理措施：

①地表水形成的土洞。地表水形成的土洞，应认真做好地面水截留、防渗、堵漏等工作，杜绝地表水渗入土层。对已形成的土洞可采用挖填及梁板跨越等措施。

②地下水形成的土洞。对浅埋土洞，全部清除困难时，可以在余土上抛石夯实，其上做反滤层，层面用黏土夯填。对直径较小的深埋土洞，其稳定性较好，危害性小，可不处理洞体，仅在洞顶上部采取梁板跨越即可。对直径较大的深埋土洞，可采用顶部钻孔灌砂（砾）或灌碎石混凝土，以充填空洞。对重要建筑物，可采用桩基进行处理。

③人工降水形成的土洞。人工降水形成的土洞与塌陷，可在极短时间内成群出现。一旦发生即使处理了，由于并未改变其水动力条件，仍可再生。因此，工程措施的原则应以预防为主。预防措施包括以下几个方面：

a. 选择地势较高的地段及地下水静动水位均低于基岩面的地段进行建筑。

b. 建筑场地应与取水点中心保持一定距离。建筑物应设置在降落漏斗半径之外，如在降落漏斗半径范围之内布置建筑物时,需控制地下水降深值,使动水位不低于上覆土层底部或稳定在基岩面以下,即使其不在土层底部上下波动。

c. 塌陷区内不应把土层作为基础持力层,一般多采用桩(墩)基。

9.6 地震区地基基础

9.6.1 地震的概念

地震是地球内部构造运动的产物,是一种自然现象。地震按其成因分为4种类型:构造地震、火山地震、陷落地震、诱发地震。其中构造地震是由于地壳运动,推挤地壳岩层使其薄弱部位发生断裂错动而引起的地震,这种地震最为常见,占地震总数的90%,已经发生的灾难性地震也多为构造地震;由于火山爆发,岩浆猛烈冲出地面而引起的地震为火山地震;陷落地震是由于地表或地下岩层,如石灰岩地区较大的地下溶洞或古旧矿坑等突然发生大规模陷落和崩塌时所引起小范围内的地面震动;诱发地震则是由于水库蓄水或深井注水等引起的地面震动。

我国地处太平洋地震带和欧亚地震带之间,地震区分布广泛且影响相当强烈。地震时,地壳中震动发生处称为震源。震源在地面上铅直投影称为震中。震源到震中的距离称为震源深度。震源深度0~70km的为浅源地震,70~300km的为中源地震,大于300km的称为深源地震。其中分布最广、破坏性最强的是浅源地震。

1)地震波及地震反应

地震引起的振动以波的形式从震源向各个方向传播并释放能量,这就是地震波,它包含在地球内部传播的体波和只限于在地面传播的面波。

体波有纵波和横波两种形式。纵波是由震源向远处传播的压缩波,在传播过程中,其介质质点的振动方向与波的前进方向一致,周期短,振幅小,破坏力较小。横波是由震源向远处传播的剪切波,在传播过程中,其介质质点的振动方向与波的前进方向垂直,周期较长,振幅较大,破坏力较大。面波是体波经地层介面多次反射形成的次生波,其周期长,振幅大,破坏力最大。

当地震波在土层中传播时经过不同土层界面的多次反射,将出现不同周期的地震波。若某一周期的地震波与地表土层的固有周期相近时,由于共振作用该地震波的振幅将显著增大,其周期称为卓越周期。若建筑物的基本周期与场地土层的卓越周期相近,将由于共振作用增大振幅,导致建筑物破坏。

2)地震的震级和烈度

(1)震级

震级是表示地震本身所释放能量大小的量度,以里氏震级M表示,震级每增加一级,地震能量约增加32倍。一般说来,$M<2$的地震,人们感觉不到,称为微震;$M=2\sim4$的地震称为有感地震;$M>5$的地震,对建筑物要引起不同程度的破坏,统称为破坏性地震;$M>7$的地震称为强烈地震或大地震;$M>8$的地震称为特大地震。

(2)地震烈度

地震烈度是指某一地区的地面和各类建筑物遭受地震影响的破坏程度。对于一次地震,表示地震强度的震级只有一个,但它对不同地点的影响是不一样的,不同地点可表现出不同的烈度。通常距震中越远,地震影响越小,烈度就越低。此外,地震烈度还与震级大小、震源深度、地震传播介质、场地工程地质与水文地质条件、建筑物性能等许多因素有关。为了评定地震烈度,就需要建立一个标准,这个标准称为地震烈度表。它是根据地震时地震基本加速度、建筑物损坏程度、地貌变化特征、地震时人的感觉、家具动作反应等方面进行区分,我国分为 12 度。

(3)抗震设防烈度和设防分类

抗震设防烈度是指按国家规定的权限批准作为一个地区抗震设防依据的地震烈度,本书涉及的地震烈度均指抗震设防烈度。常见的抗震设防烈度为 6、7、8、9 度。

设防分类指的是建筑根据其使用功能的重要性分为甲类、乙类、丙类和丁类 4 种抗震设防分类。甲类建筑应属于重大建筑工程,如遇地震破坏会导致严重后果的建筑,如产生放射性物质的污染,大爆炸和其他政治、经济、社会的重大影响等。乙类建筑应为属于地震时使用功能不能中断或需尽快恢复的建筑,包括医疗、通信、交通、供水、供电、消防、粮食等。丙类建筑应为除甲、乙、丁类外的建筑,为大量的一般的工业与民用建筑。丁类建筑应为抗震次要建筑。对于建筑工程中占绝大多数的丙类建筑,地震作用和抗震措施均按本地区的抗震设防烈度的要求确定。

9.6.2 地震震害及场地因素

1)地震震害

地球上发生的强烈地震常造成大量人员伤亡、大量建筑物破坏,交通、生产中断,水、火和疾病等次生灾害发生。我国是一个地震多发国家,约有 2/3 的省区发生过破坏性地震。地震所带来的破坏主要表现在:

(1)地基震害

地震造成地基的破坏有地基振动液化、震陷、山石崩裂和滑坡、地裂等现象。

①地基液化主要发生在饱和粉砂、细砂和粉土中,其宏观标志为:地表开裂、喷水、冒砂,引起上部建筑物产生巨大沉降、严重倾斜和开裂。

产生液化的原因是由于在地震的短暂时间内,孔隙水压力骤然上升并且来不及消散,有效应力降低至零,土体呈现出近乎液体的状态,强度完全丧失,即所谓液化。

②地震时,地面产生的巨大附加下沉称为震陷。此种现象多发生在中砂和软黏土中,还有岩溶地区等。它不仅使建筑物发生过大沉降,而且产生较大的不均匀沉降和倾斜,影响建筑物的安全和使用。

③地震造成的山石崩裂的塌方量可达近百万方,崩塌的石块可阻塞公路,中断交通。在陡坡附近还会发生滑坡。

④地震导致滑坡的原因,一方面是地震时边坡受到了附加惯性力,加大了下滑力;另一方面是土体受震趋密使孔隙水压力升高,有效应力降低,减小了抗阻滑力。地质调查表明,凡发生过滑坡的地区,地层中几乎都夹有砂层。在均质黏土中,尚未有过关于地震滑坡的实例。

⑤地震时出现的地裂有两种:一种是构造性裂缝,是较厚覆盖土层内部的错动而产生的;另一种是重力式裂缝,它是斜坡滑坡或上覆土层沿倾斜下卧层层面滑动而引起的地面张裂。

(2)建筑物损坏

建筑物破坏情况与结构类型、抗震措施有关。主要有承重结构强度不足而造成破坏,如墙体裂缝,钢筋混凝土柱剪断或混凝土被压碎,房屋倒塌,砖烟囱错位折断等;由于节点强度不足,延性不够,锚固不够等使结构丧失整体性而造成破坏。

(3)引发次生灾害

地震往往伴随次生灾害,如水灾、火灾、毒气污染、滑坡、泥石流、海啸等,由此引起的破坏也非常严重。

2)场地因素

建筑物场地的地形条件、地质构造、地下水位及场地覆盖层厚度、场地类别对地震灾害的程度都有显著影响。孤突的山梁、山包、条状山嘴、高差较大的台地、陡坡及故河道岸边等,均对建筑抗震不利。场地地质构造中具有断层时,不宜将建筑物横跨其上,以免可能发生的错位或不均匀沉降带来危害。地下水位越高震害越重。震害随场地覆盖层厚度增加而加重。

场地土质条件不同,建筑物破坏程度也有很大差异。建筑所在场地土的类型,根据实测的土层剪切波速划分,见表9-7。一般是软弱地基比坚硬地基更容易产生不稳定状态和不均匀下陷甚至发生液化、滑动、开裂等现象。建筑场地类别根据场地土类型和场地覆盖层厚度划分,见表9-8。

土的类型划分和剪切波速范围 表9-7

土的类型	岩土名称和性状	土层剪切波速范围(m/s)
岩石	坚硬、较硬且完整的岩石	$v_s > 800$
坚硬土或软质岩石	破碎和较破碎的岩石或软和较软的岩石,密实的碎石土	$800 \geq v_s > 500$
中硬土	中密、稍密的碎石土,密实、中密的砾、粗、中砂、$f_{ak} > 200$的黏性土和粉土,坚硬黄土	$500 \geq v_s > 250$
中软土	稍密的砾、粗、中砂,除松散外的细、粉砂,$f_{ak} \leq 150$的黏性土和粉土,$f_{ak} > 130$的填土,可塑新黄土	$250 \geq v_s > 150$
软弱土	淤泥和淤泥质土,松散的砂,新近沉积的黏性土和粉土,$f_{ak} \leq 130$的填土,流塑黄土	$v_s \leq 150$

注:f_{ak}为由载荷试验等方法得到的地基承载力特征值(kPa);v_s为岩土剪切波速。

各类建筑场地的覆盖层厚度 表9-8

岩石的剪切波速或土的等效剪切波速(m/s)	场地类别				
	I_0	I	II	III	IV
$v_s > 800$	0				
$800 \geq v_s > 500$		0			
$500 \geq v_s > 250$		<5	≥5		
$250 \geq v_s > 150$		<3	3~50	>50	
$v_s \leq 150$		<3	3~15	15~80	>80

注:v_s为岩石的剪切波速。

9.6.3 地基基础抗震设计原则

《建筑抗震设计规范》(GB 50011—2010)规定对下列建筑可不进行天然地基及基础的

抗震承载力验算:

①本规范规定可不进行上部结构抗震验算的建筑。

②地基主要受力层范围内不存在软弱黏性土层的下列建筑:

a. 一般的单层厂房和单层空旷房屋;

b. 砌体房屋;

c. 不超过 8 层且高度在 24m 以下的一般民用框架和框架—抗震墙房屋;

d. 基础荷载与 c 项相当的多层框架厂房和多层混凝土抗震墙房屋。

1)建筑物场地的选择

宜选择对建筑抗震有利地段,如开阔平坦的坚硬场地土等地段。宜避开对建筑物不利地段,如软弱场地土、易液化土等,如果无法避开时,应采取相应的抗震措施。

2)地基和基础抗震措施

对于建筑物地基的主要受力层范围存在承载力特征值 f_a(kPa)分别小于 80(7 度)和 100(8 度)以及 120(9 度)的软弱黏性土、可液化层、不均匀地基时,应结合具体情况,采取适当的抗震措施,主要包括:

①增加上部结构的整体刚度和对称性;

②加强基础的整体性和刚性;

③合理选择基础埋深;

④地基处理;

⑤采用桩基础等。

3)天然地基抗震验算

考虑地震荷载属于特殊荷载,作用时间短,天然地基的抗震承载力应符合下列各式:

$$p \leqslant f_{aE} \tag{9-17}$$

$$p_{max} \leqslant 1.2 f_{aE} \tag{9-18}$$

$$f_{aE} = \zeta_a f_a \tag{9-19}$$

式中: p ——地震作用效应标准组合的基础底面平均压力(kPa);

p_{max} ——地震作用效应标准组合的基础底面边缘最大压力(kPa);

f_{aE} ——调整后的地基抗震承载力(kPa);

ζ_a ——地基抗震承载力调整系数,按表 9-9 采用;

f_a ——经过深宽修正后的地基承载力特征值(kPa)。

高宽比大于 4 的高层建筑,在地震作用下基础底面不宜出现零应力区;其他建筑,基础底面与地基土之间零应力区面积不应超过基础底面面积的 15%。

地基抗震承载力调整系数 表 9-9

岩土名称和性状	ζ_a
岩石,密实的碎石土,密实的砾、粗、中砂,$f_{ak} \geqslant 300$ 的黏性土和粉土	1.5
中密、稍密的碎石土,中密和稍密的砾、粗、中砂,密实和中密的细、粉砂,$150 \leqslant f_{ak} < 300$ 的黏性土和粉土,坚硬黄土	1.3
稍密的细、粉砂,$100 \leqslant f_{ak} < 150$ 的黏性土和粉土,可塑黄土	1.1
淤泥,淤泥质土,松散的砂,杂填土,新近堆积黄土及流塑黄土	1.0

4）液化土地基液化判别

（1）液化判别

在《建筑抗震设计规范》（GB 50011—2010）中提出基于现场标准贯入试验结果的经验判别式：在地面下20m的深度范围内，液化判别标准贯入锤击数临界值可按下式计算：

$$N_{cr}=N_0\beta[\ln(0.6d_s+1.5)-0.1d_w]\sqrt{3/\rho_c} \tag{9-20}$$

式中：N_{cr}——液化判别标准贯入锤击数临界值；

N_0——液化判别标准贯入锤击数基准值，可按表9-10采用；

d_s——饱和土标准贯入点深度（m）；

d_w——地下水位（m）；

ρ_c——黏粒含量百分率，当小于3或为砂土时，应采用3；

β——调整系数，设计地震第一组取0.80，第二组取0.95，第三组取1.05。

液化判别标准贯入锤击数基准值 N_0　　表9-10

设计基本地震加速度（g）	0.10	0.15	0.20	0.30	0.40
液化判别标准贯人锤击数基准值	7	10	12	16	19

当实测标准贯入锤击数 $N < N_{cr}$ 时，相应的土层即应判为可能液化。

（2）液化等级评定

在一个土层柱状内可能存在多个点，如何确定一个土层柱状内（对应于地面上的一个点）总的液化水平是评价场地液化危害程度的关键，对此《抗震规范》提供了一个简化的方法。

对存在液化土层的地基，应探明各液化土层的深度和厚度，按下式计算每个钻孔的液化指数，并按表9-11综合划分地基的液化等级。

$$I_{1E}=\sum_{i=1}^{n}\left(1-\frac{N_i}{N_{cri}}\right)d_i w_i \tag{9-21}$$

式中：I_{1E}——液化指数；

n——在判别深度范围内每一个钻孔标准贯入试验点的总数；

N_i、N_{cri}——分别为 i 点标准贯入锤击数的实测值和临界值，当实测值大于临界值时应取临界值的数值；

d_i——i 点代表的土层厚度（m）；

w_i——i 土层单位厚度的层位影响权函数值（m^{-1}）。

液　化　等　级　　表9-11

液化等级	轻微	中等	严重
液化指数 I_{1E}	$0 < I_{1E} \leqslant 6$	$6 < I_{1E} \leqslant 18$	$I_{1E} > 18$

液化是地震中造成地基失效的主要原因，要减轻这种危害，应根据地基液化等级和结构特点选择相应措施。目前常用的抗液化措施是在总结大量震害经验的基础上提出的，即综合考虑建筑物的重要性和地基液化等级，再根据具体情况确定。《建筑抗震设计规范》对于地基的抗液化措施及其选择有具体的规定。

5）桩基础抗震验算

对于承受竖向荷载为主的低承台桩基，当地面下无液化土层，且桩承台周围无淤泥、淤泥质土和地基承载力特征值不大于100kPa的填土时，下列建筑可不进行桩基的抗震承载力验算：

①7 度和 8 度时的下列建筑：

a. 一般的单层厂房和单层空旷房屋；

b. 不超过 8 层且高度在 24m 以下的一般民用框架房屋；

c. 基础荷载与 b 项相当的多层框架厂房和多层混凝土抗震墙房屋。

②《建筑抗震设计规范》第 4. 2. 1 条之 1)、3)款规定且采用桩基的建筑。

(1)非液化土中低承台桩基抗震验算的主要规定

①单桩竖向和水平承载力特征值，可均比非抗震设计时提高 25%。

②当承台周围的回填土夯实至干密度不小于现行国家标准《建筑地基基础设计规范》对填土的要求时，可由承台正面填土与桩共同承担水平地震作用；但不应计入承台底面与基土间的摩擦力。

(2)存在液化土层的低承台桩基抗震验算的主要规定

①承台埋深较浅时，不宜计入承台周围土的抗力或刚性地坪对水平地震作用的分担作用。

②当桩承台底面上、下分别有厚度不小于 1. 5m、1. 0m 的非液化土层或非软弱土层时，可按下列两种情况进行桩的抗震验算，并按不利情况设计：

a. 桩承受全部地震作用，桩承载力按《建筑抗震设计规范》第 4. 4. 2 条取用，液化土的桩周摩阻力及桩水平抗力均应乘以表 9-12 的折减系数。

b. 地震作用按水平地震影响系数最大值的 10% 采用，桩承载力仍按《建筑抗震设计规范》第 4. 4. 2 条 1 款取用，但应扣除液化土层的全部摩阻力及桩承台下 2m 深度范围内非液化土的桩周摩阻力。

土层液化影响折减系数 表 9-12

实际标贯锤击数 / 临界标贯锤击数	深度 d_s (m)	折 减 系 数
≤0. 6	$d_s \leq 10$	0
	$10 < d_s \leq 20$	1/3
>0. 6 ~ 0. 8	$d_s \leq 10$	1/3
	$10 < d_s \leq 20$	2/3
>0. 8 ~ 1. 0	$d_s \leq 10$	2/3
	$10 < d_s \leq 20$	1

单 元 小 结

1)湿陷性黄土地基

湿陷性黄土可分为自重湿陷性黄土和非自重湿陷性黄土。

黄土是否具有湿陷性，可用湿陷系数 δ_s 值来进行判定：

$$\delta_s < 0.015 \qquad 非湿陷性黄土$$

$$\delta_s \geq 0.015 \qquad 湿陷性黄土$$

建筑场地的湿陷类型，应按实测自重湿陷量 Δ'_{zs} 或按室内压缩试验累计的计算自重湿陷量 Δ_{zs} 判定；湿陷性黄土地基的湿陷等级，应根据基底下各土层累计的总湿陷量和计算自重湿陷量的大小等因素判定。

在建筑工程中，施工措施有地基处理、防水措施和结构措施。

2）膨胀土地基

土中黏粒主要由亲水矿物组成，同时具有显著的吸水膨胀和失水收缩两种变形特征的黏性土是膨胀土，在我国分布广泛。

膨胀土的工程特性指标，主要有自由膨胀率（δ_{ef}）、膨胀率（δ_{ep}）、线缩率 δ_s 和收缩系数 λ_s；《膨胀土地区建筑技术规范》规定按自由膨胀率的大小划分土的膨胀潜势的强弱；规范规定地基的胀缩等级以 50kPa 压力下（相当于一层砖石结构的基底压力）测定土的膨胀率 δ_{ep}，计算地基分级变形量 s_c，作为划分胀缩等级的标准。

设计措施：场址应选择在排水通畅、地形条件简单、土质较均匀、胀缩性较弱以及坡度小于 14°并有可能采用分级低挡土墙治理的地段，避开地裂、冲沟发育、地下水变化剧烈和可能发生浅层滑坡等地段；

地基处理措施：膨胀土地基处理可采用换土、砂石垫层、土性改良等方法，亦可采用桩基；

施工措施：膨胀土地基上的施工措施宜采用分段快速作业法。

3）红黏土地基

石灰岩、白云岩等碳酸盐系的岩石经化学风化作用形成的棕红、褐黄等颜色的高塑性黏土为红黏土，其液限一般大于 50%，具有表面收缩、上硬下软、裂隙发育的特征。

在红黏土地基上的建筑物，基础应尽量浅埋；对不均匀地基应优先考虑地基处理；对石芽零星出露的地段最有效的办法是打掉一定厚度的石芽，铺以一定厚度的褥垫材料；对基底下有一定厚度，但其变化较大的红黏土地基，挖除土层较厚端的部分土，把基底做成阶梯状；预测红黏土中土洞以及土洞塌陷，并且对已查明的土洞及塌陷进行处理；工程布置时应避开分布于红黏土中的深长裂隙。

4）冻土地基

建筑物冻害的防治措施有换填法、物理化学法、排水隔水法、结构措施等。

5）山区地基

下卧基岩表面坡度较大的地基、石芽密布并有出露的地基、大块孤石或个别石芽出露的地基均属于土岩组合地基。

岩溶地基的处理措施归纳起来有挖填、跨盖、灌注和排导等。

对建筑场地和地基范围内存在的土洞和塌陷的处理措施分地表水形成的土洞、地下水形成的土洞、人工降水形成的土洞 3 种情况处理。

6）地震区地基基础

地震波包含在地球内部传播的体波和只限于在地面传播的面波；震级是表示地震本身所释放能量大小的量度；地震烈度是指某一地区的地面和各类建筑物遭受地震影响的破坏程度。对于一次地震，表示地震强度的震级只有一个，但它对不同地点的影响是不一样的，不同地点可表现出不同的烈度。抗震设防烈度是指按国家规定的权限批准作为一个地区抗震设防依据的地震烈度；设防分类指的是建筑根据其使用功能的重要性分为甲类、乙类、丙类和丁类 4 种抗震设防分类。

地震所带来的破坏主要表现在地基震害、建筑物损坏、引发次生灾害。

建筑物场地的地形条件、地质构造、地下水位及场地覆盖层厚度、场地类别对地震灾害的程度都有显著影响。建筑场地类别根据场地土类型和场地覆盖层厚度划分为 4 类。

思 考 题

1. 湿陷性黄土的主要工程性质是什么？湿陷性黄土与非湿陷性黄土如何判别？

2. 计算自重湿陷量与总湿陷量有什么区别？如何判别湿陷性黄土地基的湿陷等级？

3. 湿陷性黄土地基处理有哪些方法？以什么为主？

4. 如何判定膨胀土？膨胀土有何特征？

5. 膨胀土地基处理的工程措施包括哪几种？自由膨胀率与膨胀率有何区别？如何判别膨胀地基的胀缩等级？

6. 膨胀土对建筑物有哪些危害？

7. 红黏土是怎样形成的？它具有何种特征？

8. 对红黏土地基应采取哪些措施？

9. 多年冻土与季节性冻土有何不同？冻土有哪些特殊的物理指标？冻土的抗压强度与抗剪强度与一般土有何区别？

10. 什么是土岩组合地基、岩溶以及土洞？在岩溶和土洞地区进行建筑时，应采取哪些措施？

11. 什么是震级、地震烈度以及抗震设防烈度？

12. 地基震害有哪些？

附录1 《建筑地基与基础》课程试验指导

试验一　含水率试验和密度试验

一、试验目的

本试验目的是测定土的湿密度及含水率，了解土的含水情况和疏密状态，为计算土的干密度、孔隙比、饱和度、液性指数等提供依据，同时为建筑物地基、路堤、土坝等施工质量控制提供重要指标。

二、试验方法

密度试验采用环刀法。环刀法操作简便而准确，在室内和野外普遍采用。含水率试验采用烘干法和酒精燃烧法。

三、试验仪器

1. 环刀：内径6～8cm，高2～3cm，壁厚1.5～2mm；
2. 天平：感量0.1g和0.01g各1台；
3. 自动控制电热恒温烘箱或沸水烘箱、红外烘箱、微波炉等其他能源烘箱；
4. 玻璃干燥缸；
5. 纯度95%的酒精；
6. 其他：铝制称量盒、修土刀、钢丝锯、凡士林等。

四、操作步骤

（一）密度试验

1. 称取环刀质量 m_2 准确至0.1g。

2. 按工程需要取原状土或制备所需状态的扰动土样，整平两端，环刀内壁涂一薄层凡士林，刀口向下放在土样上。用修土刀或钢丝锯将土样上部削成略大于环刀直径的土柱，然后将环刀垂直下压，边压边削，至土样伸出环刀上部为止。削去两端余土，使与环刀口面齐平，并用剩余土样测定含水率。

3. 擦净环刀外壁，称环刀与土的质量 m_1，准确至0.1g。

4. 结果整理

按下列公式计算土的密度及干密度：

$$\rho = \frac{m_1 - m_2}{V}$$

$$\rho_d = \frac{\rho}{1 + w}$$

式中：ρ ——密度（g/cm^3）；

m_1 ——环刀与土的质量（g）；

m_2 ——环刀的质量（g）；

V ——环刀体积（cm^3）；

ρ_d ——干密度（g/cm^3）；

w ——含水率（%）。

5. 精密度和允许差

本试验须进行两次平行测定,取其平均值,其平行差值不得大于0.03g/cm³。

6. 试验记录(附表1-1)

密度试验记录表 附表1-1

工程名称:______________ 试验者:______________

工程编号:______________ 计算者:______________

试验日期:______________ 校核者:______________

土样编号				1		2		3	
环刀号									
环刀容积	(cm^3)	①							
环刀质量	(g)	②							
土+环刀质量	(g)	③							
土样质量	(g)	④	③-②						
湿密度	g/cm^3	⑤	④/①						
含水率	(%)	⑥							
干密度	g/cm^3	⑦							
平均干密度	g/cm^3	⑧							

(二)含水率试验

1. 烘干法

烘干法是将试样放在温度能保持105~110℃的烘箱中烘至恒量的方法,是室内测定含水率的标准方法。

(1)从土样中选取具有代表性的试样15~30g(有机质土、砂类土和整体状构造冻土为50g),放入称量盒内,立即盖上盒盖,称盒加湿土质量,准确至0.01g。

(2)打开盒盖,将试样和盒一起放入烘箱内,在温度105~110℃下烘至恒量。试样烘至恒量的时间,对于黏土和粉土宜烘8~10h,对于砂土宜烘6~8h。对于有机质超过干土质量5%的土,应将温度控制在65~70℃的恒温下进行烘干。

(3)将烘干后的试样和盒从烘箱中取出,盖上盒盖,放入干燥器内冷却至室温。

(4)将试样和盒从干燥器内取出,称盒加干土质量,准确至0.01。

(5)成果整理

按下式计算含水率

$$w = \frac{m_1 - m_2}{m_2 - m_0} \times 100\%$$

式中:w ——含水率(%),精确至0.1%;

m_1 ——称量盒加湿土质量(g);

m_2 ——称量盒加干土质量(g);

m_0 ——称量盒质量(g)。

烘干法试验应对两个试样进行平行测定,并取两个含水率测值的算术平均值。当含水率小于40%时,允许的平行测定差值为1%;当含水率等于或大于40%时,允许的平行测定差值为2%。

（6）试验记录

烘干法测含水率的试验记录见附表1-2。

2. 酒精燃烧法

酒精燃烧法是将试样和酒精拌和，点燃酒精，随着酒精的燃烧使试样水分蒸发的方法。酒精燃烧法是快速简易且较准确测定细粒土含水率的一种方法，适用于没有烘箱或土样较少的情况。

（1）从土样中选取具有代表性的试样（黏性土5～10g，砂性土20～30g），放入称量盒内，立即盖上盒盖，称盒加湿土质量，准确至0.01g。

（2）打开盒盖，用滴管将酒精注入放有试样的称量盒中，直至盒中出现自由液面为止，并使酒精在试样中充分混合均匀。

（3）将盒中酒精点燃，并烧至火焰自然熄灭。

（4）将试样冷却数分钟后，按上述方法再重复燃烧两次，当第3次火焰熄灭后，立即盖上盒盖，称盒加干土质量，准确至0.01g。

（5）成果整理

酒精燃烧法试验同样应对两个试样进行平行测定，其含水率计算与烘干法计算公式相同，含水率允许平行差值与烘干法相同。

（6）试验记录

酒精燃烧法测含水率的试验记录与烘干法相同，见附表1-2。

含水率试验记录表 附表1-2

工程名称：________________ 试验者：____________

工程编号：________________ 计算者：____________

试验日期：________________ 校核者：____________

试样编号	土样说明	盒号	盒加湿土质量(g)	盒加干土质量(g)	盒质量(g)	水质量(g)	干土质量(g)	含水率(%)	平均含水率(%)
			(1)	(2)	(3)	(4)	(5)	(6)	(7)
						(1)－(2)	(2)－(3)	$\frac{(4)}{(5)}\times100\%$	

试验二　颗粒大小分析试验

一、试验目的

颗粒分析试验就是测定土中各种粒组所占该土总质量的百分数的试验方法，可分为筛分法和沉降分析法，其中沉降分析法又有密度计法（比重计法）和移液管法等。对于粒径大于0.075mm的土粒可用筛分法来测定,而对于粒径小于0.075mm的土粒则用沉降分析方法(密度计法或移液管法)来测定。土的颗粒组成在一定程度上反映了土的某些性质,因此工程上常依据颗粒组成对土进行分类,粗粒土主要是依据颗粒组成进行分类的,而细粒土由于矿物成分、颗粒形状及胶体含量等因素,则不能单以颗粒组成进行分类,而要借助于塑性图或塑性指数进行分类。土的颗粒组成还可概略判断土的工程性质以及供建材选料之用。采用筛分法,目的是测定分析粒径大于0.075mm的土。

二、仪器设备

1. 标准筛:粗筛、细筛;

2. 天平:称量200g,最小分度值0.01g;称量1000g,最小分度值0.1g;称量5000g,最小分度值1g;

3. 摇筛机;

4. 其他:烘箱、筛刷、烧杯等。

三、试验步骤

先用风干法制样,然后从风干松散的土样中,按附表1-3称取有代表性的试样,称量应准确至0.1g,当试样质量超过500g时,称量应准确至1g。

筛分法取样质量 附表1-3

颗粒尺寸(mm)	取样质量(g)
<2	100~300
<10	300~1000
<20	1000~2000
<40	2000~4000
<60	4000以上

1. 无黏性土

(1)将按附表1-3称取的试样过孔径为2mm的筛,分别称出留在筛子上和已通过筛子孔径的筛子下试样质量。当筛下的试样质量小于试样总质量的10%时,不作细筛分析;当筛上的试样质量小于试样总质量的10%时,不作粗筛分析。

(2)取2mm筛上的试样倒入依次叠好的粗筛的最上层筛中,进行粗筛筛析,然后再取2mm筛下的试样倒入依次叠好的细筛的最上层筛中,进行细筛筛析。细筛宜置于振筛机上进行振筛,振筛时间一般为10~15min。

(3)按由最大孔径的筛开始,顺序将各筛取下,称留在各级筛上及底盘内试样的质量,准确至0.1g。

(4)筛后各级筛上及底盘内试样质量的总和与筛前试样总质量的差值,不得大于试样总质量的1%。

2. 含有细粒土颗粒的砂土

(1)将按附表1-3称取的代表性试样的粗细颗粒完全分离。置于盛有清水的容器中,用搅棒充分搅拌。

(2)将容器中的试样悬液通过2mm筛,取留在筛上的试样烘至恒量,并称烘干试样质量,准确到0.1g。

(3)将粒径大于2mm的烘干试样倒入依次叠好的粗筛的最上层筛中,进行粗筛筛析。按由最大孔径的筛开始,顺序将各筛取下,称留在各级筛上及底盘内试样的质量,准确至0.1g。

(4)取通过2mm筛下的试样悬液,用带橡皮头的研杆研磨,然后再过0.075mm筛,并将留在0.075mm筛上的试样烘至恒量,称烘干试样质量,准确至0.1g。

(5)将粒径大于0.075mm的烘干试样倒入依次叠好的细筛的最上层筛中,进行细筛筛析。细筛宜置于振筛机上进行震筛,振筛时间一般为10~15min。

(6)当粒径小于0.075mm的试样质量大于试样总质量的10%时,应采用密度计法或移液管法测定小于0.075mm的颗粒组成。

四、成果整理

1. 小于某粒径的试样质量占试样总质量的百分比可按下式计算

$$X = \frac{m_A}{m_B} d_x$$

式中:X——小于某粒径的试样质量占试样总质量的百分比(%);

m_A——小于某粒径的试样质量(g);

m_B——当细筛分析时或用密度计法分析时为所取的试样质量;当粗筛分析时为试样总质量(g);

d_x——粒径小于2mm的试样质量占试样总质量的百分比(%)。

2. 制图

以小于某粒径的试样质量占试样总质量的百分比为纵坐标,以颗粒粒径为对数横坐标在单对数坐标上绘制颗粒大小分布曲线,按下式计算不均匀系数

$$C_u = \frac{d_{60}}{d_{10}}$$

式中:C_u——不均匀系数;

d_{60}——限制粒径,在颗粒大小分布曲线上小于该粒径的土含量占土总质量60%的粒径;

d_{10}——有效粒径,在颗粒大小分布曲线上小于该粒径的土含量占土总质量10%的粒径。

按下式计算曲率系数:

$$C_c = \frac{d_{30}^2}{d_{60} d_{10}}$$

式中:C_c——曲率系数;

d_{30}——在颗粒大小分布曲线上小于该粒径的土含量占土总质量30%的粒径。

五、试验记录

筛分法颗粒分析试验记录见附表1-4。

颗粒大小分析试验记录(筛分法) 附表 1-4

工程名称:________________ 试验者:__________

工程编号:________________ 计算者:__________

试验日期:________________ 校核者:__________

风干土质量 = ________g　小于 0.075mm 的土占总土质量百分数 = ________%

2mm 筛上土质量 = ________g　小于 2mm 的土占总土质量百分数 d_x = ________%

2mm 筛下土质量 = ________g　细筛分析时所取试样质量 =

筛号	孔径(mm)	累计留筛土质量(g)	小于该孔径的土质量(g)	小于该孔径的土质量百分数(%)	小于该孔径的土质量占总土质量百分数(%)
底盘					
总计					

试验三　液塑限联合测定法

一、试验目的

本试验目的是联合测定土的液限和塑限,为划分土的类别,计算天然稠度、塑性指数,供工程设计和施工使用。

二、仪器设备

(1)液塑限联合测定仪,包括带标尺的圆锥仪、电磁铁、显示屏、控制开关和试样杯。光电式液塑限联合测定仪,圆锥质量为76g,锥角为30°;读数显示为光电式;试样杯内径为40~50mm,高度为30~40mm;

(2)称量200g、最小分度值0.01g的天平;

(3)烘箱、干燥器;

(4)铝制称量盒、调土刀、孔径为0.5mm的筛、研钵、凡士林等。

三、操作步骤

(1)原则上采用天然含水率土样,但也可采用风干土样,当试样中含有粒径大于0.5mm的土粒和杂物时,应过0.5mm筛。

(2)当采用天然含水率土样时,取代表性试样250g;采用风干土样时,取过0.5mm筛的代表性试样200g,将试样放在橡皮板上用纯水调制成均匀膏状,放入调土皿,盖上湿布,浸润过夜。

(3)将制备好的试样用调土刀充分调拌均匀后,分层装入试样杯中,并注意土中不能留有空隙,装满试杯后刮去余土使土样与杯口齐平,并将试样杯放在联合测定仪的升降座上。

(4)将圆锥仪擦拭干净,并在锥尖上抹一薄层凡士林,然后接通电源,使电磁铁吸住圆锥。

(5)调节零点,使屏幕上的标尺调在零位,然后转动升降旋钮,试样杯则徐徐上升,当锥尖刚好接触试样表面时,指示灯亮,立即停止转动旋钮。

(6)按动控制开关,圆锥则在自重下沉入试样,经5s后,测读显示在屏幕上的圆锥下沉深度,然后取出试样杯,挖去锥尖入土处的凡士林,取锥体附近的试样不少于10g,放入称量1盒内,测定含水率。

(7)将试样从试样杯中全部挖出,再加水或吹干并调匀,重复以上试验步骤分别测定试样在不同含水率下的圆锥下沉深度。液塑限联合测定至少在3点以上,其圆锥入土深度宜分别控制在3~4mm、7~9mm和15~17mm。

四、成果整理

1. 含水率计算

$$w = \frac{m_2 - m_1}{m_1 - m_0} \times 100\%$$

式中:w——含水率(%),精确至0.1%;

m_1——干土、称量盒质量(g);

m_2——湿土、称量盒质量(g);

m_0——称量盒质量(g)。

2. 液限和塑限确定

以含水率为横坐标、以圆锥入土深度为纵坐标在双对数坐标纸上绘制含水率与圆锥入土深度关系曲线,如图1-8所示。3点应在一直线上,如图中A线。当3点不在一直线上时,通过高含水率的点与其余两点连成两条直线,在圆锥下沉深度为2mm处查得相应的两个含水率,当所查得的两个含水率差值小于2%时,应以该个含水率平均值的点(仍在圆锥下沉深度为2mm处)与高含水率的点再连一直线,如图中B线,若两个含水率的差值大于、等于2%时,则应重做试验。

在含水率与圆锥下沉深度的关系图上查得圆锥下沉深度为10mm所对应的含水率为液限;查得圆锥下沉深度为2mm所对应的含水率为塑限,取值以百分数表示,准确至0.1%。

3. 塑性指数计算

$$I_P = (w_L - w_P) \times 100$$

式中:I_P——塑性指数,精确至0.1;

w_L——液限(%);

w_P——塑限(%)。

4. 液性指数计算

$$I_L = \frac{w - w_P}{w_L - w_P}$$

式中:I_L——液性指数,精确至0.1;

w——天然含水率(%);

其余符号意义同前。

五、试验记录

试验记录见附表1-5。

液塑限联合测定法试验记录表 附表1-5

工程名称:______ 试验者:______

工程编号:______ 计算者:______

试验日期:______ 校核者:______

试样编号	圆锥下沉深度(mm)	盒号	盒加湿土质量(g)	盒加干土质量(g)	盒质量(g)	水质量(g)	干土质量(g)	含水率(%)	液限(%)	塑限(%)	塑性指数	液性指数
			(1)	(2)	(3)	(4)	(5)	(6)	(7)	(8)	(9)	10)
						(1) - (2)	(2) - (3)	$\frac{(4)}{(5)} \times 100$			(7) - (8)	

试验四　标准固结试验

一、试验目的

本试验目的是测定土的 $e - p$ 曲线,进一步计算可得到压缩系数、压缩模量等,了解土的压缩性,为地基变形计算提供依据。

二、仪器设备

1. 固结容器:由环刀、护环、透水板、加压上盖等组成,土样面积 $30cm^2$ 或 $50cm^2$,高度 2cm;

2. 加荷设备:可采用量程为 5 ~ 10kN 的杠杆式、磅秤式或气压式等加荷设备;

3. 变形量测设备:可采用最大量程 10mm、最小分度值 0.01 的百分表,也可采用准确度为全量程 0.2% 的位移传感器及数字显示仪表或计算机;

4. 毛玻璃板、圆玻璃板、滤纸、切土刀、钢丝锯和凡士林或硅油等。

三、试验步骤

(1)按工程需要选择面积为 $30cm^2$ 或 $50cm^2$ 的切土环刀,环刀内侧涂上一层薄薄的凡士林或硅油,刀口应向下放在原状土或人工制备的扰动土上切取原状土样。

(2)小心地边压边削,注意避免环刀偏心入土,应使整个土样进入环刀并凸出环刀为止,然后用钢丝锯(软土)或用修土刀(较硬的土或硬土),将环刀两侧余土修平,擦净环刀外壁。

(3)测定土样密度,并在余土中取代表性土样测定其含水率,然后用圆玻璃片将环刀两端盖上,防止水分蒸发。

(4)在固结仪的固结容器内装上带有试样的切土环刀(刀口向下),在土样两端应贴上洁净而湿润的滤纸,再用提环螺丝将导环置于固结容器,然后放上透水石和传压活塞以及定向钢球。

(5)将装有土样的固结容器,准确地放在加荷横梁的中心,如杠杆式固结仪,应调整杠杆平衡,为保证试样与容器上下各部件之间接触良好,应施加 1kPa 预压荷载;如采用气压式压缩仪,可按规定调节气压力,使之平衡,同时使各部件之间密合。

(6)调整百分表或位移传感器至“0”读数,并按工程需要确定加压等级、测定项目以及试验方法。

(7)加压等级可采用12.5kPa、25kPa、50kPa、100kPa、200kPa、400kPa、800kPa、1600kPa、3200kPa。第一级压力的大小视土的软硬程度，分别采用12.5kPa，25kPa或50kPa；最后一级压力应大于土层的自重应力与附加应力之和，或大于上覆土层的计算压力100～200kPa，但最大压力不应小于400kPa。

(8)对于饱和试样，在试样受第一级荷重后，应立即向固结容器的水槽中注水浸没试样，而对于非饱和土样，须用湿棉纱或湿海绵覆盖于加压盖板四周，避免水分蒸发。

(9)当试验结束时，应先排除固结容器内水分，然后拆除容器内各部件，取出带环刀的土样，必要时，揩干试样两端和环刀外壁上的水分，测定试验后的密度和含水率。

四、成果整理

(1)计算试样的初始孔隙 e_0

$$e_0 = \frac{G_s(1 + w_0)}{\rho_0} - 1$$

(2)计算试样的颗粒(骨架)净高 h_s

$$h_s = \frac{h_0}{1 + e_0}$$

(3)计算某级压力下固结稳定后土的孔隙比 e_i

$$e_i = e_0 - \frac{1 + e_0}{h_0}\Delta h_i$$

式中：e_i ——某级压力下的孔隙比；

h_0 ——试样初始高度，即环刀高；

Δh_i ——在同一级压力下试样稳定后的总变形，即

$$\Delta h_i = \Delta h_1 - \Delta h_2$$

Δh_1 ——在同一级压力下试样和仪器的总变形；

Δh_2 ——在同一级压力下仪器的总变形。

(4)绘制 $e-p$ 曲线或 $e-\lg p$ 曲线

以孔隙比 e 为纵坐标，压力 p 为横坐标，绘制 $e-p$ 曲线(可绘制在记录表中)。

(5)计算某一压力范围内压缩系数 α_{1-2} 和压缩模量 E_s

五、试验记录

快速固结试验记录见附表1-6。

快速固结试验记录 附表1-6

工程名称：______________　　试验者：__________

工程编号：______________　　计算者：__________

试验日期：______________　　校核者：__________

密度 ρ ______ g/cm^3　　土粒比重 G_s = ______　　含水率 w = ______ %

试验前试样高度 h_0 = ______ cm　　试验前孔隙比 e_0 = ______　　颗粒净高 h_s = ______ cm

压力 p (kPa)	读数时间 t (min)	各级荷重压缩时间 Δt (min)	测微表读数 R_i (mm)	Δh_1 (mm)	Δh_2 (mm)	压缩量 $\sum\Delta h_i$ (mm)	孔隙比 e_i	压缩系数 $\alpha_{1-2}=\frac{e_i-e_{i+1}}{p_{i+1}-p_i}$ (MPa^{-1})	压缩模量 $E_s=\frac{1+e_i}{a_v}$ (MPa)

试验五　快 剪 试 验

一、试验目的

直接剪切试验是测定土的抗剪强度的一种常用方法，通常采用4个试样，分别在不同的垂直压力p下，施加水平剪切力，测得试样破坏时的剪应力τ，然后根据库仑定律确定土的抗剪强度指标内摩擦角φ和黏聚力c。

二、仪器设备

1. 直剪仪：采用应变控制式直接剪切仪，由剪切盒、垂直加压设备、剪切传动装置、测力计以及位移量测系统等组成。加压设备可采用杠杆传动，也可采用气压施加；

2. 测力计：采用应变圈，量表为百分表或位移传感器；

3. 环刀：内径6.18cm，高2.0cm；

4. 天平：称量500g，感量0.1g；

5. 百分表：量程10mm，最小分度0.01mm；

6. 其他：切土刀、钢丝锯、滤纸、毛玻璃板、圆玻璃片以及润滑油等。

三、试验步骤

(1)对准剪切盒的上下盒，插入固定销钉，在下盒内放洁净透水石一块及湿润滤纸一张。

(2)将盛有试样的环刀，平口向下、刀口向上，对准剪切盒，在试样上面放湿润滤纸一张及透水石一块，然后将试样通过透水石徐徐压入剪切盒底，移去环刀，并顺次加上传压活塞及加压框架。转动手轮(剪切传动装置)，剪切盒向前移动，使其上盒前端钢珠刚好与测力计接触，测记测力计初读数。

(3)取不少于4个试样，并分别施加不同的垂直压力，其压力大小根据工程实际和土的软硬程度而定，一般可按25kPa、50kPa、100kPa、200kPa、300kPa、400kPa、600kPa…施加，加荷时应轻轻加上，但必须注意，如土质松软，为防止试样被挤出，应分级施加。

(4)若试样是饱和试样，则在施加垂直压力5min后，向剪切盒内注满水；若试样是非饱和土试样，不必注水，但应在加压板周围包以湿棉纱，以防止水分蒸发。

(5)当在试样上施加垂直压力后，若每小时垂直变形不大于0.005mm，则认为试样已达到固结稳定。

(6)拨去上下盒连接的固定销钉。均匀等速转动手轮，推动剪切盒的下盒，使剪切盒上、下盒之间的开缝处土样中部产生剪应力。并定时测记测力计(即水平向)百分表读数，当测力计读数不再增加或开始倒退时，即出现峰值，认为试样已破坏，记下破坏值，并继续剪切至位移为4mm停机；当剪切过程中测力计读数无峰值时，应剪切至剪切位移为6mm时停止。

(7)剪切结束后，卸去剪切力和垂直压力，取出试样，并测定试样的含水率。

四、成果整理

1. 计算

按下式计算每一试件的剪应力：

$$\tau = CR$$

式中：τ——试样所受的剪应力（kPa）；

C——测力计校正系数（kPa/0.01mm）；

R——剪切时测力计的读数与初读数之差值（0.01mm）。

2. 制图

（1）以剪应力为纵坐标，剪切位移为横坐标，绘制剪应力与剪切位移关系曲线，取曲线上剪应力的峰值为抗剪强度，无峰值时，取剪切位移4mm所对应的剪应力为抗剪强度。

（2）以抗剪强度为纵坐标，垂直压力为横坐标，绘制抗剪强度与垂直压力关系曲线，直线的倾角为土的内摩擦角 φ，直线在纵坐标上的截距为土的黏聚力 c。

五、试验记录

直接剪切试验记录见附表1-7。

直接剪切试验记录 附表1-7

工程名称：______ 试验者：______

工程编号：______ 计算者：______

试验日期：______ 校核者：______

仪 器 编 号					
测力计编号					
测力计校正系数 C（kPa/0.01mm）					
垂直压力 p（kPa）					
测力计初读数 R_0（0.01mm）					
测力计终读数 R（0.01mm）					
测力计读数差（$R - R_0$）（0.01mm）					
抗剪强度 τ（kPa）					
备注					
黏聚力 c =（kPa）					
内摩擦角 φ =（°）					

试验六　击 实 试 验

一、试验目的

本试验目的是研究土的压实性能，测定土的最大干密度和最佳含水率。为评定地基压实度提供依据。

二、仪器设备

1. 击实仪，有轻型击实仪和重型击实仪两类，其击实筒、击锤和导筒等主要部件的尺寸

应符合规定;

2. 称量200g的天平,感量0.01g;

3. 称量10kg的台秤,感量1g;

4. 孔径为20mm、40mm和5mm的标准筛;

5. 试样推土器;

6. 其他:喷雾器、盛土容器、修土刀及碎土设备等。

三、试验步骤

(1)取一定量的代表性风干土样,对于轻型击实试验为20kg,对于重型击实试验为50kg。

(2)将风干土样碾碎后过5mm的筛(轻型击实试验)或过20mm的筛(重型击实试验),将筛下的土样拌匀,并测定土样的风干含水率。

(3)根据土的塑限预估最优含水率,加水湿润制备不少于5个含水率的试样,含水率依次相差为2%,且其中有2个含水率大于塑限,2个含水率小于塑限,1个含水率接近塑限。按下式计算制备试样所需的加水量:

$$m_w = \frac{m_0}{1 + 0.01w_0} \times 0.01(w - w_0)$$

式中:m_w——所需的加水量(g);

w_0——风干含水率(%);

m_0——风干含水率w_0时土样的质量(g);

w——要求达到的含水率(%)。

(4)将试样2.5kg(轻型击实试验)或5.0kg(重型击实试验)平铺于不吸水的平板上,按预定含水率用喷雾器喷洒所需的加水量,充分搅和并分别装入塑料袋中静置24h。

(5)将击实筒固定在底座上,装好护筒,并在击实筒内壁涂一薄层润滑油,将搅和的试样2~5kg分层装入击实筒内。对于轻型击实试验,分3层,每层25击;对于重型击实试验,分5层,每层56击,两层接触土面应刨毛,击实完成后,超出击实筒顶的试样高度应小于6mm。

(6)取下导筒,用刀修平超出击实筒顶部的试样,擦净击实筒外壁,称击实筒与试样的总质量,准确至1g,并计算试样的湿密度。

(7)用推土器将试样从击实筒中推出,从试样中心处取两份一定量土料(轻型击实试验为15~30g,重型击实试验为50~100g)测定土的含水率,两份土样的含水率的差值应不大于1%。

四、成果整理

(1)按下式计算干密度

$$\rho_d = \frac{\rho}{1 + 0.01w}$$

式中:ρ_d——干密度(g/cm^3),准确至0.01(g/cm^3);

ρ——密度(g/cm^3);

w——含水率(%)。

(2)计算饱和含水率

$$w_{sat} = \left(\frac{1}{\rho_d} - \frac{1}{G_s}\right) \times 100\%$$

式中：w_{sat} ——饱和含水率(%)。

其余符号同前。

(3)以干密度为纵坐标，含水率为横坐标，绘制干密度与含水率的关系曲线及饱和曲线，干密度与含水率的关系曲线上峰点的坐标分别为土的最大干密度与最优含水率，如不能连成完整的曲线时，应进行补点试验。

五、试验记录

击实试验记录见附表1-8。

击实试验记录表

附表1-8

工程名称：________________　　试验者：________

工程编号：________________　　计算者：________

试验日期：________________　　校核者：________

试验仪器________　土样类别________　每层击数________

风干含水率________　土粒比重________

试验次数					1	2	3	4	5	6
干密度	加水量	g								
	筒加土重	g	(1)							
	筒重	g	(2)							
	湿土重	g	(3)	(1)-(2)						
	筒体积	cm^3	(4)							
	密度	g/cm^3	(5)	$\frac{(3)}{(4)}$						
	干密度	g/cm^3	(6)	$\frac{(5)}{(1+0.01w)}$						
含水率	盒号									
	盒加湿土质量	g	(1)							
	盒加干土质量	g	(2)							
	盒质量	g	(3)							
	水质量	g	(4)	(1)-(2)						
	干土质量	g	(5)	(2)-(3)						
	含水率	%	(6)	$\frac{(4)}{(5)}$						
	平均含水率	%	(7)							

附录2 《建筑地基与基础》课程标准

一、课程性质

建筑地基与基础是一门理论和实践性都很强的课程，是建筑工程技术专业、市政工程技术专业、城市轨道交通工程技术、工程造价、道路与桥梁等交通土建类专业的主干专业课，也是教育部高职土木类专业课程目录中必须开设的课程。

通过本课程的学习及实训，使学生了解土的应力、变形和强度计算等土力学基本原理，掌握一般浅基础和桩基础设计原理、施工方法，具有识读和绘制一般基础施工图的能力，并能根据工程实际情况正确选择地基处理方法和基础类型，为后续链环课程建筑工程施工技术、钢筋混凝土砌体结构、建筑概预算等课程的学习做好了铺垫与延伸学习的准备；同时具备了建筑工程施工管理、地质检测、工程监理等岗位所必须的土力学及基础工程有关的理论知识和操作技能，是培养建筑工程技术领域岗位技能型人才的关键课程。本课程课内总学时60学时，其中理论课学时50学时，实践课学时10学时。

二、课程设计思路

依据土建类高职高专教育和建筑工程技术专业教学培养目标的要求，将原来较为单一的课程教学模式，转变为“应用性理论讲授＋技能实训＋施工方案综合分析”的课程教学模式，逐步形成以职业能力为核心的课程体系。教学单元内容相互参透、将基础模块教学、试验教学、现场教学和项目实训教学多种教学方法有机结合，融职业性、岗位性、技能性为一体。通过建立校外长期稳定的实习实训基地、创办专业实体，大力发展工学结合，将新技术带入课堂、引入教学，形成具有应用型特色的课程体系。

本课程总课时为60时，其中试验教学纳入试验实训、现场施工实践教学纳入顶岗实习，具体课时分配如附表2-1。

课 时 分 配 表　　附表2-1

课程内容	教学时数			
	总学时	基础模块	实践模块	
			课内	课外(试验实训、顶岗实习)
绪论	1	1		
土的物理性质及工程分类	7	5	2(习题)	2(现场施工教学)+6(土工试验)
土中应力计算	6	4	2(习题)	
土的压缩性与地基沉降计算	6	6		2(土工试验)
土的抗剪强度与地基承载力	4	4		2(土工试验)
土压力和土坡稳定	10	8	2(习题)	
天然地基上的浅基础	12	10	2(项目实训)	4(现场施工教学)
桩基础及深基础	10	8	2(项目实训)	4(现场施工教学)
软弱土地基处理	3	3		4(现场施工教学)+2(土工试验)
区域性地基	1	1		
合计	60	50	10	

三、课程培养目标

1. 总目标

使学生具有地基土的基本物理性质及土力学的基本知识;依据建筑物的要求和地基勘察资料,会选择一般的地基基础方案,并具有对一般软弱土地基或特殊土地基提出处理方案的能力。学会基本土工试验的操作技能。

2. 具体目标

(1)能力目标

具有阅读和使用工程地质勘察资料,进行一般浅基础及桩基础设计、施工、处理常见施工问题的能力和绘制基础施工图的能力;具有能够独立进行土工试验操作的能力,并达到试验职业资格中级水平。

(2)知识目标

认识土的三相组成及工程性质,了解土的工程分类和各基础的初步设计,以及地基基础的处理方法;掌握土力学的基本理论,基础施工的工序步骤。

(3)素质目标

具有马列主义、毛泽东思想、邓小平理论和"三个代表"思想的基本理论知识;拥护中国共产党的领导;热爱祖国、热爱劳动;具有良好的职业道德和实事求是、艰苦奋斗、勇于创新的创业精神;身体健康,达到国家体育锻炼标准,具有正确的健康观念和坚强的意志,具有一定的心理调节能力和环境适应能力。成为有理想、有道德、有文化、有纪律的新型人才。

四、课程内容和要求

课程教学内容主要有两个环节:基础模块教学、实践模块教学。实践模块教学由土工试验教学、项目实训教学及现场教学三部分来实现。各单元内容相互参透、将基础模块教学、试验教学、现场教学和项目实训教学多种教学方法有机结合,融职业性、岗位性、技能性为一体,倡导工学结合,模块教学,形成相对完整的教学模式。具体见附表2-2。

基础模块教学以必需够用为度,统筹考虑和选取教学内容。使学生掌握土力学的基本知识和理论,学会土的工程分类方法,土中应力及建筑物沉降计算,土压力及土坡稳定性分析,天然地基上浅基础、桩基础及深基础设计和施工原理,软弱地基及处理方法及工程新技术概况。

土工试验教学要求学生掌握土工试验仪器设备的使用方法、试验操作程序,试验成果的分析整理,具有常规土工试验的能力,通过参观或参与工程材料检测工作,提高工程意识和岗位技能。

项目实训教学增强了学生的应用能力,使学生对所学的全部知识进行融会贯通,培养他们独自解决工程实际问题的能力。在教学过程中针对岗位技能要求安排一定学时的项目实训课,突出项目导向和工学交替,及时理解应用所学理论知识,完成岗位技能培训要求。

现场教学是专业课程教学过程中不可或缺的一种实践教学方式,方法简单、直观,教学效率高。通过校外实习基地提供的具有代表性的实际工程案例,使学生利用顶岗实习时间在实践教师指导下深入工地将理论知识与生产实际紧密结合。

课程内容和要求 附表 2-2

项目(任务或模块)		知识要求	技能要求	教学活动设计	考核点	学时安排
基础模块	土的工程性质	(1)地基沉降计算 (2)地基承载力确定 (3)土压力计算	(1)具有阅读和使用工程地质勘察资料的能力 (2)对土进行工程分类 (3)土坡稳定分析 (4)检测地基承载力	活动1:土的物理性质及工程分类 活动2:土中应力计算 活动3:土的压缩性与地基沉降计算 活动4:土的抗剪强度与地基承载力 活动5:土压力和土坡稳定	能力目标: (1)土坡稳定分析 (2)检测地基承载力 知识目标: (1)地基沉降计算 (2)土压力计算	24
	浅基础及桩基础设计	(1)基础的初步设计 (2)基础施工的工序步骤	(1)能进行一般浅基础及桩基础设计 (2)绘制基础施工图 (3)具有处理常见施工问题的能力	活动1:天然地基上的浅基础 活动2:桩基础及深基础	能力目标: (1)能进行一般浅基础及桩基础设计 (2)具有处理常见施工问题的能力 知识目标: 基础施工的工序步骤	22
	地基处理	(1)软土地基工程性质 (2)特殊土地基工程性质	(1)具有处理软土地基的能力 (2)具有处理特殊土地基的能力	活动1:软弱土地基处理 活动2:区域性地基	能力目标: (1)具有处理软土地基的能力 (2)具有处理特殊土地基的能力 知识目标: (1)软土地基工程性质 (2)特殊土地基工程性质	4
实践模块	课内项目实训	(1)土中应力与土压力 (2)一般浅基础设计 (3)桩基础设计	(1)基础沉降与土坡稳定分析 (2)融会所学知识,进行一般浅基础及桩基础设计 (3)基础施工图绘制	活动1:基础沉降计算与土坡稳定验算 活动2:天然地基上浅基础设计 活动3:桩基础设计	能力目标: (1)融会所学知识,进行一般浅基础及桩基础设计 (2)基础施工图绘制 知识目标: 一般浅基础设计	10

续上表

项目(任务或模块)		知识要求	技能要求	教学活动设计	考核点	学时安排
实践模块	课外土工试验	(1)试验基本原理 (2)试验操作程序	(1)具有能够独立进行土工试验操作的能力 (2)达到试验职业资格中级水平	活动1:含水率试验和密度试验 活动2:颗粒大小分析试验 活动3:液、塑限联合测定法 活动4:标准固结试验 活动5:快剪试验 活动6:击实试验	能力目标: (1)具有能够独立进行土工试验操作的能力 (2)达到试验职业资格中级水平 知识目标: (1)试验基本原理 (2)试验操作程序	12
	课外现场施工教学	(1)基础类型 (2)基础施工的工序步骤 (3)地基处理类型	(1)浅基础及桩基础施工工艺 (2)浅基础及桩基础常见施工问题处理 (3)常见地基处理	活动1:地基土野外鉴别 活动2:天然地基上浅基础类型及其施工 活动3:桩基础类型及其施工 活动4:地基处理工艺	能力目标: (1)浅基础及桩基础施工工艺 (2)浅基础及桩基础常见施工问题处理 (3)常见地基处理 知识目标: (1)基础施工的工序步骤 (2)地基处理类型	14

五、课程实施建议

1. 教学建议

(1)本课程明确了建工、市政、城轨、造价、道路与桥梁专业培养建设企业一线技能型、应用型人才目标,贯彻以就业为导向、能力本位思想,以“必须、够用”为度,推行“应用性理论讲授+技能实训+施工方案综合分析”的课程教学模式,形成以职业能力为核心的课程体系。

(2)基础模块教学与实践模块教学内容与学生职业技能资格取证考试内容相吻合,为学生获取“一书多证”奠定基础。

(3)合理设计了试验、项目实训作业、现场教学方案、综合实训等关键环节,采用项目教学,“教学做”相结合,全面强化训练了学生综合分析和独立解决实际问题的能力。

2. 教学考核评价建议

注重考试的科学性,采用试卷考试与平日考核(课堂提问、课程作业、出勤等方面)、实验技能考核有机结合的方法,在考核中注重学生的分析问题解决问题能力的考核,从各个角度促进学生素质的全面提高。该门课成绩评定上平时成绩占总成绩的10%,其中包括:听课出勤情况、课堂提问、作业、测验;项目实训作业、现场教学案例分析占总成绩的20%;期末成绩占总成绩的70%。试验实训的考核成绩以单独成绩记入学生成绩册。要求学生参加全国交通职业技能鉴定试验资格考试,并达到试验职业资格中级水平。

参 考 文 献

[1] 中华人民共和国国家标准. GB 50007—2011 建筑地基基础设计规范. 北京:中国建筑工业出版社,2011.

[2] 中华人民共和国行业标准. JGJ 94—2008 建筑桩基技术规范. 北京:中国建筑工业出版社,2008.

[3] 中华人民共和国国家标准. GB 50025—2004 湿陷性黄土地区建筑规范. 北京:中国建筑工业出版社,2004.

[4] 中华人民共和国国家标准. GB 50011—2010 建筑抗震设计规范. 北京:中国建筑工业出版社,2010.

[5] 陈希哲. 土力学地基基础. 北京:清华大学出版社,2004.

[6] 刘起霞,邹剑峰. 土力学与地基基础. 北京:中国水利水电出版社,知识产权出版社,2006.

[7] 孟祥波. 土质与土力学. 北京:人民交通出版社,2005.

[8] 陈书申,陈晓平. 土力学与地基基础(第二版). 武汉:武汉理工大学出版社,2003.

[9] 徐梓炘,张曙光,杨太生. 土力学与地基基础. 北京:中国电力出版社,2004.

[10] 陈树华. 建筑地基基础. 哈尔滨:哈尔滨工程大学出版社,2003.

[11] 王经羲. 土力学地基与基础. 北京:人民交通出版社,1986.

[12] 王秀兰,王玮,韩家宝. 地基与基础. 北京:人民交通出版社,2007.

[13] 李镜培,赵春风. 土力学. 北京:高等教育出版社,2004.

[14] 顾晓鲁,等. 地基与基础. 北京:中国建筑工业出版社,2003.

[15] 赵成刚,白冰,王运霞. 土力学原理. 北京:清华大学出版社,北京大学出版社,2004.

[16] 周汉荣,赵明华. 土力学地基与基础. 北京:中国建筑工业出版社,1997.

[17] 杨太生. 地基与基础. 北京:中国建筑工业出版社,2004.

[18] 丰培洁. 土力学与地基基础. 北京:人民交通出版社,2008.